实用勘探开发油气地球化学

[英] Harry Dembicki, Jr. 著

何文祥　郭彬程　陈　奇　胡　勇　江凯禧　等译

石 油 工 业 出 版 社

内 容 提 要

本书系统介绍了油气地球化学在发现、评价和生产石油中的基本概念和应用，主要包括石油的来源、烃源岩的沉积、生烃和油气运移等，还介绍了如何将这些概念应用于烃源岩评价、油—油和油—烃源岩对比的描述，以及在勘探工作中解释天然气数据的方法，并且对石油地球化学在油藏连续性、产量分配、提高采收率监测等方面的应用也进行了阐述。

本书可供油气勘探开发的科研人员、技术人员、管理人员以及高等院校相关专业师生阅读和参考。

图书在版编目（CIP）数据

实用勘探开发油气地球化学 /（英）小哈利・康尼克（Harry Dembicki Jr.）著；何文祥等译. — 北京：石油工业出版社，2022. 8

ISBN 978-7-5183-5277-7

Ⅰ. ①实… Ⅱ. ①小… ②何… Ⅲ. ①油气勘探-地球化学勘探 Ⅳ. ①P618. 130. 8

中国版本图书馆 CIP 数据核字（2022）第 046279 号

Practical Petroleum Geochemistry for Exploration and Production
Harry Dembicki, Jr.
ISBN: 9780128033500

《实用勘探开发油气地球化学》(何文祥 等译)
ISBN: 9787518352777

北京市版权局著作权合同登记号：01-2021-3654

出版发行：石油工业出版社
（北京安定门外安华里 2 区 1 号　100011）
网　址：www. petropub. com
编辑部：（010）64523546
图书营销中心：（010）64523633
经　销：全国新华书店
印　刷：北京中石油彩色印刷有限责任公司

2022 年 8 月第 1 版　2022 年 8 月第 1 次印刷
787×1092 毫米　开本：1/16　印张：17. 25
字数：420 千字

定价：130. 00 元
（如出现印装质量问题，我社图书营销中心负责调换）

译者前言

“油气地球化学”是高等院校石油与天然气相关专业的重要课程，也是油气勘探开发研究的重要领域。1984 年 B. P. Tissot 和 D. H. Welte 合撰的《石油的形成与分布》（第二版）与 1993 年 K. E. Peters 和 J. M. Moldowan 合撰的《生物标志化合物指南》及 2005 年 K. E. Peters、C. C. Walters 和 J. M. Moldowan 合撰的《生物标志化合物指南》（第二版）是专注油气地球化学的三本著名中文译著，对阅读者的化学知识背景有较高要求，与石油工业界的两个核心专业——石油地质学和勘探地球物理的结合较弱，并且当时还未关注非常规油气的地球化学特征。由于从事油气勘探开发研究和学习的科研人员、工程师和相关院校学生大多是非油气地球化学专业学者，他们迫切希望有一本通俗易懂，且在知识体系上能做到油气地球化学与石油地质学和勘探地球物理学交叉融合，在应用上能指导当前油气勘探开发生产的油气地球化学书籍。美国 Harry Dembicki 博士编写的《实用勘探开发油气地球化学》应运而生。Harry Dembicki 博士是一位在石油和天然气行业工作了近 40 年的油气地球化学专家，讲授油气地球化学和盆地建模的课程，使得本书具有很强的可读性和实用性。相信本书能让国内更多油气勘探开发科技工作者和相关专业大学的学生对油气地球化学产生兴趣，从而积极运用油气地球化学的理论和方法帮助解决油气勘探开发生产所面临的实际问题。

本书重点阐述油气地球化学在油气发现、评价和生产上的应用及相应的原理。全书共 9 章，图文并茂，方便读者进一步深入阅读。主要内容包括油气地球化学基本原理、油气生成与聚集、烃源岩评估、油气地球化学数据解释、油藏地球化学、地表地球化学、非常规资源、盆地模拟和含油气系统分析。与其他专著相比，本书有三个鲜明特点：一是力图将油气地球化学与石油地质和勘探地球物理进行交叉融合；二是对各种油气地球化学参数的误用和错误解释进行了详细阐述；三是较为全面地介绍了油气地球化学在油气开发和生产上的应用，例如储层连续性评价、油气生产分配和提高原油采收率监测等。

参与本书翻译工作的主要有何文祥、郭彬程、陈奇、胡勇、江凯禧、高小洋、刘栩、瞿林、司锦、陆雨诗、宋雯馨、董亮、张梦蝶、王冰雪等。其中第 8 章和第 9 章由武昌理工学院黄发洋博士单独翻译。何文祥对全书进行了审阅。在翻译过程中，得到了黄发洋博士的审译帮助和语言润色指导。借此机会，对上述人员辛勤的付出表示衷心的感谢。

由于译者水平有限，书中难免存在疏漏，诚请广大读者批评指正。

目　　录

第1章 概 述

在石油勘探和开发领域，地球科学在很长一段时间内被人们称作“G&G”，即地质学和地球物理学（Geology and Geophysics）。然而，油气地球化学（Geochemistry）在勘探石油和天然气的过程中也是一个重要方面，因此本书认为它应当是除地质学和地球物理学之外的第三个“G”。本书旨在通过介绍油气地球化学如何应用于常规和非常规的油气勘探与生产，以及油气地球化学在盆地模拟和含油气系统中扮演的角色来阐述油气地球化学的重要性。最后，希望读者能够将石油地质学看作“3G”，而非“2G”。

在深入探讨油气地球化学的基础理论和实际应用之前，本章将从油气地球化学的发展历史着手，让读者知晓其发展至今的演变过程，接下来介绍一些基本定义，并用通俗易懂的语言展开讨论。本章的最后将回顾有机地球化学中的部分重要知识以及稳定同位素中的一些相关概念。

在正式展开论述之前，笔者对本书进行简单概述。本书不是专为油气地球化学专家编写的，并未对书中出现的概念、技术和数据进行详细分析，也不是地质学家或地球物理学家可以用来理解的一本有“配方”的“菜谱”。尽管许多读者在阅读本书后会有一些简单的自我理解，但这些理解有可能是严重错误的。本书是为非油气地球化学专业的地球科学家提供的一本参考书，以便更好地了解油气地球化学在油气勘探和生产领域的潜在应用价值。读完本书后，这些地球科学家将能更好地阅读和理解油气地球化学报告，向油气地球化学家提出更有探索价值的前瞻性问题，以及将他们的发现应用于石油和天然气的勘探及生产项目。

1.1 油气地球化学简史

油气地球化学是一门相对年轻的学科，它的起源可以追溯到1934年Albert Treibs（1934）在原油中发现的类叶绿素结构。虽然早在19世纪末，许多石油地质学家就认为石油是从沉积岩中的有机物演化而来的，但Treibs的发现成为原油来源于有机物的不可否认的证据（Durand，2003）。到20世纪50年代，大多数石油公司逐渐开展石油和天然气研究项目，特别是研究油气的形成和运移。Hunt和Meinert（1958）获得批准的专利《利用烃源岩勘探石油的一项方法》是油气地球化学对石油工业产生重要影响的一个标志。

直到20世纪60年代初期，关于有机地球化学的专业协会和研究会议才初步建立，第一本学科专著也得以发布（Breger，1963）。同一时期，各类先进分析工具和分析方法的发展，如气相色谱法和质谱分析法的改进等，也为沉积岩和原油中有机化合物的分布和结构研究提供了更为详细的数据。同时，这些新数据也促进了生物标志化合物概念的产生和发展（Eglinton和Calvin，1967），生物标志化合物（分子化学化石）在此后也逐渐成为油—

岩对比和油—油对比的重要工具。

20 世纪 60 年代末至 70 年代初，人们对生烃过程有了新的认识，生油窗的概念从此形成。在此期间，人们还意识到研究沉积岩热成熟度和干酪根组成的必要性，并开始重视油气运移理论。到 70 年代中期，岩石热解仪已被开发并投入使用（Espialie 等，1977），用于石油工业界表征烃源岩特征和热演化的标准化分析方法从那时起便一直沿用至今。70 年代末，Tissot 和 Welte（1978）出版了《石油的形成与分布》一书，Hunt（1979）出版了第一本油气地球化学教科书《油气地质与地球化学》。

20 世纪 80 年代，热解和生物标志化合物技术被广泛应用，使得人们对油气运移有了更深层次的认识。同一时期，盆地建模也成为主流。以前的盆地建模工作要么建立在简化的时间—温度关系上（Connan，1974），要么依赖于大型计算机的复杂计算。随后，Waples（1980）根据 Lopatin（1971）之前的研究成果提供了一种简单的估计成熟度的方法，但该方法需要地质学家使用绘图纸并手持计算器制作模型。个人计算机普及后，盆地模拟迅速成为油气地球化学和石油勘探的一项标准方法。

20 世纪 80 年代的另一个重大进展是 Sluijk 和 Parker（1986）发表的一篇论文，该论文论述了油气地球化学在勘探中的价值。如图 1.1 所示，他们评估了 3 种方法对 165 个勘探目标的勘探效率，分别是随机钻探、基于地球物理评价的圈闭大小的勘探以及油气地球

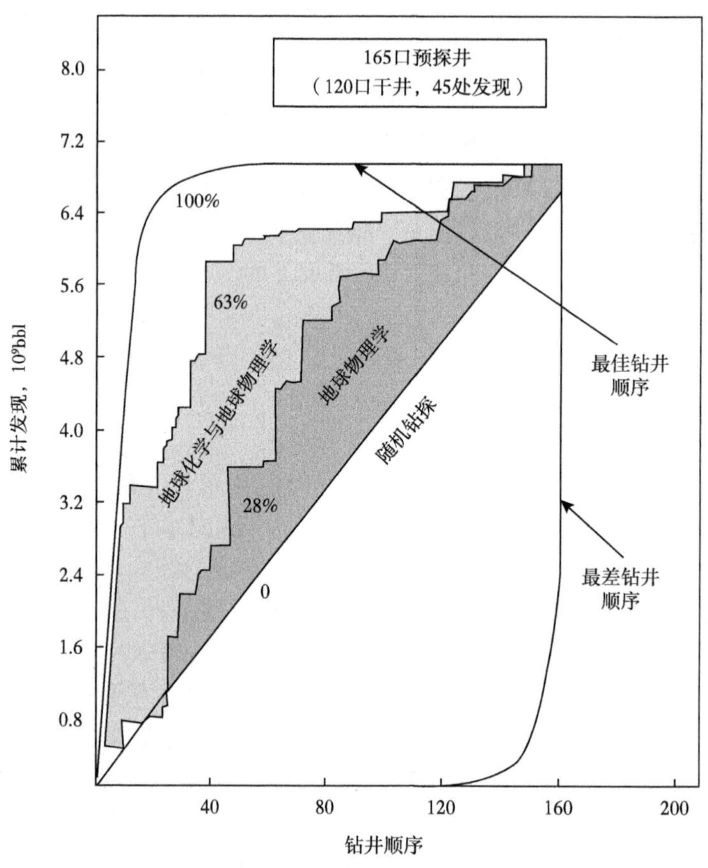

图 1.1　Sluijk 和 Parker（1986）对勘探方法的评估图

化学和地球物理相结合的勘探。若仅使用圈闭大小勘探，效率为28%，但采用地球物理与地球化学相结合的方法，效率可以提高到63%。该数据清晰表明，油气地球化学是降低勘探风险的一种有效手段。

20 世纪 80 年代，油气地球化学也受到负面因素的影响。80 年代早中期开始的企业合并以及 1986 年开始的石油工业衰退导致研究预算减少，大多数工业实验室逐渐关闭。尽管工业界的一些油气地球化学家仍在进行研究，但研究资金十分有限且研究对检验实验室提供的分析服务的依赖性逐渐增强，随着企业层面的研究逐渐减少，行业认为学术界、政府机构和委托实验室可以弥补这一不足。为此，人们将重心放在工业合作项目、学术研究以及由工业伙伴资助的委托实验室上。由于缺乏大量的数据、样本材料的不同以及公司经验的不足等，阻碍了这些项目的成功，这其中的许多短板至今仍然显而易见。

随着 20 世纪 90 年代石油工业的衰退，油气地球化学在储层研究中的作用逐渐显现，此时勘探预算仍然紧张，而各公司仍希望从已经发现的储量中“再捞一笔”。调查油藏的连通性、从混采油中确定分配比以及一些生产中问题（Kaufman 等，1990）是油气地球化学家集中精力研究的部分，这种对油藏应用的重视一直持续到今天。

20 世纪 90 年代的另一个重大发展是 Magoon 和 Dow（1994）发表的一系列关于含油气系统这一概念的文章。虽然含油气系统这一概念自 70 年代就已存在（Dow，1974），但该概念的形式化使人们更加关注油气地球化学在理解含油气系统工作方面的作用（本章末尾和第 9 章将详细介绍含油气系统）。

2000 年至今，油气地球化学在各个方面都在不断发展，但无论如何，进步最大的是非常规油气。在页岩气开采中，烃源岩也是储层，需要运用各种方法来表征其属性（Passey 等，2010）；在致密油储层中，成功开发需要更多地关注流体性质和相态变化（Dembicki，2014）。未来无论石油勘探和生产中会遇到什么问题，油气地球化学概念和方法的创新应用都将发挥重要作用。

有关油气地球化学历史的更多详情，读者可参考 Kvenholden（2002）、Hunt 等（2002）、Durand（2003）、Kvenholden（2006）和 Dow（2014）的著作。

1.2 基本概念

1.2.1 石油

石油是地球上天然存在的一类物质，主要由油气及硫、氮、氧等非金属元素组成。它是通过沉积有机质的成岩作用形成的，其具体演化过程为先将生物输入物转化为沉积有机质，再转化为干酪根，然后再演化为石油，最终产物为惰性碳残留物。石油能以气体、液体或固体的形式存在，这取决于石油的化学组成及所处环境的温度和压力。石油的主要存在形式有：原油，即液态的石油；凝析油，当地下储层温度和压力超过临界条件时为气态，在地表条件下凝结为液态；天然气，在地表条件下不凝结成液体。在石油天然气行业中，术语“油气（Hydrocarbon）”常代指石油、原油或天然气。

1.2.2 地球化学

地球化学主要研究地质环境中控制化合物和同位素的丰度、组成和分布的各种作用过程。有机地球化学仅仅是地球化学的一个分支学科，该学科主要研究地质环境中的有机（含碳）化合物。油气地球化学是有机地球化学在石油勘探和生产中的实际应用。

1.2.3 含油气系统

如图 1.2 所示，含油气系统被定义为一套具有亲缘关系的烃源岩所产生的油气系统，它包括形成石油聚集必需的所有地质要素和地质过程（Magoon 和 Dow，1994）。所需地质要素包括烃源岩、储层、封闭层和盖层，所涉及的地质过程包括圈闭形成、油气生成、油气运移、油气聚集和油气保存。由于含油气系统也需要考虑地层、时间和空间等因素，因此石油聚集所需的要素及过程必须发生在适当的时间和地点。从油气地球化学的角度来看，最关键的元素是烃源岩，即已经生成石油或具有生油潜力的岩石。关于烃源岩的更多信息见下一章，更多关于含油气系统的信息见第 9 章。

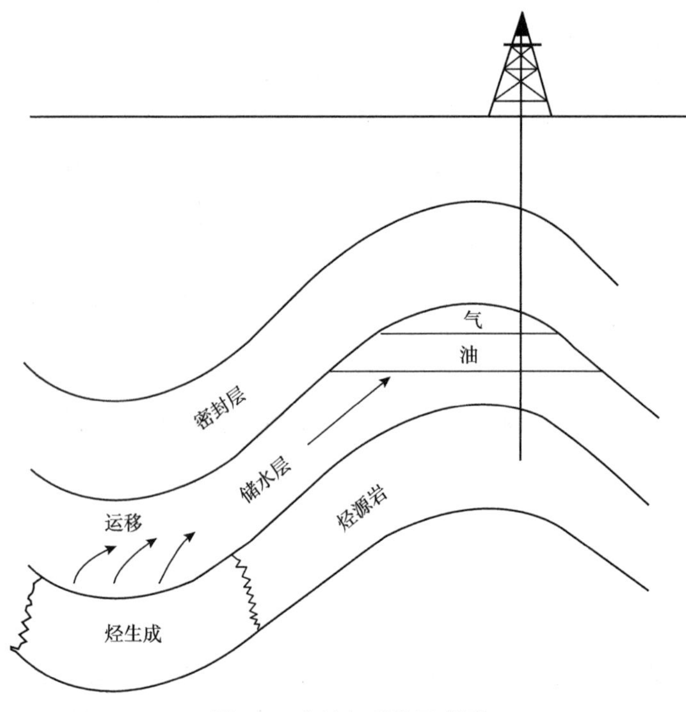

图 1.2　含油气系统示意图

1.2.4 沉积有机质

在沉积物和沉积岩中发现的有机物通常可以分为两类：一是沥青，即沉积有机质中可溶于一般有机溶剂的部分；二是干酪根，即沉积有机质中不溶于普通有机溶剂的部分。“沥青”一词具有不同的内涵，这取决于它所处的沉积岩类型。在细粒沉积物中，沥青是岩石的原生物质，可能是沉积环境中保存的有机物或生成物。在粗粒沉积物（储层）中，沥青通常指分散在沉积岩中的残留原油。沥青还用于指代固体脉状填充物、柏油、焦油和沥青质。

干酪根是保存在沉积岩中的不溶性有机物，是由沉积物中的植物、动物、细菌等成分的分解和成岩作用演化而成的复杂物质。干酪根的化学成分是可变的，其变化取决于沉积物中所含的有机物质及其成岩蚀变和聚合所涉及的化学过程。有关干酪根形成的更多信息，请参阅第 2 章中关于干酪根形成的论述。

另一种不溶性有机物是焦沥青。焦沥青是一种固化沥青，是在烃源岩或储层中的残余沥青就地裂解成气体后所残留的不溶性残渣。

1.2.5 其他沉积有机物

除了油气藏外，还有多种富含有机质的沉积岩。如煤是一种易燃的沉积岩，按质量计，煤中至少含有约 75%的有机物（约 60%的总有机碳），大多数煤来自沼泽环境中高等植物的聚集和保存。油页岩是一种未成熟的富含有机物、易生油的烃源岩，可加热产生石油。沥青砂通常存在于地表或地表附近含有黏性重油的砂岩储层中。

1.3 有机化学综述

1.3.1 共价键

正如前文所述，石油主要由油气（碳链结构）和其他非金属元素，如硫、氮和氧等组成。有机化合物的大小和复杂性从简单的单碳气体甲烷到复杂的地质聚合物干酪根，分子量可达 50000 或更多，所有这些化合物都以共价键构建分子结构为基础。共价键意味着两个原子共享一对电子，通过共享电子，两个原子都能填满它们的外层电子，从而使原子和产生的分子更加稳定。

图 1.3 中碳—氢和碳—碳共价键的示例可以证明电子的共享性。碳有两个电子层，

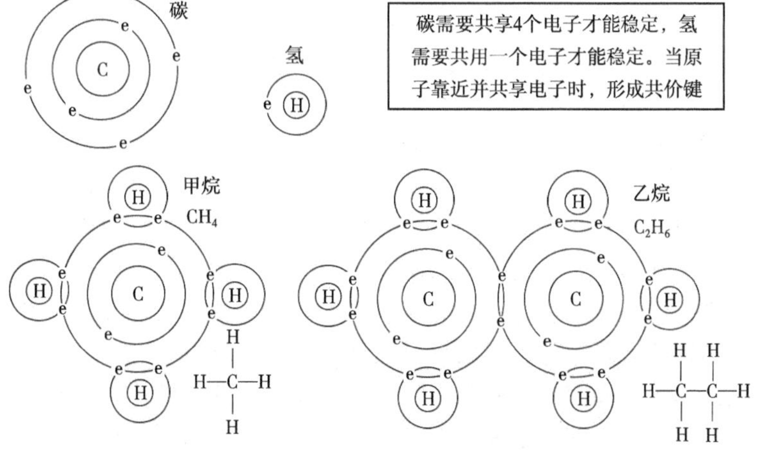

图 1.3 甲烷和乙烷中的碳—氢和碳—碳共价键示意图

一个内层有两个电子，一个外层有四个电子。当内电子层稳定时，外电子层希望再有四个电子达到八个稳定状态。氢只有一个含有一个电子的电子层，而氢的一个稳定配置是有两个电子，就像碳原子的内层。甲烷则是由四个氢原子与一个碳原子紧密结合而形成的。共享的一对电子由碳中的一个电子和氢中的一个电子组成，共享电子最终的结果是碳的外电子层中有八个电子，每一个氢的电子层中有两个电子，每对共享的电子构成一个共价键。

如图 1.3 中乙烷分子所示，两个碳原子之间可以电子共享。在这种情况下，两个碳原子非常接近，并与六个氢原子共享一对电子。这基本上就是利用两个甲烷分子，从每一个分子中除去一个氢，并在残余的两个分子之间形成碳—碳键，且这个过程可以继续形成更大的分子。

因为在描绘化合物时把所有电子放入原子里的方法效率十分低，所以有机化学家设计了一个描述共价键的简写方式，即两个电子的共享通常显示为连接原子的线条。

1.3.2 油气

第一类要讨论的有机化合物是油气。它们是迄今为止石油中最丰富的一类化合物，油气只由碳和氢组成。饱和烃，也称为烷烃或链烷烃，是只含有碳—碳单键的油气；不饱和烃是含有至少一个碳—碳双键或三键的油气。虽然碳和氢只能共享一对电子，但碳和碳可以共享电子，最多形成一个三键。两对电子在碳原子之间的共享形成了一个双键，由碳原子之间的双键表示，而三对电子的共享形成了一个三键，由碳原子之间的三键表示，如图 1.4 所示。随着共享电子数目的增加，两个碳原子的原子核越来越接近，原子核从而开始相互排斥，使双键和三键的稳定性低于碳—碳单键的稳定性。这就是在天然物质中很少存在碳—碳三键，碳—碳双键在部分生物材料中很常见，而在地质材料中却并不常见的原因。芳香烃除外，稍后将对其进行讨论。

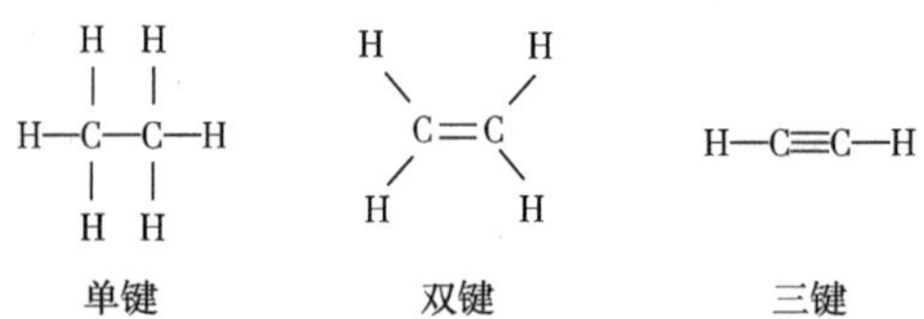

图 1.4　碳—碳的单键、双键和三键示意图

油气可以作为碳原子的线性链、含碳原子的支链、一个或多个碳原子环，或者作为环和链结构的组合存在。许多常见的油气，特别是一些小且不太复杂的油气都有俗称。但随着油气结构复杂性的增加，人们通常会用更加正式的科学名称来代替俗称，正式的科学名称是根据涉及的原子数和类型，化合物的结构以及所存在的化学键的类型，通过一组严格的规则得到的。赋予油气科学名称的目的在于，随着化合物大小和复杂性的增加，名称应提供有关化合物结构的必要信息，以便根据名称描绘化合物。

油气的一些简单示例如图 1.5 所示，丙烷是一种简单的三碳饱和烃，该三碳链的结构再复杂不过了，且如果加入碳元素来形成丁烷，可能产生的不同结构数量就会增加。现在可以将丁烷视为直链（常规）正丁烷和异丁烷（俗称）或 2-甲基丙烷存在，异丁烷和 2-

甲基丙烷是三碳丙烷链，而甲基（甲烷减去一个氢原子）位于中间或2号碳。这两种化合物互为同分异构体，这意味着它们有相同数量的碳原子和氢原子，但它们的结构不同。图1.5右侧的戊烷可以观察到类似模式，如正戊烷和其同分异构体异戊烷（简称异戊烷）或2-甲基丁烷（四碳链丁烷），其中甲基位于2号碳上。除此之外，另一种异构体2，2-二甲基丙烷也是一种可能的结构构型，随着碳原子数目的增加，同分异构体也可能增加。除了甲基作为主要直链结构的侧链外，还可以有乙基（乙烷少一个氢原子）、正丙基（丙烷少一个氢原子）和更多原子，以及支链侧链（如异丙基等），如图1.6所示。

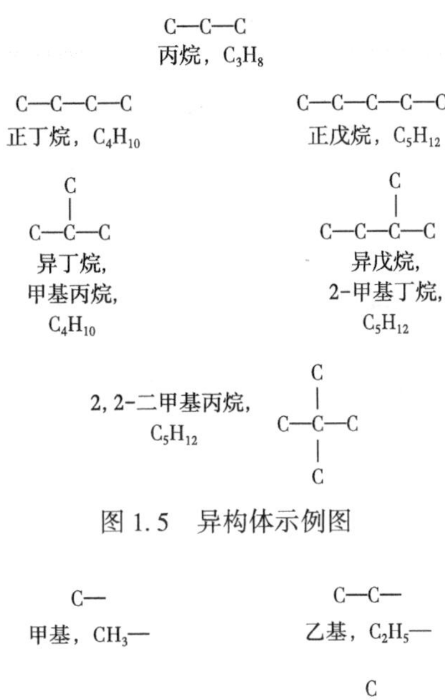

图1.5 异构体示例图

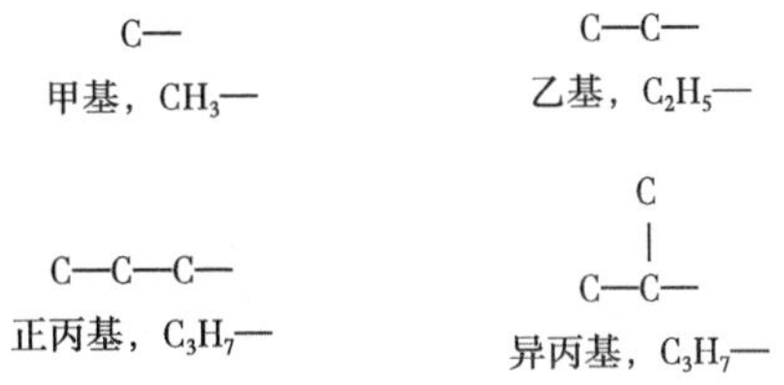

C—
甲基，CH_3—
C—C—
乙基，C_2H_5—
C—C—C—
正丙基，C_3H_7—
C—C—
异丙基，C_3H_7—

图1.6 油气分子常见的小侧链示例图

图1.5和图1.6所示的化合物使用了不同的符号来描述化合物的结构。当化合物变大，结构变得更复杂时，在描述化合物时加入所有的氢是没必要的，也是低效率的。假设有足够的氢原子来匹配任何尚未参与碳—碳键的不成对碳电子，有机化学家则往往不展示这些符号。共享一对电子仍然显示为一个连接原子的单链，但随着有机化合物的变大，碳电子的展示也逐渐变得多余和低效，因此产生了形似“枝条”的符号。图1.7中异戊烷（2-甲基丁烷，C_5H_{12}）的示例显示了三个独立的以“之”字形连接的枝条，第四根则连接到其中一个交叉点，这个符号表示每个“枝条”的末端都有一个碳，这些“枝条”代表碳—碳键。以“之”字形连接的三个“枝条”代表丁烷链中的四个碳，连接到其中一个交叉点的第四个“枝条”代表甲基侧链。正如之前的注释方案一样，即有足够的氢原子与任何尚未参与碳—碳键的不成对的碳电子相匹配，两个平行的“枝条”则表示碳碳间的双键。这种符号系统广泛应用于大型直链、支链和环状油气中。

异戊烷或2-甲基丁烷，C_5H_{12}

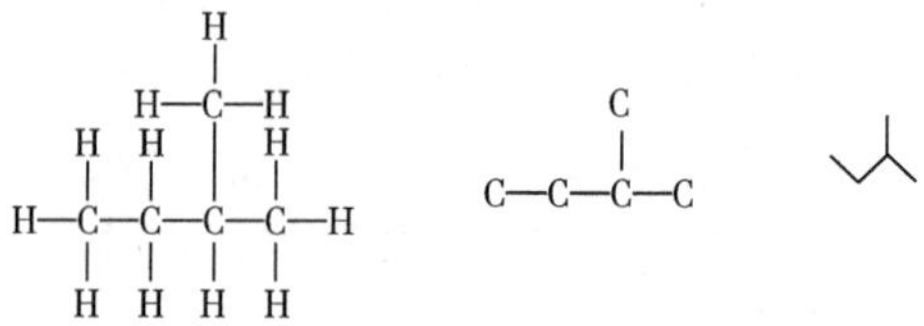

图 1.7　油气分子结构符号的不同表现形式示例图

直链和支链饱和烃可以变得非常大，通常可高达 60 个碳或更大。然而，油气地球化学中使用的大多数化合物都在 C_1—C_{35} 范围内，这主要是出于分析因素考虑。如图 1.8 所示，支链可以非常简单，也可以非常复杂。从直链正十七烷（n-C_{17}）开始，通常遇到的油气，如 2-甲基十七烷和 3-甲基十七烷，只需在基链中的 2 号或 3 号碳上添加甲基即可形成。然而，更复杂的支链化合物，如姥鲛烷（2，6，10，14-四甲基十五烷）和植烷（2，6，10，14-四甲基十六烷）也很丰富。这些简单或复杂的分子结构有助于人们分析它们所携带的与地球化学相关的信息，这将在随后的章节中详细论述。

正十七烷，n-C_{17}，$C_{17}H_{36}$

2-甲基十七烷，$C_{18}H_{38}$

3-甲基十七烷，$C_{18}H_{38}$

姥鲛烷（2，6，10，14-四甲基十五烷）

植烷（2，6，10，14-四甲基十六烷）

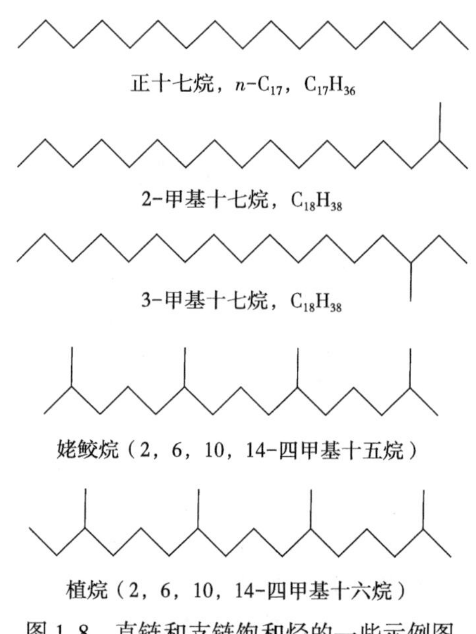

图 1.8　直链和支链饱和烃的一些示例图

在碳原子结构中含有一个或多个环的饱和烃通常称为环烷或环烷烃。这些碳原子环通常由 5 个或 6 个碳组成，其中 6 个碳环是最稳定的，因此也是最常见的，具有地球化学意义的环烷通常由 1~6 个环组成。图 1.9 展示了 1~4 个环结构的示例。除了碳原子环之外，一个或多个侧链也可以添加到任何碳结构中，图 1.10 中的甾烷和藿烷结构就是两个例子。这些具有地球化学意义的环烷烃基团还说明了一系列复杂化合物是如何通过简单地改变基础分子 R 上的一个侧链位置而形成的。

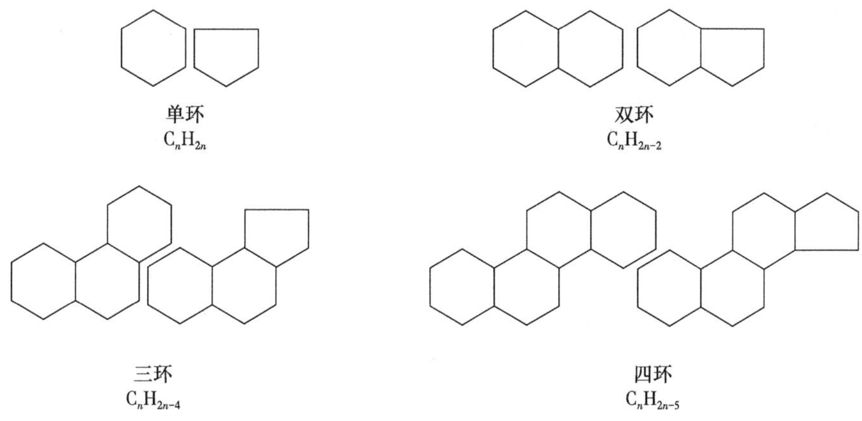

图 1.9 五元环和六元环饱和烃的部分示例图

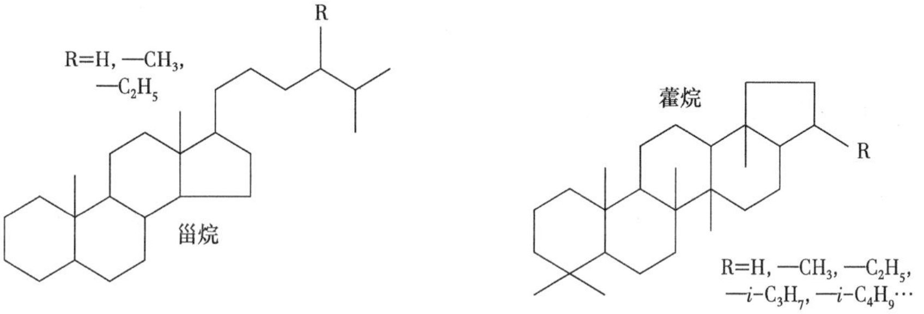

R
R=H, —CH_3,
—C_2H_5
甾烷
藿烷
R
R=H, —CH_3, —C_2H_5,
—i-C_3H_7, —i-C_4H_9…

图 1.10 甾烷和藿烷的结构变化示例图

1.3.3 芳香烃

芳香烃是一类以 6 个碳环为基础的特殊不饱和烃，又称为苯。饱和烃环己烷通过添加 3 个交替碳—碳双键转化为芳香烃苯，如图 1.11 所示。苯结构可以有两种双键的排列方式，如图 1.11 中间的一对苯分子所示。实际上，这些键的排列在苯结构中是快速交替的，由于这 3 个碳—碳双键位置的快速变化或共振，苯通常表示为中心有一个圆的六边形，如图 1.11 最右侧所示。正如前文所提到的，碳—碳双键通常认为没有碳—碳单键稳定，但是，苯中的共振交替双键将电子共享分布在所有碳上，并赋予分子更大的稳定性。

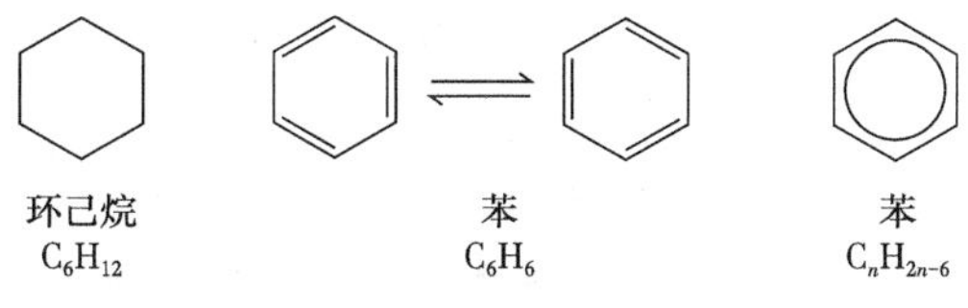

图 1.11 苯结构示意图

基本的苯环结构可以通过连接饱和烃链（直链或支链）或构建多个类似于环烷的环结构来构建大分子。如图 1.12 所示，这些环状化合物可与所有芳香环、纯芳香化合物或饱和环、环烷芳香化合物的混合物一致。在纯芳香族结构中，苯单元的共振稳定性可扩展到整个结构，就像在环烷中一样，一个或多个侧链可以添加到任何芳香环结构的碳中。

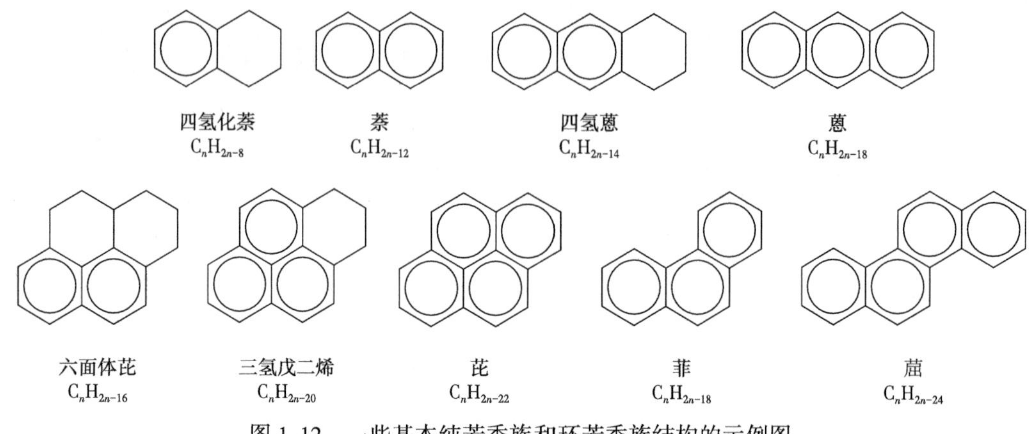

图 1.12　一些基本纯芳香族和环芳香族结构的示例图

1.3.4　含氮、含硫、含氧化合物

含氮、含硫、含氧化合物或树脂都是除碳和氢之外还含有氮、硫或氧的有机化合物。在原油中，与饱和烃和芳香烃相比，含氮、含硫、含氧化合物仅代表原油的一小部分；但是在某些特定情况下，含氮、含硫、含氧化合物的浓度有时也会很高。图 1.13 给出了沥青和原油中常见的含氮、含硫、含氧化合物的一些示例。在沉积物生成早期和成岩过程

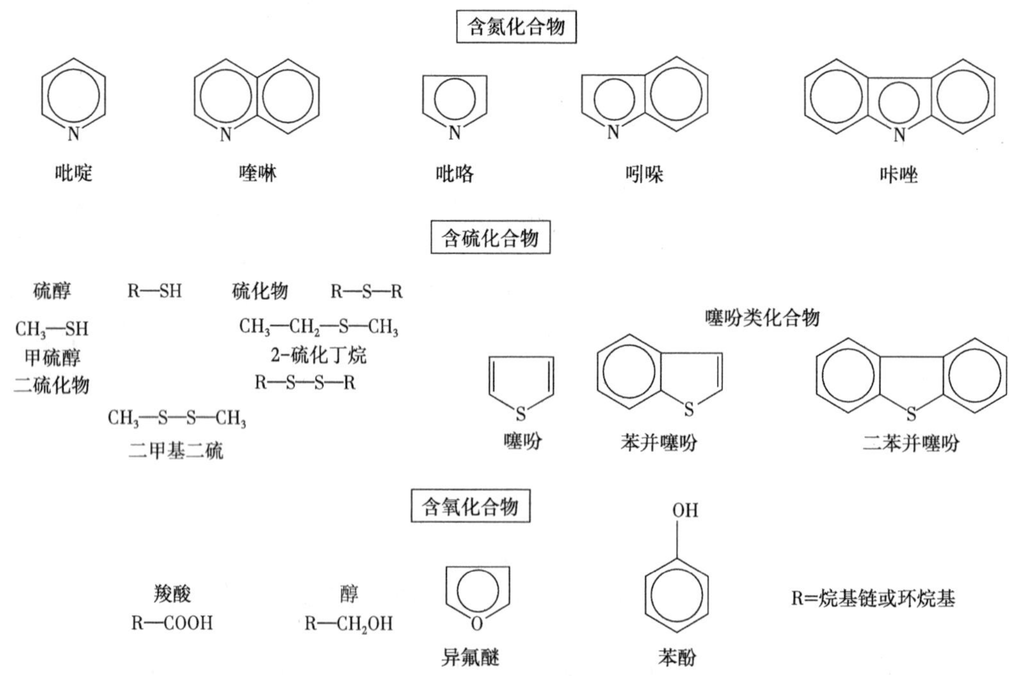

图 1.13　原油和沥青中常见的含氮、含氧和含硫有机化合物示例图

中，简单的化合物更为常见，如醇、羧酸、硫醇、硫化物和二硫化物等，其余的化合物主要为环状结构，在沉积物生成过程的后期更为多见。由于分析起来十分困难，大部分含氮、含硫、含氧化合物不常用于地球化学的解释，但也有例外，如噻吩类有时会被用于解释原油来源，如第4章所述。

1.3.5 沥青质

沥青质是原油和沥青的高分子量组分，不溶于正庚烷。从化学角度来看，它们是通过脂肪链或环及分子量在1000~10000范围内的官能团连接的多芳族核（Pelet等，1986），典型沥青质结构如图1.14所示。值得注意的是，虽然不同沥青质分子之间的组成不同，但特定原油或沥青的沥青质分子组成仍具有高度相似性（Behar和Pelet，1985）。沥青质最初被人们认为是干酪根经过一些热降解后的小碎片组分（Louis和Tissot，1967）。然而，Pelet等（1986）的研究表明，沥青质也可以从与形成干酪根相似的冷凝过程中获得（详见第2章中有关干酪根形成的论述）。尽管在原油和沥青的胶体溶液中沥青质以自由分子的形式存在，但这些溶液往往不稳定且易受扰动，导致沥青质分子从溶液中析出聚集在一起，沥青质聚集模型如图1.15所示。这些聚合物的分子量可以达到几万至近百万，沥青质聚合物可以降低储层岩石中的孔隙度，造成堵塞，使得渗透性变差（更多内容详见第4章）。

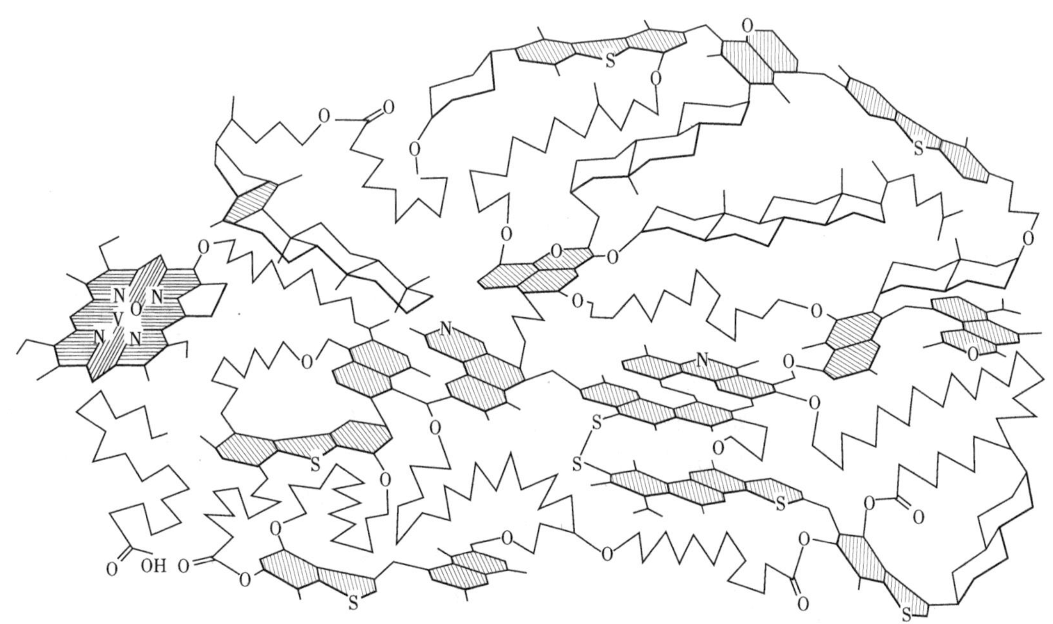

图1.14 典型沥青质分子结构图（Pelet等，1986）

链脂肪族结构显示为“锯齿”线，环烷结构显示为无阴影多边形，芳香结构显示为有阴影多边形。氧以O表示，氢以H表示，氮以N表示

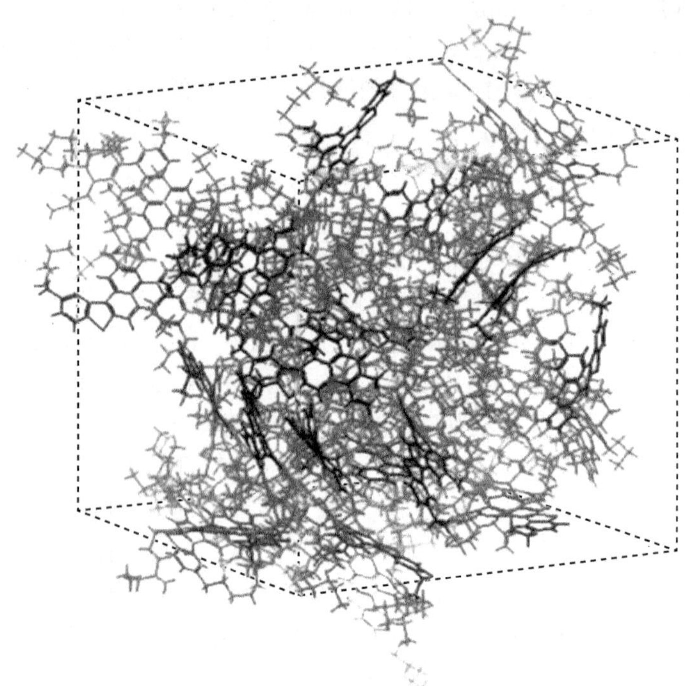

图 1.15　沥青质聚集体的三维展示图（Mullins，2003）
不同颜色和灰色的深浅代表了聚集在一起形成集合的单个沥青质分子

1.3.6　化学反应

有机化合物受到各种化学反应的影响会改变其组成和结构。地质环境中可能发生的一些反应如图 1.16 所示。水解反应是在羰基上加入水，如酯键，以形成羧酸和羟基。脱羧是失去一个羧酸基，生成二氧化碳和一个烷基，然后二氧化碳溶解在沉积物孔隙水中，或作为形成碳酸盐胶结物的一部分。脱羟基化是在羟基（醇）上加入氢，生成水和烷基。还原是通过加氢将碳—碳双键转化为碳—碳单键；裂解是碳—碳键的断裂，产生两个较小的化合物。如图 1.16 所示，如果存在足够多的额外氢，两个较小的化合物将饱和；如果不存在氢，则可能形成不饱和或芳香族化合物。水解、脱羧、脱羟基和还原反应主要发生在沉积物有机质的早期成岩作用中，而裂解反应则是生烃过程中的一个重要反应。

水解：$R—COO—R+H_2O \longrightarrow R—COOH+R—OH$

脱羧：$R—CH_2—COOH \longrightarrow R—CH_3+CO_2$

脱羟基：$R—CH_2—OH+H_2 \longrightarrow R—CH_3+H_2O$

还原：$R—CH{=}CH_2+H_2 \longrightarrow R—CH_2—CH_3$

裂解：$R—CH_2—CH_2—CH_3+H_2 \longrightarrow R—CH_3+CH_3—CH_3$

图 1.16　成岩作用和生烃过程中沉积有机质可能发生的反应

1.4　稳定同位素

元素是所有物质的主要组成部分，因此，不能仅仅用化学的方法将其分解为简单的成分。它们由质子、电子和中子组成，每种元素都以其核中的质子数与其他元素进行区别。质子带正电荷，为了平衡这个电荷，元素中的电子数等于质子数；中子不带电荷，数量也会变化；同位素只是在其原子核中具有不同数量的中子的元素形式。

例如，碳有三种天然同位素：^{12}C 有 6 个质子和 6 个中子，^{13}C 有 6 个质子和 7 个中子，^{14}C 有6 个质子和 8 个中子。有些同位素，如^{14}C 具有放射性，会衰变形成一种不同的元素或加上一个高能粒子的同位素；稳定同位素，如^{12}C 和^{13}C 不会衰变，但受化学、物理和生物影响，它们的相对浓度会发生变化。如生物过程中的光合作用，倾向于利用^{12}C 而非^{13}C，且不同类型的植物对^{12}C 的偏好程度不同，这可能导致不同的植物群会有显著不同的碳同位素比率，其他非生物过程也会表现出同位素偏好。在裂解过程中，从较大的有机分子中裂解甲烷（甲基）时可以观察到一种动力学同位素效应。从能量角度来看，与^{13}C 甲基相比，更容易除去^{12}C 甲基，因此，在甲基裂解过程中早期形成的甲烷的^{12}C 同位素含量要高于后期形成的甲烷。

氢、氮、硫和氧的稳定同位素与碳相似，图 1.17 显示了这些同位素及其天然丰度和地球化学研究中所用同位素的基础比率。虽然这些稳定同位素都有助于油气地球化学解释，但碳和氢同位素比值在解释中最为常用。

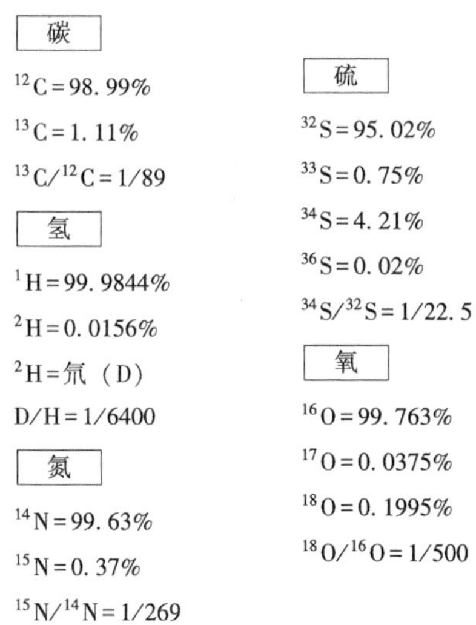

图 1.17　地球化学研究中使用的碳、氢、氮、硫和氧的稳定同位素及其天然丰度和稳定同位素的占比

虽然稳定同位素的实际比率是有用的，但它们通常是非常小的数值，在小数点后 3~5 位之间。为了更便于观察同位素比值的变化，人们通常采用 δ 表示法。稳定碳同位素的 δ 概念如图 1.18 所示。同位素比率被标准化，且每部分以千分之一表示，$-\delta^{13}C$ 值表明样品相对于标准物在^{13}C 中耗尽，正值表明在^{13}C 中富集。碳的标准 PDB 来自南卡罗来纳州上

白垩纪化石中的碳酸盐矿物；氢和氧稳定同位素测量的标准是平均标准海洋水（SMOW）；硫的测量标准是辉绿岩（CDT）；氮的测量标准是大气中的空气（AIR）。

碳和氢的同位素被人们广泛应用于油气地球化学，特别是在解释天然气和原油的来源时（第4章），而氧、硫和氮稳定同位素通常不用于解释上述问题。

$$\delta^{13}C\left(\frac{{}^{13}C/{}^{12}C_{样本}}{{}^{13}C/{}^{12}C_{标准}}-1\right)\times 100$$

图 1.18　用于报告稳定同位素比率的 δ 符号示例

该示例是关于碳的，类似的 δ 符号也可用于报告氢、氮、硫和氧稳定同位素比率

第 2 章　油气的生成与聚集

理解石油是如何形成的，对于发现石油聚集至关重要。从地球化学的角度来看，第一个要解决的问题就是石油的来源问题。一些学者认为，石油的生成是地壳或地幔深处的纯粹的非生物成因的过程（Kudryavtsev，1951；Porfir'ev，1974），其反应机制可能类似于 Fischer-Tropsch 反应（图 2.1），即由一氧化碳与氢结合形成油气（Szatmari，1989）。多数地球化学家经过大量研究认为，基于这些反应可能发生在非常深的地下，并且只产生少量的低分子量油气，因此不能作为在沉积盆地中探测到的大量石油以及在石油中检测到的复杂的分子结构和广泛的分子量范围的解释（Glasby，2006）。

$$CO+H_2 \xrightarrow{\text{催化剂}} CH_3(CH_2)_nCH_3+\text{其他碳氢化合物}+H_2O$$

图 2.1　由一氧化碳和氢气生成油气的 Fischer-Tropsch（费托）反应

大多数地球化学家认可的主流理论是：石油是从由被埋藏在沉积物中的生物起源的有机物转化而来的（Erdman，1965）。石油分子结构的复杂性、石油中烃类的分子量范围和石油的稳定碳同位素组成、观察到的旋光性以及在石油化合物中保留的某些生物结构都为石油的生物起源说提供了支持（Eglinton，1969；Speers 和 Whitehead，1969），有大量有说服力的证据可以支撑这一观点。

虽然沉积物都或多或少地含有一些有机物，但其中某些沉积物的有机物成分会很高，正是这些富含有机质的沉积物产生了油气，形成了油气聚集，这些沉积物即为烃源岩。虽然石油的生物成因将烃源岩中的有机质确定为油气的“原料”，但也因此产生了其他问题。这种生物材料是如何融入并保存在沉积物中的？什么样的沉积条件和沉积环境更有利于有机质的保存和烃源岩的形成？沉积物有机质是如何转化为石油成分的？一旦烃源岩形成，石油和天然气如何在地下移动并最终聚集成储层/圈闭系统？本章将主要回答上述问题，并为油气地球化学在勘探和生产中的应用提供一个总体框架。

2.1　沉积物中的有机质

烃源岩是在含水沉积环境中沉积有相对高浓度有机质的细粒沉积岩。从图 2.2 中可以看到，沉积物中的有机质有三个主要来源。第一种来源是原地有机质，是沉积点上方水体生物活动的产物。它主要是水生光合生物（如水柱上层透光区的藻类和浮游植物）的产物（Gagosian，1983），这些初级生产者可以被浮游动物和水层中的其他生物吞食，而这些生物也可能有助于沉积物的形成。第二种来源是外来有机质在被纳入沉积物之前，已经从它形成的地方被横向搬运了一段距离，它们通常是陆生高等植物的产物，陆生高等植物为河流体系提供有机质，并将其带到沉积环境中（Gagosian，1983）。外来有机质中的一小部分还可以通过风成作用输送到沉积体系域中（Gagosian 和 Peltzer，1986）。第三种来源则是再循环的有机质，这是较老沉积岩受到侵蚀并经沉积作用所形成的有机质。在这三种类型中，原地和异地输送的有机质对烃源岩的发育均具有重要意义，而再循环有机质已降解到几乎没有能力转化为石油和天然气的程度。

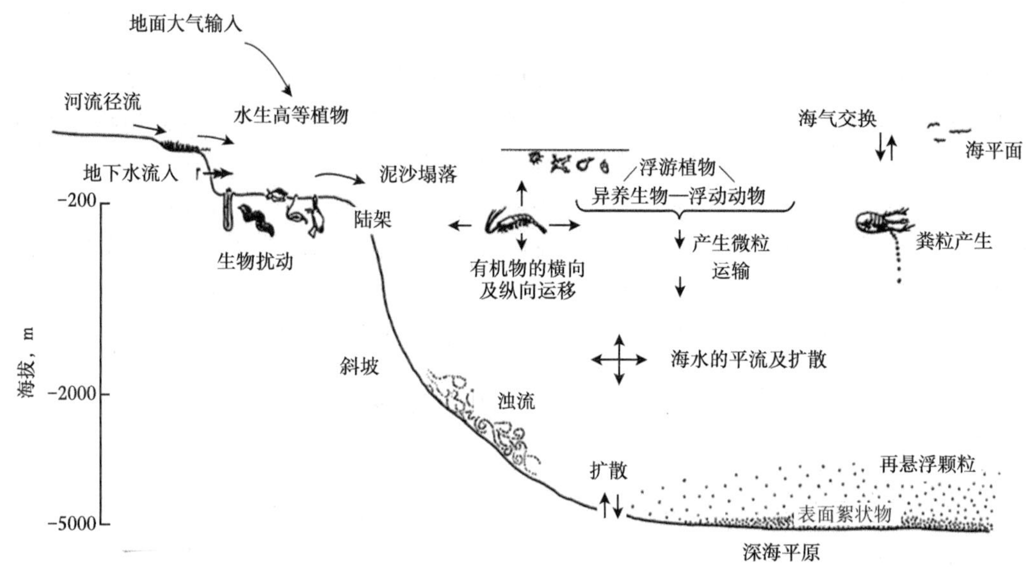

图 2.2　将有机物引入海洋沉积环境的运输机制示意图（Gagosian，1983）

为了获得足够数量的有机质以形成烃源岩，沉积环境中或沉积环境附近必须有较高的初级生物生产力（Calvert，1987）。初级生物生产力由一系列因素控制，包括接收到的太阳辐射量（与纬度有关）、营养盐供应（如氮、磷和铁）和陆地环境的供水等。从海生和陆生初级生物生产力的全球分布来看，生物生产力高的区域主要集中在陆地环境的赤道区域、大陆边缘和极地地区的海洋环境。赤道地区的陆生生物的生产力是由那里的太阳能和供水驱动的，中纬度地区相对较弱的陆生生物生产力反映了这些地区初级生物生产的季节性。海洋环境中大陆边缘的初级生物生产力受河流系统中营养物质流入的影响，且从河流系统中流出来的水会不断补给这些营养物质。相比之下，由于缺乏补给，开阔海域的营养物质匮乏，初级生产力很低。极地地区受益于营养丰富的上升洋流，这与其表现出的高的季节性生物生产力相对应。营养丰富的洋流上涌也会影响中—低纬度海洋地区的生产力，由于盛行风的影响，这种现象在大陆西海岸尤为突出。

烃源岩极有可能沉积在大陆边缘，而非深海环境中。赤道地区最有可能出现最高的生物生产力，但这也并不意味着中—高纬度地区完全不会出现，因为这些地区也可能会有超过平均生产力的现象。除此之外，上升流区域也可以提高生产力和增加烃源岩的发育潜力。

初级生物生产力不是烃源岩发育过程中唯一需要考虑的因素。有机质需要进入沉积物并被保存下来，这样才有机会形成烃源岩。当原地和外来有机质进入沉积环境上方的水层中时，需要向沉积物—水界面移动，被沉积物掩埋并在其中转化为稳定的形态，才能成为烃源岩的一部分。进入并通过水层的过程需要迅速完成，有机物到达沉积物—水界面的时间越长，就越有可能被氧化等无机化学过程降解或被生物体吞噬。原地有机质快速输送到海底的有机质是粪球。光照区的浮游植物可被浮游动物吸收后以粪球的形式排泄，但浮游动物通常不是高效的分解者，浮游植物中的大部分有机质都被储存下来。粪球比原始的浮游植物的密度更大，更具冲击性，并会作为海洋雪的一部分迅速沉降到海底。

一旦进入沉积物—水界面，有机物的储存量就取决于可用氧化剂的数量、消费者有机体的数量和埋藏（沉积）速率。就可用氧化剂的数量而言，有机物的储存取决于沉积物—水界面的氧化/缺氧边界的位置（Demaion 和 Moore，1980）。如果氧化/缺氧边界大大低于沉积物—水界面，则氧化过程以及需氧生物活动可消耗沉积物表面的任何有机物，这种情况也将促成生物扰动，消耗更多的有机物，从而使沉积物进一步氧化。如果有机物停留在沉积物—水界面或界面周围的时间足够长（缓慢的沉积速率），将会被高度降解或被完全破坏；如果氧化/缺氧边界位于沉积物—水界面或略低于沉积物—水界面，而且沉积速率快到界面处有机物的停留时间最短，则氧化反应和生物活动可能会被限制（Didyk 等，1978；Demason 和 Moore，1980），这为有机物的保存提供了更好的机会。不过，当氧化/缺氧边界位于沉积物—水界面（缺氧底水）上方水层中的某个位置时，有机物保存的条件是最佳的（Didyk 等，1978；Demason 和 Moore，1980），这种情况下不仅氧化过程会停止，而且缺氧的底部水会将生物活动限制在效率较低的厌氧生物中（Demason 和 Moore，1980）。因此，储存有机质和形成烃源岩的最佳沉积环境为缺氧水体。

粒径对有机物的储存至关重要。从加拿大西部的维京页岩中不同粒径物质的有机质含量（表 2.1）可明显看出，有机质含量随着粒径的减小而增加，这是粒径对沉积物—水界面下方缺氧发育的影响的结果（Hunt，1963）。如图 2.3 所示，粗粒沉积物（如砂和粉砂）可以使底水循环进入沉积物（Tissot 和 Welte，1984），这种来自水层的循环可以补充水中间隙的氧气，使氧化过程在沉积物—水界面下继续进行，并促进有氧生物活动；在细颗粒沉积物，如细黏土和碳酸盐泥中，底水进入沉积物的循环受到高度限制，这促进沉积物间隙内局部厌氧环境的形成，促进有机物储存并限制可能消耗有机物的生物活动（Tissot 和 Welte，1984）。

表 2.1 加拿大西部白垩纪维京页岩中有机质含量随粒度变化示例（Tissot 和 Hunt，1984）

物质	有机物含量，%（质量分数）
泥砂岩	1.79
黏土（>2μm）	2.08
黏土（<2μm）	6.50

有机物在沉积物中的埋藏速率也是有机物保存的一个重要因素。如图 2.4 所示，如果沉积速率过低，有机物在沉积物—水界面停留的时间变长，降解过程会持续进行，为底部有机物的消耗提供更多机会（Ibach，1982）；如果沉积速率太高，有机物可能会被沉积物稀释，其浓度可能不足以使烃源岩形成（Ibach，1982）。从烃源岩的研究来看，沉积速率约为 1mm/a 最有利于烃源岩的发育（Ibach，1982；Calvert，1987；Kelts，1988；Bohacs 等，2005）。

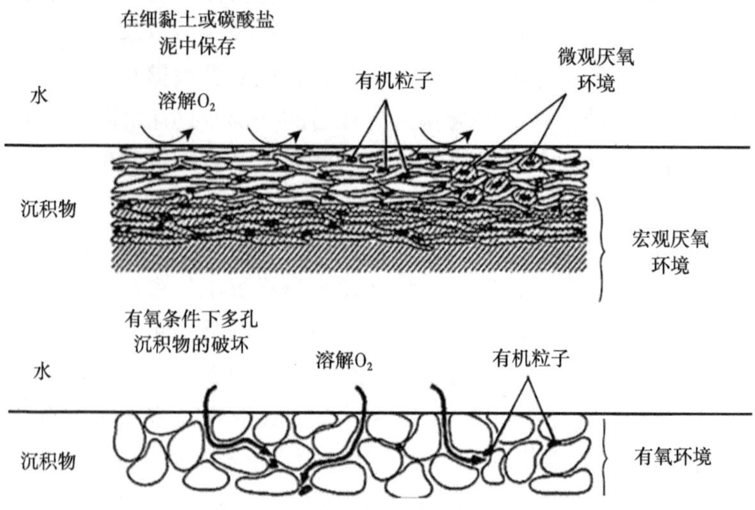

图 2.3　细粒沉积物与粗粒沉积物的储存对比图（Tissot 和 Welte，1984）

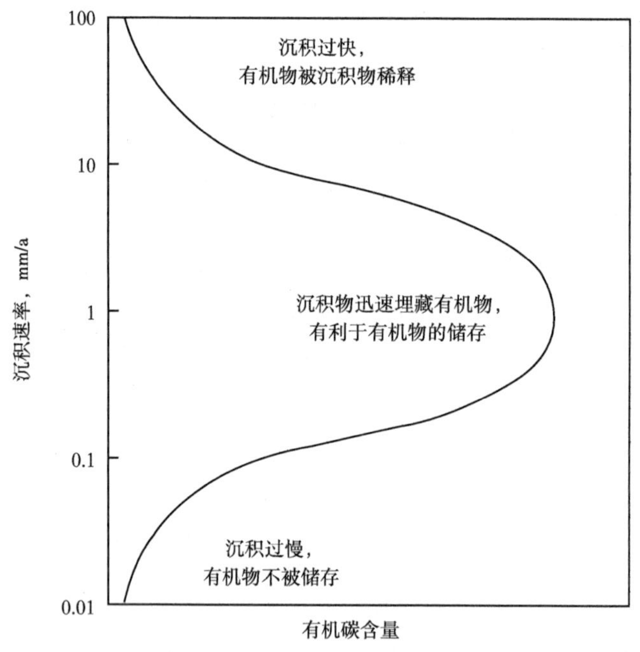

图 2.4　沉积速率对有机物储存的影响示例图（Kelts，1988）

2.2　干酪根的形成

最初进入沉积物的有机质由于水层和沉积物—水界面的条件不同可能会经历一些变化，但一旦这些有机质进入沉积物，它们就开始了从生物有机质向地质有机质的重大转变。诸如水解、还原、氧化以及微生物活动等化学过程，开始将大分子有机物和生物聚合物分解成更小的有机化合物。

这些化合物之后的变化主要有两个途径，一部分形成溶于溶剂或不溶于溶剂的沉积有机质，如图2.5所示。另一部分生物有机质可能通过还原、脱水和脱羧作用进行其他改变，形成最初成型的沥青，而这种有机质大部分经过成岩、冷凝和聚合，最后形成干酪根（Welte，1974；Tissot和Welte，1984；Tegelar等，1989）。沥青是沉积物中保存的有机质的可溶部分，与石油不同的是，这种沥青源于其本身所在的岩石，形成于成岩作用早期，通常含有一些能证明生物体为沉积物提供有机质的化合物。相比之下，干酪根是保存在沉积物中的有机物中不溶于溶剂的部分，它是一种组成和结构各不相同，在适当的地下条件下可转化为油气的复杂物质。干酪根成分和结构的多样性由促成沉积物的生物类型及有机物的保存程度所控制（Vandenbroucke和Largeau，2007）。因此，并非所有干酪根的形成都是相同的，有的干酪根可能会产生油，而有的干酪根可能只能产生气体，甚至有的干酪根在某些情况下根本无法产生任何东西（惰性干酪根）。控制干酪根易产油还是易产气是其氢含量及其所含物质结构类型（化学组分）（Durand和Espitale，1973；Tissot等，1974）。干酪根必须富含氢且含有可以产生在原油中观察到的大而复杂的分子的内部结构才会成为易产油干酪根。相比之下，易产气的干酪根中氢含量较低，只需含有小而简单的结构就可以合成天然气中的化合物。

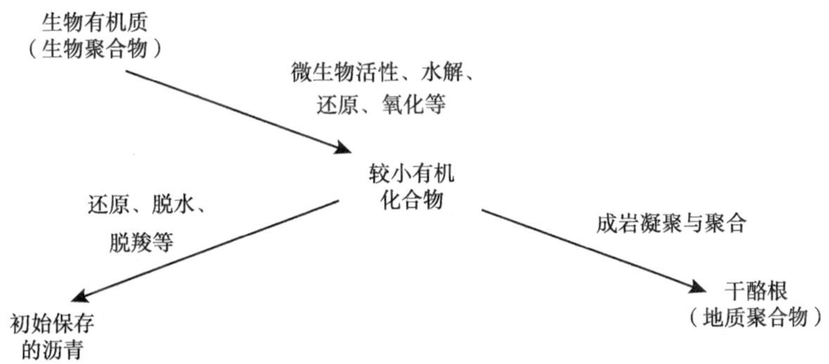

图2.5　生物有机质进入沉积物后成岩转化为地质有机质的示意图

如上所述，干酪根的性质既受提供有机质的生物类型的影响，又受有机物保存程度的影响。富含氢的生物有机质包括油气、蜡、脂肪和脂类。这些富氢有机物通常被认为是藻类、细菌、角质层、孢子和花粉对沉积物贡献的结果（Hunt，1996）。贫氢有机物来自纤维素和木质素等物质，它们构成高等植物的维管部分或木质组织（Hunt，1996）。如果有机物是在缺氧条件下沉积的，则有机物的氢含量会随着引入沉积物而保持不变。但储存条件也有可能降低有机物的氢含量，如果富氢有机物在氧化条件下保存不好，氢含量就会降低（Demaison和Moore，1980）。这可能会导致本来易于产油的有机物质变成易于产气的甚至惰性的干酪根。同样的，可能会变成易产气干酪根的贫氢有机物在氧化条件下难以储存，从而导致产气能力降低或产生惰性干酪根，图2.6总结了这一概念。

从这些观察结果可初步将干酪根分为产油型、产气型和惰性干酪根三种类型。当然，产油型干酪根可以再细分为产生蜡质油的和产生环烷油的干酪根，这就产生了使用至今的干酪根化学分类系统。基本生烃干酪根可被划分为Ⅰ型、Ⅱ型和Ⅲ型（Tissot，1974）。Ⅰ型干酪根具有较高的初始氢碳和较低的初始氧碳原子比，它主要来源于沉积在湖泊环境中

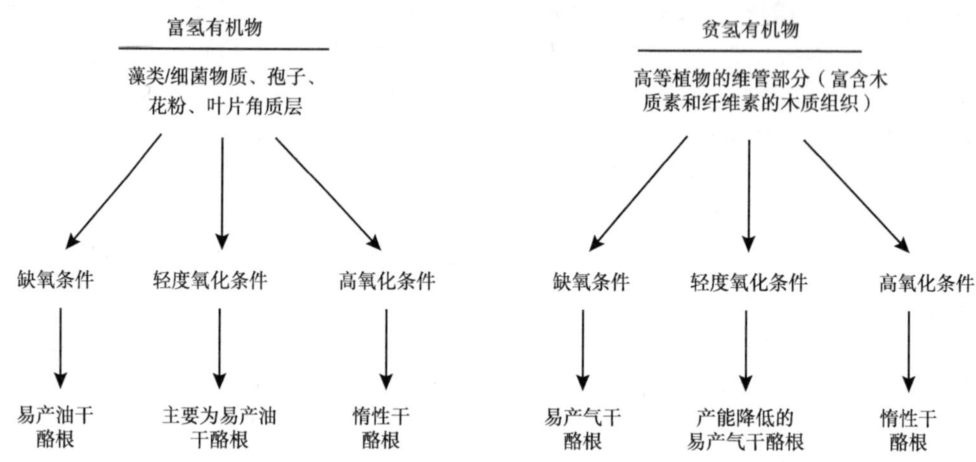

图 2.6　基于沉积物中有机物类型与保存条件之间的关系确定产生干酪根的生烃潜力类型图

的藻类物质，然而，也有人认为它是在咸水和潟湖环境中形成的（Revill 等，1994），Ⅰ型干酪根主要生成蜡油；Ⅱ型干酪根在其初始状态下具有中等的氢碳原子比和中等的氧碳原子比，它来源于海洋环境中还原条件下沉积的原地有机物，也可含有外来高等植物成分（角质层、孢子、花粉），与Ⅰ型干酪根相比，Ⅱ型干酪根主要生成环烷基油；Ⅲ型干酪根具有较低的初始氢碳原子比和较高的初始氧碳原子比，它来源于陆生高等植物碎屑或水生有机物，沉积于氧化环境中，主要产气。

Behar 和 Vandenbrouke（1987）对干酪根性质做了进一步研究，并得出了图 2.7 中的Ⅰ型、Ⅱ型和Ⅲ型干酪根结构模型。Ⅰ型干酪根具有丰富的长链脂肪族结构，环烷环（环状脂肪族结构）或芳香族结构较少，这也可以解释为什么Ⅰ型干酪根生成蜡油。该结构还表明，干酪根中化学基团之间的交联以—C—C—键为主，Ⅰ型干酪根的典型例子是始新世绿河页岩；Ⅱ型干酪根结构表现出比Ⅰ型干酪根更丰富的环烷环（环状脂肪族结构），这可以解释Ⅱ型干酪根可生成环烷基油的原因。与Ⅰ型干酪根相比，Ⅱ型干酪根之间的交联含有更多的—C—O—键和更少的—C—C—键，Ⅱ型干酪根的典型例子是巴黎盆地的托阿尔期页岩；Ⅲ型干酪根比Ⅰ型或Ⅱ型表现出更多的芳香族和短链脂肪族结构，缺乏丰富的长链脂肪族和大分子环烷环结构，限制了Ⅲ型干酪根生油的能力。Ⅲ型干酪根中的交联由—C—O—键和—C—C—键组成，但因为与苯环相连增加了其稳定性，使交联难以断开。Ⅲ型干酪根的典型例子是马哈卡姆三角洲腐殖型干酪根。图 2.7 中干酪根中的结构与交联是本章后面讨论生烃过程的重要考虑因素。

虽然这三种干酪根在大多数情况下足以描述沉积物中的活性有机质，但其他不生烃有机质也需要在此加以说明，如可以稀释活性干酪根的惰性干酪根，可作为第Ⅳ型干酪根（Tissot 和 Welte，1984）。Ⅳ型干酪根具有非常低的初始氢碳原子比和可变的初始氧碳原子比，Ⅳ型干酪根是沉积环境中有机物严重蚀变和氧化的产物，基本上是惰性的，没有生烃潜力。

随着干酪根研究的深入，人们逐渐意识到Ⅱ型干酪根的变异。这种变异的Ⅱ型干酪根最初发现于加利福尼亚州的中新世蒙特利页岩中，被称为Ⅱ-S 型干酪根。Ⅱ-S 型干酪根

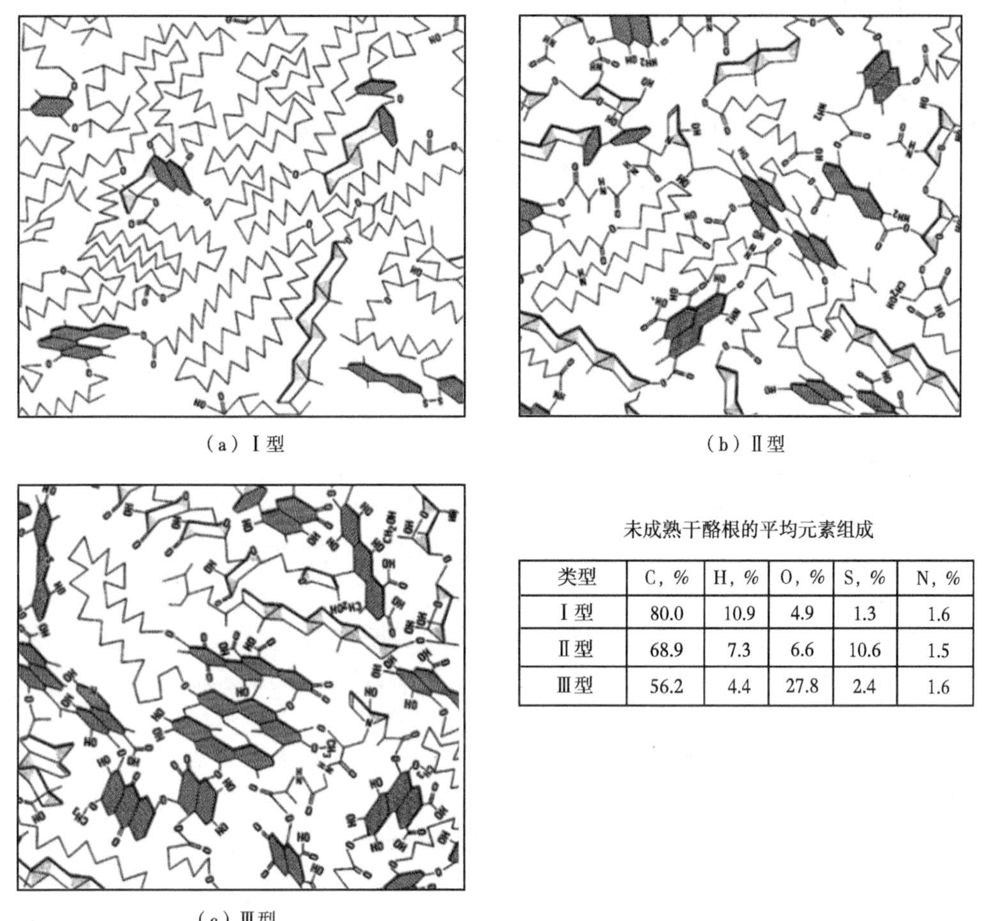

(a) Ⅰ型　　(b) Ⅱ型　　(c) Ⅲ型

未成熟干酪根的平均元素组成

类型	C, %	H, %	O, %	S, %	N, %
Ⅰ型	80.0	10.9	4.9	1.3	1.6
Ⅱ型	68.9	7.3	6.6	10.6	1.5
Ⅲ型	56.2	4.4	27.8	2.4	1.6

图 2.7　三种主要干酪根类型的结构模型图（Behar 和 Vandenbroucke, 1987）

链脂肪族结构显示为“锯齿”线，环烷结构显示为无阴影多边形，芳香结构显示为有阴影多边形。该图还提供了未成熟干酪根的平均元素组成

具有较高的初始氢碳原子比和较低的初始氧碳原子比，它来源于海洋环境中高度还原条件下沉积的原地有机质，通常与上升流有关（Orr, 1986）。Ⅱ-S 型干酪根硫含量高（8%～14%），由于厌氧微生物（如硫细菌）的存在，硫取代了氧在干酪根结构中的交联（Williams, 1984）。与—C—C—键和—C—O—键相比，这些—C—S—键相对较弱，从而产生了早期的高硫环烷基油（Orr, 1986）。

与Ⅱ型干酪根相似，Ⅰ型和Ⅲ型干酪根也有富含有机硫的变异类型。Ⅰ-S 型干酪根结构交联中硫取代碳（Sinninghe 和 Damste 等, 1993），Ⅰ-S 型干酪根的形成与沉积环境中的高盐条件有关（Sinninghe 和 Damste 等, 1993; Carroll 和 Bohacs, 2001），可能是大量硫酸盐成岩硫化的结果（Sheng 等, 1987），由于—C—S—键的丰富性，其生成时间可能早于传统的Ⅰ型干酪根（Carroll 和 Bohacs, 2001）。Ⅲ-S 型干酪根的发现源于古近纪—新近纪的褐煤（Sinninghe-Damste 等, 1992），它具有高的 S/C 原子比（0.04），加热后会生成丰富的硫化物。有趣的是，Ⅰ-S 型和Ⅲ-S 型干酪根十分罕见，仅在世界上少数盆地中存在且数量有限，并不是石油聚集的主要贡献者。

烃源岩的沉积条件并不完全相同，季节变化和大气循环会对沉积物中有机物的类型和数量产生深远的影响，因此很少有烃源岩只含有一种类型的干酪根，大多数含有两种或两种以上类型，通常为Ⅰ型和Ⅲ型或Ⅱ型和Ⅲ型的混合物。大多数沉积物中也可能存在少量的Ⅳ型干酪根，但Ⅳ型干酪根的存在通常被排除在外，除非其浓度很高。由于混合干酪根十分常见，所以在描述烃源岩沉积及其可能产生的油气时，需要考虑它们的存在。

2.3 烃源岩沉积

从上述讨论可得知，烃源岩沉积的最佳条件是沉积环境及其周围具有较高的初级生物生产力。这种有机物应含有丰富的氢，主要来自藻类/细菌物质、孢子、花粉和叶片角质层。沉积环境中的氧化/缺氧边界应接近或高于沉积物—水界面，以促进良好的有机质保存。沉积的沉积物应为细颗粒沉积物，如非常细的粉砂黏土或碳酸盐泥（<4μm），以中等沉积速率（1mm/a）在不稀释有机物的情况下掩埋和保护有机物。

在海洋沉积环境中，Demaison 和 Moore（1980）认识到一些沉积环境形成的烃源岩可能与有机物的保存有关。这些想法被进一步提炼成两种基本的沉积背景：大陆架和斜坡上的通风开阔的海洋以及包括小盆地、陆表盆地和潟湖在内的沉积盆地（Demaison 等，1983）。对沉积盆地的研究也同样适用于大型湖泊。在如图 2.8 所示的沉积环境中，沉积物—水界面上方的水柱中出现缺氧条件是至关重要的，通过限制底栖生物清除和微生物对厌氧生物的活性来确保有机质的储存。如果含氧水持续存在，被保存下来的有机质将十分有限，有机质容易变成易产气型干酪根（Ⅲ型干酪根）或无生烃潜力型干酪根（Ⅳ型干酪根）。

在图 2.8（a）所示的开阔海洋环境中，缺氧可能是最低含氧量层形成的结果，当地表水的高有机生产力将大量有机物引入水层时，就会发生这种情况。生物体对氧气的需求会耗尽水中的溶解氧，从而导致缺氧条件主要发生在中层水中（Dow，1978）。如果底水没有得到来自极地地区的富氧、较冷、密度较高的水的补充，底水中氧气的消耗可能会加剧（Demason 和 Moore，1980）。缺氧层的发育通常是季节性事件，表明烃源岩的发育需要这些季节性事件每年持续出现。

在开放海洋环境中，上升流是形成缺氧层的另一种机制（Demason 和 Moore，1980；Parrish，1982）。上升流通常形成于盛行风方向与海岸近乎垂直的地方（Ziegler 等，1979），如秘鲁海岸线。风对海岸的冲击会造成地表水的净外运，当地表水离开海岸时，它从下面被替换，造成上升流。在两个水团汇聚处的开阔海域，由于季风的影响，也可能会出现上升流。上升流的水营养丰富，导致地表水有机生产力高。如前所述，水层中可能会引入大量有机物，这会耗尽水中的溶解氧，从而构成缺氧条件。在沉积盆地环境中[图 2.8（b）]，当水体内由于水温或盐度稳定而存在接近水平的密度边界时，水体分层可导致缺氧底水的发育（Demaison 等，1983）。

水平衡也很重要（Demason 和 Moore，1980），如图 2.9 所示，当蒸发量超过河水输入量时（如地中海），负水平衡通常会在干旱地区形成一个氧化水层。蒸发使地表水具有较

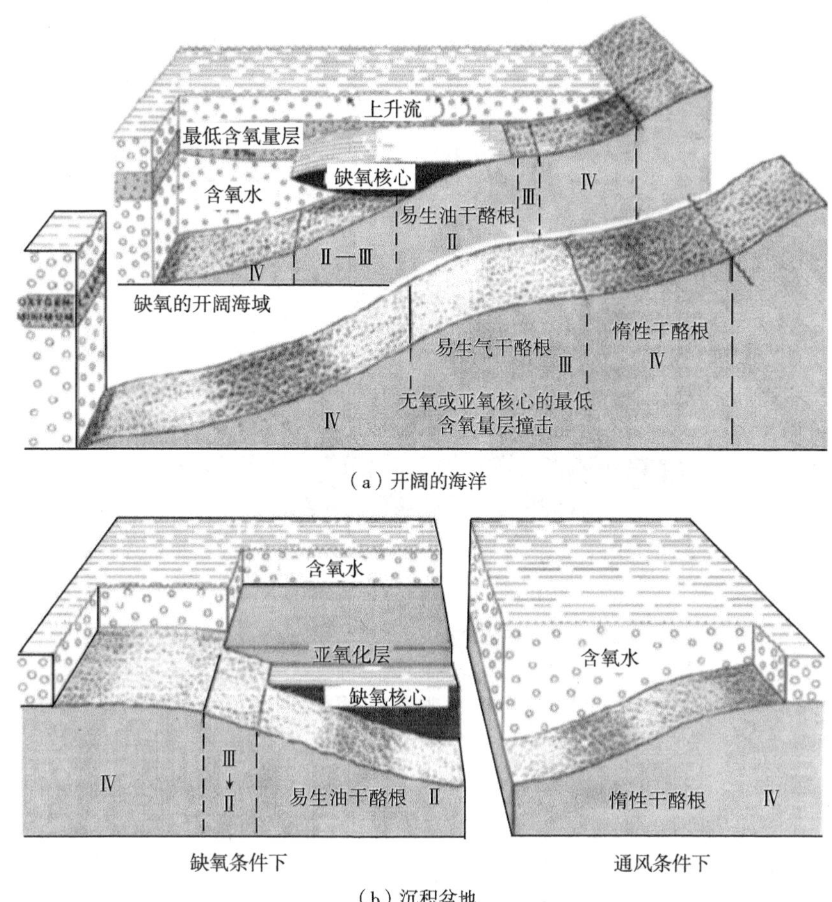

（a）开阔的海洋

（b）沉积盆地

图 2.8　海洋环境中烃源岩形成的潜在沉积环境示意图（Demaison 等，1983）
数字Ⅱ、Ⅲ、Ⅳ表示预期的化学干酪根类型

高的盐度和密度，这种密度更大的水最终会下沉，使底层水和表层氧化水混合。一个缺氧的沉积盆地，如黑海，存在一个河水输入量超过蒸发量的正水平衡（图 2.9）。较新鲜和较低密度的河水仍留在表层，这有助于形成分层水柱。由于缺乏混合，最终会导致缺氧底水的形成，从而有利于有机质的保存。同样的条件也会导致陆表海和潟湖环境中底部水体缺氧。

正如在墨西哥湾中北部所观察到的那样，在大陆架和斜坡上也可以形成沉积盆地。那里的盐岩运动导致众多斜坡内“小盆地”的形成。如果这些盆地足够大和足够深，且边缘周围的水深条件限制或阻止了水循环，盆地内就会形成缺氧条件（Williams 和 Lerche，1987）。

大型湖泊与沉积盆地类似（Demaison 等，1983），在低纬度地区，大型湖泊容易形成密度分层，从而导致潜在的缺氧条件。例如，始新世时期的戈苏特湖和乌因塔湖的水体密度分层导致了绿河组油页岩的形成（Demaison 和 Moore，1980）。与海洋环境相比，缺氧湖泊中发育的干酪根类型可能为Ⅰ型或Ⅰ型和Ⅲ型的混合。在中纬度地区，气候条件的季节性变化会导致湖泊中的水层倾覆（Swain，1970），来自河流输入的含氧冷水，增强了这些湖泊的氧化条件。

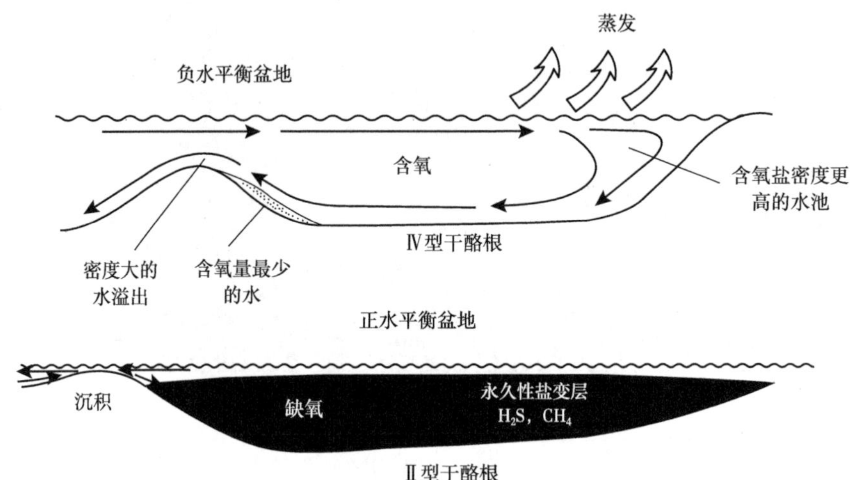

图 2.9　泥底盆地负水平衡和正水平衡及其对氧化和缺氧条件发展的影响示意图（Demaison 和 Moore，1980）

在如图 2.10 所示的三角洲环境中，来源于河流搬运的陆生高等植物的有机质和来源于滨海沼泽的有机质的输入可能是形成近端沉积有机质的主要原因（Barker，1982）。在三角洲的陆地部分，这种有机质的输入可能是大量的，并形成煤炭沉积。在近岸（近端）部分，陆地高等植物可能受到氧化条件影响产生Ⅲ/Ⅳ型干酪根（Kosters 等，2000）。在前三角洲沉积环境中，三角洲前缘河流将营养物质输入海洋水域，促进浮游植物的生长。该环境的有机质输入可能由海洋浮游植物和藻类物质主导。水体中较高的有机质生产率可能有助于还原性更强的（缺氧）条件的形成，其特征与上升流相似，将产生Ⅱ/Ⅲ型干酪根（Barker，1982；Kosters 等，2000）。

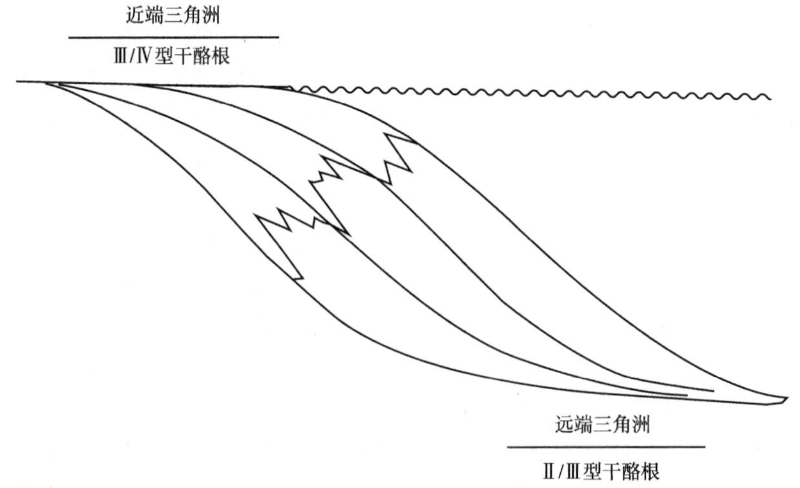

图 2.10　前积三角洲沉积环境中干酪根类型分布示意图（Barker，1982）

裂谷盆地的湖泊沉积也有利于烃源岩的沉积。在裂谷盆地中，一系列狭窄的半地堑沿着由调节带隔开的裂谷轴发育（Younes 和 McClay，2002）。半地堑亚盆地在交替的半地堑中具有相反的倾斜方向，半地堑中的湖泊发育是根据盆地几何结构的不同而变化的。此外，弯曲边缘和裂谷的每个半地堑都可能有多个沉积物源输入。烃源岩的质量与裂谷盆地内的沉积环境有关，如图 2.11 所示。深湖沉积物可能含有易生油的Ⅰ型干酪根（Katz，1990；Lin 等，2001），而浅湖沉积物缺氧程度较低，通常同时含有易生油的Ⅰ型干酪根和易生气的Ⅲ型干酪根（Carroll 和 Bohacs，2001）。浅层河流和冲积沉积物主要在氧化条件下沉积，这些沉积物中保存的有机质包括煤和大多易生气的Ⅲ型干酪根（Carroll 和 Bohacs，2001；Lin 等，2001）。在不同的半地堑之间，烃源岩的质量和分布差异很大，在一个半地堑中存在良好的烃源岩并不能预示相邻半地堑中也存在烃源岩（Morley，1999）。

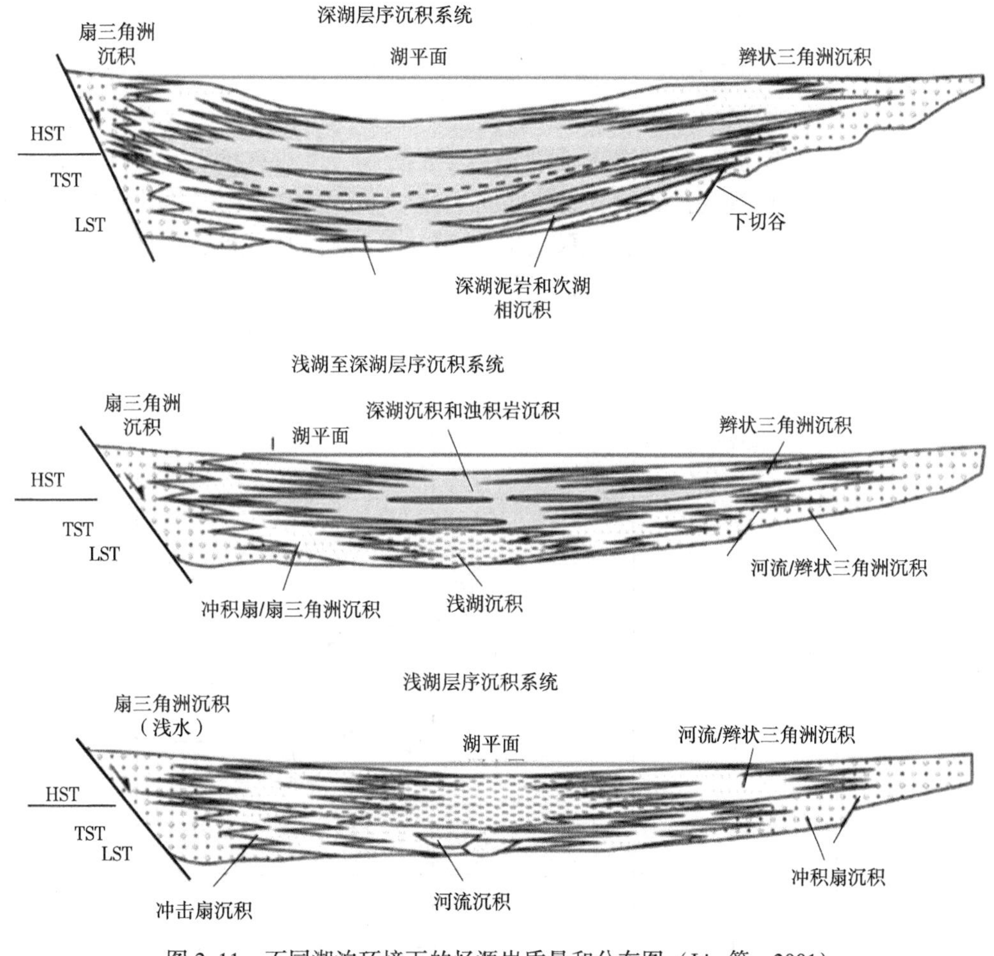

图 2.11　不同湖泊环境下的烃源岩质量和分布图（Lin 等，2001）

HST—高位体系域；TST—海进体系域；LST—低位体系域

除了裂谷盆地中存在与湖泊相关的烃源岩发育外，早期海相侵入裂谷也有利于烃源岩的沉积，如在南大西洋开放期间观察到的情况（Heilbron 等，2000）。裂谷盆地狭长的几何结构可能导致海侵早期的水循环受限，从而造成缺氧环境的形成，如果存在足够高的原生有机生产力，则可能发育烃源岩。

总而言之，已观察到的烃源岩发育的沉积环境包括：（1）与上升流区域相关的开阔海洋缺氧环境或形成最低含氧层的环境；（2）形成分层水柱的区域（如陆缘海的深水区、沉积盆地、高盐度潟湖和缺氧湖）；（3）三角洲的远端区域、与裂谷相关的深水湖环境和早期海相侵入的裂谷盆地等。尽管这些沉积环境可能造成缺氧条件和易生油烃源岩的沉积，但这些盆地的几何特征并不意味着存在产油层。例如，在目前的海洋中，我们发现并不是所有的最低含氧层和上升流区域都会产生缺氧环境。因此，烃源岩的发育，要求该沉积体系还需具备足够高的初级生产力和生成有利的有机质类型，以及额外的缺氧条件。

2.4 成熟与生烃

一旦有机质进入沉积物并形成干酪根，形成石油聚集的下一步就是将有机质转化为构成石油的油气和其他化合物。这种转化是沉积物有机质成熟的副产物。成熟过程，有时也称为热演化过程，是指受埋藏作用下地层温度升高的影响，沉积有机质发生化学变化的过程。图 2.12 概述了这些过程，展示了成熟期间干酪根、石油和天然气的共同演化。从未成熟（成岩）阶段开始，干酪根处于原始状态，存在的任何气体或沥青都保存在沉积环境中，随着干酪根进入成熟（热解）阶段，就越过了生烃作用的开始阶段。当干酪根开始生成石油（沥青）和天然气时，它的成分逐渐变化。随着油气的生成，干酪根的化学组成继

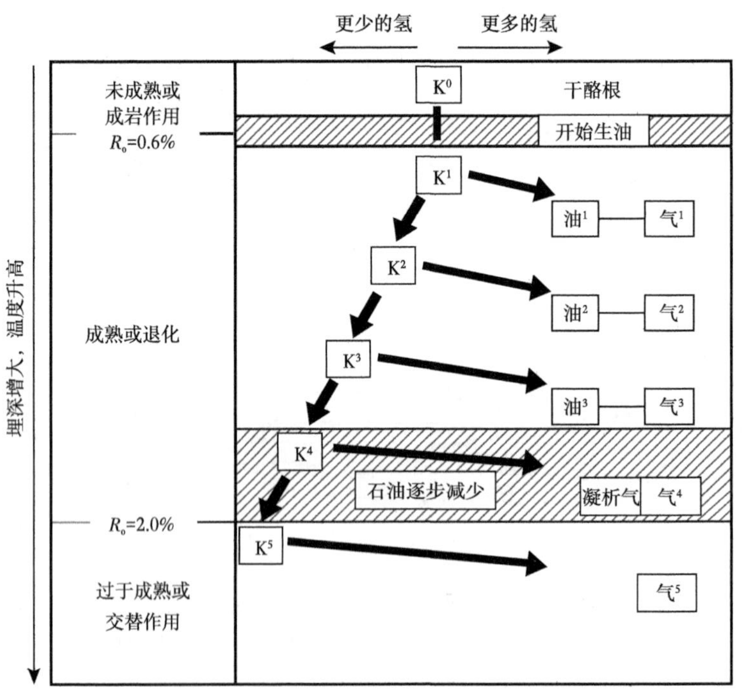

图 2.12　沉积有机质从未成熟逐渐到过于成熟所经历的动态变化示意图
（修改自 Horsfield 和 Rullkotter，1994）

续发生变化，产生更多的石油（沥青）和天然气。与此同时，已形成的石油（沥青）和天然气也在发生组分变化，反映了干酪根母质的变化。最终，干酪根的生油能力（沥青）在油相分离阶段耗尽。与此相反，天然气体和轻烃逐渐形成凝析油相。最后，当沉积物达到过成熟（变质）阶段时，只能产生有限的气体，直到干酪根中可用的氢耗尽。

通过研究干酪根、天然气、石油和沥青在热演化过程中的一系列变化，可以描述这些物质成熟过程中的动态性质。观察干酪根，可以发现其结构和化学成分的变化。在图2.13中，Behar和Vandenbroucke（1987）根据现场实例的观察，对Ⅱ型干酪根从未成熟状态到过成熟状态的结构变化进行了建模，丰富的脂肪结构可以证明在未成熟状态下［图2.13(a)］，化学分子取向更加随机以及富氢有机物的增多。随着成熟度的增加［图2.13(b)］，芳香族结构的增加反映出氢的损失，并且有迹象表明，这些芳香族结构会逐渐开始呈现优先取向；到过成熟阶段［图2.13（c）］，几乎所有的有机物质都是芳香族结构，它们在择优配位中的取向变得明显，此时干酪根开始转变成石墨状物质。根据对成熟度自然演化系列的观察，其他类型干酪根的演化过程与此处描述的Ⅱ型干酪根类型相似。

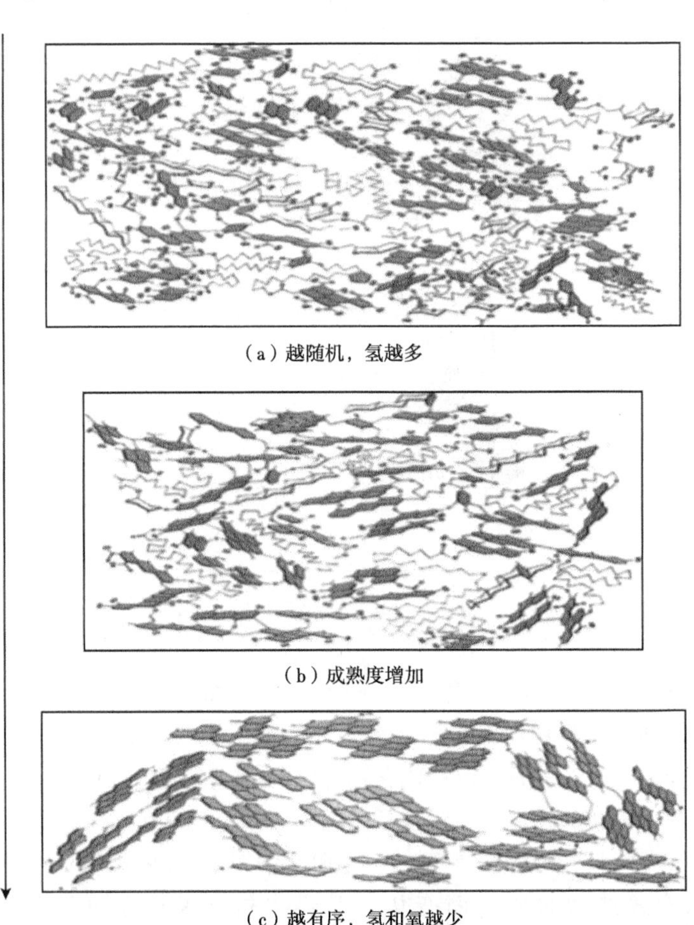

(a) 越随机，氢越多

(b) 成熟度增加

(c) 越有序，氢和氧越少

图2.13 Ⅱ型干酪根结构随成熟度增加的演化模型图（修改自Behar和Vandenbroucke，1987）
链脂肪族结构显示为“锯齿”线，环烷结构显示为无阴影多边形，芳香族结构显示为阴影多边形

与这些结构变化同时发生的还有化学变化，如干酪根的元素组成变化。如前所述，干酪根中氢含量会随着热成熟度的增加而变化，但实际上干酪根的整个元素组成都发生了改变。图 2. 14 显示了干酪根的氢碳原子比与氧碳原子比，该图最初是为跟踪随热演化等级增加的煤显微组分的化学演化而开发的（van Krevelen，1961），并适用于干酪根（Tissot 等，1974）。在范氏图（van Krevelen）中（图 2. 14），Ⅰ型、Ⅱ型和Ⅲ型干酪根分别从成岩作用/未成熟带开始演化，每种干酪根类型组成的谱带宽反映了组成的变化。这种变化可能主要来源于所用样品中存在干酪根类型的混合物以及实际端部干酪根的组成变化。随着热成熟的演化，干酪根进入油气生成的主带，这一阶段Ⅰ型和Ⅱ型干酪根开始趋于合并，这些趋势表明三种干酪根中的氢和氧都在逐渐耗尽而碳含量在增加。最后，随着这三种干酪根进入生气带，它们的元素组成变得非常相似。

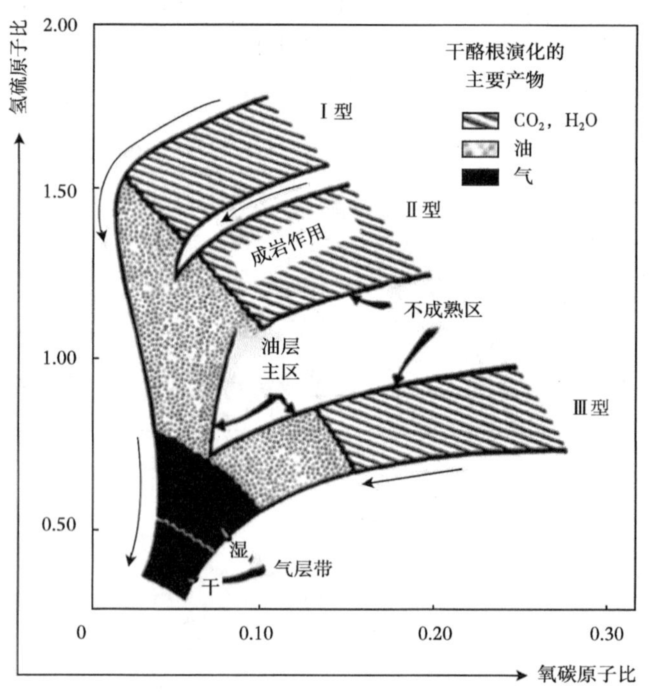

图 2. 14　van Krevelen 图（Tissot 和 Welte，1984）

当干酪根在成熟过程中不断演化时，所产生的气体也会发生成分变化（Schoell，1983）。如图 2. 15 所示，沉积物中的初始气体为生物甲烷（C_1），不含任何湿气（C_2—C_4）组分。当干酪根开始生成油气时，湿气化合物开始形成，在产油峰值相同的位置达到最大浓度。随着热成熟度的不断提高，湿气含量开始下降。这是因为产生了更多的甲烷，同时湿气组分减少，但最终湿气组分也会被裂解破坏，所以在气体演化的最后阶段只剩下甲烷。

气体成分随着成熟度的变化而变化，甲烷的同位素特征也发生了变化（Schoell，1983）。最初生物气阶段，生物甲烷贫^{13}C 同位素，因为生物进程更偏向富集^{12}C 同位素。当油气开始生成时，甲烷的^{13}C 含量开始缓慢增加，这是因为在干酪根最初破裂形成甲烷的过程中，^{12}C 碳键比^{13}C 碳键更容易断裂，但随着^{12}C 的优先损失，导致干酪根中^{13}C 相对

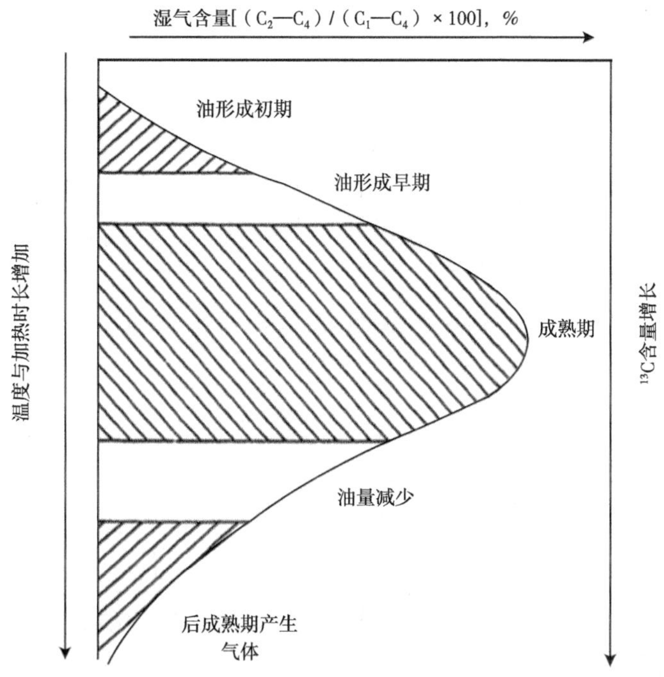

图 2.15　湿气含量和甲烷碳同位素比率随成熟度增加而变化的示意图

含量增加，甲烷中的^{13}C含量也逐渐增加。在干酪根的整个成熟/生成过程中，甲烷的^{13}C含量将继续增加。关于生成气体时成分和同位素变化的详细信息，将在第 4 章解释天然气数据一节中进行详细论述。

在生成的油/沥青中，它们的成分随热成熟度的增加而变化。图 2.16 所示的饱和烃气相色谱图展示了来自三个具有相同类型有机物但成熟度不同的沉积物，图 2.16（a）表示这类有机物的未成熟阶段，油气主要在C_{16}—C_{22}范围内。在这些烃类化合物峰之下有一个可能是环烷烃的明显的未分解物质的“峰”；在C_{28}—C_{32}范围内还有一个次级的未分解物质的“峰”；在C_{25}—C_{35}正构烷烃中还存在奇碳优势。这些特征是与沉积物中未成熟有机质相关的保存完好沥青的特征。在图 2.18（b）的中等成熟样品中，未分解物质的“峰”明显减少，C_{25}—C_{35}正构烷烃中的奇碳优势几乎消失；在C_{20}—C_{30}范围内，C_{15}—C_{18}类异戊二烯和正构烷烃的相对含量也有所增加。这些变化反映了干酪根生成的油气已经进入沉积物的原始沥青中，表明沉积物达到了重要的生烃阶段。在图 2.16（c）成熟样品的色谱图中，C_{28}—C_{32}范围内未分解物质的“峰”和C_{25}—C_{35}正构烷烃中的奇数碳数优势已被消除。相对于异戊二烯，C_{15}—C_{18}范围内的正构烷烃显著增加［相比图 2.16（b）和图 2.16（c）中的虚线］，而且色谱图中的包络线变得更平滑，且更像原油。这些特征表明，随着成熟度的增加，生成的烃类对沥青会有更多的贡献，且沉积物也正接近产油高峰期。除了干酪根生成的烃类发生变化外，石油/沥青最终会裂解并开始改变自身的成分。

上文提到的沉积物中干酪根、气体和沥青在热成熟过程中的变化只是一些已经被记录的例子。幸运的是，沉积有机质中的许多成分变化都是在成熟过程中以一种系统的方式发

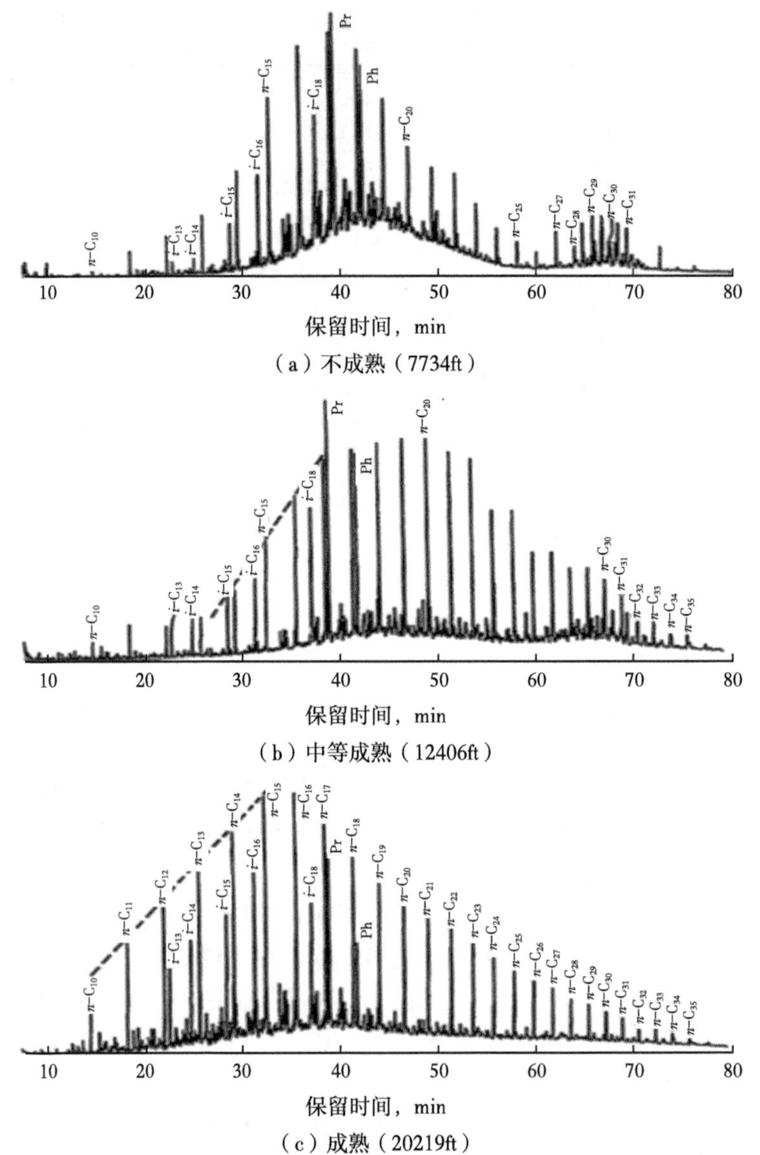

图 2.16　来自 Los Angeles-Ventura 盆地的三种含有相同有机物类型的沉积物的饱和烃气相色谱图（Price，2000）

显示了烃类特征随着成熟度的增加的变化，正构烷烃分别用 n-和相应的碳数标记；异戊二烯油气用 i-和它们各自的碳数标记；Pr 指姥鲛烷（pristane），Ph 指植烷（phytane）

生的。因此，它们可以作为成熟指标用来监控成熟过程的进展。这些所谓的成熟指标对于了解沉积物的热演化历史及其如何影响沉积物有机质和生烃变化非常重要。关于成熟度指标的更详细的论述详见第 3 章。

如上所述，沉积物有机质在成熟过程中的一些化学变化是油气形成的原因。简而言之，生烃作用是沉积物中干酪根在时间和温度的影响下发生的变化，是形成气体、油和富碳残渣的过程（图 2. 17）。生成的石油随后会分解形成更多的气体和额外的富碳残渣。尽管存在更复杂的油气生成模型，但这个简单的模型足以适用现阶段的讨论（更复杂的模型将在第 8 章中讨论）。

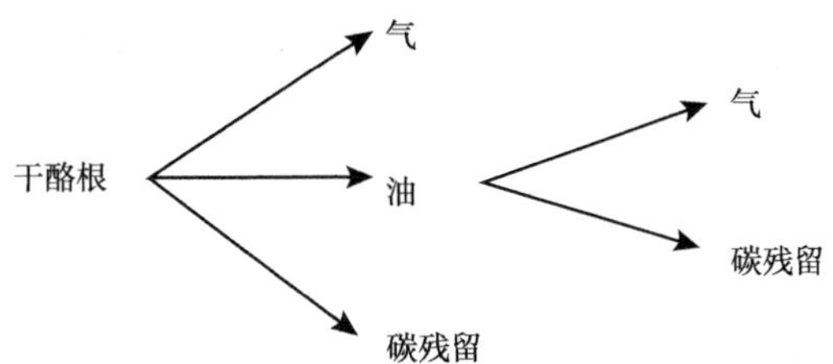

图 2. 17　油气干酪根生成的简单模型图

这个简单的油气形成模型是油气地球化学的基本概念之一，即生油窗。生油窗的想法始于许多研究人员的早期观察（如 Louis，1964；Philippi，1965），他们认识到烃源岩总有机碳相对于页岩中总有机碳含量随深度增加呈指数增长。后来的观察也表明，在更深的环境中，液态烃含量随着油气气体的相应增加而降低（Le Tran，1972）。这些观察结果构成了生油窗概念的基础。如图 2. 18 所示，生油窗不是单一进程的产物，而是多个进程同时进行并累积的结果。图 2. 17 中的简单模型展示干酪根转化为油和气，然后油转化为气的过程。虽然在自然界中还没有观察到气体被破坏的过程，但是在热力学理论上存在着气体被破坏的可能性（Barker 和 Takach，1992），因此，生油窗是所有这些过程的总和。在讨论烃源岩的生烃潜力时，生油窗内的烃源岩是一个重要的考虑因素，详见第 3 章。

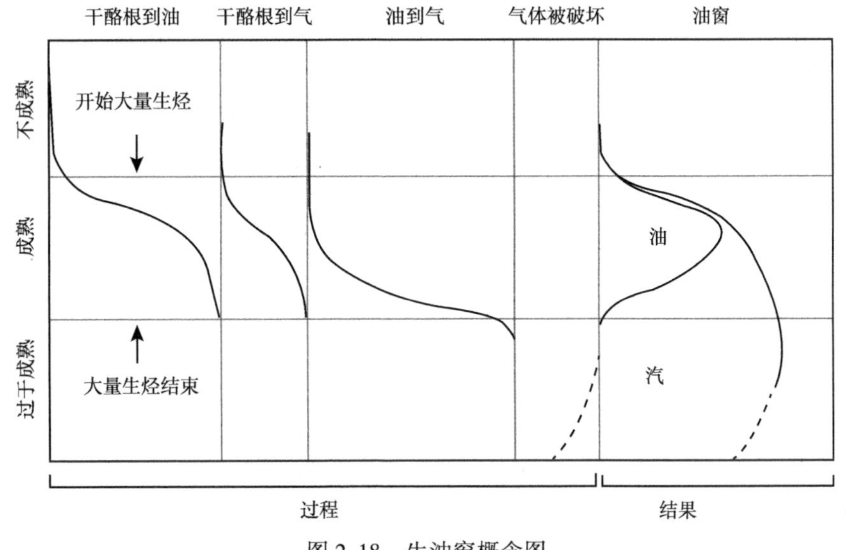

图 2. 18　生油窗概念图

在自然界中已观察到的油气反应，大致遵循一阶阿伦尼乌斯反应动力学（Tissot，1969），如图 2. 19 所示。一阶阿伦尼乌斯反应动力学控制的化学反应进程是通过跟踪反应物的消耗来监测的，在此指干酪根的消耗。

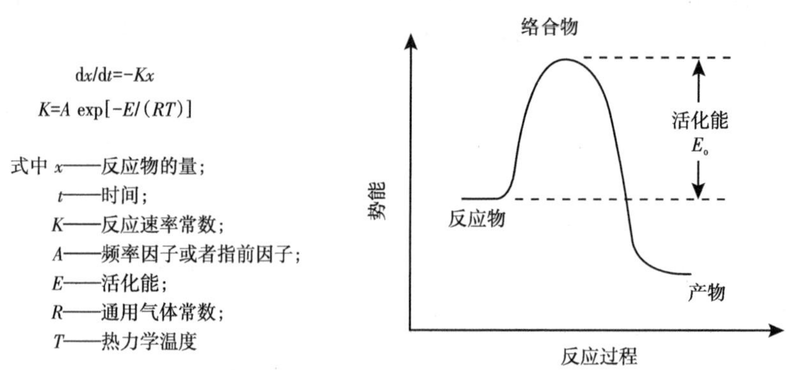

图 2.19　一阶阿伦尼乌斯反应动力学

然而，干酪根转化为油气的实际过程比图 2.17 所示的简单生成模型要复杂得多。尽管整个过程仍与一阶阿伦尼乌斯反应动力学类似，但将其描述为一系列平行反应的累积结果更为准确。如图 2.20 所示，每个平行反应大致代表干酪根结构中不同类型化学键的断裂。最初，这些键是干酪根中连接残余物结构或部分结构的交叉链接。从沉积物中保留了改造和未改造的生物输入。随着过程推进，断裂的键可能在这些结构的内部或外围，并可能断裂成小碎片。

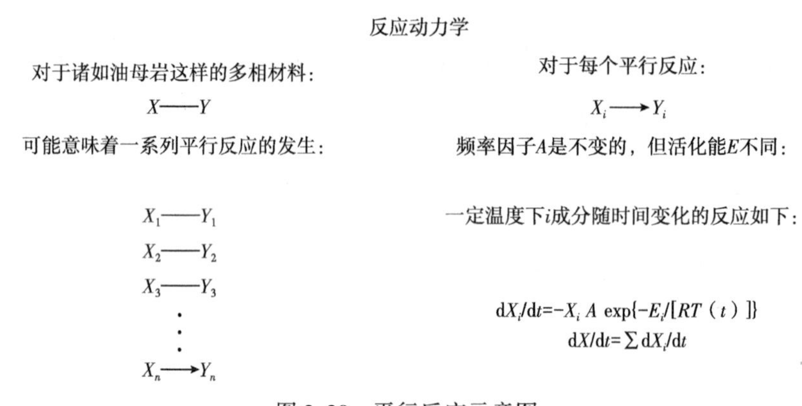

图 2.20　平行反应示意图

在地质条件下，对反应影响最大的两个变量是时间和温度。如图 2.21 所示，通过比较从时间线性增加到温度线性增加干酪根转化反应的过程，可以看出这两个因素对过程的相对影响。当反应随时间呈线性发展时，反应随温度呈指数级递增。很明显，温度对反应的影响比时间大得多，这与 Lopatin（1983）观察到的时间和温度对煤化过程的影响非常相似。

为了更好地了解不同类型干酪根的生烃过程，需要比较每种类型干酪根的动力学输入参数。这些参数可以通过实验来估算。在一系列加热实验中，为了确定某种干酪根的一系列平行反应的主要活化能，Tissot 等（1987）开发出了人工加热干酪根的方法。该方法使用至少三种不同的加热速率加热干酪根，并根据加热温度记录产生的油气量，然后将这些

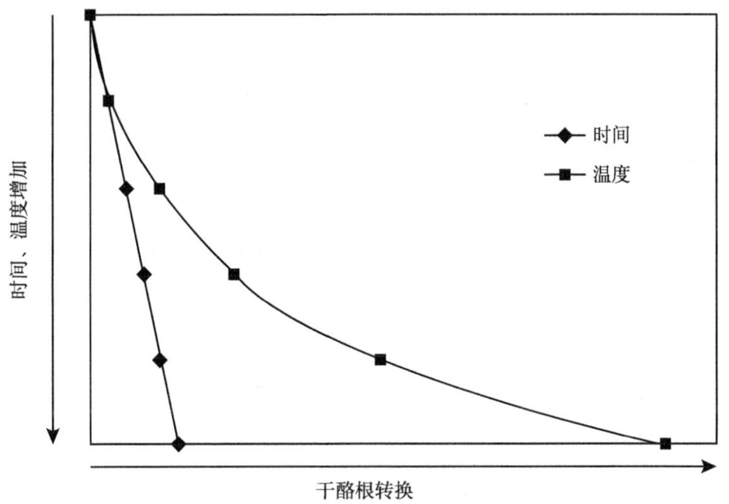

图 2.21 干酪根转换反应从时间线性增加到温度线性增加的过程示意图

数据用于迭代统计程序中，以将结果与一系列活化能、相应的频率因子以及分配给每个活化能的活性干酪根的量相匹配（Ungerer 和 Pelet，1987；Braun 和 Burnham，1994）。

多年来，研究者们对上述主要类型干酪根的生烃动力学参数进行了大量研究，其中包括 Tissot 等（1987）、Braun 等（1991），Behar 等（1992）、Tegelaar 和 Noble（1994）、Pepper 和 Corvi（1995）、Behar 等（1997）以及其他研究者。图 2.22 总结了部分研究中主要干酪根类型的动力学参数的代表性示例，这些动力学参数代表了干酪根类型的理想端

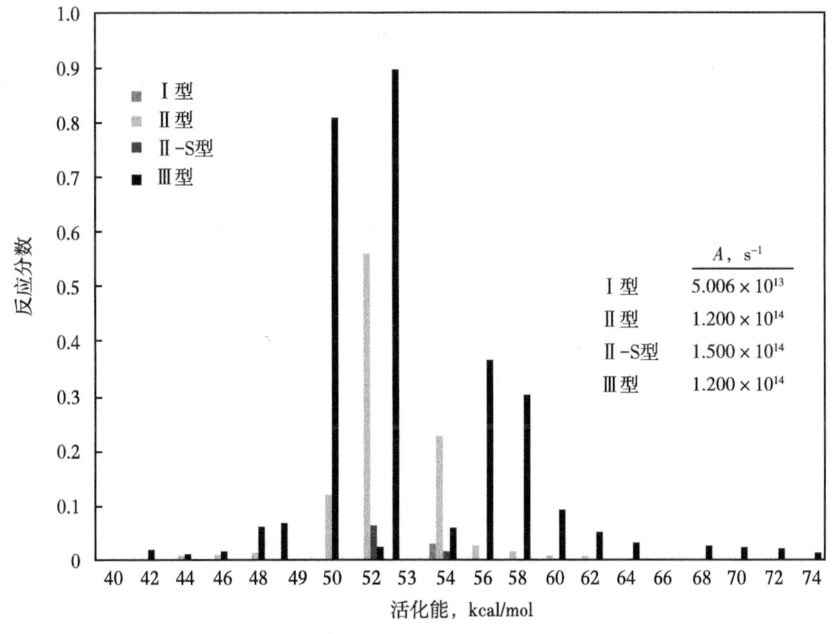

图 2.22 四种主要生烃干酪根动力学参数的代表性示例图

元，但并不反映大多数烃源岩中的干酪根混合物。对于所示参数，Ⅰ型干酪根动力学根据劳伦斯·利弗莫尔国家实验室的工作进行了调整（Burnham 和 Braun，1985，1999；Braun 等，1991），而Ⅱ型和Ⅲ型干酪根动力学则根据法国石油研究院（Tissot 等，1987；Behar 等，1992、1997）的研究进行了调整。Ⅱ-S 型干酪根动力学根据多种来源（Tissot 等，1987；Behar 等，1997；Jarvie 和 Lundell，2001；Lehne 和 Dieckmann，2007）及研究者自己的数据进行了调整。

图 2.22 中动力学参数的总结非常有启发性，表明Ⅰ型和Ⅱ-S 型干酪根主要由两种单一活化能控制。Ⅱ-S 型干酪根主要是活化能为 50kcal/mol 的单一反应，反映了干酪根结构中—C—S—C—交联的丰富性。因此，这些动力学参数表明Ⅱ-S 型干酪根在较低的温度下开始生成了大量油气；Ⅰ型干酪根也以活化能为 53kcal/mol 的单一反应为主，反映了干酪根结构中—C—C—C—交联的优势，这表明需要更多的能量（更高的温度）来破坏这些键。相比之下，Ⅱ型和Ⅲ型干酪根的活化能分布更为“高斯式”，这表明交联键类型存在更多的异质性。Ⅱ型干酪根含有—C—S—C—、—C—O—C—和—C—C—C—交叉链，其中—C—O—C—更丰富；Ⅲ型干酪根的活化能分布向高能量方向转移，这可能反映出Ⅲ型干酪根结构更稳定的芳香性质。

因为频率因子 A 是一个潜在的补偿活化能差异的因素，所以在直接比较这些分布时应注意该因素。由于生烃模拟结果比动力学参数更为合适，因此，使用相同的恒定加热速率对四种主要类型干酪根的生烃动力学参数进行模拟（详见第 8 章），然后利用这些模拟结果计算每种干酪根的转化率。转化率指已转化的活性干酪根的量除以最初可用的活性干酪根总量，以百分比表示。干酪根未转化时转化率为 0，所有干酪根转化后的转化率为 100%。图 2.23 中，通过计算每种干酪根转化率与温度的关系，利用图 2.22 中给出的动力学参数生成油气的相对顺序，证实了对键类型的猜测。Ⅱ-S 型干酪根比其他类型干酪根产生得更早，最有可能是由较弱的—C—S—C—键控制的；其次是Ⅱ型干酪根及其混合键

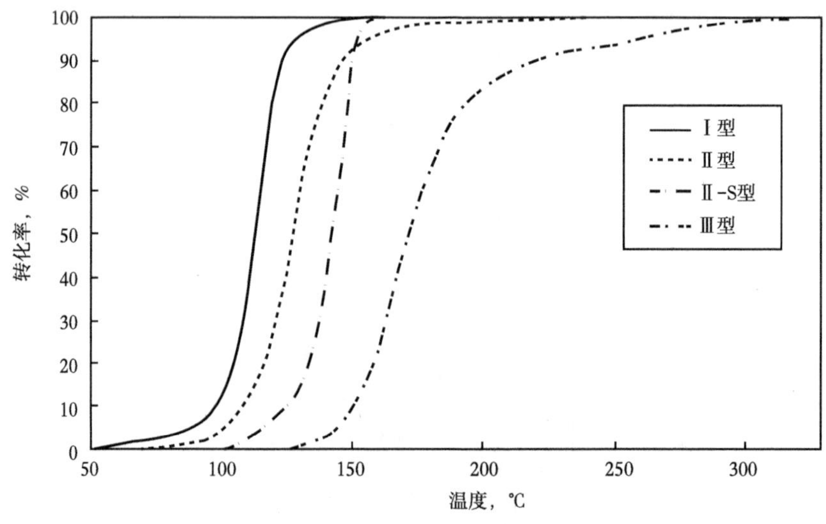

图 2.23　使用图 2.22 中给出的动力学参数模拟四种主要生烃干酪根的生烃结果图

型；然后是Ⅰ型干酪根，其比Ⅱ型干酪根产生的时间晚，由于—C—C—键的优势，干酪根很可能迅速完成。最后，Ⅲ型干酪根的延迟更长，很可能是由于其存在更稳定的芳香结构。最重要的是，这些结果模拟了在地下观察到的情况，即Ⅱ-S型干酪根最早形成，其次是Ⅱ型干酪根，然后是Ⅰ型干酪根，最后是Ⅲ型干酪根（Dembicki，2009）。

除了描述油气生成过程的初始阶段以及干酪根分解为油气过程外，一阶阿伦尼乌斯反应动力学还可用于描述第二阶段的油气裂解过程。与石油的形成一样，在石油裂解成天然气的过程中会出现氢的不足，这会导致剩余的碳以残渣或碳的形式存在；油的组成与干酪根组成类似，应该会对这个过程产生影响。与干酪根分解形成油气一样，油气裂解比我们的模型显示的要复杂得多（Behar等，2008），但由于人们认为通过石油裂解形成的天然气主要是通过破坏—C—C—键来控制的，因此通常将其模拟为单一反应。

从上一节对干酪根类型的讨论来看，一些干酪根（Ⅰ型、Ⅱ型和Ⅱ-S型）易生成油；一些干酪根易生成气（Ⅲ型）；一些干酪根为惰性干酪根（Ⅳ型）。这是否意味着只有倾油型烃源岩才产生石油聚集，而倾气型烃源岩产生气体聚集呢？虽然倾油型烃源岩是形成油气藏的必要条件，但油气藏既可以来自油源岩，也可以来自气源岩。尽管倾气型烃源岩一旦达到足够的成熟度就可以产生天然气，但它们也不是地下主要的天然气来源。在生油结束后，易生成油烃源岩中的干酪根仍具有重要的生烃能力。此外，易生成油烃源岩产生的20%~30%的油可保留在岩石中，吸附在矿物颗粒上并占据孔隙空间。这些剩余油最终会裂解形成大量的气体。由于倾油型烃源岩中干酪根的固有性质和可能含有的剩余油量，倾油型烃源岩后期可能比倾气型烃源岩产生更多的天然气（Dembicki，2013）。这一概念实际上是“非常规”页岩气开采的基础。

总之，干酪根在时间和温度的影响下产生油气，温度是主要控制因素。干酪根、油和气体成分随着成熟过程的变化而变化。观察干酪根、油和天然气的组成可以确定生烃阶段。值得注意的是，倾油型烃源岩也会产生气体，而且可能比倾气型烃源岩产生更多的气体。

2.5 石油运移

从烃源岩生成石油向储层/圈闭运移的过程开始于烃源岩孔隙中的部分间隙空间和可渗透运移系统，可渗透运移系统由多孔沉积物（如沙或粉砂）、断层或断裂带组成。这一过程通常称为初次运移或排出。在油气地球化学早期研究的很长一段时间里，初次运移的原理一直是人们猜测的话题，人们提出了许多解释这一现象的观点。如石油在水溶液、胶束溶液和气相中通过扩散运动（Tissot，1987）。然而，经过大量的研究，人们现在普遍认为油是从烃源岩中排出并以液相形式运动的（Palciauskas，1991）。

Ungerer等（1990）描述了液相初级运移的基本概念，如图2.24所示。随着油气的生成，它们会进入烃源岩的孔隙空间，取代孔隙水。在某一时刻，当含油饱和度区域合并，开始形成连续的亲油运移通道并达到了最低饱和度阈值时，随着石油的继续产生，超过这一临界饱和度的物质可以沿着这条路径移动，称为排油。如果这条亲油运移通道最终连接了一个运移系统，则该运移石油可能最终进入储层/圈闭并形成一个油藏。

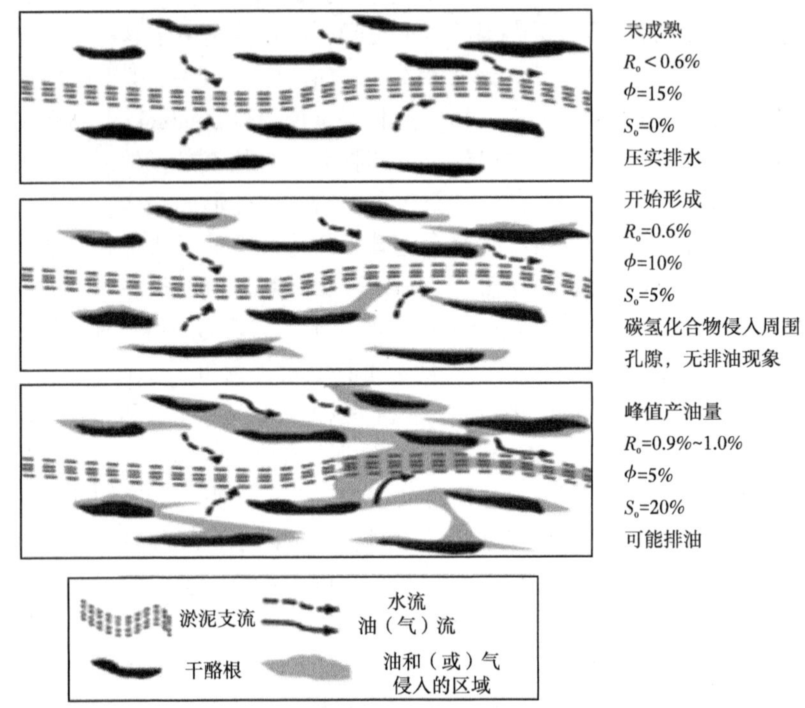

图 2.24　烃源岩排烃连续亲油运移通道开发的概念模型图（Vngerer 等，1990）

R_o—镜质组反射率；ϕ—孔隙度；S_o—含油饱和度

多种因素会影响烃源岩的排油，其中有机质数量和类型是主要控制因素。有机质越多，产生的石油和天然气就越多，高浓度的有机质可更快达到最低饱和阈值并在形成亲油通道后提供更多可排出的石油。在有机质浓度较低的烃源岩中，不充足的石油难以形成亲油通道，这样生成的石油和天然气便会滞留在烃源岩中。

干酪根类型也很重要，如前所述，某些类型干酪根产生的油比其他类型多。不同类型的干酪根在其时间—温度（热）历史的不同点也会产生油气。在富倾油型干酪根（Ⅰ型和Ⅱ型）的烃源岩中，生成的高产量液态烃很容易超过临界饱和度，从而形成和维持连续的亲油路径，伴生气的产生通过增加孔隙压力和降低油气迁移相的黏度来促进该过程。在以倾气型干酪根（Ⅲ型）为主的烃源岩中，可能会生成液态烃，但数量不足以达到临界饱和度并建立连续的亲油通道，因此液态烃保留在孔隙中。后期成熟阶段随着气体生成的增加以及残留液态烃裂解为气体，最终会形成一个运移路径，允许气体排出。倾气型烃源岩既难以产生液态烃又不能运移液态烃，因此称为倾气型烃源岩。

其他影响因素还包括沉积岩类型、埋藏速率、超压和烃源岩厚度。沉积岩孔隙度和渗透率会影响能否及何时形成连续的亲油运移通道；埋藏速率可能影响沉积物的加热速率，进而影响石油生成。缓慢埋藏可使沉积物孔隙空间中生成的油气逐渐积聚，导致油气缓慢连续排出，快速埋藏和快速升温会伴随着排烃，从而加速生烃。高埋藏速率也会导致沉积物压实不足，从而抑制流体流失并造成超压，这种过大的孔隙压力可能有助于最终将流体从烃源岩中排出并流入运移系统（Hunt，1990）。

烃源岩厚度是影响排烃效率的重要因素。由于从烃源岩内部到载体层的运移距离较短，因此薄层烃源岩可能会更有效地排出油气；随着岩层厚度的增加，到载体层的距离增大，这可能导致部分油气被困在烃源岩内部。

当生成的油气开始排出时，部分成分会被分离。Deroo（1976）研究了烃源岩中溶剂萃取有机物（沥青）与所排原油的组成差异。图2.25显示原油富含油气，尤其是饱和化合物，而残留在烃源岩中的物质含有更多的含氮、含氧和含硫化合物及沥青质。这表明可能由于烃源岩中的矿物基质具有较高的亲和力，因此含氮、含氧和含硫化合物和沥青质的流动性较低。在通向储层/圈闭系统的运移通道内，也可能产生含氮、含氧和含硫化合物和沥青质的额外损失。

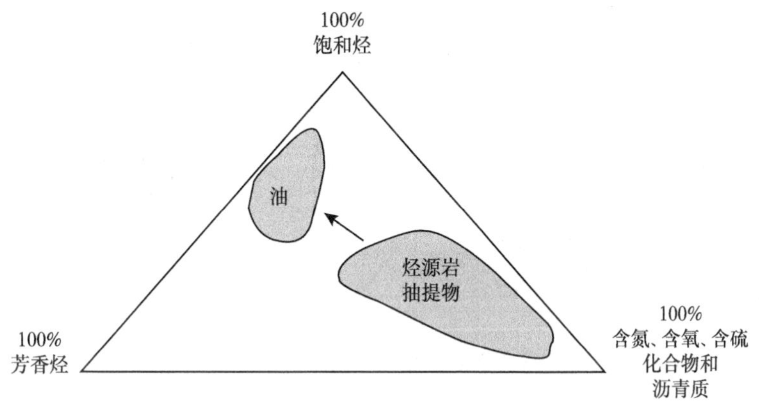

图2.25 烃源岩中溶剂萃取有机物（沥青）的体积组成相对于原油的变化图（Deroo，1976）

当油气离开烃源岩并进入运移系统，它们在地下的持续运动称为二次运移，控制二次运移的主要因素是浮力和毛细管压力（Dembicki 和 Anderson，1989）。运移系统可由多孔沉积物（砂岩或多孔碳酸盐）或与断层或断裂带相关的粒间空间组成。进入运移系统的油气开始聚集，并由与这些水湿粒间空间相关的毛细管压力固定，浮力是油气与粒间水密度差异的结果。随着更多油气的积聚，浮力增加，最终超过了运移系统中允许油气向上移动的毛细管压力。油气的垂直运动形成了一条连续的亲油通道，类似于烃源岩中形成的通道（Dembicki 和 Anderson，1989），油气不会像水一样大量移动（如达西流），但会因运移通道的大小而受到限制，仅需少量残留油气来形成和维持路径，如图2.26所示。因此，油可以沿着这些管道流动，损失最小，效率也很高。

当运移系统进入储层岩石时，油气的运动会继续沿着受限的路径进行，如图2.26所示。油气的初始运动将是垂直的，直到遇到渗透屏障，渗透屏障可以是顶部密封，也可以是储层岩石内部的中间屏障。然后，将开始向圈闭顶部的上倾运动以驱替地层水，达到圈闭顶部时开始聚集。

聚集或圈闭填充过程如图2.27所示。首先，油气将被限制在孔隙度和渗透率最高的区域（England 等，1987）。根据烃源岩的生烃史可知，随着石油脉冲式沿着既定的运移路径移动，油气会偶尔进行填充，随着填充过程的进行，油气最终将占据沉积物中较低孔隙度和渗透性的区域（England 等，1987）。这种从高到低的多孔性和渗透性的逐步填充可能

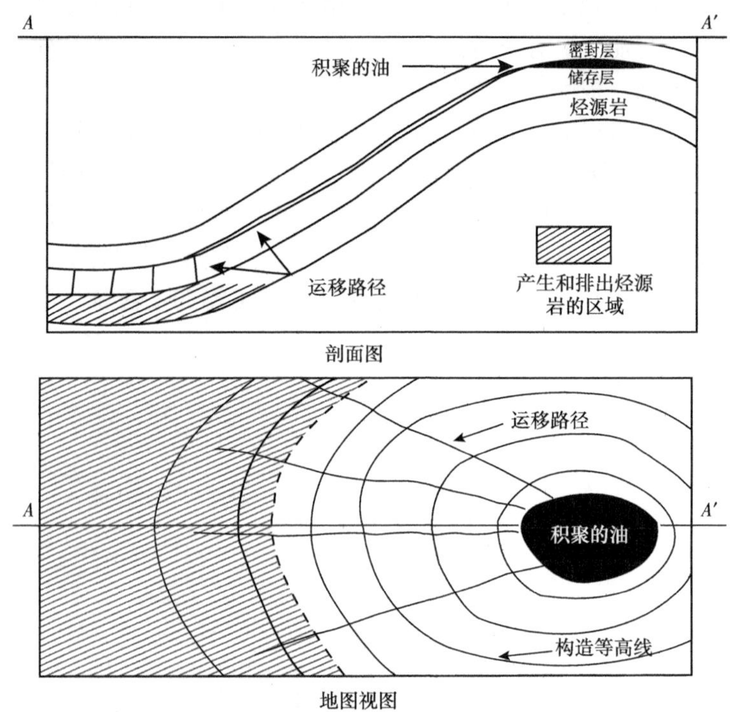

图 2.26　简单背斜构造油气运移的剖面图和地图视图（修改自 Dembicki 和 Anderson，1989）

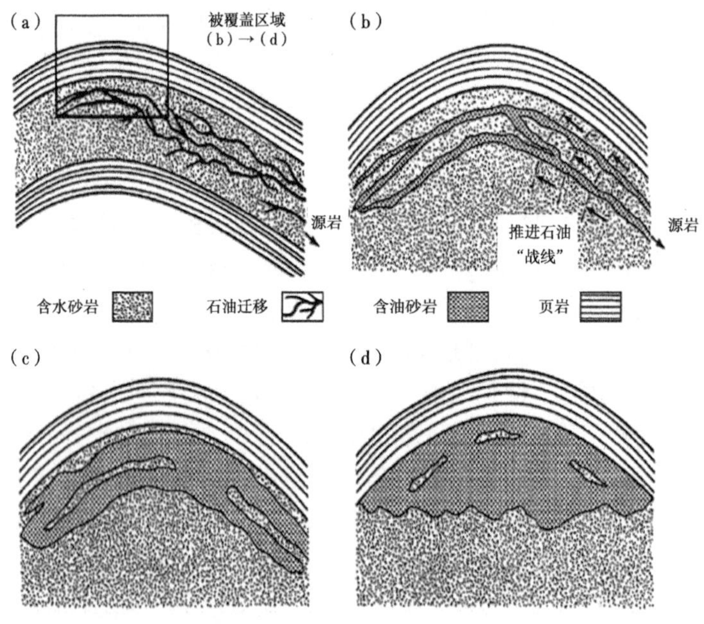

图 2.27　储层/圈闭填充过程示意图（England，1994）

(a) 展示了填充开始时的结构，方框显示了 (b)、(c)、(d) 中所示的重点区域；(b) 详细介绍了沿着有限的迁移路径进行的早期填充；(c) 说明了油迁移路径的合并；(d) 展示了接近完成的储层填充，注意 (d) 中的孤立水饱和区导致储层内出现孤立的充水区域。在充填的最后阶段，大部分地层水已被驱替，油水界面更加均匀。

储层被填满后油气离开原圈闭运移到另一个圈闭的现象称为再运移。Schowarter（1979）提出了两种再运移方案，如图 2.28 所示。在构造圈闭系统中，当圈闭系统充满泄漏点时可能会发生这种情况。进入圈闭的额外油气将取代已经存在的油气，将它们向上溢出到下一个圈闭。如果存在气顶，溢出的油气将是石油。在地层圈闭中，由于半渗透性封闭，油气可能发生再运移。例如薄泥层或富粉砂虽然能封闭原油，但对天然气可能具有渗透性，此时气体可能优先向上外泄。

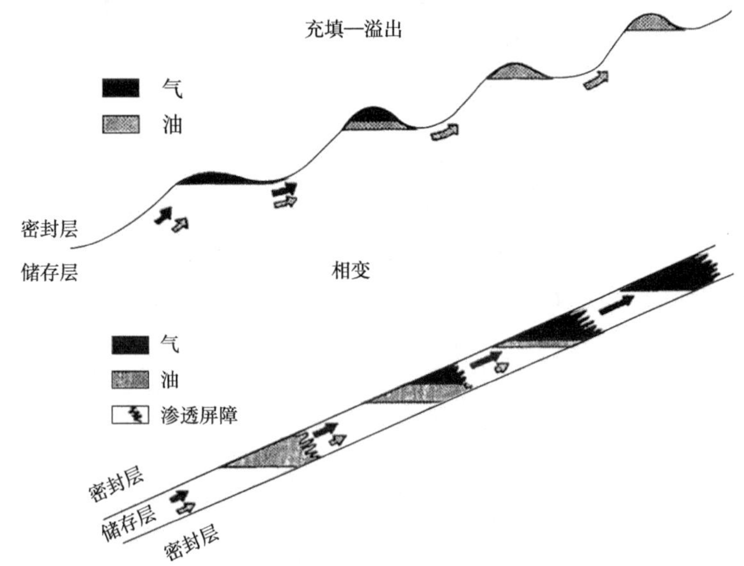

图 2.28　再迁移和差异圈闭的两个模型：构造圈闭中的充填—溢出和地层圈闭中的相变图（修改自 Schowalter，1979）

所有的圈闭都有缺陷，一定程度上都会渗漏。因此，应该预料到一些储层的油气会向地表渗漏。这种渗漏通常称为第三次运移，低浓度的油气渗漏通常称为微渗析，微渗析很难被确切地检测出来；相比之下，宏观渗析的特点是近地表沉积物中石油或天然气浓度高，或有明显的地表渗漏，如可见渗析或泥火山。第 6 章将更详细地介绍渗析及其在石油勘探中的应用。

2.6　非烃气体来源

油气藏中除了烃类气体外，还存在非烃气体，如二氧化碳、氮气、硫化氢、氦气和氢气，其中一些气体可能是石油生成过程的副产品，而另一些则可能来自完全独立的地球化学过程。通过了解这些气体的来源可以进一步了解油气的生成及其他地球化学过程，从而加深对含油气系统的认识。

2.6.1 二氧化碳

在沉积环境中，沉积物的有氧呼吸会产生二氧化碳。如果沉积物是厌氧的，甲烷的微生物氧化也会形成二氧化碳。在这两种情况下，沉积岩早期形成的二氧化碳不太可能对气体储存起到重要作用。

在储存气体中发现的二氧化碳有很多来源。它是通过分解含氧官能团，如羧基（—COOH）、羰基（C ═O）和羟基/酚类（—OH）产生油的过程中的副产品，这主要发生在 80～120℃的温度范围内。Ⅲ型干酪根产生的二氧化碳最多，其次是Ⅱ型干酪根，而Ⅰ型和Ⅱ-S 型干酪根产生的二氧化碳最少。煤是二氧化碳的重要来源，每千克煤可产生高达 75L 的二氧化碳（Karweil，1969）。

低温下储层中二氧化碳的另一个重要来源与原油的生物降解有关，这将在第 4 章的生物降解部分讨论。

120℃以上的环境中，碳酸盐的热分解成为更主要的二氧化碳来源。在含碳酸盐胶结物的泥质砂岩储层中，Smith 和 Ehrenberg（1989）将观察到的二氧化碳随温度升高而增加的现象归因于长石和黏土矿物与碳酸盐胶结物的相互作用的结果，如图 2.29 所示，该过程在 120～140℃时开始，并随着温度的升高而加快。这些反应可能并不仅限于储层岩石中，在烃源岩中也可能发生类似的反应。

碳酸盐直接热分解产生二氧化碳需要超过 300℃的温度，这可能发生在火成岩侵入碳酸盐岩的接触变质过程中。碳酸盐矿物与岩浆接触会产生大量二氧化碳，这些二氧化碳会运移并积聚在附近的储层中。在世界各地的许多地区，包括落基山脉、西得克萨斯州和印度尼西亚，都记录了由岩浆引起的碳酸盐热分解产生的高浓度二氧化碳的案例（Thrasher 和 Fleet，1995）。

$$\text{伊利石/高岭石+碳酸盐} \longrightarrow \text{亚氯酸盐+}CO_2$$

图 2.29 泥质砂岩和页岩中碳酸盐热分解机理（Smith 和 Ehrenberg，1989）

岩浆脱气也可能导致二氧化碳进入储层。这种现象可能发生在从高挥发性岩浆中排出气体的过程中，也可能发生在构造活动区。在构造活动区，深穿透断层或裂缝可以进入岩浆体，大量的二氧化碳需要一个巨大的火成岩体，在这些情况下，二氧化碳的生成与放射源气体（例如氦气和氩气）有关。

有机质形成的二氧化碳通常根据其碳同位素比值，与从碳酸盐分解和岩浆释放出的二氧化碳区别开来。碳酸盐中二氧化碳的 $\delta^{13}C$，通常在-5‰～4‰范围内，而岩浆二氧化碳的 $\delta^{13}C$ 则在-8‰～-4‰范围内。沉积有机质热演化产生的二氧化碳通常贫^{13}C，$\delta^{13}C$ 在-25‰～-10‰范围内（Thrasher 和 Fleet，1995）。

2.6.2 氮气

氮气可以来自各种地质环境。大气中的氮气可以吸附在沉积物中的矿物颗粒上，也可以溶解在孔隙水中。这种氮气的解吸和溶解可能会随着埋藏温度的升高而发生。但大气中氮气在含烃储层中不具有重要意义。

氮的另一个来源是氨。氨是沉积物孔隙水中的常见物质，与氧化铁等金属氧化物发生溶解氧反应，很容易被氧化成氮。虽然早期孔隙水中的氨不被认为是储存气体中氮的主要来源，但氧化铁还原有机氮化合物仍可能是地下的一个重要过程。Guseva 和 Fayngersh (1973) 观察到与红色岩层相关的高含氮气体可能是氧化铁氧化的产物。氮固定在干酪根结构中，可以含氮有机化合物的形式与油气的生成同时释放（Littke 等，1995），这些含氮化合物可以被氧化铁氧化形成额外的氮。煤中富含大量氮，氮主要在烟煤过渡到无烟煤期间释放（Hunt，1996）。此外，氮气也可能来自岩浆和地幔脱气，这通常与火山活动或深层地下断层有关，而氮通常与放射源气体（如氦气和氩气）有关。

2.6.3 硫化氢

硫化氢（H_2S）是一种具有恶臭性气味但性质非常活泼的气体，具有很强的毒性。如果沉积环境是厌氧的，细菌还原硫酸盐会产生少量的硫化氢。由于这种气体非常活泼，因此，任何一种硫化氢气体都不可能保存下来而对储层起作用。

储层中最常见的硫化氢气体来自沉积硫。硫是大多数干酪根的成分，元素硫是厌氧或缺氧沉积物的常见成分。在生烃过程中，干酪根中结合的有机硫和沉积物中结合的单质硫都能形成硫化氢和游离的有机硫化合物。具有较高初始硫含量的干酪根的烃源岩（如Ⅱ型和Ⅱ-S 型）将产生比Ⅰ型和Ⅲ型干酪根更多的硫化氢气体。由于硫化氢非常活泼，它很容易与铁或其他过渡态金属反应，形成硫化物矿物，如黄铁矿，在烃源岩和储层中都会发生这种去除硫化氢的过程。页岩中的铁含量是细粒碳酸盐的 12 倍，砂岩中的铁含量是粗粒碳酸盐的 3 倍（Hunt，1996）。因此，碳酸盐岩将产生更多的硫化氢气体，碳酸盐储层将倾向于保留更多的硫化氢，储层积聚的硫化氢可能高达 5%（Le Tran，1972）。

然而，在与蒸发序列有关的碳酸盐储层中，也曾遇到过硫化氢含量远远超过 5%的储气层，据报道，墨西哥湾沿岸 Smackover 构造的硫化氢含量高达 98%（Le Tran，1972）。硫酸钙矿石通过硫酸盐还原反应生成硫化氢的过程如图 2.30 所示（Orr，1974）。硫酸钙矿石（硬石膏）中的硫酸盐与油气反应生成硫化氢和二氧化碳，二氧化碳通常与硫酸钙矿石中的钙结合，在储层中形成方解石胶结物。油气中的过量碳会成为焦沥青的一部分（Walters 等，2011），这个过程是自催化的，因为形成的硫化氢也会催化反应的进行（Orr，1974）。虽然观察到硫酸盐热化学还原的大多数储层温度相对较高（121~149℃），但 Orr（1974）证明，在仅 77~121℃的温度下，这些反应能以具有地质意义的速率发生。确认硫酸盐热化学还原成因硫化氢存在的一种方法是测试气体中的硫同位素，从干酪根中提取的硫化氢的 $\delta^{34}S$ 将反映有机物的硫同位素比值特征，而 TSR 成因硫化氢的 $\delta^{34}S$ 将更能代表硫酸钙矿石（Orr，1977）。储层中大量硫化氢的另一个来源与油藏开发过程中储层的酸化有关，详见第 5 章。

$$\text{烃类}+\text{硬石膏} \longrightarrow H_2S+\text{方解石}$$

图 2.30 硫酸盐热化学还原机理（Orr，1974）

2.6.4 氦气

观察到的大多数与油气有关的氦是^4He，^4He 是地壳岩石中铀、钍和镭等重放射性元素

α 衰变的产物，氦的另一个同位素^3He来自地幔，但含量并不丰富。为了确定氦在储层中的来源，有必要测量$^3He/^4He$同位素比值，如果比值约为10^{-8}，则表明是沉积成因；若比值为10^{-7}~10^{-5}则表明是地幔成因。虽然氦与生烃过程没有直接联系，它是一种流动性强的气体，通常遵循与烃类气体相同的运移途径。

2.6.5 氢气

在天然气成分中通常不分析氢气。少量［<15%（摩尔分数）］油气中的氢很可能来自油气生成过程。在干酪根的裂解过程中，氢气通常会被释放出来，并且可能在与有机物反应之前就迁移了。油田中与油气生成有关的氢浓度最高，气田最低，这说明在油气生成过程中产生氢气的时间是在烃类生成历史的早期。由于氢气具有很强的流动性和高度活泼性，因此与原油聚集相关的气体中，高浓度的氢表明该聚集正在被最近产生的氢气所充注（Hunt，1996）。

很少有人遇到高浓度的氢，存在高浓度氢最值得注意的地方是堪萨斯州的中大陆裂谷盆地，在那里发现了一系列平均含氢量为35%（摩尔分数）的气藏（Coveney 等，1987），除了微量油气外，剩余的气体以氮气为主。氢最初被认为是地幔脱气的结果，然而，氢和伴生气体的同位素研究表明，氢气体是由深地壳蛇纹石化过程中橄榄石和水中Fe^{2+}氧化作用产生的（Coveney 等，1987），如图 2.31 所示。氢很可能沿着与裂谷作用有关的垂直断层运移到沉积剖面。

（矿物）橄榄石+水 ⟶ 蛇纹石+（矿物）磁铁矿+氢气

$$6[(Mg_{1.5}Fe_{0.5})SiO_4]+7H_2O \longrightarrow 3[Mg_3Si_2O_5(OH)_4]+Fe_3O_4+H_2$$

图 2.31 蛇纹石化过程（Coveney 等，1987）

2.7 煤作为油源岩

目前为止，对油气藏的讨论主要集中在烃源岩的沉积、生成和运移上，煤的作用鲜有人提及。由于沉积盆地中煤的广泛存在和煤中高浓度的有机质，煤能否作为烃源岩的问题与油气聚集形成的研究密切相关。首先，研究油气聚集与煤的关系可以提供一些思路。

虽然通常在与常规油气藏相同的盆地中会发现煤，但含煤岩系通常只与商业气藏直接相关，有时被认为是天然气的来源。此外，在煤炭开采过程中，煤层内甲烷的积累很常见，但液态烃的积累很少见。在富含壳质组的煤层中，偶尔有少量液态烃渗出的报告。在靠近煤层的沉积物中，油污不常见。尽管有许多文章指出煤是一些石油聚集的来源，但其中许多例子缺乏确凿的证据。在 Gippsland 盆地中（Philp 和 Gilbert，1982），部分油煤相关性的说法，已被证明是运移过程中从煤中提取地球化学标志物而非直接来源的结果。总的来说，这些煤和油气的组合表明，煤可能是天然气而非石油的来源。

然而，这些研究结果远不是决定性的，为了更全面地认识这一问题，有必要确定煤是否符合成为烃源岩的标准。要做到这一点，必须解决三个问题，一是煤中是否含有合适类型的有机物来生成油气；二是煤的生烃过程是否与常规烃源岩中观察到的相同；三是煤的排烃/运移过程是否能在常规烃源岩中观察到。

生烃的关键因素之一是未成熟沉积物中有机质的含氢量。从煤的角度看，它们通常分为两类，分别是低氢腐殖煤和高氢腐泥煤。腐殖煤来源于氧化条件下形成的木质植物碎屑，占所有煤的80%以上（Hunt，1996）。腐泥煤通常分为两类：烛煤和藻煤。烛煤呈薄而透镜状，经常出现在煤层的底部和顶部，它们含有大量的孢子和树脂材料，但在所有煤炭中所占比例不到10%（Hunt，1996）。藻煤形成于湖泊环境，主要含有藻类衍生的有机物，所占比例也不到所有煤的10%（Hunt，1996）。图2.32中比较了主要干酪根类型和未成熟煤的平均氢碳原子比，腐殖煤与Ⅲ型干酪根相似，烛煤与Ⅱ型干酪根相似，而藻煤与Ⅰ型干酪根相似。此外，研究表明（Horsfield等，1988），煤中含有与干酪根中相似的化学成分。这些数据表明，煤中可能含有与烃源岩干酪根非常相似的有机质，但烛煤和藻煤中含有的倾油型有机质数量有限，这使人们对煤作为易生成油烃源岩产生了质疑。

虽然实验研究表明，煤中的油气生成与烃源岩中油气的生成十分相似（Brooks和Smith，1967；Horsfield等，1988；Littke等，1989；Wilkins和George，2002等），但从煤中排出和运移石油的机理是有缺陷的。孔隙度和渗透率与煤中潜在的驱替问题无关（Littke和Leythaeuser，1993）。当煤的等级增加时，似乎存在足够的由裂隙形成的辅助路径，相反，煤对天然气和石油的高吸附能力似乎是石油从煤中运移的主要障碍（Hunt，1991）。Pepper（1991）认为，煤炭中产生的石油运移也可能被困在分子“笼”中以防止石油排出。在这两种机制中，石油被困在煤中，直到成熟度增加，最终破裂成气体并可能逸出。

煤的类型	H/C	干酪根类型	H/C
烟煤	1.5	Ⅰ型	>1.4
烛煤	1.2~1.3	Ⅱ型	1.2~1.4
腐殖酸	0.7~0.8	Ⅲ型	0.7~1.0

图2.32 未成熟煤和主要干酪根类型的氢碳原子比对比图

数据来源于van Krevelen（1961）、Tissot等（1974）、Hunt（1996）、Baskin（1997）、Vandenbroucke和Largeau（2007）

综上所述，大多数煤不含有能产生足够数量油以形成聚集的富氢有机物。那些可能含有足够富氢有机物的煤将不得不克服煤对液态烃的高吸附能力，以及煤分子结构中潜在的石油滞留。虽然煤源油是可能的，但它们可能是稀有的并且比常规烃源岩产生的石油具有更高的勘探风险。

2.8 小结

本章所阐述的原理为理解地球化学数据在石油勘探和生产中的应用奠定了基础，因此，在继续讨论如何将其应用于实际问题之前，有些重要观点需要重申。

石油是由生物起源的有机物转化而来的，这些有机物已被纳入沉积物中。虽然所有沉积物都可能含有一些有机质，但只有含有高丰度优质有机质的一些沉积物称为烃源岩。烃源岩负责生成油气聚集的油气。

烃源岩形成的最佳条件是沉积环境及其周围具有较高的原始生物生产力。这种有机物应该富含氢，主要来源于藻类/细菌物质、孢子、花粉和角质层；沉积环境中的氧化/缺氧边界应靠近或高于沉积物—水界面，以利于有机质保存；沉积物应为细粒，如极细粉砂至黏土或碳酸盐泥（<4μm），以中等沉积速率（1mm/a）沉积，以埋置和保护有机物，而不被沉积物稀释。可能形成烃源岩的沉积环境包括：与上升流区或缺氧区相关的开阔海洋缺氧环境；形成分层水柱的区域，如陆表海、沉积盆地、高盐度潟湖和缺氧湖的深水区；三角洲的远端部分；裂谷相关的深水湖泊；受早期海洋侵入的裂谷盆地。

沉积物中的有机质不会以其生物形式存在，而是被转化为干酪根，这是一种复杂的地质聚合物，其特性由贡献给沉积物的有机质类型及其保存情况决定。产生油气的干酪根有三种基本类型：Ⅰ型干酪根主要来源于藻类物质，主要生成蜡油，通常在湖泊环境中沉积形成；Ⅱ型干酪根主要来源于海洋环境还原条件下沉积的原地有机质，主要生成环烷基油；Ⅲ型干酪根来源于陆地高等植物碎屑或氧化环境中沉积的水生有机物，主要生成气体。

随着烃源岩的埋藏越来越深，有机质通过一个称为“成熟”的过程发生变化，随着地质时间的推移，埋藏导致的温度升高是这些变化的驱动力。沉积有机质的许多变化在成熟过程中以系统的方式发生，并可用于监测其进展。这些成熟度指标为了解沉积物的热史以及沉积物对油气生成的影响提供了基础。

石油的生成是成熟过程的一部分。干酪根在时间和温度（以温度为主导）的影响下生成油气，石油最终会分解并产生额外的气体。生成石油的反应近似于一阶阿伦尼乌斯反应动力学，它提供了理解和模拟这一过程的方法。通过实验确定了主要类型干酪根的动力学性质，这些性质与干酪根的结构和化学成分有关。

油气生成后会离开烃源岩，向储层/圈闭系统移动，形成油气聚集。油气在烃源岩中的初始运动是先将烃源岩中的孔隙空间饱和达到一个临界点，在该临界点形成连续的亲油运移通道，从而使油气从烃源岩中移出，一旦油气离开烃源岩并进入运移系统，它们的持续运动就受到浮力和毛细管压力的控制。油气不会大量移动，因为运移发生在仅需要少量残留油气的受限路径上，且油气在运移系统中的初始移动是垂直的，直到遇到渗透屏障（如顶部密封），才向圈闭顶部的上倾运动开始填充过程。一旦储层被填满，石油和天然气可能会离开圈闭并运移到另一个圈闭或者部分圈闭可能会向地表泄漏。

最后，在油藏中也发现了非烃气体。二氧化碳可能是石油生成过程的副产品，但也可能来自泥质砂岩储层碳酸盐胶结物的热分解和火成岩侵入的接触变质。氮很可能来自沉积有机质，特别是煤；少量硫化氢来自干酪根中的硫或沉积物中的单质硫，高浓度的硫化氢通常是硫酸盐还原的产物，主要是硫酸钙矿石与油气反应。氦很可能是地壳岩石中放射性元素 α 衰变的产物。少量的氢可能来自油气的生成，但在深部地壳的蛇纹石化过程中会形成罕见的高浓度氢。

第 3 章　烃源岩评价

烃源岩评价是通过评价沉积岩的生烃能力、有机质类型和热成熟度来评估其生烃潜力。烃源岩评价包括确定有机质丰度、类型和成熟度。烃源岩有机质丰度是评估沉积有机质能否产生油气的指标，不仅是对有机质含量的评价，更是衡量沉积岩生成油气的能力；烃源岩有机质类型是对沉积有机质类型的测量，能指示沉积岩生成油气的类型；烃源岩有机质成熟度是评价沉积岩被时间和温度所影响程度的指标，指示沉积岩可能经历的生烃历程。虽然可以确定在已知深度的单个烃源岩样品的有机质丰度和类型，但单个热成熟度数据的价值很小，需要测定一定深度范围内的一组数据点来建立热演化趋势剖面，如果没有深度演化剖面，就不能确定某一成熟度数据是否有效或者异常。

从地质角度看，烃源岩也应按其地质年代、岩性、沉积环境、面积、厚度和地质特征等来描述。这些是烃源岩的重要特征，将对地球化学资料解释以及应用产生影响。

烃源岩评价的一个主要部分是确定沉积物是否具有成为有效烃源岩的潜力。一种有效的烃源岩不仅具有能够生成烃类的有机质，而且还具有能生成足够数量烃类的能力，从而排出并促进聚集。真正有效的烃源岩可以生成和排出石油或天然气，而潜在的有效的烃源岩仅是能生成大量烃类物质的沉积物。值得注意的是，烃源岩评价仅针对潜在的有效烃源岩。在沉积物被确定为已探明的烃源岩之前，必须确定其对油气聚集有帮助，但这只能通过油—烃源岩对比来确定，第 4 章将详细讨论。

烃源岩评价通常采用多参数方法，简单来说就是需要使用多个数据类型来进行解释，因为单个数据类型可能存在错误或受污染影响。从本质上来说，这意味着需要对两种或两种以上的数据类型进行证实，才能做出具有高可信度的解释。

本章将首先介绍在烃源岩评价项目中主要采集的地球化学样品类型，接下来介绍主要的地球化学分析内容。每一节将分析解释如何使用从中获得的数据，并讨论可能遇到的一些问题。根据实验室方法，简要讨论如何使用电缆测井数据间接提供烃源岩信息。最后一节总结了在烃源岩评价中实际应用的一些方法。通过对所用分析程序和数据的了解，读者可以更好地界定油源评价在勘探过程中的作用，这些数据也有助于大家更深入地了解油气系统。

3.1　样品采集

样品采集是成功进行烃源岩研究的关键之一。能代表时间间隔的优质样品对于获取有助于勘探规划的优质烃源岩至关重要，保证这一点的最佳方法是制定一个取样方案，以满足研究的所有要求。下文将讨论烃源岩研究中使用的样品类型、最佳的采集方式及注意事项。

3.1.1 岩屑

钻井岩屑是最常用的烃源岩分析样品，然而岩屑样品通常会存在一些固有缺陷并在一定程度上影响数据质量及其解释成果。首先，岩屑样品是在一个井深间隔内采集的，该井深间隔是根据滞后时间估算的，并不精确；其次，岩屑通常含有一些从取样井深间隔中随岩石一起带出的物质，如果这些物质足够多，则数据可能会受到这种与研究无关的物质的影响；最后，由于岩屑的表面积相对较高，体积较小，而且长期暴露在钻井液中，岩屑也容易受到钻井添加剂的污染。当然，这些缺点可以通过仔细选择样品和遵循适当的收集程序在一定程度上加以克服。

岩屑通常以 3~9m 的间隔采集，为复合样品。当烃源岩单元较薄或与砂岩互层时，建议采用 3m 间隔合成一个样品。在钻井时，需要收集至少高于目标区 250ft（75m）的目标烃源岩层段以确保取样。为了在成熟研究中取得最佳结果，需要在几千英尺以上每隔 300~500ft 采集一系列样品，以观察孢子、花粉颜色或镜质组反射率随深度的变化趋势。

要时刻确保收集样品多于研究所需样品，但并不是所有采集的样品都需要进行有机地球化学分析。这样做是为了确保有足够的样品开展额外分析，从而回答任何与勘探相关的质疑。

收集岩屑时，首先从振动筛中取出两杯（500mL）左右的岩屑，并将它们放在一个干净的桶中，然后用清水冲洗岩屑数次，以清除钻井液。如果沉积物易碎，则应尽可能轻地冲洗以避免流失。及时冲洗钻井液可最大限度地减少钻井液的潜在污染，清除所有明显的污染物、钻屑和堵漏材料。最后，将岩屑放入标有井号和深度区间的防霉布袋中，并让其风干（不用烤箱）。

如果已经钻井并且已经有一套岩屑样品时，通常优先选择未洗岩屑，而不是已冲洗岩屑。因为洗涤后的岩屑有时会被烘干，其中的有机物成分可能已发生变化，这对于成熟度测定特别重要。但未洗岩屑的一个显著缺点是它们长期暴露在钻井液中的有机污染物中，因此在解释数据时要注意污染物可能带来的影响。未洗岩屑通常需要在冲洗前用清水浸泡，以软化钻井液，然后清除所有明显的污染物、钻屑和堵漏材料，并在使用前让其风干（不用烤箱）。最小样本量约为 1/4 杯（60mL），足以进行总有机碳（TOC）、岩石热解分析和可见干酪根/镜质组反射率分析等实验。如果需要进行气相色谱（GC）分析，可能需要更多的样品；如果条件允许，收集的岩屑的量最好多于所需的最小值，以确保在需要时有足够的材料可用。

3.1.2 顶部空间气体/罐装岩屑

在可能生成天然气或凝析油的区域收集湿的罐装岩屑比较合适。罐装岩屑样品可收集并分析从沉积物间隙中排出的 C_1—C_7 轻烃，由于这些轻烃非常类似于天然气和凝析油，它们可以为这些类型的烃源岩的评价提供有用的信息。罐装岩屑样品也可作为评价石油勘探的有效补充数据，但其主要缺点是在采集、运输和分析样品时的成本较高，鉴于此，可以考虑将罐装岩屑与干岩屑样品交替使用，或将罐装岩屑样品限制在某些区域使用。罐装岩屑的另一个缺点是，所分析的轻烃在地下流动性非常强，因此可能无法代表它们的收集时间间隔。

收集罐装岩屑样品时，首先从振动筛中取出大约两杯（500mL）岩屑，并将其放在干净的桶中，然后用清水快速冲洗岩屑几次，清除钻井液。如果沉积物易碎，则应尽可能轻地冲洗以避免流失，再将岩屑放入一个干净的1L样品罐中，并用水覆盖岩屑，使罐顶至少留有1/4~1/3的空隙，同时加入几滴杀菌剂（如戊二醛）以利于保存样品。最后，牢牢密封样品罐，并使用至少四个固定卡子固定罐盖，用记号笔在罐侧标注井号和深度间隔，将密封罐倒置，以便储存和运输。如果在倒转过程中发生轻微泄漏，则只会损失水，顶部空间气体会被保留在罐中。

等震器可以代替1夸脱（1.136L）的油漆罐，等震器是一个高抗冲的塑料瓶，瓶盖上有气密性密封，瓶身贴有岩屑和水的填充线，还贴有识别样品井号和深度的标签。使用等震器可简化顶部空间气体以及罐装岩屑样品的采集，并提供了更为统一的样品采集过程。

3.1.3 钻井液和添加剂样品

建议定期收集钻井液样品，以备在岩屑受到污染时用作参考。钻井液样品采集的关键时间是岩屑样品采集开始时、新钻井液系统引入前后以及钻井达到目标深度时。钻井液样品应约为1/4杯（50mL），并放置在标有井号和井深的小型螺旋顶玻璃瓶中，密封前加入几滴杀菌剂，以利于保存钻井液样品。

3.1.4 岩心和井壁岩心

岩心和井壁岩心样品（如有）是所有烃源岩取样程序的重要组成部分，它们通常用于补充岩屑样品，并具有一些岩屑样品不具备的优势。岩屑样品代表井内的深度区间，而岩心和井壁岩心样品则是深度点。由于它们不含塌落物，因此它们是成熟度研究中的关键样本。岩心和井壁岩心样品很少被钻井液完全污染，且样品的内部通常没有污染，可以用来帮助评估和弥补岩屑样品中的污染。如果条件允许，可以考虑在钻井作业中添加目标烃源岩层段的井壁取心。

在钻井过程中，应用水冲洗用于烃源岩分析的岩心样品，以清除钻井液。一段至少0.5in厚的岩心足够为大多数分析提供材料。将岩心放在标有井号和井深的样品袋中，避免用记号笔或油笔直接在样品上书写。井壁岩心的样品应用水冲洗，以清除残余钻井液，并包好放在标准井壁取心罐中，且在罐身上贴上井号和井深的标签。与岩屑一样，最好在取心时采集钻井液样品，以供参考。如果岩心或井壁岩心遇到污染，则需要钻井液样品来帮助识别污染物并进行补救。

对于储存的岩心，有必要确定收集时岩心是否被包好并蜡封、是否用油冷锯或钻头切割或旧心样是否存放在涂蜡的岩心盒中，这三种情况都会对岩石的地球化学分析产生不利影响。试着从岩心内部取样，以避免表面污染，同时也要避免使用记号笔或油笔标记岩心。

3.2 总有机碳（TOC）

TOC 是指烃源岩中总有机碳的含量，以质量分数表示，它表示沉积物中有机物总量（Ronov，1958），并用作沉积物可生成多少烃类的烃源岩有机质丰度指标。TOC 的测定方法是：取一部分烃源岩，将其研磨成细粉末，然后称取待分析样品；称重后用酸处理样品，去除碳酸盐矿物，在富氧空气中将无碳酸盐样品加热到较高温度，使得沉积物中的碳转化为二氧化碳；然后测量二氧化碳，并计算 TOC 含量，该分析详见 Carvajal-Ortiz 和 Gentzis（2015）。虽然一些实验室使用基于热解产物产量的间接测量法测量 TOC 含量，但对于 TOC 分析来说，燃烧法仍是首选的方法。

如表 3.1 所示，TOC 的烃源岩有机质丰度评价通常为半定量评价（Peters，1986；Jarvie，1991）。尽管这种被广泛使用，但大多数油气地球化学家认为，假设有机质中有很大比例是能起化学反应的，沉积物至少需要 2.0%（质量分数）的原始 TOC 才能成为有效的烃源岩。

表 3.1 总有机碳（TOC）的半定量烃源岩有机质丰度（Richness）评价表（Peters，1986）

丰度	含量，%
差	0.0~0.5
一般	0.5~1.0
好	1.0~2.0
非常好	>2.0

尽管 TOC 是烃源岩评价的一个良好指标，但 TOC 仍应谨慎使用。如第 2 章所示，沉积物中的所有有机质都不相同，其中一些能够生成烃类，而另一些则是不产生任何物质的惰性有机质（Tissot 等，1974），而 TOC 测量沉积物中的所有有机质，不对两者进行区分。

TOC 的另一个问题是其对成熟度十分敏感。Daly 和 Edman（1987）观察到烃源岩中的 TOC 随着烃类的生成和排出而降低，除了 TOC 含量随着成熟度的增加而减少外，有机质的性质也发生了变化。随着有机质从未成熟到过成熟，沉积有机质的惰性干酪根相对含量随着生烃过程中活性有机质的消耗而增加；随着烃源岩越来越成熟，TOC 作为烃源岩有机质丰度指标的准确度降低。因此，解释 TOC 时必须考虑沉积物的成熟度，最好将 TOC 与其他数据结合使用，以获得更完整的烃源岩有机质丰度信息。

污染也会干扰 TOC 数据的解释。具体来说，油基钻井液和有机钻井液添加剂可以提高沉积物的 TOC 含量（Carvajal Ortiz 和 Gentzis，2015）。TOC 数据的质量控制检查的关键是检查使用了哪些钻井液添加剂以及钻井液的类型。此外，要检查岩石热解分析中的热解图，以寻找可能与钻井液污染有关的异常情况。如有必要，可能需要对沉积物进行萃取的溶剂预分析以去除污染物，在这种情况下，沥青会与污染物一起被清除，TOC 将只反映沉积物中不溶于溶剂的总有机质含量。

3.3　岩石热解分析

岩石热解是一种快速且成本低的分析方法，它可以提供有关沉积物生烃潜力、生烃类型和成熟度的信息。自 20 世纪 80 年代初以来，这种实验室热解技术一直是石油工业对烃源岩评价的标准分析方法，至今仍是烃源岩分析的主流方法。热解是有机质在惰性气体中的热分解，与烃源岩评价有关，因为这种热分解过程大致类似于干酪根在生烃过程中的成熟过程。尽管实验室的升温速率要高得多，但在岩石热解分析过程中，可以从烃源岩的反应中了解到很多信息。

岩石热解分析分析结果如图 3.1 所示，Espitalie 等（1986）、Peters（1986）对实验数据进行了详细的分析和讨论，图 3.1 上半部分的热解图是仪器中使用的探测器的记录；分析过程中使用的温度曲线如图 3.1 的下半部分所示。通常情况下，当从检测实验室接收数据时，温度曲线会叠加在热解图上。

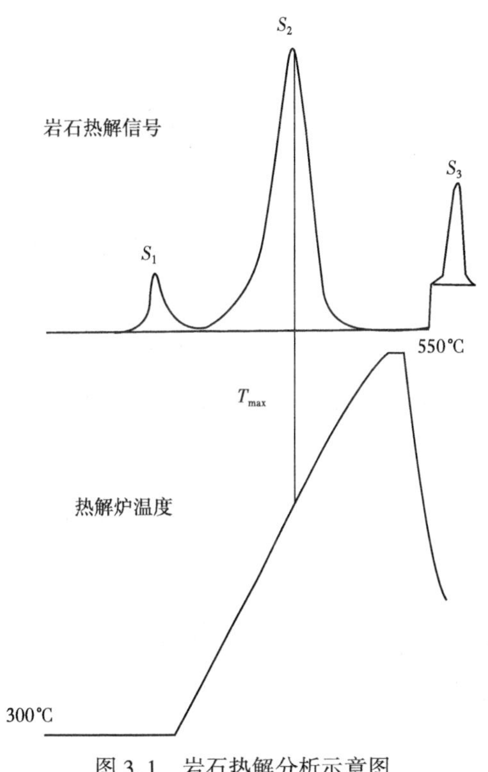

图 3.1　岩石热解分析示意图
（修改自 Peters，1986）

分析过程为称取一块磨碎的岩石样品（通常为 50～100mg），然后将其放入坩埚中再放进岩石热解炉中；岩石样品在氦气环境下迅速加热至 300℃，恒温 5min；在此期间，用火焰离子检测器测量样品中产生的挥发性有机质，并记录为 S_1 峰，S_1 以毫克烃类每克岩石［mg/g（HC/岩石）］表示，通常是指已生成的烃类，但也包括沉积环境中保存的沥青；然后，在标准实验中，以 25℃/min 的速率将样品从 300℃加热到 550℃，测量并记录挥发性有机质的演变峰（S_2），S_2 也以毫克烃类每克岩石［mg/g（HC/岩石）］表示，它被认为是沉积物干酪根中剩余的生烃潜量，也用作衡量沉积物中与干酪根有关的氢含量的指标；在将样品从 300℃加热到 390℃的过程中，测量并记录样品产生的二氧化碳峰（S_3），S_3 以毫克二氧化碳每克岩石［mg/g（CO_2/岩石）］表示，用作衡量沉积物中干酪根相关氧含量的指标。除了测定释放的挥发性有机质和二氧化碳外，S_2 峰值达到最大值时的温度记录为 T_{max}，总分析时间约为 20min。大多数地球化学家将岩石热解分析的沉积物限制为至少含有 1.0%（质量分数）总有机碳的沉积物，以确保获得的结果有意义。

从上述参数和岩石样品的 TOC 含量推出了 3 个额外的岩石热解分析参数。氢指数（HI）= S_2/TOC×100，代表可产生的烃类量相对于烃源岩中有机物的数量，表示为毫克烃类每克总有机碳［mg/g（HC/TOC）］；氧指数（OI）= S_3/TOC×100，代表相对于源岩中有机物的量，可以产生的二氧化碳量，表示为每克总有机碳的二氧化碳毫克数［mg/g（CO_2/TOC）］；生成指数 PI=$S_1/(S_1+S_2)$，代表已经产生的烃类的量相对于可以产生的烃类总量。

最初，一些岩石热解分析参数通常是根据深度绘制的，如图 3.2 所示，这有助于将数据置于地层背景中，并且可以快速识别感兴趣的区域。

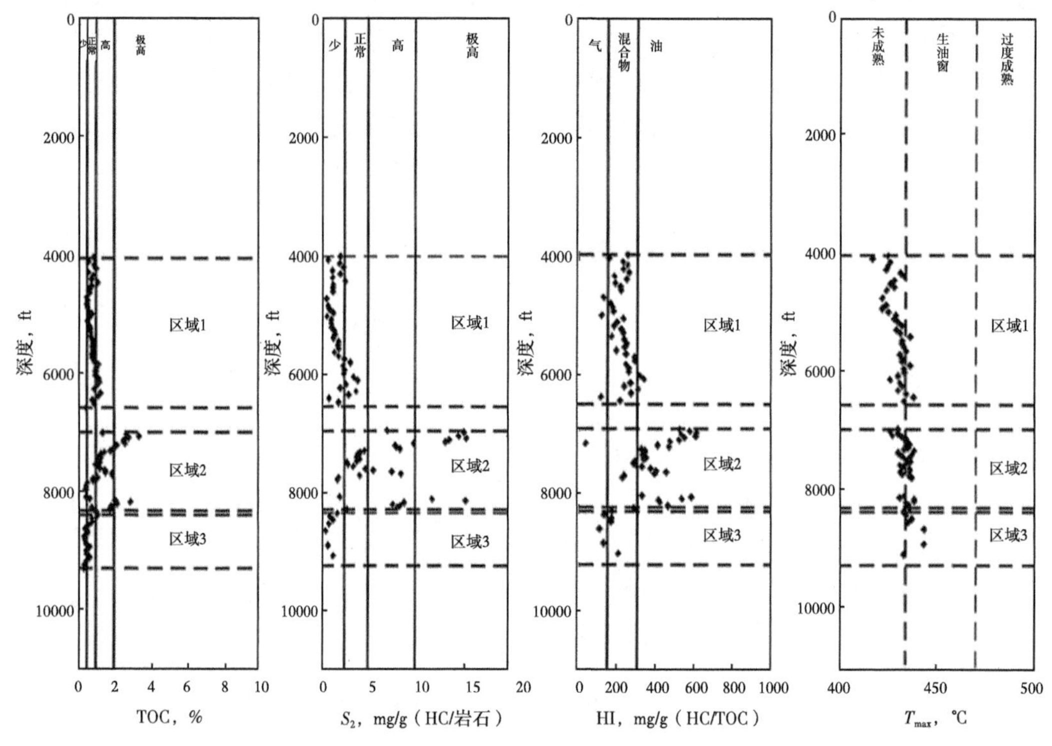

图 3.2　岩石热解参数与深度的关系图

3.3.1　烃源岩有机质丰度评价

最初，烃源岩评价程序利用热解评价参数 S_1 和 S_2 提供有关烃源岩有机质丰度的信息，其中 S_1 代表已经生成的烃类，而 S_2 代表沉积物干酪根中剩余的生烃潜力。表 3.2 中所示的半定量标度是通用的（Peters，1986），在引入这些标度时，大多数井都是用水基钻井液钻成的。目前的钻井作业严重依赖于油基钻井液和多种有机钻井液添加剂，这些材料会严重影响 S_1 峰的真实值，因此 S_1 峰不再被视为一个烃源岩丰度指标。

表 3.2　岩石热解参数 S_1 和 S_2 的半定量烃源岩有机质丰度评价表（Peters，1986）

丰度	S_1，mg/g（HC/岩石）	S_2，mg/g（HC/岩石）
差	0.0~0.5	0.0~2.5
一般	0.5~1.0	2.5~5.0
好	1.0~2.0	5.0~10.0
非常好	>2.0	>10.0

目前大多数烃源岩评价程序都使用 S_2 参数作为主要的烃源岩有机质丰度参考指标。除了使用简单的临界值外，S_2 还经常在交会图中与 TOC 数据结合，如图 3.3 所示，这两组数据集清楚地说明了为什么 TOC 不能单独用作烃源岩有机质丰度的指标。这两组数据集的 TOC 分布基本相同，但 S_2 值却差别很大。用菱形符号表示的烃源岩具有较高的 S_2 值，因此，它比用三角形表示的烃源岩具有更大的生烃潜量和更好的烃源岩有机质丰度。这两组数据在交会图中形成两个大致平行的趋势，假设它们具有相似的热成熟度，这可能表明两种烃源岩具有两种不同类型的干酪根混合物。如图 3.4 所示，等氢指数线取代了 S_2 和 TOC 交会图上的临界值线，这两个平行趋势的数据具有不同的平均氢指数，这表明干酪根的混合物不同：以菱形符号表示的烃源岩更容易生油，以三角形表示的烃源岩更容易产生惰性气体。

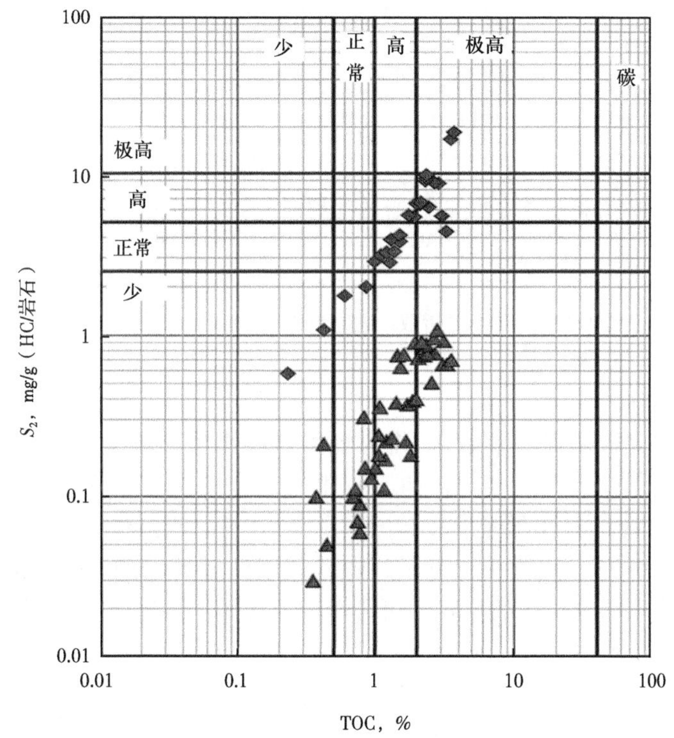

图 3.3 烃源岩有机质丰度—总有机碳（TOC）—S_2 交会图（修改自 Dembicki，2009）

此图显示两个具有相似 TOC 值但不同 S_2 值的烃源岩群。S_2 值越高的群体生烃潜量越大

虽然人们通常认为 S_2 代表沉积物干酪根中剩余的生烃潜量，但当大部分生成的物质主要由树脂和沥青质组成，且 300℃下不易挥发的情况下，应被归为 S_1 的某些物质被包含在 S_2 中，这些物质将在较高温度下挥发，因此会被包含在 S_2 峰中。有机钻井液添加剂对沉积物的污染也会出现类似的情况，其中一些添加剂可能含有或由加工过的沥青或硬沥青组成，这将影响 S_2 峰值。为了识别 S_2 峰中是否存在来自沥青或钻井液添加剂的树脂和沥青质，有必要检查岩石热解分析中的热解图，这些对 S_2 峰的贡献可以认为是低温侧峰的不对称。如果材料量很大，可能需要对沉积物进行萃取的溶剂预分析，以去除沥青或污染

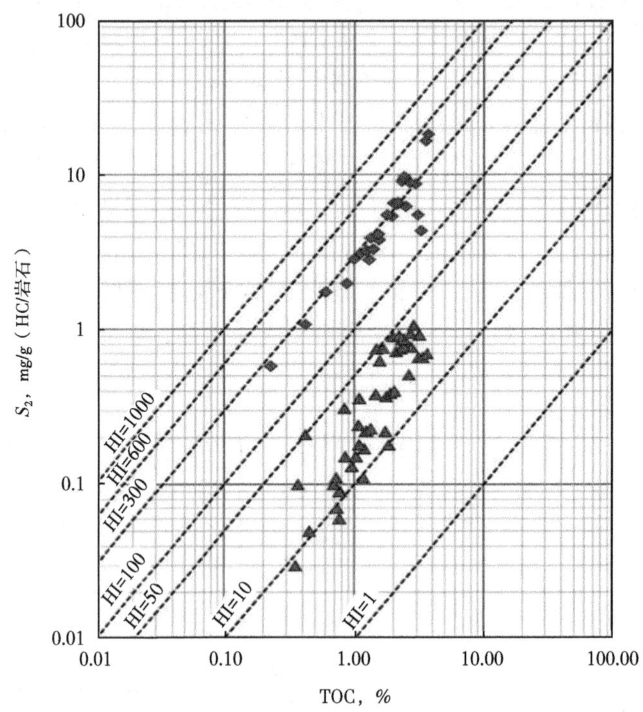

图 3.4　不同等氢指数线的总有机碳（TOC）—S_2 交会图

物，从而获得更准确的 S_2 测量值。

使用岩石热解分析得到的参数 S_2 作为烃源岩有机质丰度指标的另一个注意事项是，随着烃源岩的成熟，S_2 会发生变化。如前所述，随着 S_2 测定的活性干酪根的消耗量的增加（Espitalie 等，1977），烃源岩中的有机质量（以 TOC 计）将随着成熟度的增加而减少（Daly 和 Edman，1987），如图 3.5 所示。随着热成熟度的增加，烃源岩逐渐失去生烃能力，处于未成熟状态的倾油型的沉积物可能会生成气体，因此有必要了解所测沉积物的成熟度，以避免误解（Dembicki，2009）。

3.3.2　烃源岩有机质成熟度评价

T_{max}是评价烃源岩有机质成熟度的主要评价参数。人们很早就认识到，T_{max}会随着深度的增加而增加（Espialie 等，1977），并与其他成熟度指标具有相关性，如镜质组反射率。生油窗顶部和底部的典型 T_{max}值见表 3.3，生油窗顶部的温度范围反映出 T_{max}的绝对变化是随干酪根类型和成熟度变化的（Espialie 等，1985；Espialie，1986；Peters，1986）。Ⅱ型干酪根的 T_{max}值在生油窗顶部约为 435℃，Ⅰ型干酪根的 T_{max}值约为 440℃，Ⅲ型干酪根的 T_{max}值约为 445℃。随着成熟度的增加，干酪根类型的影响逐渐减小，这三种类型的干酪根 T_{max}值在生油窗底部约为 470℃。

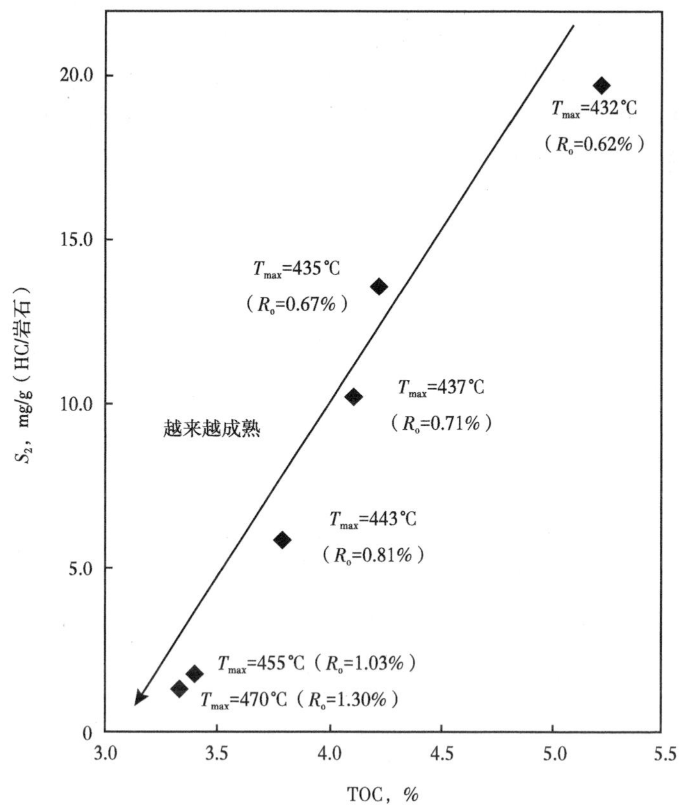

图 3.5 有机质与 TOC 关系图（修改自 Dembicki，2009）

随着烃源岩的生成和烃源岩的迁移，烃源岩中有机质的数量将随着 TOC 的减少而减少，活性干酪根的含量降低（氢的数量将减少），从而导致岩石热解 S_2 减少

表 3.3 岩石热解解释示例（Espitale，1986）

成熟度	T_{max}，℃
生油窗顶部	435~445
生油窗底部	470

然而，使用 T_{max} 作为成熟度指标并没有想象中那么简单。与所有成熟度指标一样，单个 T_{max} 值几乎没有价值，单独来看，T_{max} 值可能是成熟度的有效指示，也可能是一个错误的值，但如图 3.2 所示，在一定深度范围内的一组 T_{max} 值可能有助于分析成熟度的趋势。

此外，图 3.6 所示的 T_{max} 和镜质组反射率之间的关系显示了任何给定成熟度水平下 T_{max} 的一系列变化。其中一些变化可归因于烃源岩中的干酪根混合物，但仅限于未成熟和低成熟样品。Espitalie（1986）认为，仪器性能、矿物质反应以及沥青中重树脂和沥青质化合物的保留率的微小变化影响了 T_{max} 的测量。

更为复杂的是，S_2 峰偶尔会有多个最大值，如图 3.7 所示，这使得难以通过分析选择合适的 T_{max}。相反，当 S_2 峰值很小时［<0.2mg/g（HC/岩石）］，在岩石热解分析过程中

往往会选择不准确的 T_{max} 值（Peters，1986）。此外，某些油基钻井液和某些钻井液添加剂的污染也可能导致 S_2 不对称，从而改变 T_{max}（Carvajal Ortiz 和 Gentzis，2015）。

为了防止用 T_{max} 做出错误的成熟度解释，在使用时应时刻谨记住 T_{max} 是一个趋势工具，因此需要一个很大深度范围的数据来进行有效的观察。检查热解色谱图对于寻找可能引起某些 T_{max} 数据问题的异常是至关重要的。T_{max} 数据中存在自然扩散性，在进行解释时也必须考虑到这一点。

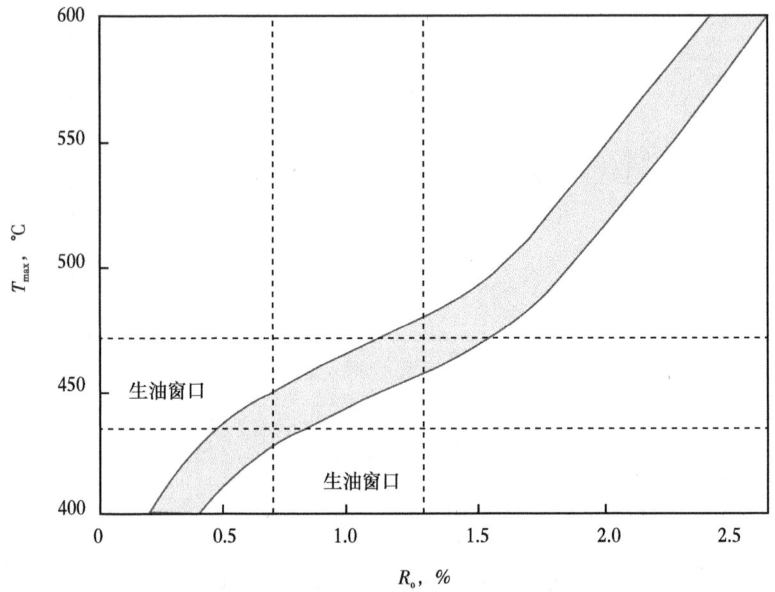

图 3.6　T_{max} 与镜质组反射率的关系图（修改自 Espitalie，1985）

图中灰色带说明了在数据中观察到的变化

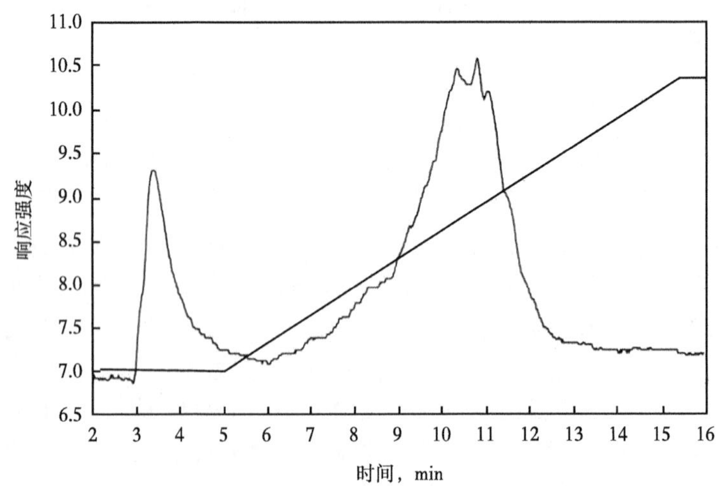

图 3.7　S_2 峰上多个最大值的岩石热解分析热解色谱图

3.3.3 烃源岩有机质类型评价

大多数烃源岩评价过程都依赖于岩石热解分析来提供干酪根类型的信息。这种解释的一个简单方法是使用氢指数或 S_2/S_3 值，见表 3.4。虽然这些参数可以提供识别倾油性、倾气性和混合生成潜量的第一近似值，但很难将这些解释置于与热成熟度相关的适当环境中。

表 3.4 基于氢指数和 S_2/S_3 值的烃源有机质类型评价表（Peters，1986）

类型	氢指数，mg/g（HC/TOC）	S_2/S_3
气	0~150	0~3
油和气	150~300	3~5
油	>300	>5

主要的岩石热解分析烃源岩有机质类型评价方案利用了绘制在 pseudo-van Krevelen 图上的氢指数和氧指数值。氢指数和氧指数分别是干酪根元素分析中氢碳原子比和氧碳原子比的近似值（Espitalie 等，1977；Peters，1986；Baskin，1997），如图 3.8 所示。图 3.9 所示的是一个典型的 pseudo-van Krevelen 图，展示了Ⅰ型、Ⅱ型和Ⅲ型干酪根趋势，这些趋势从图表右侧的未成熟干酪根开始，并在靠近原点的过成熟状态下收敛。Ⅱ-S 型干酪根沿Ⅰ型干酪根趋势绘制（Williams，1984），Ⅳ型干酪根沿正好位于氧指数轴上方的Ⅲ型干酪根趋势下方分布（Peters，1986）。虽然Ⅰ型干酪根和Ⅱ-S 型干酪根在 pseudo-van Krevelen 图上的分布趋势相同，但它们可以根据烃源岩的沉积环境加以区分，Ⅱ-S 型干酪根存在于海相烃源岩中，而Ⅰ型干酪根主要与湖相沉积有关。

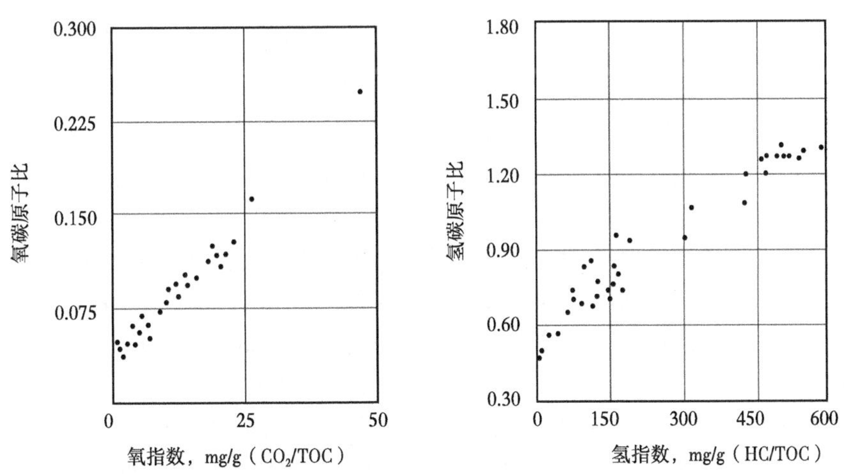

图 3.8 氧指数与氧碳原子比、氢指数与氢碳原子比关系图（Tissot 和 Welte，1984）

如果一个烃源岩只包含一种干酪根，那么 pseudo-van Krevelen 图的解释是直接明了的。然而，如第 2 章所述，很少有烃源岩只含有一种类型的干酪根，干酪根类型的混合使得在 pseudo-van Krevelen 图上解释生油岩评价数据更具挑战性。从图 3.9 中 pseudo-van Krevelen 图上绘制的数据来看，大多数数据点处于Ⅱ型和Ⅲ型干酪根曲线之间的趋势上。

有人猜想这是一种简单的混合趋势，烃源岩样品的一端主要是Ⅱ型干酪根，另一端主要是Ⅲ型干酪根，这种假设可能存在，但还有其他可能的解释。为了进一步研究这一问题，Dembicki（2009）使用了Ⅲ型干酪根与Ⅰ型干酪根和Ⅱ型干酪根的混合物以及Ⅳ型干酪根与Ⅰ型干酪根、Ⅱ型干酪根和Ⅲ型干酪根的混合物来模拟这些组合在 pseudo-van Krevelen 图上的出现方式。

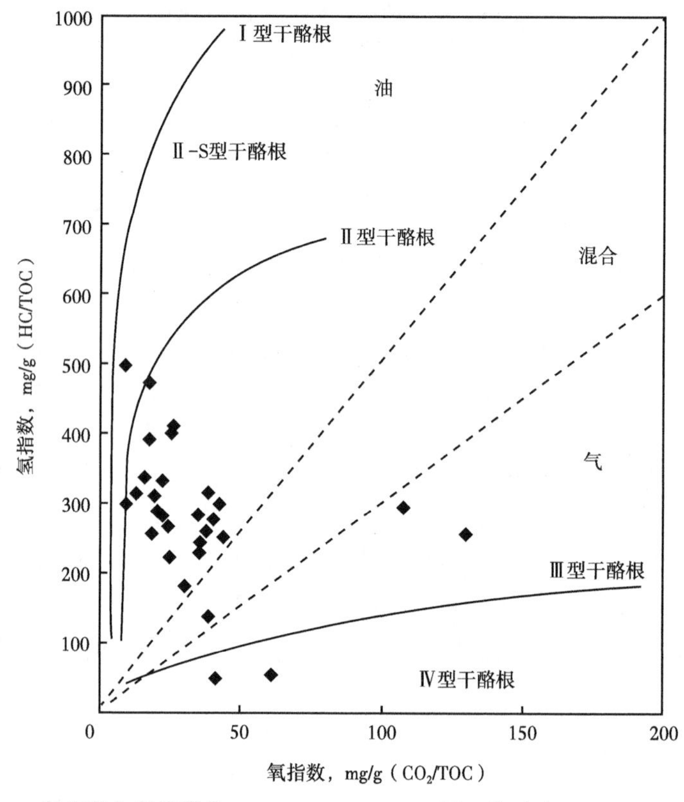

图 3.9　氢指数与氧指数的 pseudo-van Krevelen 图（修改自 Dembicki，2009）

Ⅰ型干酪根和Ⅱ型干酪根与Ⅲ型干酪根混合物的氢指数和氧指数绘制在图 3.10 中的 pseudo-van Krevelen 图上。Ⅱ型和Ⅲ型干酪根混合物似乎准确地代表了目前干酪根类型的简单解释。然而，Ⅰ型和Ⅲ型干酪根混合物与 pseudo-van Krevelen 图上的Ⅱ型和Ⅲ型干酪根混合区重叠，因此解释可能变得复杂（Dembicki，2009）。例如，75%的Ⅰ型干酪根和25%的Ⅲ型干酪根混合物可以很容易地解释为含有 100%的Ⅱ型干酪根或当混合物中含有额外的Ⅲ型干酪根时，数据点可以解释为Ⅱ型和Ⅲ型干酪根混合物，而不是Ⅰ型和Ⅲ型干酪根混合物，这种混淆可能导致关于烃源岩生烃能力的错误结论。由于Ⅰ型干酪根通常为湖相干酪根，Ⅱ型干酪根为海相干酪根，基于干酪根类型的烃源岩沉积背景推断也可能不正确（Dembicki，2009）。如图 3.11 所示，当Ⅰ型、Ⅱ型和Ⅲ型干酪根与Ⅳ型干酪根混合时，pseudo-van Krevelen 图仍无法准确代表烃源岩可能的生烃类型。由于Ⅳ型干酪根本质上是惰性的，因此它不会对 S_2 的测量产生明显影响，相反，它只会对 TOC 起作用，而 TOC 又会降低氢指数（Dembicki，2009），从而使烃源岩看起来更容易产生气体。当Ⅰ型和Ⅳ型干酪根的混合物表明存在Ⅱ型干酪根或Ⅱ型和Ⅲ型干酪根的混合物时，Ⅱ型和Ⅳ型干酪根混合物显示为Ⅱ型和Ⅲ型混合物。唯一准确表示的烃源岩是Ⅲ和Ⅳ型干酪根的混合物（Dembicki，2009）。

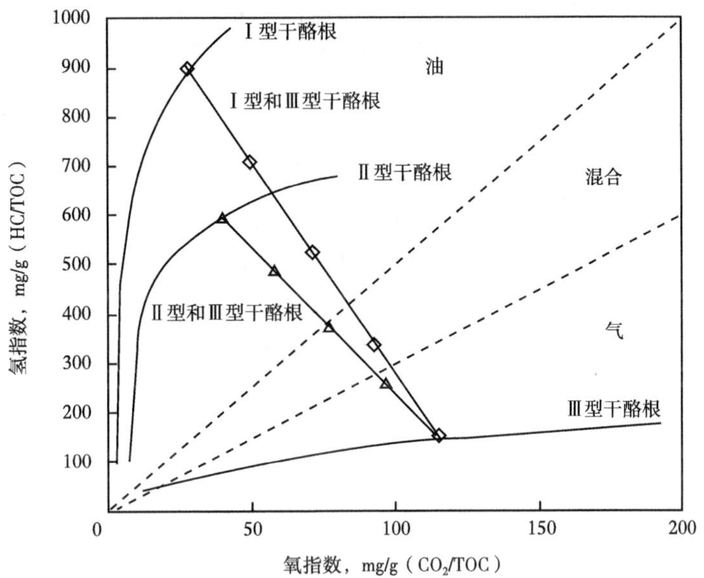

图3.10　绘制在pseudo-van Krevelen图上的Ⅰ型和Ⅱ型干酪根与Ⅲ型干酪根混合的模拟图（修改自Dembicki，2009）

趋势显示的干酪根混合物的比例：100/0、75/25、50/50、25/75、0/100

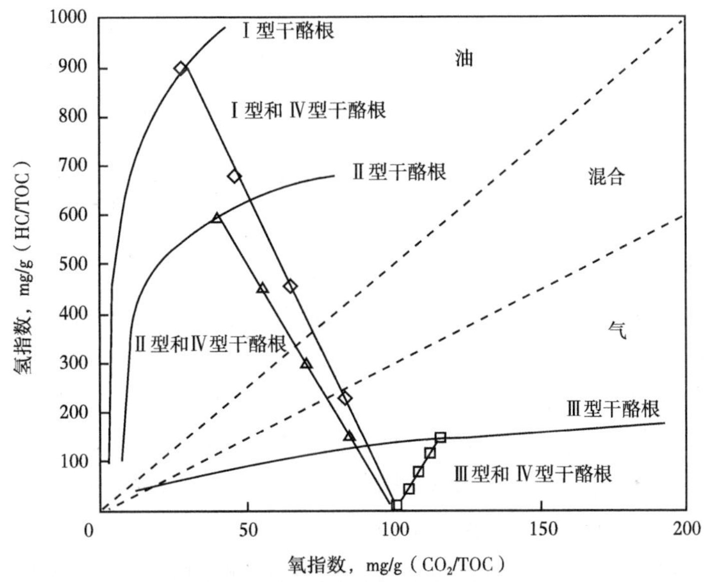

图3.11　在pseudo-van Krevelen图上绘制的用Ⅳ型干酪根稀释Ⅰ型、Ⅱ型和Ⅲ型干酪根的模拟图（修改自Dembicki，2009）

趋势显示的干酪根混合物的比例：100/0、75/25、50/50、25/75、0/100

除了干酪根混合物外，烃源岩的矿物基质也可能对 pseudo-van Krevelen 图的数据解释产生一定影响。Espitalie 等（1980）和 Katz（1983）证明，TOC 含量低于 2.0%的沉积物可在矿物颗粒上表现出油气的残留，从而显著降低氢指数。在岩石热解分析的过程中，也可能发生少量碳酸盐矿物的热分解，从而导致二氧化碳进入 S_3 峰，并增加氧指数（Katz，1983）。污染可能会影响 S_2（如前所述），进而影响氢指数，导致不准确的结果。

另外两种图解法也可以用来描述干酪根类型且可使用岩石热解分析数据生成的烃类型。第一种是图 3.12 所示的氢指数与 T_{max} 交会图。它展示了Ⅰ型、Ⅱ型和Ⅲ型干酪根的趋势，类似于 pseudo-van Krevelen 图，未成熟端在图的左侧，在走向过成熟状态时在右侧会聚。这些图也是作为鉴别岩石热解分析Ⅲ型干酪根的一种方法（Espitalie 等，1984）。Espitalie 等（1986）的研究表明，氢指数-T_{max} 图可代替 pseudo-van Krevelen 图用于初步判断干酪根类型。该图目前是部分地球化学家的首选，因为它结合了干酪根类型的指标、氢指数和成熟度指标 T_{max}。然而，正如前面提到的，该图中的氢指数仍然受制于 pseudo-van Krevelen 图观察到的混合干酪根类型问题，以及 T_{max} 随干酪根类型和成熟度的变化。因此，单独使用氢指数-T_{max} 交会图时应注意上述这些问题。

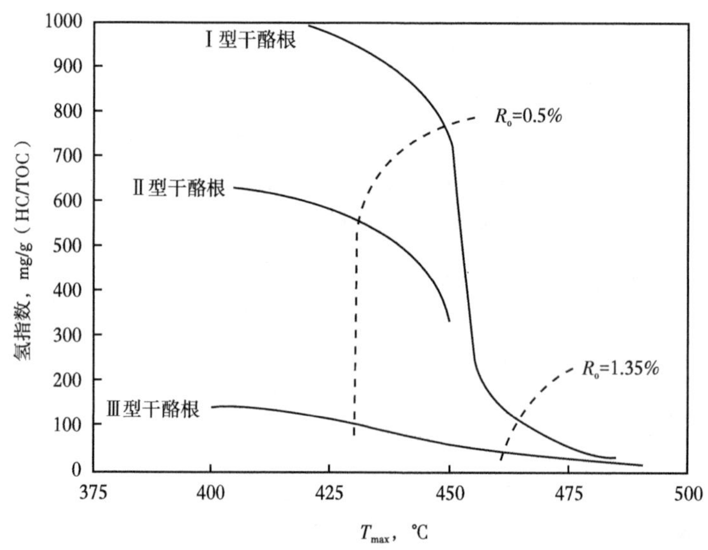

图 3.12　基于氢指数和 T_{max} 的替代烃源岩有机质类型评价图（Espitalie 等，1984）

第二种方法是使用线性比例的简单 TOC—S_2 交会图，如图 3.13 所示。该方法基于 Katz 和 Elrod（1983）的工作，并得到 Dahl 等（2004）的进一步支持，分隔干酪根类型区域的对角线是等氢指数线，该方法也受到用 pseudo-van Krevelen 图和氢指数—T_{max} 交会图观察到的混合干酪根类型和污染问题的影响。

由于干酪根混合物和矿物基质反应，岩石热解分析数据本身通常不足以准确确定存在哪种干酪根以及它们可能产生哪种烃类。为了进行正确的评估，需要考虑干酪根混合物的可能性、了解沉积环境以及沉积物成熟度等因素。最重要的是，需要使用补充的其他地球化学数据，如热解—气相色谱（PGC）来证实和完善所做的解释。

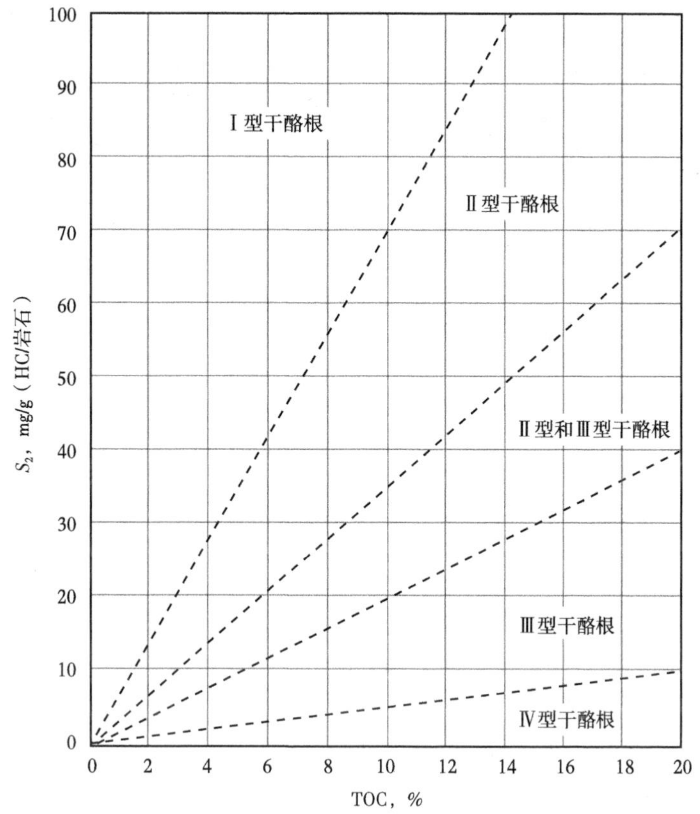

图 3.13 干酪根类型和 TOC—S_2 交会图（Katz 和 Elrod，1983）

分隔干酪根类型区域的虚线对角线从左到右分别为 700、350、200 和 50 的等氢指数线

3.4 溶剂提取、SARA 分析和提取数据

可提取的有机质、沥青可以用溶剂从沉积物中去除，通常使用类似于图 3.14 所示的索氏抽提装置。将沉淀物干燥、磨成粉末、称重，并放置在仪器中央的顶针内；顶针通常由滤纸或多孔陶瓷制成，使用前要预清洗；烧瓶中的溶剂通常是二氯甲烷，加热使其蒸发；热的溶剂蒸气通过旁路侧臂到达冷凝器，在冷凝器中冷却凝结成液体，然后滴到顶针中的沉淀物上，装有顶针的腔室会慢慢地充满温热的溶剂，直到几乎充满为止，然后通过虹吸作用将溶剂排空后返回到烧瓶中，该循环可重复多次，通常持续 24~48h。在每个循环过程中，一部分沥青溶解在溶剂中，并最终在烧瓶中的溶剂中分离。只有干净的热溶剂被蒸发并循环利用可以提取沉淀物。在提取结束时，通过蒸发去除多余的溶剂，只留下提取的沥青，最后对沥青进行称重，并计算出可提取有机物的量，单位为 10^{-6}。这种回收材料通常称为 C_{15+} 可萃取有机材料，因为在提取和蒸发过程中，比 C_{15} 轻的化合物将部分或完全除去。

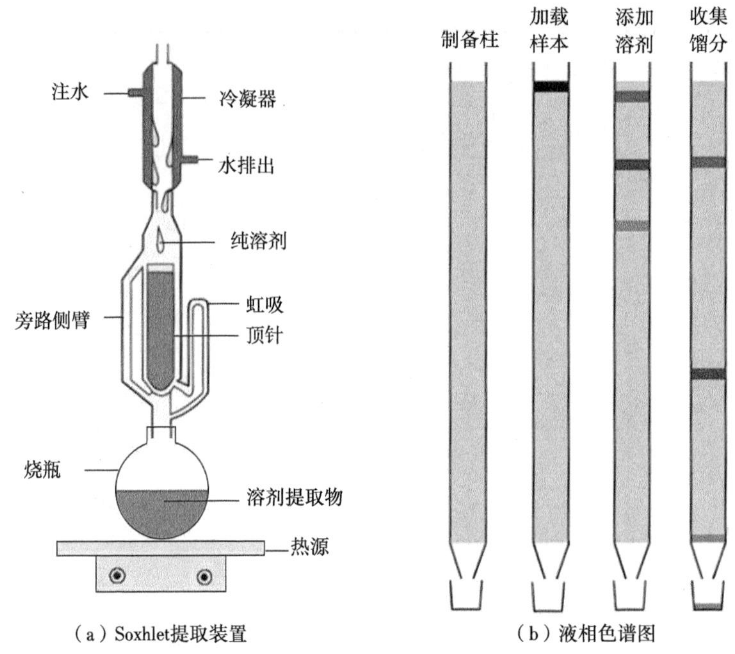

图 3.14　用于从烃源岩中提取沥青的 Soxhlet 提取装置示意图和用于将提取的沥青分离成饱和烃、芳香烃和含氮、含硫、含氧化合物组分的液相色谱图

虽然某些可提取的有机质可用于气相色谱分析，但通常通过某种色谱法将其分离为饱和烃、芳香烃、非烃（含氮、含硫、含氧化合物）和沥青质部分。根据数据应用的情况，SARA（饱和烃—芳香烃—非烃—沥青质）可能非常严格或粗略，当用于岩石热解分析时，数据通常不那么严谨。正如第 4 章所述，SARA 分析通常也适用于原油，为了说明 SARA 分析中使用的分离方法，先介绍一种通用的液相柱色谱分析方法。

在开始分析时，需要对要分离的沥青进行称重。SARA 分析的第一步是清除沥青质，即通过加入正庚烷使它们从烃源岩萃取物（或原油）中沉淀，正庚烷会使单个沥青质分子形成不溶性的聚集体，留在溶液中的物质含有油气和含氮、含硫、含氧馏分，然后在液相色谱柱上分离；柱内有固定相，通常是硅胶或氧化铝，与溶剂保持平衡。将样品材料（沥青或原油）装载到柱顶部，由于在流动液相（溶剂）和固定相（硅胶或氧化铝）之间化合物组分的差异，样品中的不同组分以不同的速率通过液相色谱柱，用于流动液相的溶剂可以改变样品组分的分配行为。根据时间、溶剂类型和溶剂体积的不同，收集柱中分流出的化合物。沥青质沉淀中回收的材料和在每个收集的馏分中回收的材料干燥后并称重。

饱和烃，芳香烃，含氮、含硫、含氧化合物或非烃都是从液相色谱柱中收集的一部分。饱和烃组分主要含有饱和烃化合物；芳香烃组分含有芳香族化合物，主要是油气，也包括芳香族硫化合物；含氮、含硫、含氧化合物或非烃部分含有大部分氮、硫和氧的化合物。饱和烃组分通常用于气相色谱分析，饱和烃组分和芳香烃组分都可用于生物标志物分析，如第 4 章所述。

在岩石热解分析数据成为烃源岩评价的行业标准之前，大多数烃源岩有机质丰度及类型测定都是利用TOC和可提取的有机质数据进行的。抽提物中的C_{15+}提取物和C_{15+}油气（饱和烃+芳香烃组分）的含量均以10^{-6}表示，通常用作烃源岩有机质丰度的指标，以总有机碳百分比表示的，C_{15+}萃取物或油气比率通常用于指示烃源岩有机质类型，Baker（1960）、Fuloria（1967）和Claypool等（1978）发现了一些如何使用这些数据的例子。

上述方法在应用时也存在一些缺点。将抽提物的数据作为烃源岩有机质丰度和类型评价指标有利于烃源岩的开发，但烃源岩必须足够成熟以产生沥青才被认为是烃源岩。然而，最大的问题来自分析方法本身，在岩石热解分析前，大部分分析工作都是由内部实验室完成的，提取过程中使用的溶剂、分离方法和应用的临界值的确切细节通常是专有的，并没有出现在许多已发表的报告中，因此在烃源岩评价中很难利用发表的抽提物数据。随着分析、测量数据的标准化和岩石热解分析的普遍化，抽提物数据很快被废弃。

3.5　气相色谱分析（GC）

在岩石热解分析和抽提物数据解释沉积物中有机质整体性质时，气相色谱分析（GC）提供了一种测定沥青中不同化合物类型分布的方法。顾名思义，气相色谱分析是一种分离技术，但它并没有像前面描述的那样用液相色谱法进行粗分离，而是提供了更高的分离度来解决沥青成分的更多细节问题。

气相色谱仪如图3.15所示。分析时首先通过注射器将溶解在溶剂中的沥青或饱和烃组分的样品注入进样口，注入的样品蒸发到气相色谱柱的顶部。色谱柱是一个直径非常小的管，通常由熔融石英玻璃制成，管内涂有固定相，当蒸发的样品通过惰性载气的流动通过色谱柱时，由于样品中单个化合物的蒸气压不同，以及化合物在固定相和载气之间的分配，样品会发生分离。气相色谱柱通常放置在一个可以缓慢加热以帮助分离的烘箱中。

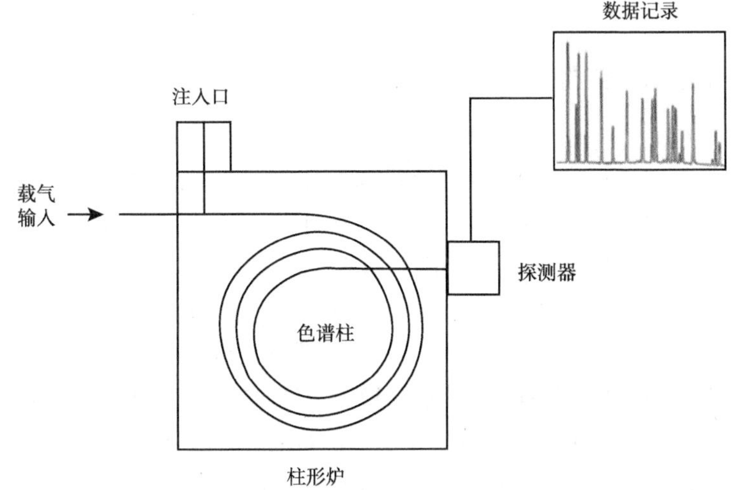

图3.15　用于分析烃源岩提取物、原油和天然气的典型气相色谱仪示意图

当化合物从色谱柱上溶离后会被放进检测器，如氢火焰离子检测器或质谱仪，在那里检测载气中的化合物，并测量它们的相对浓度，如图 3.16 所示，将这些相对浓度随时间变化而变化的现象绘制成气相色谱图。气相色谱图由一系列峰组成，代表溶离出色谱柱的化合物，分析的分辨率越高，峰值就越明显。在分析过程中，峰通常通过它们在色谱柱上的保留时间来识别，特定化合物的保留时间通常是通过分析未知样品运行之前参考的标准混合物来确定的。

在图 3.16 所示的色谱图中，较大的峰是正构烷烃峰，两个紧挨着 nC_{17} 和 nC_{18} 正构烷烃峰的峰，分别是姥鲛烷和植烷。由于在烃源岩萃取物中，姥鲛烷和植烷几乎总是存在的，所以它们可以用来识别正构烷烃的 nC_{17} 和 nC_{18} 峰，从而识别其他正构烷烃峰。除了色谱图中的峰，其他有用的特征包括峰值包络线形状和峰下未溶解物质的数量和形状。全萃取物（沥青）和饱和组分色谱图可以提供烃源岩中有机质的可能类型和烃源岩有机质成熟度的信息。

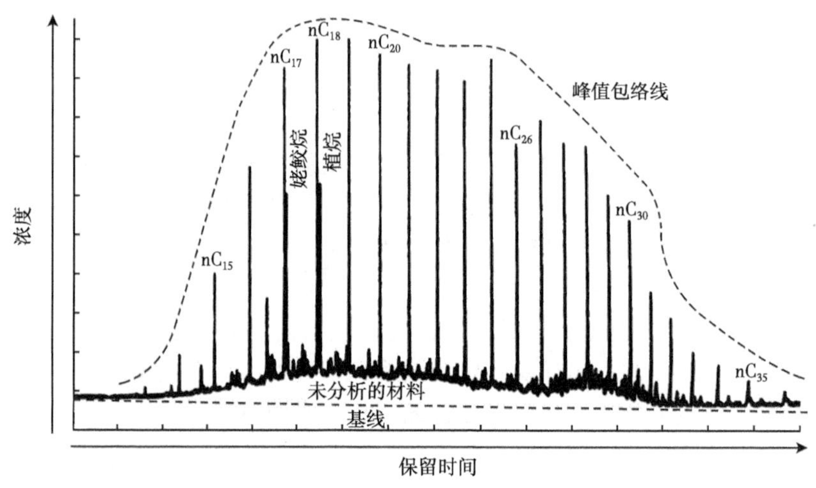

图 3.16　提取物饱和烃组分气相色谱图

3.5.1　烃源岩有机质类型评价

烃源岩中干酪根类型的线索可从整个提取物（沥青）或饱和烃组分气相色谱图中获得。对气相色谱图进行定性评价，以确定岩石产生油气的潜力及主要干酪根类型。部分色谱图示例如图 3.17 所示，图 3.17（a）和图 3.17（b）的油相烃源岩的色谱图显示出显著的正构烷烃峰，其中大部分材料的碳数范围在 C_{15} 内。这些烃源岩饱和组分色谱图与原油饱和组分色谱图相似，图 3.17（a）显示了峰下少量未分解的物质，大部分正构烷烃峰延伸到 C_{30} 的范围，这是Ⅰ型干酪根的特征；图 3.17（b）显示了峰下丰富的未分解物质，正构烷烃在 C_{15}—C_{30} 范围内高度降低，这是Ⅱ型干酪根的特征。气相烃源岩的色谱图通常以短链碳化合物为主，大部分物质的范围小于 C_{20}。图 3.21（c）为典型的Ⅲ型干酪根烃源岩。需要注意的是，通常需要一些对气相色谱仪有操作经验的人才能正确熟练地解释它们，最好利用岩石热解分析或热解—气相色谱法（PGC）数据等其他数据来证实所做出的解释。

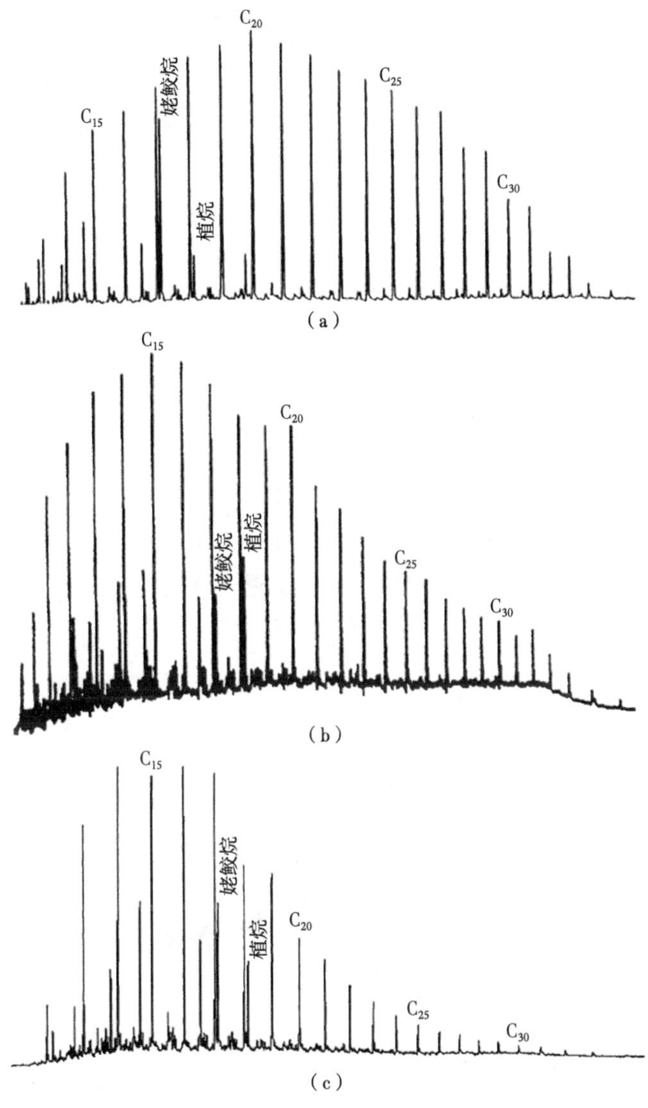

图 3.17　从不同干酪根类型的烃源岩中提取物质的气相色谱图

Ⅰ型、Ⅱ型和Ⅲ型干酪根分别是色谱图（a)、(b）和（c）所示提取物中的主要干酪根类型

3.5.2　烃源岩有机质成熟度评价

第 2 章详细讨论了气相色谱仪中随着烃源岩有机质成熟度的增加而发生的组分变化。简单回顾一下，图 3.18 显示了饱和烃成熟度的气相色谱图变化的示例，未成熟阶段未分解物质呈双峰状发育，并且在 C_{25}—C_{35}正构烷烃中存在奇碳优势。在较成熟样品中，未溶物的高分子量“驼峰”明显减少，奇碳优势消失；在成熟样品的色谱图中，未溶解物质的较高分子量“驼峰”已经消失，C_{15}—C_{18}范围内的正构烷烃大幅增加，使饱和部分看起来更像原油。

除了观察气相色谱图外，正构烷烃峰的高度也可用于跟踪成熟度的变化。有一种方法是计算碳优势指数（CPI），如图 3.19 所示，Bray 和 Evans（1961）提出了 CPI，目的是帮助区分烃源岩和原油中未成熟的正构烷烃分布和成熟的正构烷烃分布，大多数未成熟烃源岩的 CPI 大于 1.0，而成熟烃源岩和原油的 CPI 在 1.0 左右（Bray 和 Evans，1965）。

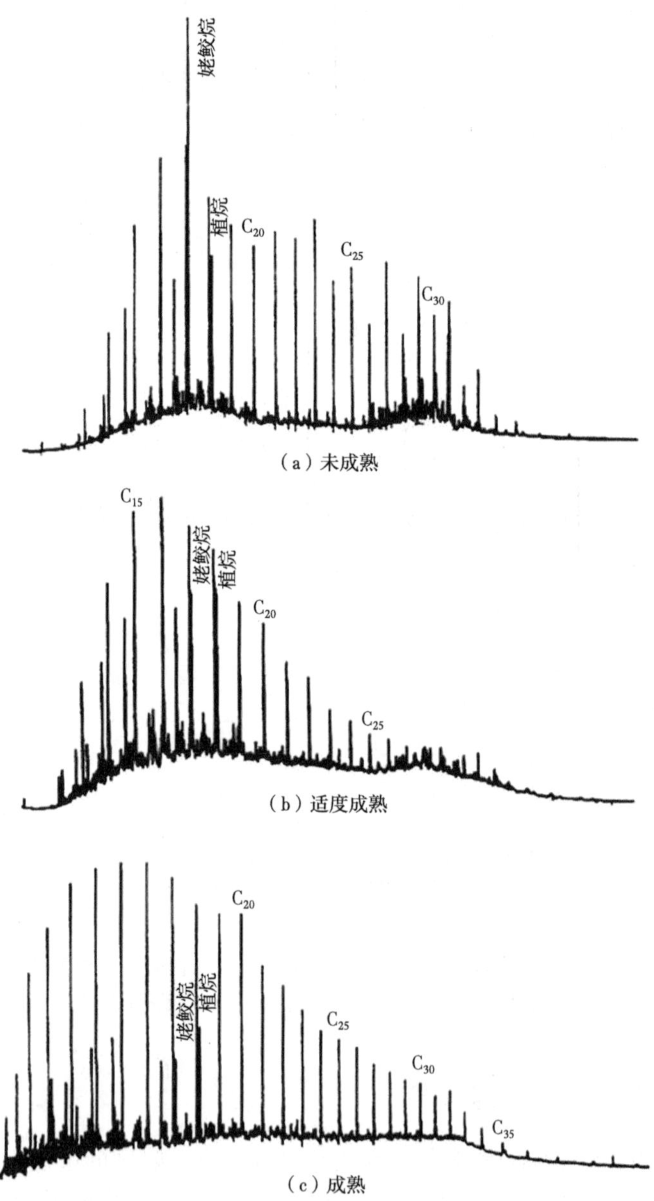

图 3.18　烃源岩提取物气相色谱变化图

从一系列以Ⅱ型干酪根为主的样品中，由于成熟度的增加，烃源岩提取的气相色谱的渐进变化

$$\mathrm{CPI}=0.5\times\left(\frac{\sum C_{21}—C_{31}\text{奇碳数正构烷烃}}{\sum C_{22}—C_{32}\text{偶碳数正构烷烃}}+\frac{\sum C_{21}—C_{31}\text{奇碳数正构烷烃}}{\sum C_{20}—C_{30}\text{偶碳数正构烷烃}}\right)$$

图 3.19　Bray 和 Evans（1961）定义的 CPI 计算公式

另一种方法是绘制峰高与碳数的关系图，如图 3.20 所示，浅层和未成熟的正构烷烃分布呈锯齿状，奇碳数正构烷烃在 C_{25}—C_{33}范围内占主导地位。随着沉积物深度的加深和成熟，锯齿状结构逐渐减小，正构烷烃的最大分布范围逐渐减小到分子量较低的范围，变得更像原油。这些正构烷烃分布的 CPI 值也在图 3.20 中，证明它们是如何随着成熟度的增加而变化的。

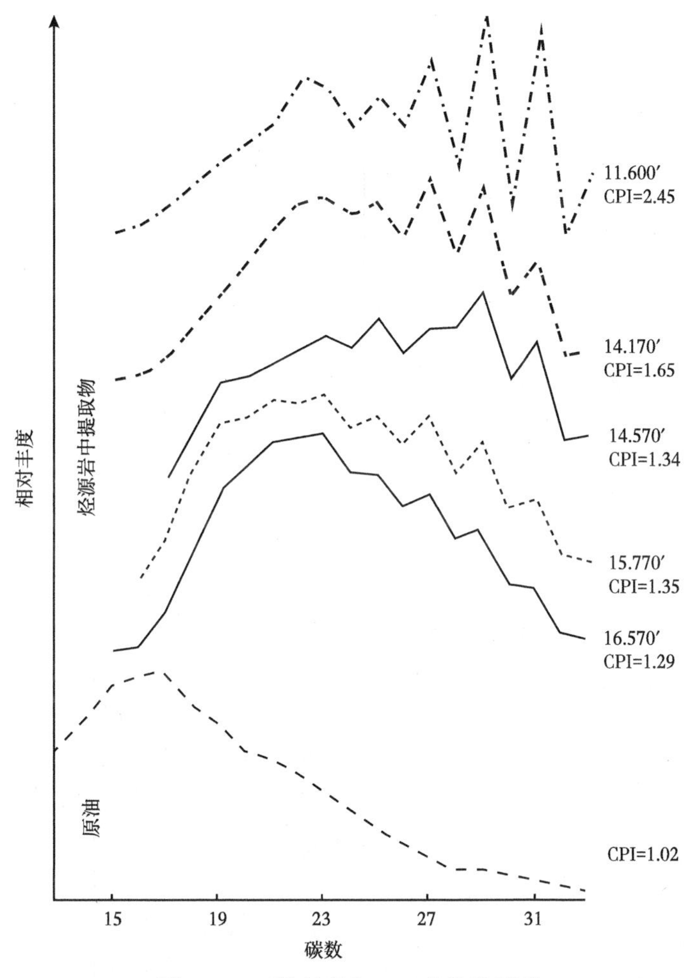

图 3.20　正构烷烃与 CPI 变化关系图

由于一系列干酪根类型相似的烃源岩样品的成熟度增加，正构烷烃分布和 CPI 逐渐变化

3.5.3　识别污染

岩屑和岩心样品的污染，尤其是油基钻井液和钻井液添加剂的污染，往往是在完全提取和饱和组分气相色谱图中被识别出来的。图 3.21 显示了 Novaplus 的独特模式，它是一种烃源岩提取物中以烯烃为基础的合成钻井液基础油。在色谱图中，即使污染体积占1%~2%的情况下，C_{16}和 C_{18}附近的特征性烯烃簇峰也占主导地位。其他污染，如柴油、油笔和加工过的沥青钻井液添加剂，通常从烃源岩沥青中脱颖而出。为了帮助识别油基钻井液和

钻井液添加剂的污染，获取钻井液报告，需要列出钻井液类型和所用的所有添加剂。参考气相色谱图通常可从制造商处获得，以便进行比较。如前所述，钻井过程中应采集钻井液和钻井液添加剂样品，这些样品也可用作参考材料，以帮助识别可能的污染。

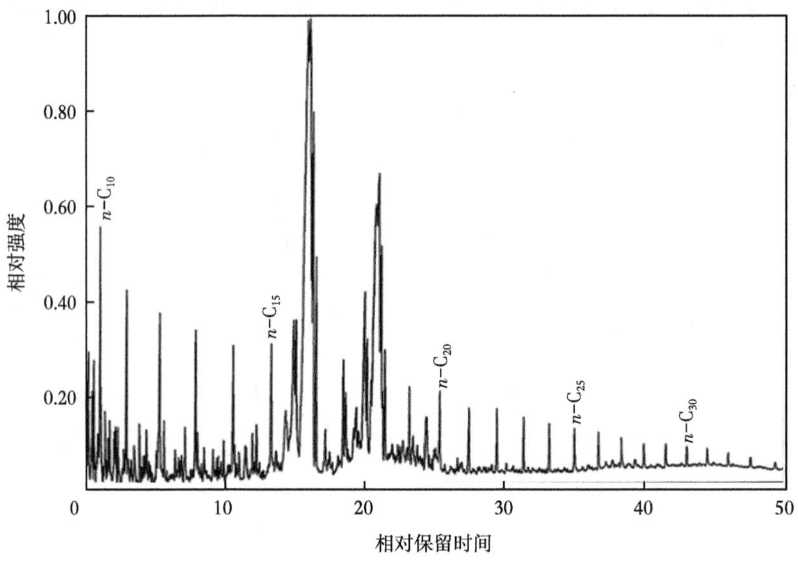

图 3.21　显示合成油基钻井液 Novaplus 污染的烃源岩提取物气相色谱图

3.6　顶空气体分析

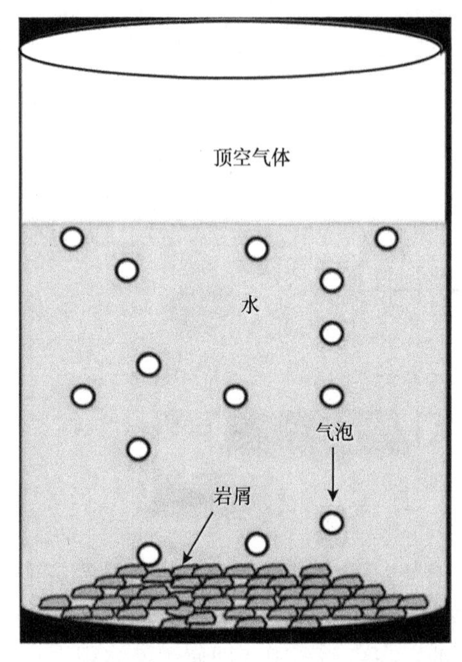

图 3.22　用于顶空气分析的罐装岩屑样品示意图

顶空气体的分析数据可用在烃源岩评价和储层地球化学中，但本章主要强调在烃源岩评价中的使用，在储层中的应用将在第 4 章介绍。

尽管对油气开采有利，但罐装岩屑的顶空气体分析数据在易产气或产气/凝析油的烃源岩地区更为有用。收集从沉积物间隙空间排出的 C_1—C_7 的轻烃，如图 3.22 所示，并允许对其进行分析。由于难以获得 C_5—C_7 的定量可重复结果，分析通常仅限于 C_1—C_4 轻烃。

如果用 1 夸脱大小的金属漆罐收集罐装岩屑，那么分析过程从将隔膜粘到罐顶开始。隔膜提供了一个不泄漏的密封装置，可以通过注射器对顶空气体进行取样；如果使用等震器，则需要在盖中加入隔膜。在分析之前，通常在水浴中使金属罐或等震器达到恒温状态，以使顶部空间和水之间的轻烃气体分配达到平衡；然后用气密注射器抽取固定体积的顶空气样品，注入气相色谱仪进行分析。气相色谱仪将顶空气分离成不同组分，并测量各个组分的含量。在对金属罐或等震器原始顶部空间的空气进行校正后，计算出甲烷（C_1）、乙烷（C_2）、丙烷（C_3）、正丁烷（nC_4）和异丁烷（iC_4）的浓度。顶空气体分析报告通常为 C_1—C_4 油气的浓度（单位：10^{-6}）、湿气含量（C_2—C_4）和 iC_4/nC_4 值，并且通常绘制随深度变化的关系图，如图 3.23 所示。

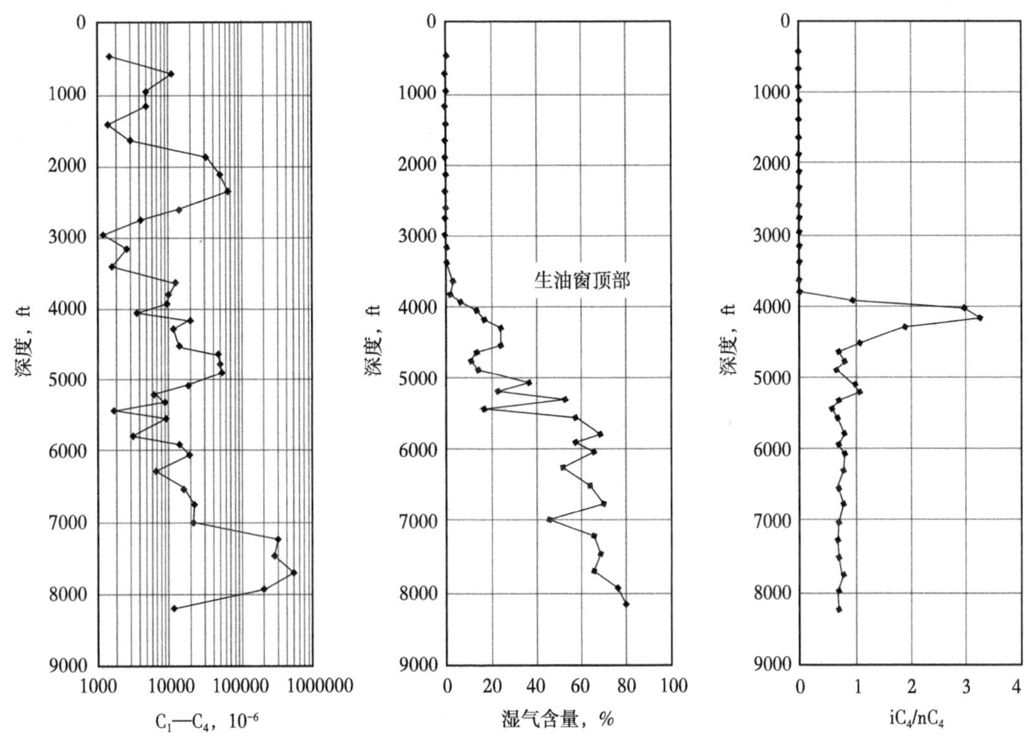

图 3.23 顶空气参数与深度关系图

除了气相色谱分析外，顶空气体偶尔也用于稳定碳同位素的测定，详见第 5 章。

3.6.1 烃源岩有机质丰度评价

顶空气体浓度是烃源岩有机质丰度评价的主要指标。与抽提物数据一样，实验室规定中的微小变化常常使不同实验室间的结果比对变得困难，这导致烃源岩有机质丰度评价的临界值因为比较方法不同而存在差异。然而，Noble（1991）提供了一些总气体浓度的通用指南，C_1—C_4，以 10^{-6} 表示，以总气体浓度低于 100×10^{-6} 为背景，$(1000\sim10000)\times10^{-6}$ 表示富烃源岩，超过 10000×10^{-6} 则表示非常富烃源岩。

在应用这些解释时需要注意的是，干酪根类型可能会影响生成的轻烃量。这些轻烃有可能更容易地从烃源岩中迁移出来，从而显示出不太富集的层段。如果使用油基钻井液，油可以作为溶剂，并在溶液中保留一部分轻烃，从而降低总浓度。

3.6.2 烃源岩有机质成熟度评价

利用顶空气数据解释成熟度有两种主要方法，第一种方法是利用湿气含量作为评价成熟度的指标，生油窗顶部通常为10%左右，湿气继续增加，直到产生峰值，然后开始减少，当湿气降至20%左右时为生油窗底部；第二种方法则是使用异丁烷/正丁烷值（iC_4/nC_4），当 iC_4/nC_4 小于0.5时，沉积物很可能未成熟，处于0.5~1.0之间为成熟，当 iC_4/nC_4 大于1.0时，沉积物处于过成熟阶段。

这些成熟度解释需要其他成熟度指标的证实，这是因为干酪根类型对生成的轻烃的影响，以及这些轻烃在地下更容易运移的特性。如果用油基钻井液钻井，在解释过程中也存在潜在的问题。如果收集时没有冲洗岩屑，油基钻井液可作为溶剂，并在溶液中保留一部分轻烃，这可能改变湿气含量和 iC_4/nC_4 值，所以使用这些数据时应注意。

3.7 热解—气相色谱法（PGC）

热解—气相色谱法（PGC）本质上是将岩石热解分析和气相色谱结合起来，来揭示构成 S_2 峰的烃类和其他化合物的组成。了解构成 S_2 峰的化合物可直接推测烃源岩中的干酪根类型以及干酪根可生成的油气类型（Giraud，1970；Latter 和 Douglas，1980；Dembicki 等，1983；Horsfield，1989）。热解—气相色谱法（PGC）用于补充岩石热解分析数据，以提供更准确的干酪根类型评估依据（Dembicki，1993，2009）。

PGC 分析将使用类似于图3.24所示的仪器。首先，将烃源岩样品密封在热解炉中，加热至300℃，并在该温度下保持3~5min以去除 S_1 峰；来自 S_1 峰的物质被收集到其中一个圈闭中，在收集 S_1 后，以固定的加热速率将热解炉从300℃升高到约550℃，以收集第二个捕集器中的 S_2 材料；最后将捕集器中收集的材料可通过加热至300~325℃释放。收集的 S_1 峰物质可通过气相色谱进行排气或分析，S_1 峰的气相色谱分析通常称为热萃取—气相色谱，可用于表征已生成的沥青、识别可能的污染以及应用在储层地球化学中，详见第5章。收集到的 S_2 峰物质的气相色谱分析提供了干酪根热分解产物的化学定性和定量

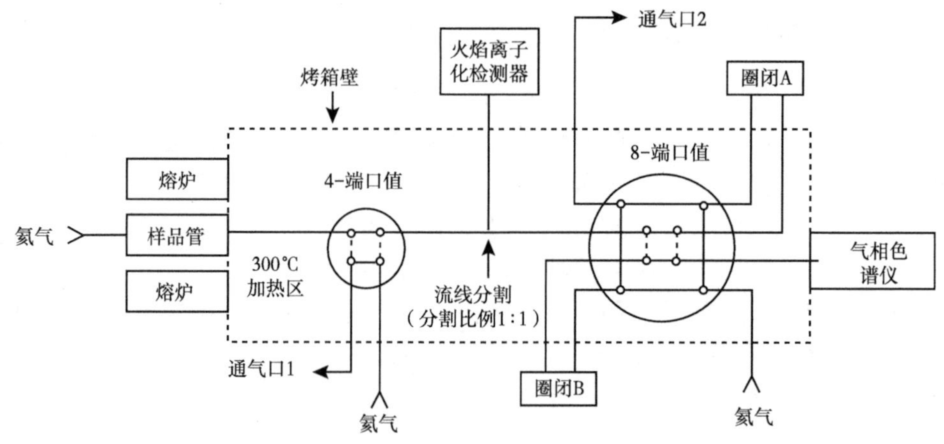

图3.24 用于烃源岩分析的典型热解气相色谱仪示意图（Dembicki 等，1983）

分析。

PGC 通过提供岩石 S_2 峰的详细信息来给干酪根类型评估提供更多依据。由于 PGC 仪器设计和使用的操作条件不同，数据存在一些变化。在本次讨论中，Dembicki（2009）的研究结果将作为 PGC 如何改进干酪根类型评估的一个例子。其他解释方案，如 Latter 和 Douglas（1980）和 Horsfield（1989），使用不同的方法也得到了同样的结果。

图 3.25 为主要含有Ⅰ型、Ⅱ型和Ⅲ型干酪根的未成熟烃源岩的典型热解气相色谱图，其中易生油的Ⅰ型和Ⅱ型干酪根产生的裂解产物可延伸到高分子量范围（C_{30+}）。Ⅰ型干酪根产生大量长链正构烷烃，如图 3.25 中 C_{15+} 的高峰所示。Ⅱ型干酪根的裂解产物由更多的环烷烃化合物组成，这些化合物由 C_{15+} 未分解的大“驼峰”物质表示。Ⅲ型易生气干酪根显著不同，表现出大部分热解产物局限于色谱图的 C_{10-} 部分。这些差异也反映在每种

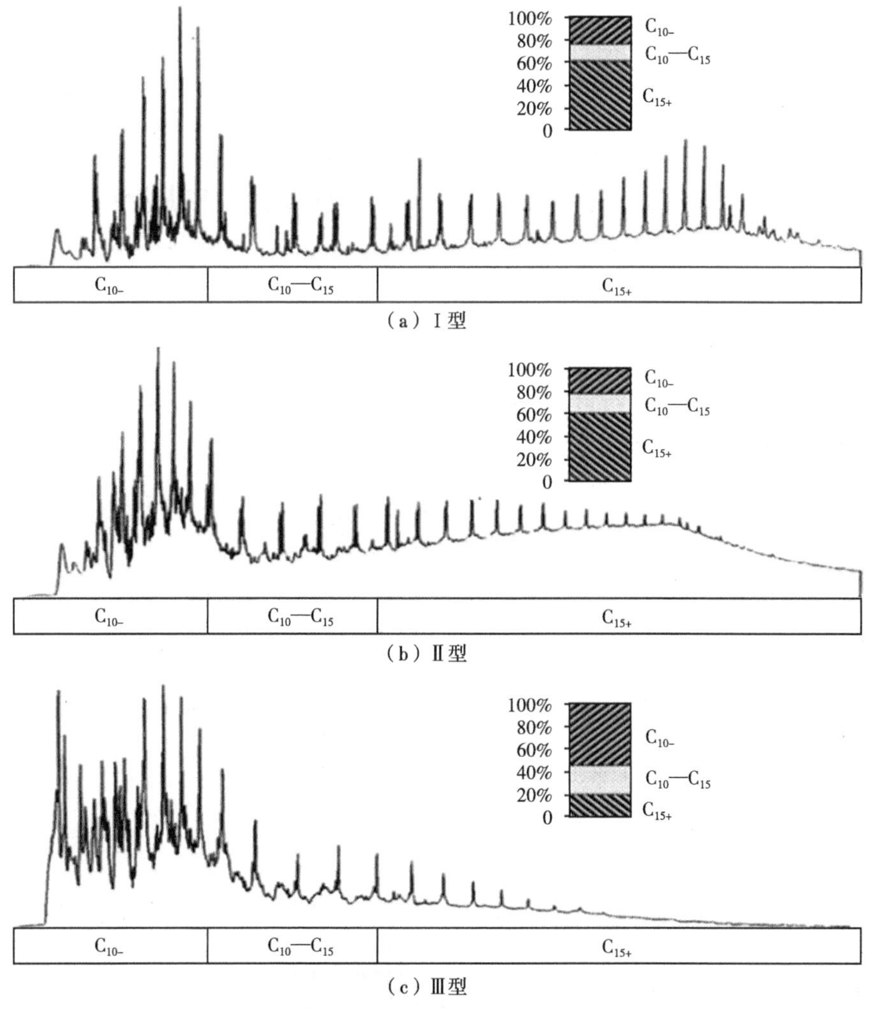

（a）Ⅰ型

（b）Ⅱ型

（c）Ⅲ型

图 3.25 含Ⅰ型、Ⅱ型和Ⅲ型干酪根的烃源岩的全岩热解—气相色谱图（Dembicki，2009）

包括每种干酪根类型的 C_{10-}、C_{10}—C_{15} 和 C_{15+} 碳数范围内每个色谱图中的物质量。Ⅰ类烃源岩为绿河盆地始新世绿河页岩，Ⅱ类烃源岩为英格兰多塞特侏罗纪金默里奇黏土，Ⅲ类烃源岩为东南亚古近纪—新近纪三角洲沉积

干酪根类型的 C_{10-}、C_{10}—C_{15} 和 C_{15+} 碳数范围内的物质数量上，如图 3.25 中的条形图所示。高浓度的 C_{15+} 化合物是Ⅰ型和Ⅱ型干酪根的特征，反映了这些干酪根易生油的性质。与此相反，Ⅲ型干酪根条形图显示，大多数处于 C_{10-} 范围内。

除了Ⅰ型、Ⅱ型和Ⅲ型干酪根之外，Ⅱ-S 型和Ⅳ型干酪根也可包括在该分类方案中。就其热解—气相色谱图而言，Ⅱ-S 型干酪根与Ⅱ型干酪根几乎相同。因此，当根据 pseudo-van Krevelen 图上的Ⅰ型干酪根趋势绘制时，Ⅱ-S 型干酪根具有Ⅱ型干酪根 PGC 特征。由于其本质上是惰性的，Ⅳ型干酪根在热解时不会产生大量的油气，在热解—气相色谱图中几乎看不到任何物质。

当处理烃源岩中不同干酪根的混合物时，PGC 结果可以清楚地显示出存在的干酪根类型。根据 Dembicki（2009）的研究成果，Ⅰ型和Ⅲ型干酪根以及Ⅱ型和Ⅲ型干酪根混合物的热解—气相色谱如图 3.26 所示。混合物中Ⅲ型干酪根从 0%增加到 100%，这些混合物产生的 PGC 结果介于端点干酪根类型之间，随着Ⅰ型和Ⅲ型干酪根及Ⅱ型和Ⅲ型干酪根

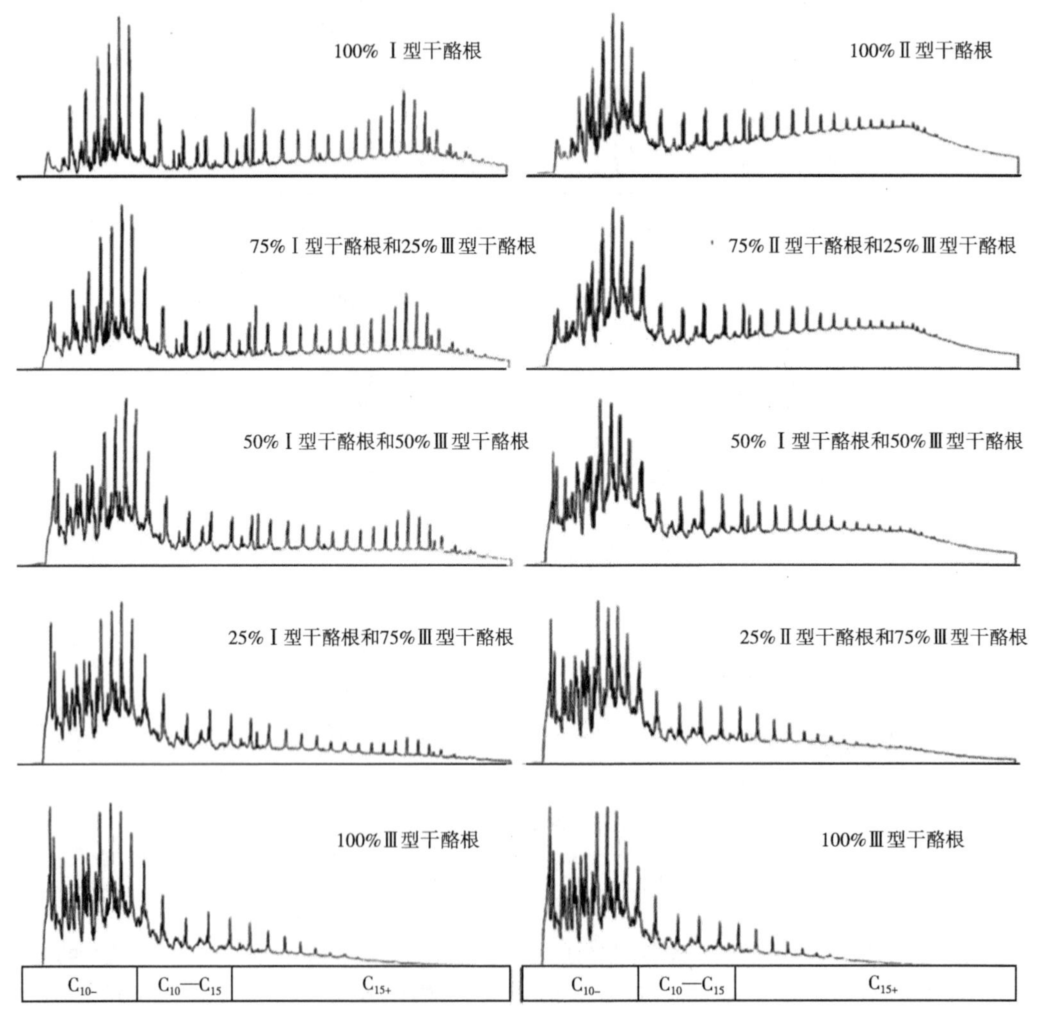

图 3.26　热解—气相色谱中Ⅰ型和Ⅱ型干酪根与Ⅲ型干酪根混合后的渐进变化过程图（Dembicki，2009）

混合物中 C_{15+} 组分中的热解产物数量的减少及 C_{10-} 组分中的物质数量的增加，色谱图逐渐变化。裂解—气相色谱图中 C_{15+} 区域的特征可以区分Ⅰ型和Ⅱ型干酪根的混合物与高达75%的Ⅲ型干酪根的混合物。Ⅰ型干酪根混合物显示出更为突出的峰，而Ⅱ型干酪根混合物显示出更为突出的环烷烃不溶"驼峰"。虽然色谱图中的某些变化似乎很微妙，但经验丰富的数据解释人员仍可准确判断出干酪根的类型。

这些渐进变化也反映在图3.27中 C_{10-}、C_{10}—C_{15} 和 C_{15+} 碳数范围的条形图中。对于Ⅰ型和Ⅱ型干酪根而言，C_{10-}、C_{10}—C_{15} 和 C_{15+} 碳数范围内的物质量基本相同，因此使用量化数据的解释只能区分易生油型和易生气型干酪根，并不能确定单个干酪根的类型。

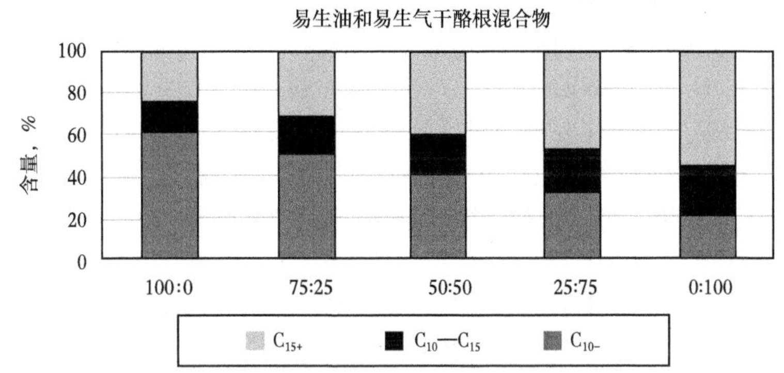

图3.27　混合易生油Ⅰ型或Ⅱ型干酪根与易生气Ⅲ型干酪根变化关系图（Dembicki，2009）
热解—气相色谱结果显示了混合易生油Ⅰ型或Ⅱ型干酪根与易生气Ⅲ型干酪根的渐进变化，这些干酪根在 C_{10-}、C_{10}—C_{15} 和 C_{15+} 碳数范围的条形图中定量

成熟度与岩石热解分析数据一样，对解释PGC数据有着深远的影响。前面讨论的数据来自未成熟的烃源岩样品，所描述的解释方法对未成熟到产油高峰期的样品是有效的。在产油高峰期之后，Ⅰ型和Ⅱ型干酪根中 C_{15+} 的化学物质在产油后被耗尽，其裂解产物开始更像Ⅲ型干酪根。随着成熟度的增加，最终所有类型干酪根的裂解产物开始趋于一致。这种现象与pseudo-van Krevelen图上干酪根类型趋势的收敛类似。因此，当试图在成熟度高于产油高峰期的烃源岩样品上使用PGC时，必须谨慎。

烃源岩样品的污染也会对PGC数据产生影响，这可能是因为污染物是富含非烃和沥青质的沥青或有机钻井液添加剂，特别是合成沥青或天然沥青。在热提取步骤中，这些材料在300℃下可能不易挥发，因此与岩石热解数据一样，有必要检查高温图，以寻找在低温侧的 S_2 峰的不对称性。如果材料量很大，则可能需要对沉积物进行预分析溶剂萃取，去除沥青或污染物，以获得更能代表干酪根类型的PGC数据。

3.8　分离干酪根

干酪根分离本身不是一种分析方法，而是元素分析和光学干酪根分析方法的前处理步骤。分离干酪根的第一步是对烃源岩样品进行粗磨，使其不小于较粗砂粒（1~2mm），因为研磨到过细的尺寸可能会破坏干酪根颗粒并使其结构模糊，然后用盐酸处理岩石以除去碳酸盐，由于盐酸与碳酸盐的反应可能剧烈到使干酪根颗粒破碎的程度，因此应从低浓度盐酸溶液开始进行多次处理，并在随后的每一步中将浓度增加到 6mol/L。在去除所有残留的钙离子之前，必须用蒸馏水彻底冲洗盐酸处理后的残渣，以避免形成不溶性氟化钙。第二步是用 40%氢氟酸去除包括石英在内的硅酸盐，氢氟酸往往与一些 6mol/L 的盐酸混合以促进反应。氢氟酸是一种非常危险的化学试剂，使用时需要特殊的化学排气罩和个人安全防护设备。可以重复进行氢氟酸处理，以确保岩石样品中存在的任何活性硅酸盐矿物完全溶解。同样，在去除样品中残留的氢氟酸之前，必须用蒸馏水彻底冲洗残留物。

在此阶段，剩余物质由有机质和难熔矿物组成，包括黄铁矿和含氧重矿物，如锆石、金红石和锐钛矿（Vandenbroucke 和 Largeau，2007）。此外，可能会形成一些难以去除的氟化物（Durand 和 Niacaise，1980），因此可能需要用 6mol/L 的盐酸进行第二次清除处理。这种含难熔矿物的干酪根浓缩物通常用于制备透射光显微镜用的散斑载玻片，用于透射光显微镜下的干酪根可视化分析和稍后讨论的热蚀变指数（TAI）的评估。然而，为了在镜质组反射率或元素分析中使用，干酪根浓缩物通常需要通过使用诸如密度为 2.1g/cm^3 的溴化锌（$ZnBr_2$）重液体分离去除大部分难熔矿物，“干酪根”漂浮在溴化锌上，然后提取、冲洗和干燥。

油基钻井液的污染有时会干扰干酪根的分离过程。油覆盖在矿物表面，抑制或阻止它们与酸反应。为了解决这个问题，在干酪根分离前需要用溶剂提取样品以除去油污。

虽然这些方法可以获得高浓度的干酪根组分，但仍不可能从其矿物基质中完全分离干酪根，分离过程的每一步都会有干酪根损失。干酪根损失最常见的是在酸消化后冲洗岩石样品。非结构化的干酪根颗粒通常在反应中被释放，并在冲洗过程中被冲走。此外，由于暴露在盐酸和氢氟酸中而涉及干酪根的水解反应以及由矿物溶解反应的放热性质促进的氧化可能会改变干酪根的组成（Durand 和 Niacaise，1980）。当然，分离过程中并不是所有的矿物质都会被清除。干酪根通常在黄铁矿周围凝块或聚集，使其在重液分离过程中漂浮（Saxby，1970）。

3.9 元素分析

对烃源岩中分离出的干酪根进行碳、氢、氧、氮元素分析。分析的第一步是称量干酪根浓缩物样品，然后在氧气环境中燃烧。水（H_2O）、二氧化碳（CO_2）和一氧化二氮通常来自有机物，通过测量水和二氧化碳以计算氢和碳含量，用催化剂将一氧化二氮还原成氮气，然后测量氮气含量以计算氮含量。第二步，通过热解部分干酪根来测定氧含量，以便样品中的所有氧被释放为二氧化碳或一氧化碳（CO）。第三步用催化剂将一氧化碳转化为二氧化碳，测量所有的二氧化碳的量以计算氧含量，然后用氢、碳、氧和氮的质量分数除以它们的原子量，并计算氢碳、氧碳和氮碳的原子比。

干酪根的元素组成取决于其原始元素组成和成熟程度。如果知道干酪根类型或烃源岩的成熟度，则可以用元素分析来推断其他信息（Baskin，1997）。在实践中，用元素分析数据作为干酪根类型的指标，使用独立的方法确定成熟度是一种最常用的方法（Tissot 等，1974）。在元素分析数据中常使用的解释工具是范氏图（Tissot 和 Welt，1984），如图 3.28

所示。如第 2 章所述，van Krevelen 图绘制了干酪根的氢碳原子比与氧碳原子比以及Ⅰ型、Ⅱ型和Ⅲ型干酪根的路径，这些干酪根路径在成岩/未成熟期中分别开始。每种干酪根类型的组分的宽带结构反映了组分的变化，主要可能是由于所用样品中存在不同干酪根的混合物，以及实际最终的干酪根组分变化。随着干酪根的热成熟演化，它们进入油气形成主带。随着这一阶段的进展，Ⅰ型和Ⅱ型干酪根开始有合并趋势，这些基本趋势表明，这三种干酪根中的氢和氧都在耗尽，而碳含量在增加。最后，当这三种干酪根进入气成带时，它们的元素组成几乎无法相互区分。

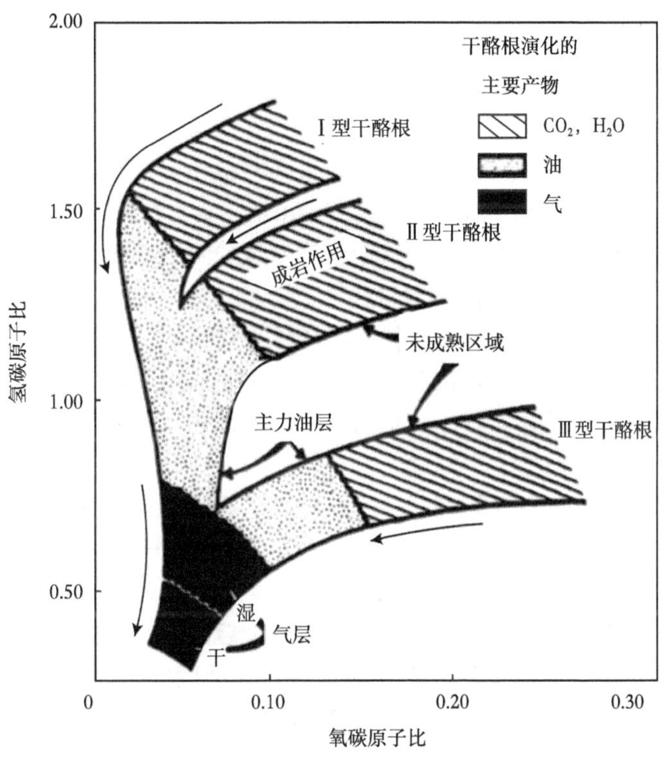

图 3.28 van Krevelen 图绘制的适合干酪根的氢碳原子比与氧碳原子比示例图（Tissot 和 Welte，1984）

如果从其他资料中已知烃源岩中的干酪根类型，则元素分析结果可用于估计干酪根的成熟度。Tissot 和 Welte（1984）为此计算了氢碳原子比与氧碳原子比相对于镜质组反射率的平均值，见表 3.5。值得注意的是，由于干酪根混合物的存在，这些值只是近似值，应与其他成熟度数据一起使用。

表 3.5 氢碳原子比与氧碳原子比的平均值（修改自 Tissot 和 Welte，1984）

R_o,%	Ⅰ型干格根		Ⅱ型干格根		Ⅲ型干格根	
	H/C	O/C	H/C	O/C	H/C	O/C
0.6	1.45	0.05	1.25	0.08	0.80	0.18
1.3	0.70	0.05	0.70	0.05	0.60	0.08
2.0	0.50	0.05	0.50	0.05	0.50	0.05

元素分析在1980年前已经广泛使用，从那时起在许多烃源岩数据汇编中就可以找到。然而，如今元素分析已很少用作常规的烃源岩评价工具，这主要是由于分析所需的样品的制备需要时间。正如前文所述，人们很难从潜在的烃源岩中分离出干净的干酪根样品，烃源岩中始终存在与分离干酪根相关的难熔矿物，这些难熔矿物会提供氢和氧（Durand和Monin，1980）。为保证干酪根中相对不含难熔矿物，干酪根中的灰分含量应小于10%。除此之外，冲洗过程中干酪根的损失和干酪根分离过程中的重液分离也可能导致最终产物不能代表所分析的烃源岩中的干酪根。最后，由于烃源岩中存在干酪根混合物，元素分析数据容易被曲解，这一点类似于用pseudo-van Krevelen讨论的混合干酪根问题。

3.10 镜质组反射率

镜质体是一种干酪根颗粒或显微组分，来自高等植物木质素纤维素细胞壁中的腐殖凝胶（Teichmuller，1989），是煤和烃源岩的常见组分。最初在煤中观察到镜质体颗粒的反射率随时间和温度的增加而增加，并将其用作确定煤的阶级或热成熟度的方法（Teichmuller，1982）。镜质体被认为是烃源岩干酪根的组成部分后，镜质组反射率系统的增加与沉积物的生烃史有关，并作为评价烃源岩有机质成熟度的指标。

研究人员曾对烃源岩样品中随机定向颗粒进行了镜质组反射率的测定。测量时使用抛光的全岩支架，通常由嵌入环氧树脂的切割或核心片组成，也可以使用嵌入环氧树脂的干酪根浓缩物，环氧树脂底座需磨平并抛光，以便显微镜观察。整个岩石保持了干酪根颗粒和矿物基质之间的关系，为镜质体是否被改造提供了线索，全岩中最适合与富含有机质的烃源岩一起使用。相比之下，干酪根浓缩物增加了在有机质含量不太高的样品中发现镜质体的可能性。

在油浸条件下，用反射光显微镜进行观察，校准后的光束对准镜质体粒子，然后用传感器（通常是光电倍增管）测量从表面反射的光量，如图3.29所示。用一套已知的反射标准对显微镜系统进行校准，以在一天中检测和纠正传感器中光源或仪器漂移的任何变

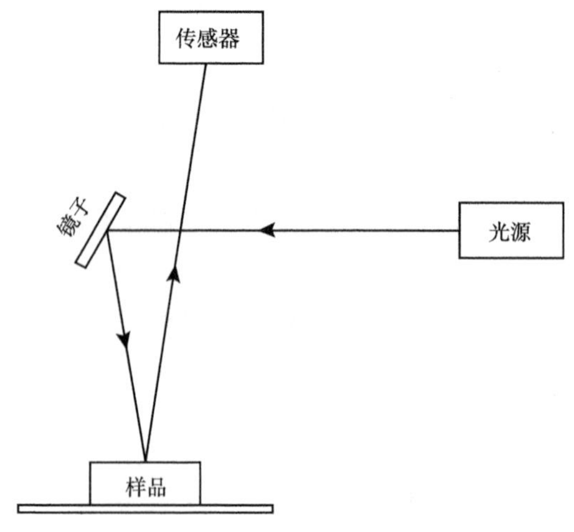

图3.29 镜质组反射率测量示意图

化。Barker 和 Pawlewicz（1993）建议在可能的情况下，对每个样品进行 2~30 次测量，以获得统计上可靠的结果。在一个样品中可以发现一组以上的反射率值，计算每个样品中镜质体颗粒的平均值和标准偏差，并标为浸油时的反射率百分比，即 R_o（%）。平均值通常带有标准偏差误差条，以对数比例尺绘制，而深度则以线性比例尺绘制，在 Cardott（2012）著作中对镜质体反射法有很好的概述。

近年来，为了规范沉积岩中镜质组反射率的测量，ASTM（2014）开发了 ASTM 方法 D7708E11。该方法规范了全岩样品的使用，并制定了观测报告标准。虽然这是朝着改进镜质组反射率测量和更好地在实验室之间达成一致的正确方向迈出的一步，但仍然存在一些问题。Hackley 等（2015）发表了一篇使用 ASTM 方法和一组常见样品进行实验室间比较的报告，发现有机质含量低、成熟度高的样品重复性测量较少，且对于其他显微组分的错误识别，尤其是固体沥青，作为镜质体在实验室间的可重复性较差。这些结果指出，这种方法的使用需要额外的工作作为辅助且需要对操作人员进行更多的训练。

理想情况下，镜质体为一条直线，其反射率趋势应随着深度的增加而增加，表面截距应在 0.20%~0.23%之间，如图 3.30 所示。但实际情况并非如此，镜质组反射率数据并不总是随着深度的增加而增加；对数镜质组反射率与线性深度的关系曲线也并不总是直线，且趋势的表面截距可能不在 0.20%~0.23%之间，因此有必要调查这些偏离理想值的原因，以便对镜质组反射率数据做出更准确的解释。

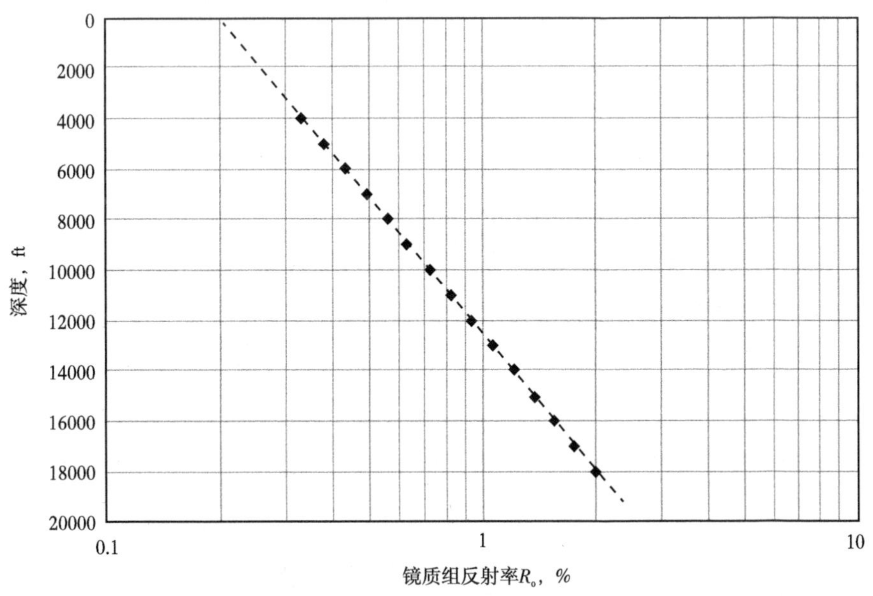

图 3.30 理想的镜质组反射率随深度的变化趋势图

3.10.1 镜质组反射率的干扰

如上所述，镜质组反射率随深度变化的趋势并不总是“理想”的。镜质体趋势存在许多可能的干扰，使数据解释复杂化，包括缺少镜质体、凹陷沉积物、改造的有机物、断层、不整合面、热事件、抑制/错误识别和各向异性等。通常，在同一个数据集中可能会遇到多个干扰。下面的讨论将尽可能描述每一个干扰并举例，同时给出在成熟度解释过程中补偿它们的方法。

（1）缺少镜质体。

并非所有沉积物都含有镜质体，一些沉积环境可能根本无法从高等植物中获得显著的贡献，导致很少或没有原生镜质体。由于起源于高等植物，镜质体不应存在于前泥盆纪的下古生界和前寒武纪的沉积物中。如果不存在镜质体，则无法测量其反射率，但这有时会导致测量具有“镜质体”外观样的干酪根颗粒。

（2）钻屑和被改造的镜质体。

在钻井过程中，由于岩石的物理和矿物学特征以及岩石与钻井液的相互作用，井上部分可能会逐渐变得不稳定，从而导致井上段坍塌或脱落到钻孔中，岩屑样品中含有成熟度较低的镜质体颗粒。如果是经过改造的镜质体，原有的烃源岩可以被侵蚀并重新沉积，从而使沉积物中的镜质体颗粒具有更高的成熟度。

如图 3.31 所示，在镜质体测量的柱状图中，经常可以检测到凹陷和被改造的镜质体，不仅只有一组反射率测量值，而是存在两个或更多。如果井中的多个样品含有潜在的凹陷和被改造的镜质体，绘制每个样品与深度的关系图可以帮助识别哪些是凹陷的，哪些是改造过的，哪些是原位的，如图 3.32 所示。将一些岩心或井壁岩心样品作为数据集的一部分也有助于破译，岩心和侧壁岩心不包含任何凹陷物质，通常岩心和侧壁岩心中的反射率最低的可能是原位镜质体。如果岩心和侧壁岩心材料不可用，则通常使用仅在套管点下方采集的岩屑样品。套管切断了从上面的任何潜在崩落的可能，使样品刚好低于套管点，以解决崩落的问题。

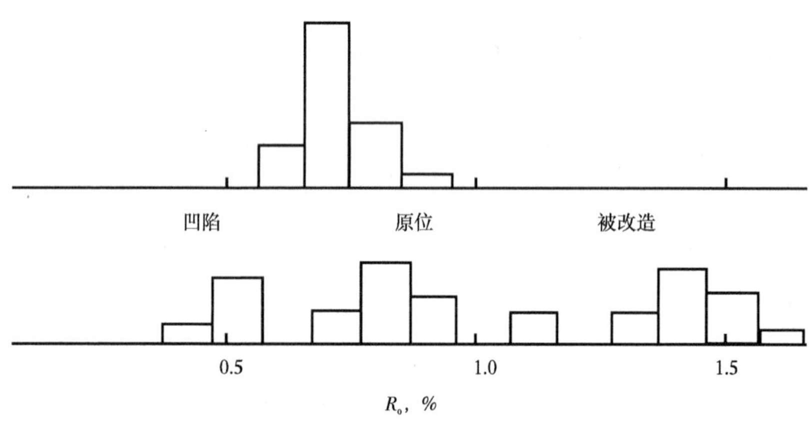

图 3.31　镜质组反射率测量的柱状图

顶部的柱状图是一个单一原位种群的“理想”数据集。较低的柱状图显示了一个更典型的柱状图，包括凹陷、原位和被改造的数据

（3）不整合/正断层。

如图 3.33 所示，侵蚀不整合处的沉积物损失可导致镜质组反射率向更高成熟度偏移，剖面的丢失使不整合面上的高成熟度沉积物与低成熟度沉积物并列（Dow，1977）。由于正断层作用，镜质组反射率的变化趋势也表现出类似的模式。一些人认为，通过将较深

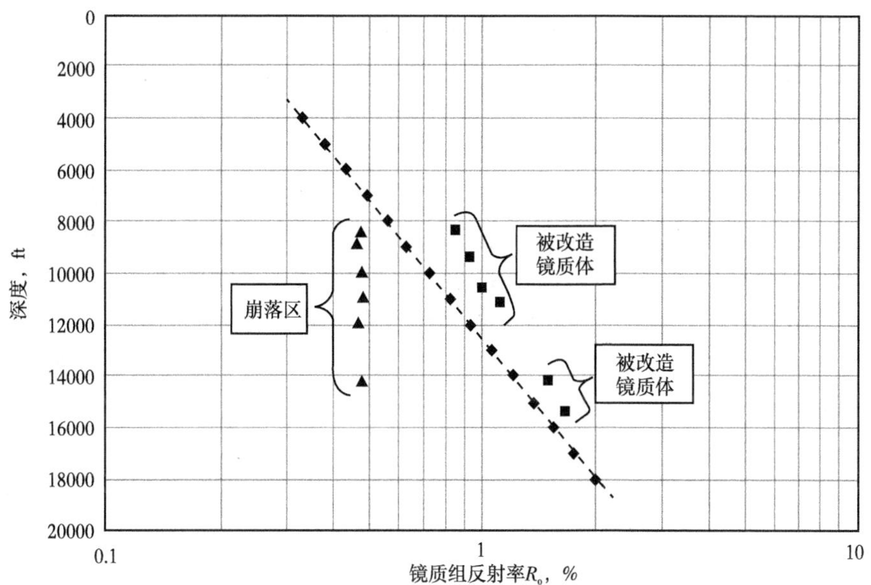

图 3.32 凹陷和被改造镜质体的影响示例图（Dow，1977）

趋势延伸到与较浅趋势的重叠点，可以估计不整合处或断层偏移处损失的沉积物量，如图 3.33 所示（Dow，1977）。但是，估计的偏移量应被视为最小值，随着时间的推移和额外的加热，不整合/正断层处的偏移量可以通过一个称为退火的过程来减少或消除（Katz 等，1988）。从本质上讲，浅部较不成熟的镜质体继续成熟，直至赶上深部较成熟的镜质体。随着这一进程的推进，这两种趋势之间的偏差会减小。许多情况下，在不整合面或正断层处，只要有足够的地质时间和额外的埋藏，镜质组反射率趋势几乎没有偏移。

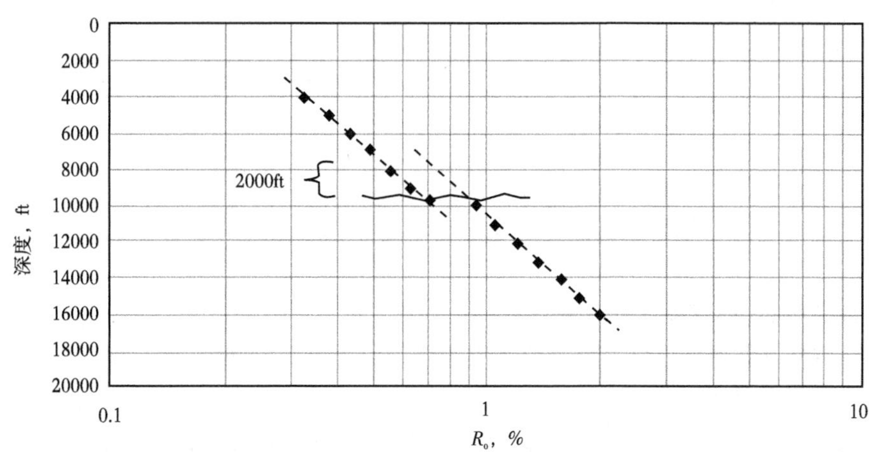

图 3.33 侵蚀不整合影响的镜质组反射率趋势图（Dow，1977）

对于正断层，也可以观察到类似的偏移。通过匹配两个趋势上的值，可以估计最小泥沙损失量或断层偏移量地表的不整合也会影响镜质组的反射率的趋势。由于侵蚀造成的表面沉积物损失，镜质组反射率趋势的表面截距将不在0.20%~0.23%附近，而是在更高的值。通过将地表以上的镜质组反射率趋势延伸至0.20%~0.23%反渗透范围内的某个点，可以估计不整合处损失的沉积物量。同样，对损失截面的估计也应谨慎使用。

（4）逆断层。

通过倒转或逆冲断层将使高成熟度沉积物和低成熟度沉积物向上移动（Dow，1977），这将导致镜质组反射率趋势出现偏移，如图3.34所示。与不整合面和正断层一样，一些学者认为断层的偏移或垂直位移可以从镜质组反射率趋势中估算出来，在这种情况下，将断层崖处较低成熟度的逆冲断层的反射率值预测到逆冲—镜质组趋势，以估计垂直位移量，如图3.34所示（Dow，1977）。但是，由于退火，估计的偏移量应再次被视为最小值，与前面讨论的不整合和正断层类似。

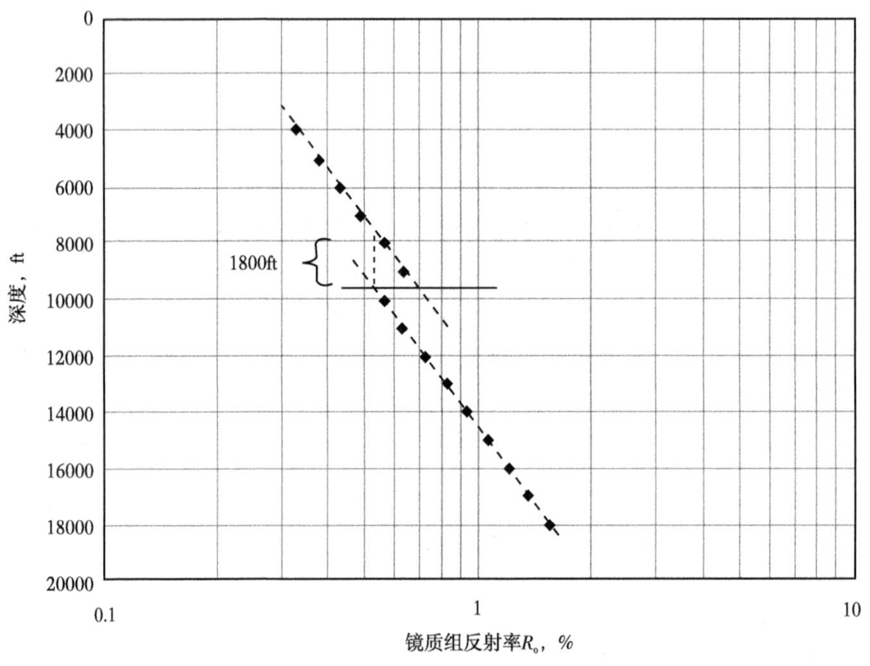

图3.34 储量断层的影响示例图（Dow，1977）

通过匹配两个趋势上的值，可以估计出最小故障偏移量

（5）地热梯度/热流变化。

深部镜质组反射率梯度的增加表明过去存在着更高的地热梯度或热流，热流的减少可能是下地壳冷却的结果，也可能是由于超压引起的沉积物热性质的变化（Hunt，1996）。在超压期间，限制在孔隙空间中的过量流体会降低沉积物的导热性，并在超压之下保留更多的热量。如图3.35所示，热流的减少导致镜质组反射率趋势出现扭结或急转弯，镜质组反射率随深度的变化趋势在较深部分的热成熟度增加较快。Law等（1989）曾记载到，如果在沉积物沉积过程中形成多个超压带，则趋势中可能会出现不止一个“扭结”。

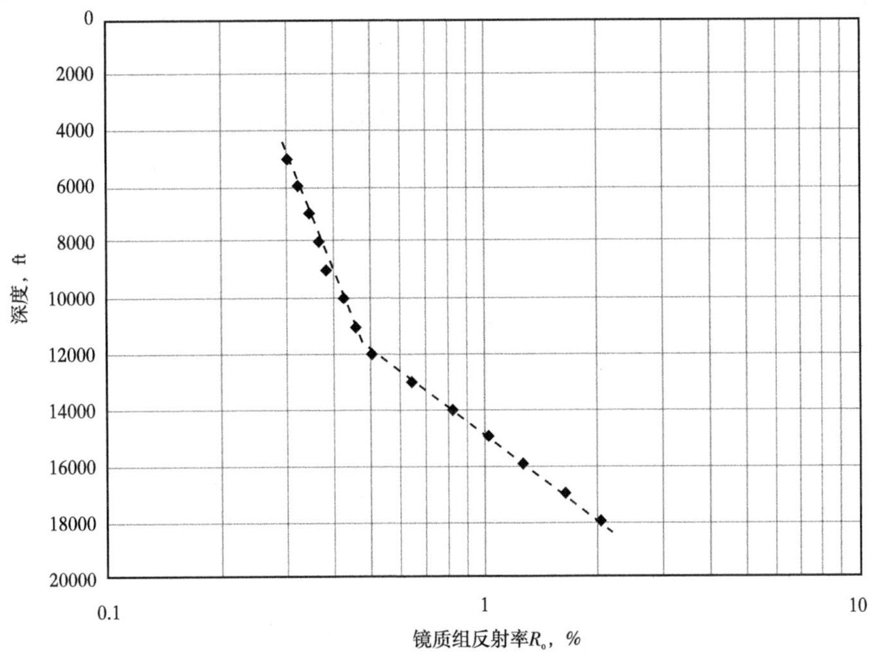

图 3.35 热流/地温梯度从较老沉积物到较新沉积物的减少效应图

（6）火成岩侵入。

火成岩侵入体局部高温加热可导致镜质体向高成熟度偏移，如图 3.36 所示。火成岩侵入体的热效应通常延伸到相当于火成岩体两侧侵入体厚度两倍的距离（Dow，1977）。在井中未发现火成岩体的地方，有时也会观察到类似的镜质体趋势，这很可能是附近火成岩体沿层理面向外移动的热流体造成的热变化的结果。

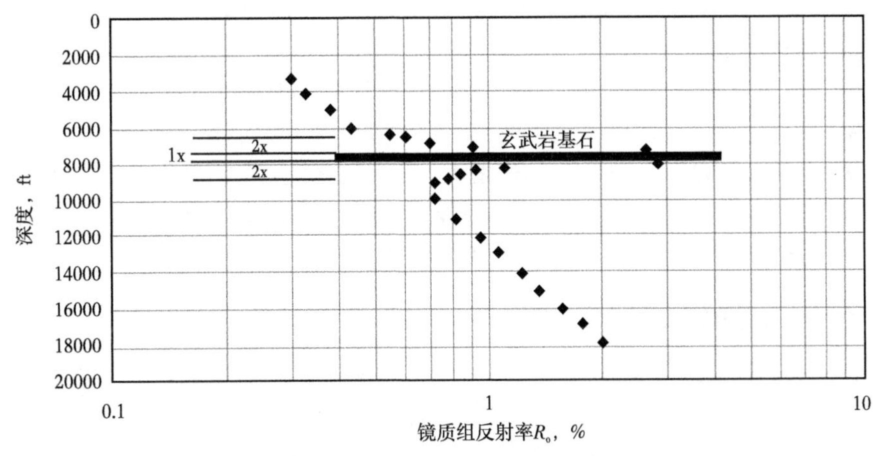

图 3.36 局部火成岩侵入引起的变质作用示例图（Dow，1977）

（7）抑制和误认。

有时，镜质组反射率值会随深度增加而局部降低，如图 3.37 所示。这种现象通常称作“抑制”，且反射率值的局部降低通常限于与富油烃源岩相对应的层段。当富油烃源岩中产生的油在地下压力下侵入镜质体颗粒并降低其反射率时，就会发生这种情况（Carr，2000）。Lo（1993）提出了与烃源岩 HI 相关的“抑制”镜质体的校正，但由于反射率的降低是局部的，因此“抑制带”上方和下方的镜质体的剩余趋势应足以进行所有校正。

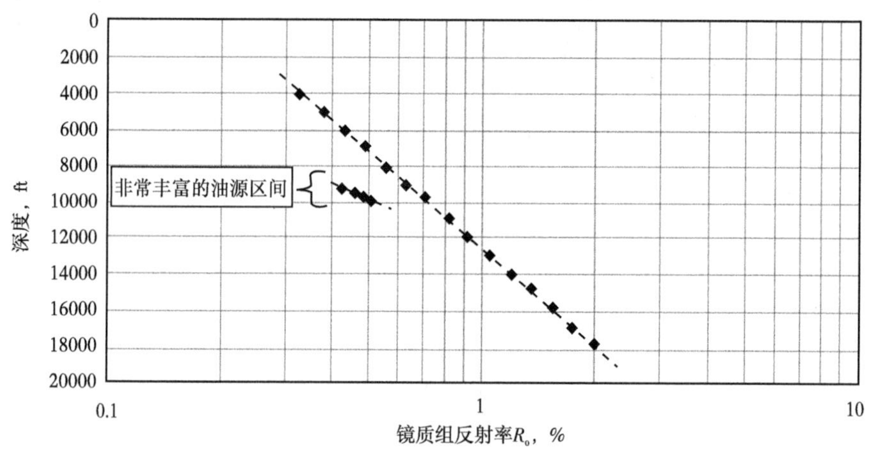

图 3.37 “抑制”或误认壳质组或固体沥青颗粒为镜质体的影响示例图

尽管抑制作用可能会影响沉积有机质，但不应忽视镜质体类颗粒的误判，因为这可能导致局部反射率低于预期值。富油烃源岩通常含有少量或不含原生镜质体，这可能导致对其他具有镜质体类外观的干酪根颗粒的误认。如固体沥青，这种镜质体类颗粒的错误识别问题十分常见。Hackley 等（2015）指出，缺乏固体沥青和镜质体中低反射惰性物质的岩石学区别是镜质组反射率测量中遇到的最困难的问题。低反射固体沥青在大量富油烃源岩中的错误识别可能解释一些“抑制”现象。无论在镜质体走向中的反射率局部降低的原因是什么，受影响区域上方和下方的数据应确定一个走向并做出成熟度解释。

（8）镜质体各向异性。

Teichmuller（1982）观察到镜质体在反射率大于 1.0%时会有各向异性。然而，Houseknecht 和 Weesner（1997）指出，低于镜质组反射率值 2.0%时，各向异性较低，产生的误差最小；在 2.0%以上时，各向异性迅速增大，若不进行适当的测量，误差更大。在这些情况下，需要旋转镜质体颗粒来确定测量的最大反射率。如果测量不全面，对随机定向颗粒子的测量可能会导致报告的反射率值低于实际值。

3.10.2 镜质组反射率成熟度解释

镜质组反射率和所有成熟度指标一样，是一种趋势工具。有效的数据集应包括 10~20 次镜质组反射率样品分析，深度范围至少为 1200~1500m，每个样品原位镜质体的平均反射率值应以对数标度与深度的线性标度绘制。然后，在寻找前面讨论过的潜在干扰的证据的同时，应在看起来呈下降趋势的数据点上画一条直线，而不应使用回归绘制趋势线。在这一阶段，改造镜质体或其他虚假数据仍可能包含在数据集中，并影响回归，因此可能需要重新使用原始数据和柱状图，以重新评估哪些反射率值可能在最终趋势到来之前处于原位。一旦确定了合理的趋势，如表3.6所示，烃源岩生烃阶段的标准解释可用于估计烃源岩生烃开始、生烃高峰等的深度，这些门限值基于 Dow（1977）、Senftle 和 Landis（1991）等的工作报告。生油门限值一般适用于海相油源岩，生气门限值更为通用。

表3.6 主要油气生成阶段镜质组反射率一般解释的方案（Dembicki，2009）

油的生成		气的生成	
生成阶段	R_o，%	生成阶段	R_o，%
未熟油	<0.6	低成熟气	<0.8
早期油	0.6~0.8	早期气	0.8~1.2
石油峰值	0.8~1.0	调峰气	1.2~2.0
晚期油	1.0~1.35	晚期气	>2.0
湿气	1.35~2.0		
干气	>2.0		

多年来，根据 Tissot（1984）、Petersen 和 Hickey（1987）、Sweeney 等（1987）的现场观察和动力学研究，Tissot 等（1987）指出，开始大量生烃的时间可能会因烃源岩中主要干酪根类型而有所不同。如第2章所述，Ⅱ-S 型干酪根可能比Ⅱ型干酪根更早开始生烃，Ⅰ型干酪根可能比Ⅱ型干酪根稍晚开始生烃，表3.7总结了这些干酪根类型的重要生烃起始成熟度。

表3.7 不同干酪根类型生烃开始时镜质组反射率值的调整表（Dembicki，2009）

干酪根类根	R_o，%
Ⅰ型	0.7
Ⅱ型	0.6
Ⅱ-S型	0.45~0.5
Ⅲ型	0.8

在确定镜质组反射率成熟度趋势后，必须将这些数据放入地质背景中进行正确解释，利用井的地层层序的埋藏历史很容易实现这一点（Katz 等，1988；Law 等，1989；Dembicki，2009）。以 Dembicki（2009）的研究为例，如果完全连续沉积，如图3.38左侧的埋藏史所示，镜质组反射率趋势应指示当前成熟度，但如图3.38右侧的埋藏史所示，当存在不整合面时，镜质组反射率趋势指示在隆起和侵蚀之前达到的成熟度水平。生油窗顶部的深度实际上比镜质体趋势指示的深度深，需要根据损失的沉积物量进行调整。

烃源岩评价研究，特别是非常规资源的烃源岩评价研究，近来倾向于在目标层段内取样，即仅在61~91m的层段内收集和分析少量样本，包括成熟度数据。但是这种做法可能导致成熟度的错误解释。考虑到好的富油烃源岩其干酪根中通常很少含有或没有镜质体，因此，聚焦于烃源岩层段，可以发现很少或没有镜质体。如果没有完整的油井数据，可能

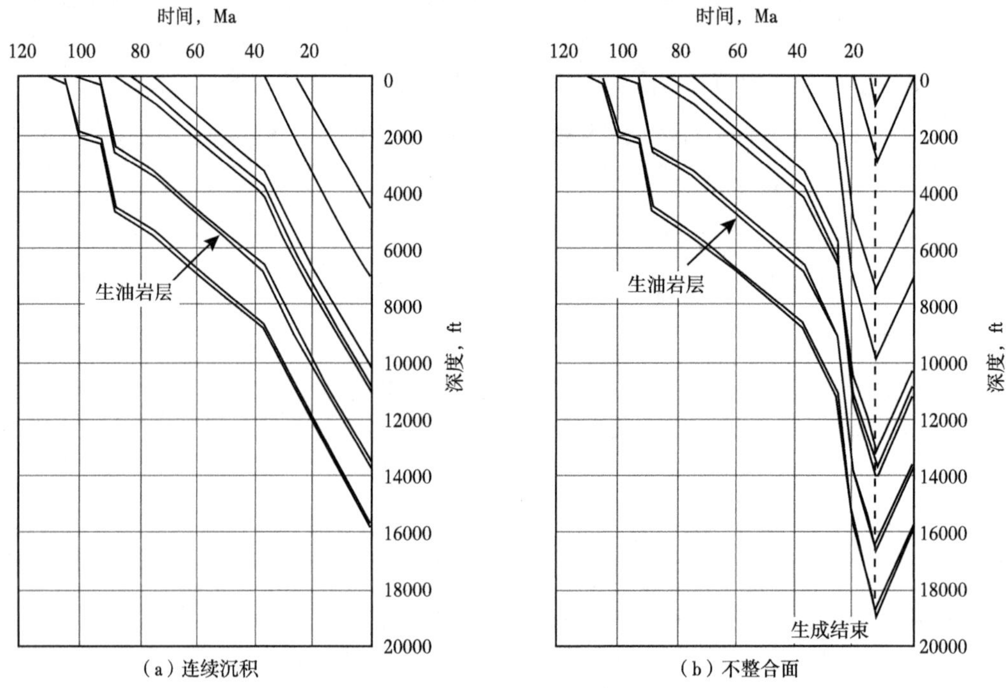

图 3.38　同一镜质体势的两种可能的埋藏史图（Dembicki，2009）

左侧为连续埋藏至今，右侧则包含一个表面不整合

就没有烃源岩层段的成熟度指标，但是如果发现了镜质体呢？对于仅来自较短深度层段的数据，没有用于解释数据的上下层段，如果使用岩屑观察到的镜质体可能来自凹陷的材料，并且其成熟度低于实际成熟度，或者说它可能是经过改造的镜质体，这将显示出比实际更高的成熟度，而其他干酪根颗粒有可能被误认为镜质体，并得出不准确的成熟度。如果没有完整的油井数据，可能无法正确评估这些样本的有效性。然而，对于整个井的数据，可以建立一个趋势，用于评估从目标层段收集的任何数据，如果没有从目标层段收集到任何数据，或数据可疑，则可以利用整个井的趋势来确定烃源岩有机质的成熟度。

镜质组反射率常用来推断油气的生成和运移，生烃取决于烃源岩中干酪根类型及其时间—温度变化。尽管镜质组反射率可以指示是否可能产生烃及可能形成哪种类型的烃，但它并不能直接表明何时开始产生烃及已经产生了多少烃。运移方面，成熟度可用于确定何时排出烃，但排烃与烃源岩有机质的丰度、孔隙度和渗透率以及已生成烃量相关性更强（England 等，1991；Palciauskas，1991）。当一个烃源岩以 0.8%的反渗透速度开始排出时，较富烃源岩可能以 0.7%的反渗透速度开始排出。因此，镜质组反射率不能直接指示运移发生的时间，它只能说明何时可以排出。

镜质组反射率数据应如何使用？首先，它是沉积物热成熟度的一个指标，这是沉积物累积时间—温度历史的产物。它可以指示是否发生了生烃，并提出可能形成的油气类型，从而确定哪些烃源岩是含油气系统的潜在贡献者。如第 8 章所述，镜质组反射率数据可用于验证盆地模型。

3.11　替代反射法

除了镜质组反射率外，还有一些其他用于成熟度分析的有机颗粒反射率测量方法。这些物质包括壳质组/孢子组/孢粉干酪根、固体沥青、笔石、牙形石和几丁虫。

3.11.1　壳质组/孢子组/壳质组反射率

壳质组是煤岩石学中的一个显微组分，曾被称为壳质体组。它由孢子组、角质组、藻质体和树脂组显微组分组成。通常来讲，尽管参考文献中也涉及壳质组的反射率，但孢子组显微组分仍是反射率测量的重点。煤岩学的早期工作认识到，随着热成熟度的增加，壳质组和镜质体的反射率将以可预测的方式增加（Alpern，1970；Alpern 等，1978；Stach 等，1982）。如图 3.39 所示，镜质组反射率与壳质组反射率相比，壳质组反射率低于等效镜质组反射率。超过这一点，则趋势将合并。虽然在没有镜质体的情况下壳质体的反射率可以替代成熟度指标，但使用壳质组反射率并不普遍，很少有检测实验室提供这种服务，但偶尔也会出现在早期的烃源岩数据汇编中。

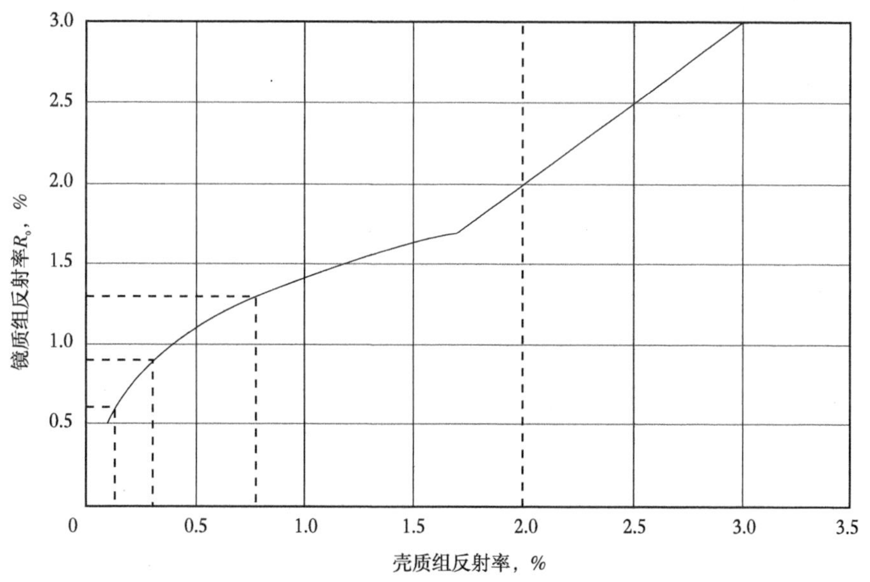

图 3.39　镜质组反射率和壳质组反射率对比图（Bertrand，1990）

3.11.2　固体沥青反射率

固体沥青，也称为固体烃，在干酪根的显微镜检查中经常可以观察到。与镜质体和壳质体相比，固体沥青不是一种干酪根组分，而是干酪根流入矿物颗粒孔隙内形成的产物（Thompson-Rizer，1987；Jacobs，1989）。Robert（1973）观察到，固体沥青的反射率随着成熟度的增加而增加，类似于镜质组反射率。虽然该领域的一些专家提出了将固体沥青反射率转换为等效镜质组反射率的关系，包括 Jacob（1985）、Bertrand（1993）和 Landis 和

Castano（1995）等，但尚未建立统一的方法。这些关系之间的差异是由于来源于不同类型干酪根的固体沥青的光学性质不同，以及在烃源岩和储层岩石中固体沥青性质的差异。如果固体沥青反射率与其他成熟度指标（Gentzis 和 Goodarzi，1990）之间可以建立局部关系，则该方法可以提供有价值的信息，应谨慎使用固体沥青反射率数据。

3.11.3 笔石、牙形石和几丁石反射率

由于下古生界成熟度评价指标的需要，该领域的一些研究人员开始研究笔石、牙形石和几丁石反射率的使用。笔石是群集动物，可能与水螅类动物有关；水螅类动物通常呈树枝状或分支锯片状，或呈类似黑色碳化膜的“音叉”状保存，它们出现在上寒武统到下石炭统；牙形石是某些多毛环节动物的几丁质颚，可以发现于寒武纪到现在的沉积物中，但在奥陶纪、志留纪和泥盆纪海洋沉积物中最常见。几丁石是一种具有未知生物亲缘关系的有机壁微生物，具有一个开口端和一个体腔的囊泡形状，它们在化石记录中的范围是从最下部的奥陶系到最上部的泥盆纪/最下部的石炭系。Bertrand（1990）总结了与镜质组反射率相比，这些动物碎屑的反射率，如图 3.40 所示。虽然没有镜质组反射率研究得那么好，但这些动物碎屑反射率显示出作为下古生界成熟度指标的潜力。使用这些反射系数的主要问题是，这些数据通常不能通过检验实验室获得，而且在学术和政府实验室也只有少数研究者从事实践工作。随着人们越来越重视下古生界油气藏，特别是非常规资源，这种情况可能会发生变化。

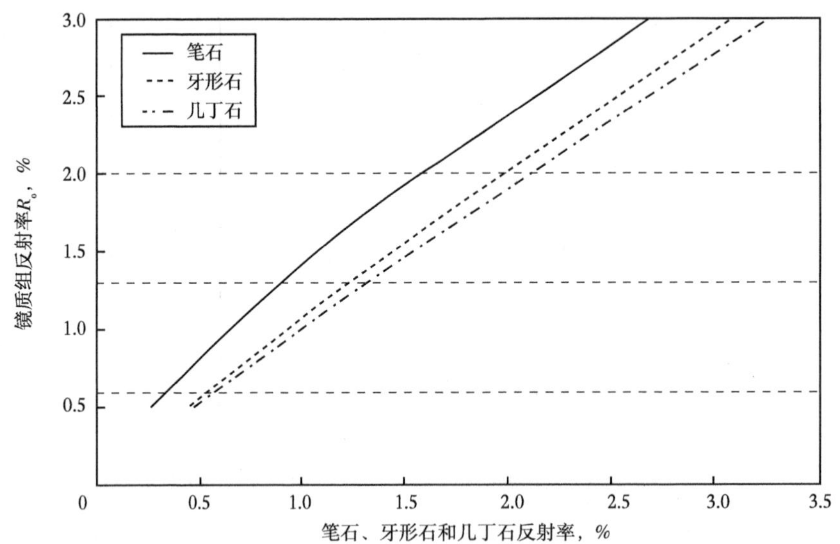

图 3.40　与镜质组反射率相比，笔石、牙形石和几丁石反射率示例图（Bertrand，1990）

3.12 可见干酪根类型

可见干酪根分类是有机岩石学的一种形式，是检测干酪根的微观方法，是基于光学分类的干酪根颗粒可能与烃源岩的生烃潜力有关的前提（Staplin，1969）。这些显微镜观察

通常是用干酪根浓缩物和难熔矿物制成的分散的载玻片来完成。分析通常在透射光下进行，通常与稍后讨论的 TAI 评估一起进行，利用透射光显微镜观察到的一些典型干酪根颗粒类型如图 3.41 所示。分析包括将干酪根颗粒分为一系列类型，并估计每种类型颗粒对干酪根总量的贡献，大多数分类方案使用的术语来源于孢粉学中使用的透射光描述，一些来源于煤岩学，一些混合方案使用了两者的某些元素。透射光和反射光分类方案的示例见表 3.8，两者都有一个无定形的类别。透射光中的草本、木本和煤质分类方案基本相当于反射光方案中的壳质体、镜质体和惰质体；分类方案可能因实验室而异，也可能因分析师而异，有时使用相同的粒子名称来描述不同的材料，所以在解释数据集时，了解分类方案中类别的定义很重要，以免混淆或误解。

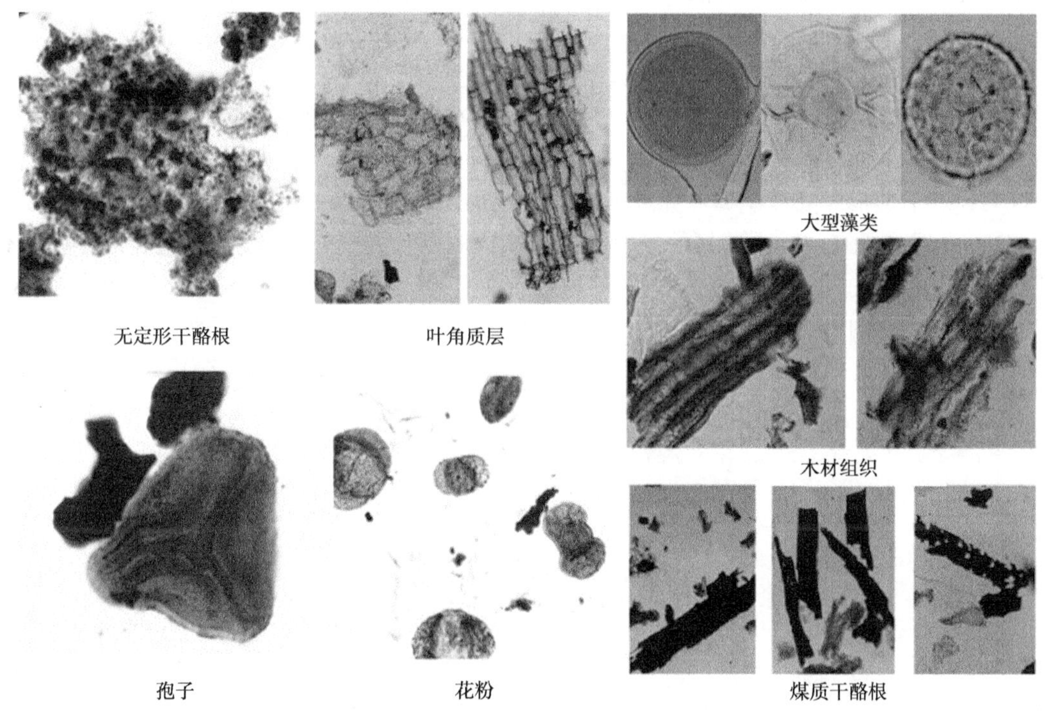

图 3.41　使用透射光显微镜观察到的一些干酪根颗粒

表 3.8　可见干酪根类型中使用的透射光和反射光分类方案示例

透射光类		反射光类		结论
粒子类型	特征描述	粒子类型	特征描述	
无定形类	蓬松、无结构材料	无定形类	无结构材料	易生油
草本类	孢子、花粉、叶角质层、膜质和薄壁结构	脂质体/壳质体	藻类、孢子、花粉、叶表皮、树脂	易生油
木本类	维管植物组织、纤维和厚细胞结构	镜质体	细胞结构模糊、浅灰色的潮湿物质	易生气
煤质类	黑色不透明的有机材料	惰质体	高度反光，类似木炭，可能或可能不显示细胞结构	惰性

可见干酪根数据的解释是基于具有特定生烃能力的每种干酪根颗粒类型，包括孢子、花粉、叶片表皮和薄细胞壁结构在内的颗粒被认为是富氢且易生油的，而木质组织、厚细胞壁结构和镜质体被认为是富含木质素且易产气的（Staplin，1969），煤质干酪根和惰质体被认为是惰性的，没有真正的生烃潜力。无定形干酪根最初被认为几乎完全来源于藻类，因此是易生油的（Staplin，1969；Harwood，1977；Tissot，1984）。

然而，在实际应用中，基于可视干酪根类型的生烃潜力解释与基于化学数据的生烃潜力解释相关性较差，缺乏相关性的主要原因是现有的少量化学数据证实了分类方案中干酪根颗粒类型，特别是无定形干酪根类的生烃潜力。就无定形干酪根而言，研究表明，它可以从多种有机材料中衍生出来，并且可以同时具有易生油和易生气倾向（Jones 和 Edison，1978；Powell 等，1982）。已经开发出光学方法来区分倾油和倾气的无定形干酪根，（Massoud 和 Kinghorn（1985）；Mukhopadhyay 等（1986）；Thompson 和 Dembicki（1986）），但这些方法并没有被普遍采用。

其他问题也可能导致可见干酪根分类和化学生烃潜力评估之间缺乏相关性。如前面关于干酪根分离的章节所述，在干酪根分离过程中，密度较小的和大的重粒子的损失都会对所观察到的干酪根样品产生偏差。此外，干酪根颗粒类型浓度的估算是主观的。Powell 等（1982）发现，具有孢粉学背景的显微镜专家往往高估了结构粒子的浓度，几乎所有观察者都高估了存在的非晶态物质干酪根的数量。为了解决这一问题，Kuncheva 等（2008）开发了一个基于图像分析的系统，用于在分散干酪根的显微镜图像中自动分类干酪根，以便更好地估算每种干酪根类型的数量。然而，显微镜专家并不使用这种分析方法。

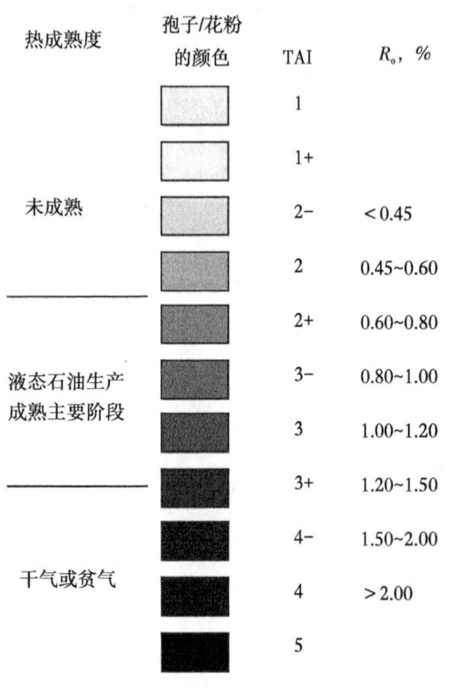

图 3.42　Pearson（1984）给出的 Staplin（1969）热变指数示例图

3.13　热变指数（TAI）

热变指数（TAI）是一个成熟度指标，基于干酪根中孢子和花粉颗粒颜色随成熟度增加而逐渐变化（Gutjahr，1966；Correia，1969；Staplin，1969）。第一个正式的 TAI 体系是由 Staplin（1969）开发的，它使用 1～5 个量表，“+”和“-”符号表示中间步骤，如图 3.42 所示。通常结合可见干酪根类型，通过观察孢子和花粉在透射光下的颜色来进行分析，使用的是一种带有难熔矿物的干酪根浓缩物的散状玻片。理想情况下，在干酪根玻片上观察孢子或花粉颜色，并根据这些观察结果确定一个具有代表性的 TAI。

与所有成熟度指标一样，TAI 也是一种趋势工具。为了建立这种趋势，需要对在大深度间隔内采集的样品进行观测。Staplin（1969）的原始工作并未将等效镜质组反射率范围指定为TAI值，而是简单地将TAI与生烃阶段联系起来。从那时起，许多独立的实验室和分析人员已经开发出了自身的内部标准，用于将TAI与镜质组反射率联系起来。虽然大多数分析人员使用的是与Staplin类似的1~5比例，但也有人使用的是十进制，而不是“+”“-”符号，少数分析人员使用的是1~10比例。因此，重要的是获得分析员使用的标度副本以及标度上每个步骤的当量镜质组反射率，以便正确解释数据。由于孢子、花粉颜色的测定是一项主观观察，因此使用TAI可能会遇到困难，即使是像Pearson（1984）这样的颜色标准，TAI分析人员对颜色的解释也是基于个人对显微镜下所看到的图像的感知（Gutjahr，1966）。此外，颗粒的厚度也会影响对颜色的感知。在干酪根载玻片中观察到的完整孢子（双层厚度）可能与破碎孢子（单层厚度）的颜色不同（Jones和Edison，1978）。不同物种之间也会有厚度差异，为了避免厚度干扰，Jones和Edison（1978）建议尽可能只观察同一分类群中完整的孢子或花粉粒。为了消除TAI分析主观性，Marshall（1991）开发了一种基于图像分析的孢子和花粉定量颜色评估方法，然而，进行这种分析的显微镜专家并不使用这个系统。由于TAI是以孢子和花粉为基础的，因此它仅限于在中—古生代和较年轻的沉积物中使用，同时，它也会受到凹陷和改造材料的干扰，类似于镜质组反射率。

Peters等（1977）认为当孢子和花粉颗粒不存在时，其他干酪根颗粒的颜色（包括非晶质）可以用来进行TAI观测，这个想法可能会产生较大影响。Gutjahr（1966）和Staplin（1969）对孢子/花粉颜色的变化做了详细记录，并反映了随着成熟度的增加这些颗粒的化学结构的变化。虽然其他干酪根颗粒可能随着成熟而变色，但它们可能不反映与TAI所依据的孢子和花粉中发生的相同结构变化。因此，对除孢子或花粉以外的干酪根颗粒使用TAI量表可能导致错误的TAI评估。在审查TAI数据报告时，必须确定是否是对孢子、花粉而非其他颗粒进行了TAI测量，谨慎使用并非来自孢子或花粉的数据。

3.14 干酪根荧光性

当暴露在紫外线（UV）或蓝光下时，干酪根中的一些芳香结构吸收部分光能并激发电子进入更高的能量状态。当电子返回到最初的低能量状态时，它们发出荧光，并发出可见光和紫外线，其波长比最初吸收的光长。在烃源岩评价中，干酪根荧光主要用于评价烃源岩有机质成熟度，主要依据是观察到的干酪根荧光的颜色和强度随成熟度的增加而变化。

干酪根荧光分析既可以进行定性评价，也可以进行定量光谱分析，两种情况都是使用干酪根浓缩物的散状玻片进行分析的。在定性评价中，人们观察了干酪根在紫外光或蓝光照射下的颜色，紫外光的激发波长通常为365nm，如果使用蓝光，则激发波长为477nm（van Gijzel，1979）。定性评估通常是结合可视干酪根类型和TAI测定进行的。理想情况下，在干酪根玻片上进行大量的荧光颜色观测，并根据这些观测结果确定代表性的颜色。然后，荧光的代表性颜色可通过转化为表3.9所示的镜质组反射率范围转换至成熟度，基于此定性评价的成熟度不是一个精确的指标，通常用作镜质组反射率和TAI观测的佐证。

表 3.9　干酪根荧光颜色的镜质组反射率近似范围表（van Gijzel，1979；Hagemann，1981；Stach 等，1982；Teichmüller，1982b；ThompsonRizer，1987）

荧光色	镜质组反射率，%
黄—绿色	<0.4
黄色	0.4~0.5
橙色	0.5~0.7
橙—棕色	0.7~1.0
无色	>1.0

对干酪根进行定量光谱荧光分析，在激发波长为365nm的入射紫外光中完成分析可获得更高的精度。这不是简单地观察干酪根发出荧光的颜色，而是通过波长在400~700nm之间的分光计进行测量（Thompson-Rizer 和 Woods，1987）。对记录的光谱主要测量最大荧光波长，λ_{max}和Q、红绿比（650nm处的相对强度/500nm处的相对强度）（Teichmuller 和 Durand，1983；Stasiuk 等，1990；Bertrand 等，1993），如图3.43所示。为了保持一致性，一种干酪根颗粒类型，通常是壳质体，用于深度范围内的一系列样品。对每个样品进行多次观察后，计算并绘制出平均λ_{max}和Q与深度的关系，使用图3.44所示的关系式，也可以将λ_{max}和Q转换为等效镜质组反射率值。

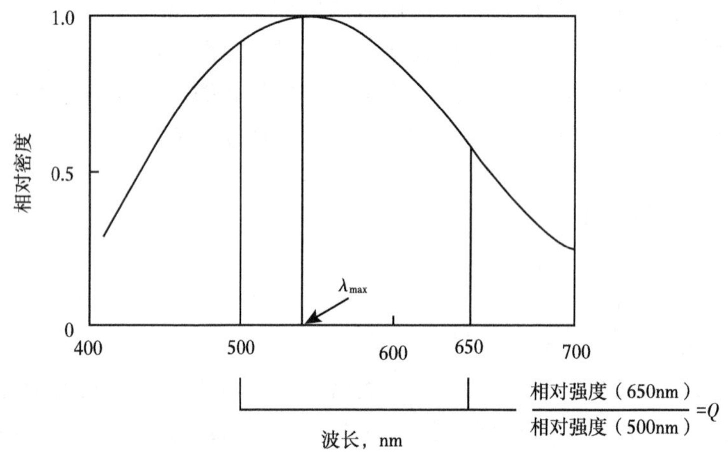

图3.43　紫外荧光光谱示例图（Stasiuk，1990）

显示最大强度波长λ_{max}和Q的推导，红绿比（650nm下的相对强度/500nm下的相对强度）

干酪根荧光和所有成熟度指标一样，是一种趋势工具，需要从一个大深度间隔的样本中进行一组观察来建立一种趋势。荧光干酪根还受到塌陷沉积物和有机钻井液添加剂荧光污染的影响。

干酪根荧光的定性评价通常是由检验实验室在可视干酪根分析过程中提供的，而定量光谱荧光分析在检验实验室中很少进行，主要在学术机构中进行。然而，定量光谱荧光分析在过去更为常用，并且可能在旧的烃源岩评价报告和数据汇编中存有相关数据。

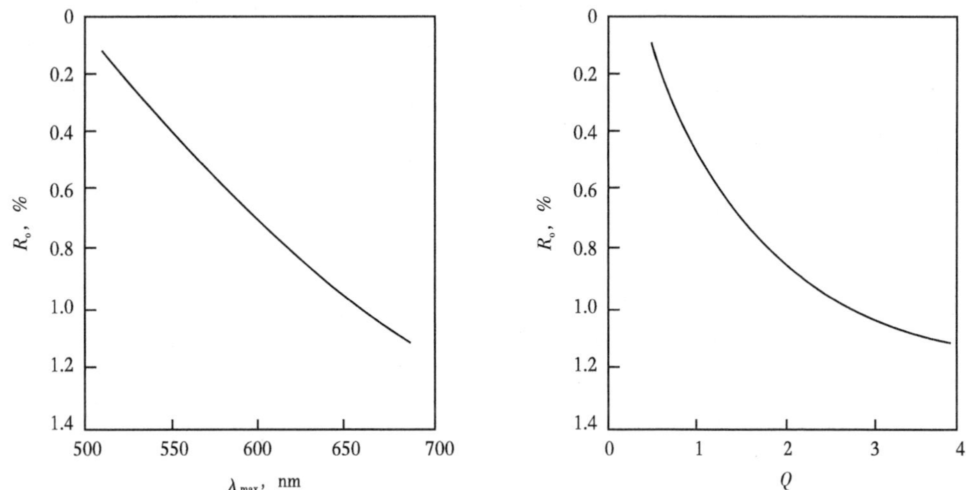

图 3.44 镜质组反射率与干酪根荧光参数 λ_{max} 和 Q 之间的关系图（Teichmüller, 1983）

3.15 牙形石蚀变指数

牙形石是由早期脊索动物灭绝后的磷灰石组成的一种微小的颌部，存在于寒武纪到三叠纪时期。Epstein 等（1977）观察到牙形石经历了一系列的颜色变化，这与自然样品和实验室加热沉积物中的热成熟度有关。基于这一观察，他们设定了牙形石蚀变指数（CAI），作为热成熟度指标，如图 3.45 所示。Harris 等（1978）建立的 CAI 标度上每一步的等效镜质组反射率范围如图 3.45 所示。CAI1～5 量表原则上与 Staplin 的 TAI 相似，1 为成熟度较低的浅色，5 为成熟度较高的深色。虽然 CAI 在较低的热成熟度范围内的识别能

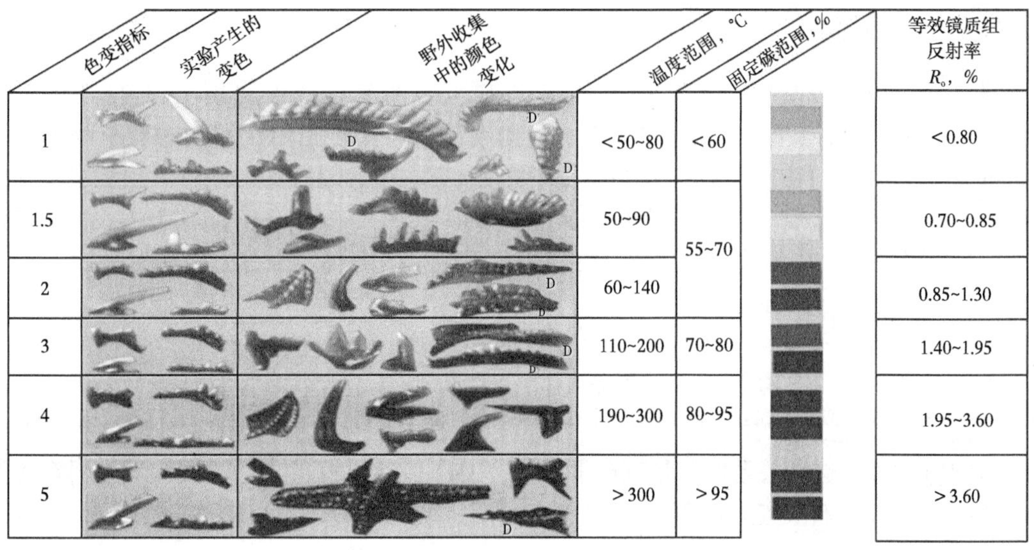

图 3.45 加热实验和现场实例得出的牙形石颜色变化图（修改自 Epstein 等，1977；Harris 等，1978）

力不如 TAI，但 CAI 有助于将沉积物置于主要的生烃阶段。CAI 的重要性在于它可用于下古生代沉积物中，在这些沉积物中没有镜质体、孢子和花粉。CAI 通常不能在检验实验室获得，必须通过牙形石研究小组的学术和政府实验室获得。随着人们越来越重视下古生代油气藏，尤其是在非常规资源中，这种情况可能会发生变化。

3.16 电缆测井方法评价

勘探区有时无法获得潜在烃源岩样品，也没有公开的烃源岩数据。在这种情况下，电缆测井数据通常可用于对某些烃源岩特征进行初步评估。利用常规电缆测井数据识别潜在烃源岩及其某些地球化学特征的能力取决于某些测井工具对沉积物中有机物的响应方式。通常，使用电缆测井的烃源岩研究集中在四种常用指标上：伽马射线、地层密度、声波和电阻率。

3.16.1 伽马射线

电缆测井中检测到的伽马射线信号主要来源于天然放射性元素铀、钾-40 和钍。烃源岩通常是伽马射线测井的“热”带，与烃源岩有关的高伽马射线响应来自沉积物中的铀元素。当沉积物中的氧化还原电位（Eh）氧化时，铀化合物是水溶性的，但在还原条件下，铀化合物沉淀并固定在沉积物中。沉积物中的有机物可导致还原条件的发展，从而使铀从天然水中沉淀（Fertl 和 Chilingar，1988），沉积物中的铀含量通常与有机质含量成正比。伽马射线信号中经常检测到随着有机物含量增加伽马射线响应增强，然而，大量伽马射线的增加也可能是由于沉积物中钾-40 或钍的增加所致。只有利用伽马能谱测井得到的铀信号，才能更好地证明有机质含量随伽马射线信号的增加而增加（Fertl 和 Rieke，1980）。用于烃源岩研究的伽马射线测井必须根据井眼尺寸进行校正。

3.16.2 地层密度

页岩矿物基质的密度约为 2.25g/cm^3 或更大，而有机质的密度为 0.9～1.1g/cm^3（Meyer 和 Nederlof，1984），由于密度差异，密度测井可用于指示沉积物中有机物的含量（Schmoker，1979）。在校正密度测井的孔隙度后，有机质含量增加会导致体积地层密度降低，其中一个潜在干扰是沉积物中存在大量黄铁矿（密度 5.0g/cm^3）。Schmoker（1979）认为，假设黄铁矿的含量与有机质含量成正比，则可以用原木来补偿黄铁矿。

3.16.3 声波

有机物是声音的不良导体，它还降低了沉积物的体积密度，从而降低声速。因此，随着沉积物中有机物含量的增加，声波测井的间隔传播时间会增加（降低声波速度）（Herron，1991）。虽然这种关系似乎是直截了当的，但许多其他因素会对间隔转运时间产生影响，其中包括基质矿物组成、颗粒压力和水—有机质比率等（Meyer 和 Nederlof，1984）。因此，声波测井不是一个独立的指示工具，需要与其他电缆测井一起使用。

层间过渡时间也与沉积物的热成熟度有关。这种关系与沉积物中的有机物没有直接关系，相反，它与沉积物的压实作用和成岩作用有关，与沉积物的热成熟度作用是一样的。

3.16.4 电阻率

沉积物中的有机物是不导电的。有机物作为烃源岩中的干酪根，对电缆测井电阻率测量影响不大，孔隙水才是对电阻率测量影响最大的因素。随着埋藏深度的增加，会出现有机物，这些有机物移动到孔隙空间，转移导电孔流体，提高电阻率（Meissner，1978）。当伽马射线、密度和声波测井可以用来指明沉积物中有机物的存在时，电阻率测井可更好地作为热成熟度和油气的指示工具（Herron，1991）。在烃源岩研究中使用的电阻率测井必须对温度进行调整。

3.16.5 烃源岩存在性解释

确定地层层序中潜在烃源岩的层位是任何烃源岩评价程序重要的第一步。这些信息可以用来指导井中的取样计划，指示最有潜力的烃源岩区。使用电缆测井数据来完成这项任务非常简单，只需在伽马射线测井中寻找“热页岩”带即可。但更为综合的方法往往更有效，有一种方法是查看由伽马射线、密度、声波和电阻率测井组成的复合测井，如图3.46所示。通常，震源岩层段会显示伽马射线响应增加、地层密度降低和声波传播时间增加，根据成熟度，电阻率可能会增加，也可能不增加。在图3.46中，仅观察到电阻率适度增加，表明热成熟度相对较低。在湖相沉积物中，由于湖相水中固有的铀含量较低，伽马射

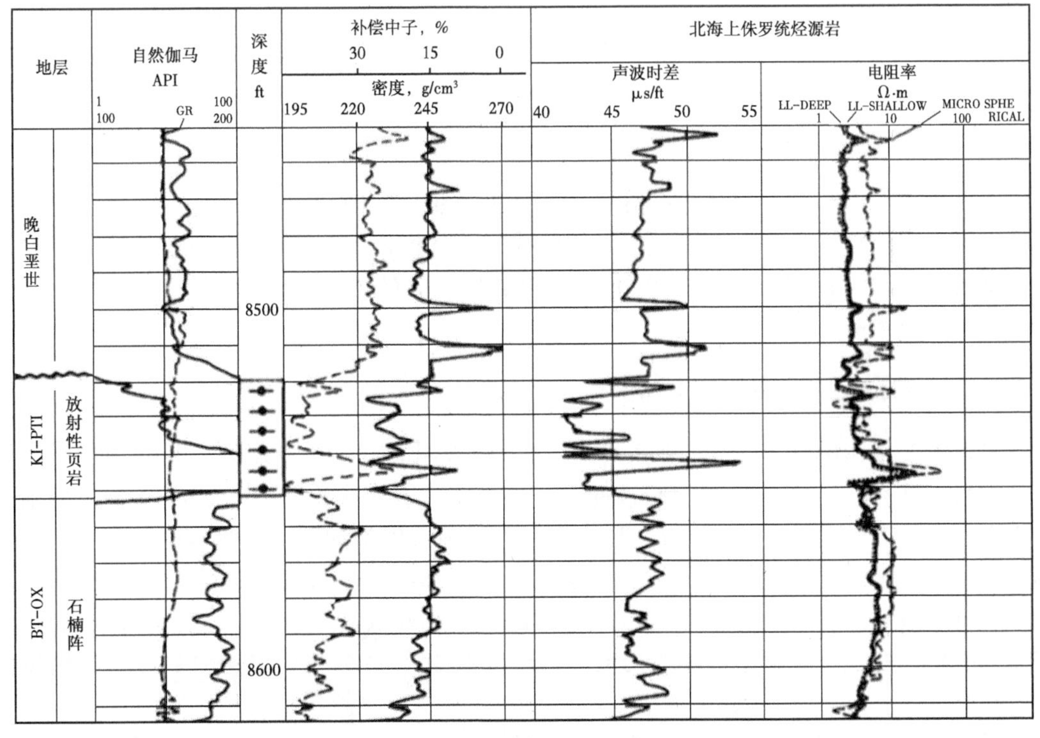

图3.46 北海Kimmeridgian烃源岩的组合测井图（Meyer等，1984）

烃源岩为地层层段KI-PTI放射性页岩，深度为8519~8552ft

线响应可能不明显（Meyer 和 Nederlof，1984），所以应该与其他测井图相似。

另一种方法则是利用密度—电阻率和声波通过时间—电阻率的交会图（Meyer 和 Nederlof，1984），密度—电阻率交会图示例如图 3.47 所示。利用伽马射线、声波、密度和电阻率测井资料进行分析，以建立指示烃源岩的边界条件。虽然 Meyer 和 Nederlof（1984）确定的判别函数是应用这些方法的一个良好起点，但在某些情况下可能需要局部地获得判别函数。

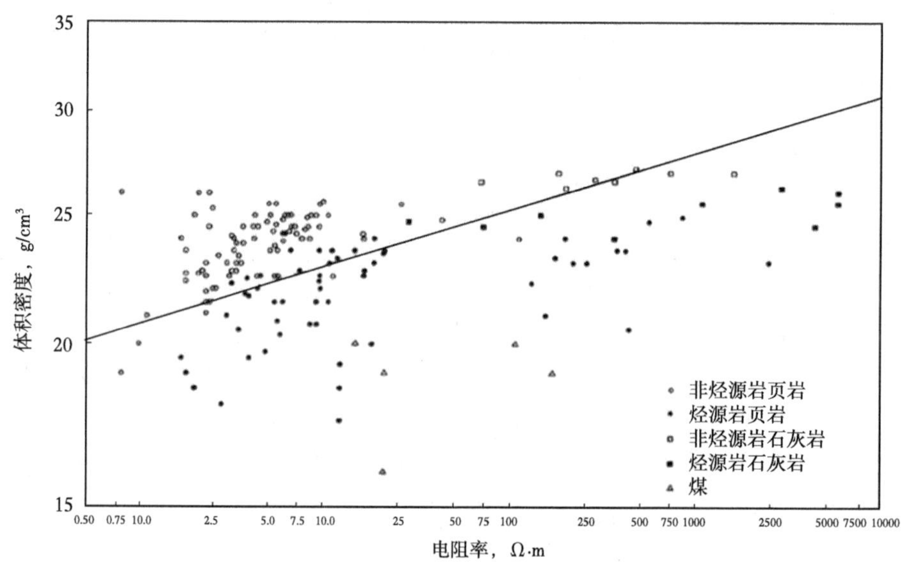

图 3.47　密度—电阻率交会图（Meyer 和 Nederlof，1984）

利用伽马射线、声波、密度和电阻率测井资料，通过判别函数分析确定的潜在源岩应沿基线以下绘制

第三种源岩识别方法是 Passey 等（1990）的 Δlg*R* 叠加法。该方法绘制了同一轴上的孔隙度和电阻率与深度的关系图，并寻找曲线之间的间隔，如图 3.48 所示。绘制与叠加图相似的伽马射线曲线，有助于确认潜在烃源岩层段的存在。但是，使用这种方法时煤对烃源岩的反应类似。

3.16.6　烃源岩有机质丰度评价

电缆测井是在烃源岩评价中预测 TOC 含量最常用的方法。早期方法是使用伽马射线（Schmoker，1981）或地层密度（Schmoker，1979）来估算烃源岩中的 TOC 含量，分别如图 3.49 和图 3.50 所示。由于岩性、压实度和其他地质因素的变化，伽马射线和地层密度不存在测井对 TOC 的普遍转换。相反，这两种方法都需要一组实验室得出的 TOC 值，这些值来自一系列井的单个烃源岩层段，并具有相应的电缆测井数据，以建立 TOC 的含量与测井的相关性，一旦建立了这些相关性，测量的 TOC 数据就可以由对数派生的估算值进行补充。

目前使用的一种方法是 Passey 等（1990）的 Δlg*R* 叠加方法的扩展，估算电缆测井的 TOC 含量。根据电阻率曲线和声波时差曲线之间观察到的分离量，并对烃源岩成熟度进行

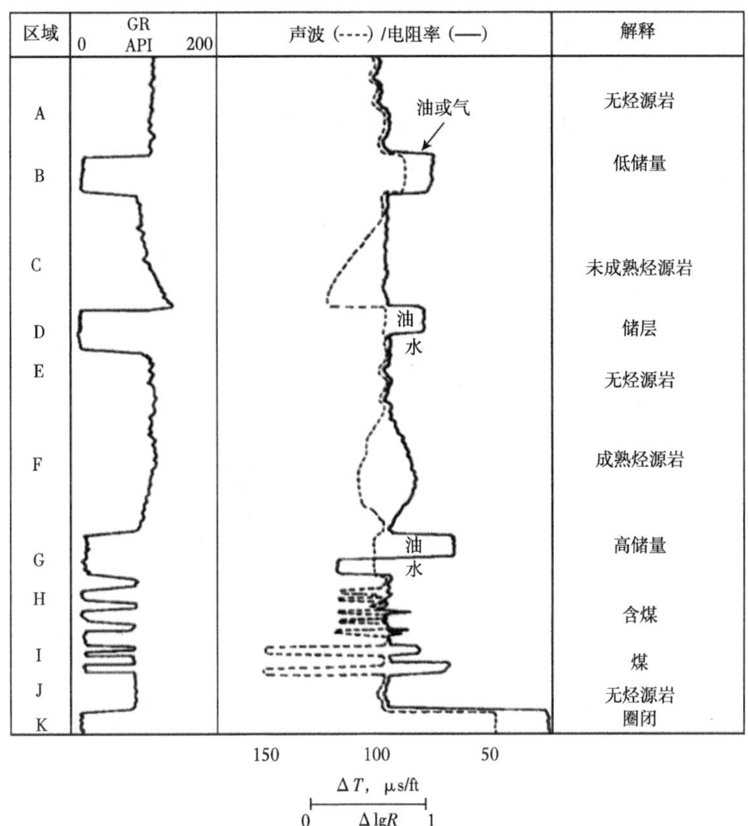

图 3.48 Passey 等（1990）的快速观察 ΔlgR 方法解释示意图

该图将声波和电阻率测井响应叠加与伽马射线（GR）结合起来

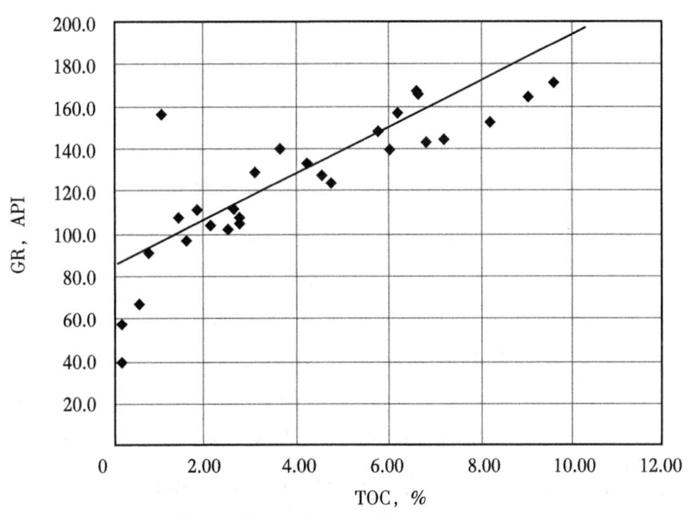

图 3.49 北海数据集的伽马射线与总有机碳（TOC）的校准响应示例图

注意在 2.0%总有机碳以下缺乏相关性

调整，以有机变质程度（LOM）表示（Hood 等，1975），定量估算 TOC。它有一个相当可靠的通用 TOC 预测值，用于在小于约 10.5LOM（镜质组反射率约为 0.9%）的成熟度水平下的组合测井，但该方法低估了较高成熟度时的 TOC 含量（Passey 等，2010）。Sondergeld 等（2010）建议对转换方程进行修正，以解决这个问题。

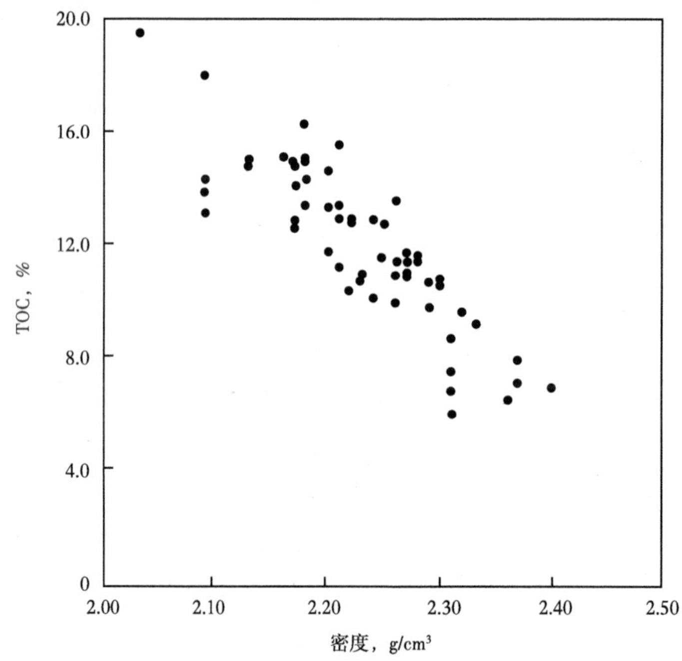

图 3.50　用 TOC 含量校准地层密度响应示例图（Schmoker 和 Hester，1983）

3.16.7　烃源岩有机质成熟度评价

利用电缆测井资料预测烃源层热成熟度有两种方法。第一种方法是利用电阻率数据，第二种方法基于声波测井的时间间隔。

将电阻率作为一种定性成熟度指标，首先应以 Meissener（1978）的研究为例。在这种情况下，Williston 盆地 Bakken 组的烃源岩层段的电阻率在被用于解释为生油窗顶部的地层时，其电阻率显著增加。Meissener（1978）将电阻率的增加归因于生成的烃类从干酪根中移出，填充孔隙空间，置换导电地层水。通过绘制电阻率图，Meissener（1978）能够确定 Bakken 组的烃源岩在哪里生成和成熟，以及在哪里未成熟。

Smagala 等（1984）发明了使用电阻率作为成熟度指标的定量评价方法。这项工作建立了 Denver 盆地 Niobrara 地层中测得的镜质组反射率与 Niobrara 内特定烃源岩层段的电缆测井电阻率之间的关系，如图 3.51 所示。然后利用这一关系预测盆地其他地区的成熟度，这些地区只有电缆电阻率测井数据可用。Schmoker 和 Hester（1990）对 Williston 盆地的 Bakken 页岩和 Ansdarko 盆地的 Woodford 页岩使用相同技术进行了检测，但由于沉积物电阻率与地层孔隙水组成、压实度和岩性有关，因此无法得出该方法的通用预测因子。应用这种方法，需要建立特定烃源岩段镜质组反射率和电阻率之间的局部关系。

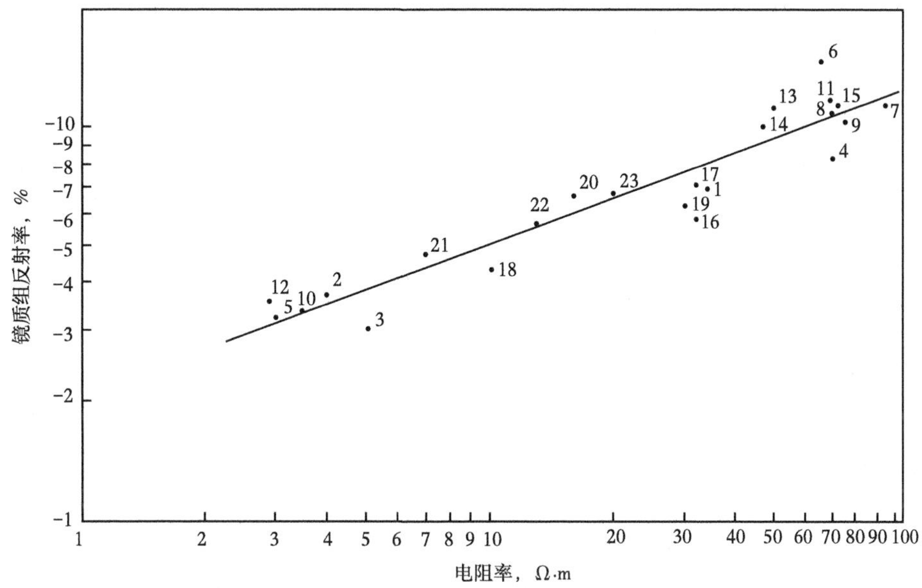

图 3.51 Denver 盆地 Niobrara 地层特定区域镜质组反射率与电阻率的校准响应示例图（Smagala，1984）

Lang（1994）提出了一种基于声波时差的热成熟度预测方法，建立了阿拉斯加北坡和Colville 盆地烃源岩的镜质组反射率与测井得到的层段运移时间的关系。McTavish（1998）在北海也进行了类似的研究，研究了古生代含碳质页岩和后古生代泥质页岩中镜质组反射率与层间运移时间的相关性。由于沉积物中的层间过渡时间与岩性和压实度都有关系，因此无法得出该方法的通用预测因子。但是为了预测热成熟度，需要建立镜质组反射率与时间间隔的局部关系。

3.17 露头样品

大多数烃源岩评价程序都是使用地下样品进行的，但有时也需要使用露头样品。不同于地下样品，露头样品会受到沉积物的无机和有机成分风化的影响。虽然沉积物无机组分的风化不会直接影响露头样品烃源岩潜力的评估，但有机组分的风化会有所影响。

当有机物风化时，烃源岩潜力指标也会发生一些变化。首先，有机质的含量减少，使沉积物的有机质含量减少。其次，干酪根中的氢含量通常会降低，使沉积物看起来不太容易产生石油而更容易产生气体。最后，成熟度指标会受到影响。孢子和花粉会变暗，镜质组反射率会因氧化而增加，使沉积物看起来更成熟。整体上，露头样品通常比同一地层的地下样品有机质含量低，更不易生油、更加成熟。沉积物中的有机物比矿物成分的风化速度快。因此，当观察到沉积物的风化作用时，几乎可以肯定有机物已经发生了变化，最好使用变化最小的样品。应尽可能收集到地表以下的样品，当将样品提交实验室进行分析时，应清楚地标明是否是露头样品，以便分析人员了解并寻找风化对有机物的影响。露头样品的评价结果可能比地下样品更不乐观，因此对数据的限制性解释可能是合适的。

3.18 烃源岩评价策略

3.18.1 背景信息

在开始解释烃源岩数据集之前，需要收集一些关于沉积物的地层学和地质年代的重要信息。如果测井电缆已经下过井，地层顶部已经被挑选出来，那么可以使用这些信息作为钻井地层的指南。注意任何可能影响地球化学数据或解释的因素，如不整合面、断层、火成岩侵入体和其他地质特征等。

沉积物岩性也是关键信息。以岩性测井为指导，寻找深灰色、深褐色和黑色的页岩和灰岩。注意任何遇到煤的位置。记录所有矿化区，它们可能是沉积物热液蚀变的指标。记录所有油污区间（包括切面和荧光）、气侵或沉积物中出现的沥青。注意井中所有套管点，在套管点以下尽量减少空洞，这有助于为成熟度研究筛选原位镜质组/孢子/花粉等。

电缆测井数据也非常有用。井径测井的冲刷可以显示出沉积层的崩落区，伽马射线测井有助于指出潜在的烃源岩层段，寻找超过 80API 单位的伽马射线值，收集与测井作业同时进行的所有井底温度和压力测量值。如果可能，尝试 Passey 等的 $\Delta \lg R$ 叠加法，这种声波时差/电阻率测井叠加是一种快速识别潜在烃源岩层段的方法。

钻井液成分也很重要。确定钻井液是水基还是油基，如果是油基的，是否使用合成油，如果使用，确定使用哪一种。注意所有钻井液添加剂种类，以及添加到钻井液中的时间，并查明是否收集了钻井液样品，以及是否有必要进行分析。

最后，检查使用的钻头。聚晶金刚石复合片（PDC）钻头对钻削有不利影响，特别是与油基钻井液结合使用时。这些钻头对沉积物施加的极端局部热量和压力会导致岩屑的物理和化学变化，称为钻头变质（Graves，1986）。结果是一种称为 PDC 钻头薄层的特征纹理（Graves，1986），表明沉积物的地球化学性质可能发生变化（Wenger 等，2009）。除加热作用外，钻头变质作用还会将钻井液带入岩屑中。钻头变质的总体影响是 TOC 和 HI 值降低，镜质组反射率增加，沉积物中孢子和花粉变暗。

3.18.2 明确拟解决的问题

在对烃源岩开始评价之前，清楚地知道希望从数据中获知什么是很重要的。能否识别烃源岩或确认已知烃源岩的生油潜力？如果知道这里有烃源岩，那么确定成熟度是主要目标吗？制定研究目标将指导完成整个过程，并有助于集中精力。同时，还需要评价是否有合适的样本来回答提出的问题，以及是否已经做了适当的地球化学分析。认识到在这个过程的早期需要更多的样品或额外的分析工作，比在通过评价过程之后发现它更有效。

3.18.3 做出解释

一旦所有的背景信息和地球化学数据都被收集起来，就可以真正开始解释了。典型工作流程如图3.52所示，第一步通常是对样品中显示任何污染迹象的数据进行审查，及早发现污染可防止得出错误的结论。首先回顾钻井液信息，寻找油基钻井液或有机钻井液添加剂的信息，然后查看岩石 S_1 值以及整个岩石提取物或饱和部分的所有气相色谱数据。如果数据看起来可疑，建议与提供数据的实验室进行讨论，实验室分析人员可以帮助解释数据中的不一致性，并给出解决可能存在的问题的建议。

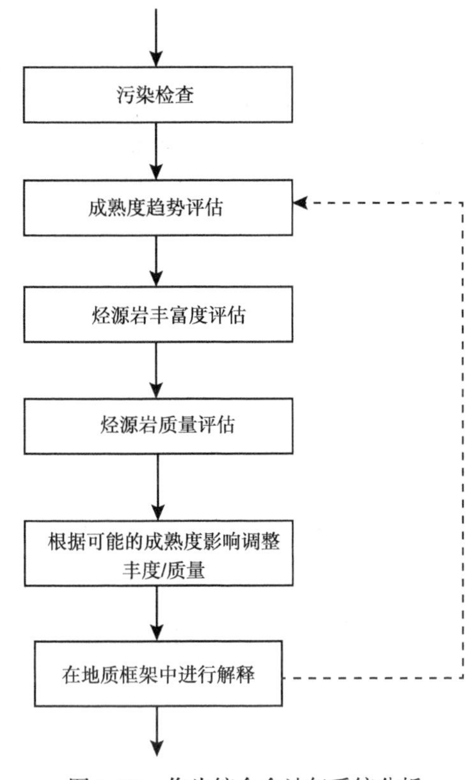

图3.52 作为综合含油气系统分析组成部分的烃源岩评价项目流程图

解决了污染问题后，建议检查热成熟度数据集。由于成熟度对大多数烃源岩有机质丰度和类型数据的解释都有影响，因此有必要尽早了解烃源岩的成熟度。使用所有可能的成熟度指标，对镜质组反射率和TAI会产生很大影响，分析 T_{max}、来自气顶气的湿气含量、荧光等指标，以证实成熟度趋势。值得注意的是，要考虑任何已知的火成岩或热液活动，以及是否在钻井中使用了PDC钻头。

成熟度趋势确立后，接下来需要解决烃源岩丰度和类型的问题。通常首先评价烃源岩有机质丰度，随着成熟度的增加，TOC和 S_2 会减少。在进行丰度评估时，需要识别更高成熟度的样本。虽然已经公布了从成熟度较高的样品中估算原始TOC和 S_2 的方法，但这些方法是基于对干酪根类型和HI的一些假设，通常会导致有偏差的猜测。同样，烃源岩有机质类型评价也会受到成熟度的影响，随着烃源岩成熟度的增加，HI、OI下降，H/C和O/C下降，含油性干酪根的PGC数据更倾向于含气性。所有这些变化都是渐进的，并受油气生成和运移引起的干酪根变化的影响。归根结底，当烃源岩成熟时，它看起来不像烃源岩。当富油、易生油的未成熟沉积物达到天然气生成的主要阶段时，它很可能看起来像一个贫瘠、易产气的沉积物。在进行烃源岩有机质丰度和类型评价时，一定要考虑成熟度。过度成熟的沉积物不应该受到忽视，因为我们并不知道它是什么时候开始生烃的。

当烃源岩有机质的成熟度、丰度和类型评价完成后，应该将地球化学解释置于地质背景中。以下是确定地球化学数据是否与地质背景一致时应提出的许多问题中的部分问题：烃源岩是否有充注储层的能力？如果井位处的烃源岩不成熟，它们是否会向下倾斜而成熟？根据成熟度，该段的烃源岩是否比井的总深度更深，因此没有取样？如果观察的是取样井附近的一个区域，烃源岩是否横向一致，或者它们是否会受到相互变化的影响？烃源岩是否适合其沉积环境，即海洋沉积物中是否有海洋干酪根？

地球化学解释不能独立存在，需要具有地质意义，否则就没有什么价值。如果地质背景或地球化学解释不一致，那么可能需要重新评价类型并重新开始该过程。除此之外，还要考虑地质数据中可能存在错误，早期的地质年龄或沉积环境可能是暂时性的，需要通过后续更深入的研究加以修正。

烃源岩评价是含油气系统综合分析的一个重要组成部分。在确定烃源岩特征和热成熟度方面的努力将在勘探项目中获得巨大回报，人们需要花时间了解数据并正确应用它们。

第 4 章　原油和天然气数据解释

一旦开始钻井，便会遇见烃类化合物。那么，勘探地球化学的范围就扩展至对石油和天然气的分析，即对所发现的油气的解释。这些烃类物质表明存在一个正在工作的油气系统，且能提供线索，帮助破解组成油气系统的元素和形成过程。该过程通常从确定烃类的特性开始。石油是石蜡基油还是环烷基油？石油是芳香油还是酸性油？天然气是干的还是湿的？地表下的石油和天然气是单相的，还是储层中有单独的气顶？这些问题的答案和其他能定义这些烃类物质的性质的说法，能帮助人们更好地理解烃类物质在储层中的可能表征，并可能会给出一些有关石油和天然气是如何形成的提示。

通过进一步详细的分析，新发现的油气可能与之前在附近发现的其他油气有关。这些相关性可以建立在烃类物质间的因果联系上，这种因果联系说明它们的来源可能相同。若烃源岩样品可用，这些相关性可能将特殊的烃源岩段和油源岩或气源岩中相关石油或天然气家族联系起来。这类信息对理解盆地中的生成“灶”在哪里很重要，并表明从源头到储层的运移途径。这种认识与盆地开发信息相结合，可带来其他发现。

本章主要对已发现的烃类化合物特征和相关性进行分析，对这些数据的解释方式进行描述。本章也将讨论改变储层中石油和天然成分的过程，以及这些改变如何影响储层中石油和天然气成分。

4.1　原油和天然气的综合性质

此处描述的原油综合性质是原油全套实验分析的一部分，原油实验分析帮助评估原油市场价值，并表明其精炼和运输特性。下面探讨的测量方式是可供勘探地学科学家使用且具有共性的，具有一定的地球化学意义。在对原油进行详细的地球化学分析前，许多性质还用作原油对比参数。这些简短的定义为理解这些性质如何作用于原油蚀变的过程提供了基础，也为它们如何在原油对比工作以及石油对比工作中提供一些见解。

4.1.1　API 度

这是美国石油协会（API）对 60℉（16℃）下测定的原油和凝析油特定相对密度的表述。特定相对密度是指在特定温度下，一个物体的质量与等体积的水的质量之比。API 度定义为（141.5/特定相对密度）−131.5，并按度数记录。按照 API 度相对密度分类，重质原油 API 度低于 25°API，中质原油 API 度为 25~35°API，轻质原油 API 度为 35~45°API，凝析油 API 度大于 45°API。

4.1.2 天然气相对密度

天然气相对密度定义为16℃和1atm下气体密度与空气密度的比。如果假定天然气符合理想气体定律，那么天然气相对密度是气体分子量除以空气分子量。由于天然气是混合物，所用分子量是基于气体部分（组成成分）的加权平均分子量。

天然气相对密度易于在井口测量，并作为气体组成的指示。天然气相对密度范围为0.55~0.87，由于天然气组成具有多变性，因此气体越丰富（较高的湿气含量），相对密度越高，但高氮或高二氧化碳也可能影响相对密度。

4.1.3 黏度

黏度是在液体中分子与流动的分子内聚力引起内部摩擦，导致流体的流动阻力。作为参考，一些常见材料的黏度为：水约为1mPa·s，橄榄油约为80mPa·s，蜂蜜为2000~10000mPa·s，花生酱约为250000mPa·s，巧克力约为1000000mPa·s。

黏度受原油成分、温度、溶解气体含量以及压力的影响。随着温度的升高，黏度会下降。因此，黏度测量始终随测量温度进行记录。测量几种温度下黏度，可通过相关性推断其他温度下液体的黏度。溶解气体会影响石油黏度，溶解气体含量增加，液体黏度降低。

气体黏度对确定流动特性和生产速率尤为重要。它们的范围通常为0.01~0.03mPa·s，很难直接精确测量这些低黏度值，但基于天然气成分与温度和压力环境来计算，气体黏度接近实值。

4.1.4 倾点

倾点是原油呈半固体状并不再流动时的温度。倾点对恢复原油状态及原油运输尤为重要，而且始终是确定的。倾点范围为32~57℃，通常含有大量石蜡的原油倾点高。烷烃，尤其是直链烷烃，随着温度的降低开始沉淀，导致蜡沉积及流动问题。这种现象不仅限于重油，也会在轻油中发生。

4.1.5 浊点

当原油冷却时，由于析出固体沉淀蜡，导致原油中浊度改变时的温度称为浊点，有时称为蜡析出温度或蜡点，浊点和倾点一样，都是恢复原油状态和运输原油潜在问题的指示器。

4.1.6 闪点

加热石油至石油表面产生蒸气时，蒸气与火源接触闪烁起火的最低温度称为闪点。尽管这种测量对地球化学研究几乎没有意义，但它具有警示作用。从油田运输原油样本至实验室以供分析也需要原油的闪点数据。

4.1.7 硫含量

硫含量是测量原油中游离硫和结合硫的总含量，游离硫是溶解在原油中的单质硫，而结合硫是指构成部分原油的有机化合物中的硫。硫含量通常与API度成反比。原油中存在的大量硫可以指示生油的干酪根类型（如Ⅱ-S型），也可以是次生变化的指标，如生物降解。酸性原油的含硫量通常大于0.5%。

4.1.8 镍（Ni）和钒（V）含量

当叶绿素在沉积物中降解时，它失去了卟啉结构中心的镁离子，并吸收了镍或钒。卟啉以沉积环境中确定的相同比例携带镍和钒。在生成和迁移过程中，这些卟啉结构被纳入原油，并被带到储油层中，从而保留了这种关于烃源岩中镍和钒比例的信息。镍和钒的含量也是确定石油价值的重要指标，镍和钒在精炼过程中会抑制催化剂活性，因此原油中高浓度的镍和钒会降低原油的市场价值。

4.1.9 SARA

SARA是指对原油通过液相色谱时分离得到的饱和烃、芳香烃、非烃化合物和沥青质的含量（第3章中已探讨）。饱和烃是饱和的烃类化合物；芳香烃是芳香族化合物，大部分是烃类化合物，也包括芳香硫化物；非烃化合物是含氮、硫和氧的化合物；沥青质是原油中胶体溶液产生的高分子量复合体分子（见第1章中沥青质的定义）。SARA数据有助于对原油进行分类，用于说明可能发生的蚀变过程。

4.1.10 溶解气油比和溶解油气比

原油中溶解气油比通常称为GOR，是指在标准温度和压力下，单位体积油中可溶解的气体体积，以标准立方英尺的气体/储油罐桶（ft^3/bbl）表示。相反，溶解油气比，通常称为OGR，是在标准温度和压力条件下，从天然气中冷凝出来的凝析油量。OGR有时称为气体的液体含量，以石油储备桶每百万标准立方英尺天然气（bbl/10^6ft^3）表示。GOR和OGR有助于了解流体在储层中和生产中的特性。

4.1.11 天然气的热值

天然气的热值是当天然气完全燃烧时单位质量或单位体积的天然气所释放的能量，通常用Btu/ft^3表示。天然气的热值等于每个气体组分的热值和摩尔分数或体积分数的乘积的总和。

天然气的热值主要用于测定市场价值，热值也可帮助了解天然气的组成成分。甲烷的热值约为900Btu/ft^3，丁烷的热值约为3000Btu/ft^3。当天然气浓度增加时（湿气含量更高），热值会增加。由于天然气中存在不易燃的气体，如氮气或二氧化碳，热值会低于900（100%甲烷）Btu/ft^3。

4.2 相态特征

测定石油的相态特征是描述与预测石油在地下和生产过程中，当压力、体积或温度（PVT）改变时储层流体有何反应的一种方式。因为相态特征取决于流体成分和PVT环境，所以每种储层流体都是不同的。在储层中，通常假设体积开始是固定值，压力或温度改变，流体特征改变。建立温度和压力（p—T）相图，如图4.1所示，必须收集储层流体样本。在实验室，将相同压力的储层流体转移到高压高温室并保持流体状态。通过改变温度和压力，观察流体特征，用采集的数据构建 p—T 空间相图。

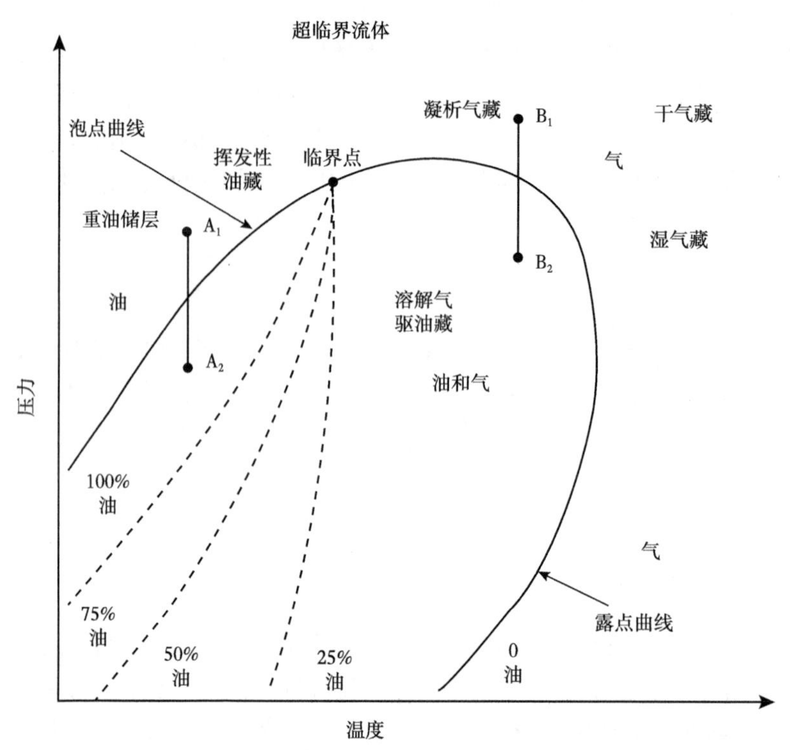

图4.1　用于说明生产过程中流体表面的相态特征的温度和压力相图

在图4.1中，临界点左边的曲线是泡点曲线。泡点曲线是曲线上方单相油区和曲线下方双相油气区之间的边界线，点 A_1 处的石油是全部气体都已溶解的单相油，若压力减小至 A_2 点，气体开始从油中涌出，当它与泡点曲线相交，会形成分离气相。油进入双相区的距离越远，释放出的气体越多。图4.1中，临界点的右边是露点曲线。露点曲线是右上方单相天然气区和曲线左下方双相油气区的边界，若 B_1 点处天然气的压力减小至点 B_2，则它开始是单相气体，所有的油都在溶液中，当它穿过露点曲线时，石油开始从气体中凝结并形成单独的液相。泡点曲线与露点曲线相交处是临界点。临界点上方区域，液相和气相无法区分，它们表现为具有两种特性的超临界流体。

除了帮助理解地下流体的相行为外，p—T 图还用于根据流体类型将油藏分为6类，如图4.1所示，重质油藏未饱和，带有溶解气体，初始气油比低于2000ft^3/bbl，API度低于45°API，油藏压力始终大于泡点压力（McCain，1990）。当油藏压力降低，流体穿过泡点，气体将从溶液中出来形成单独的相，油藏变成溶液驱动油藏。这种分离气相的形成为油藏提供了大部分驱动能量。

挥发油藏的初始气油比在1000～8000ft^3/bbl之间，石油的API度为45°API或更高，且油藏接近流体的临界温度和压力，但始终低于临界温度。油藏中压力降低，流体穿过泡点，气体将从溶液中出来形成单独的相，油藏变成溶液驱动油藏。

凝析气藏气油比为 70000~1000000ft^3/bbl，API 度大于 60°API（McCain，1990），它和挥发油藏相似，因其接近流体的临界温度和压力，但这些气藏温度始终高于临界温度。随着凝析气藏压力降低，流体穿过露点，轻液体将从油藏中的气体中冷凝出来。

湿气藏的气油比大于 1000000ft^3/bbl，并且在整个生产过程中由于生产压力的降低而仅作为气相储层存在（McCain，1990）。湿气中含有大量的烃类气体，如丙烷、丁烷、戊烷、己烷以及一些液体烃类化合物。与凝析气不同的是，储层内部不形成液体，只有在地表产气时才形成凝析油。

干气藏无浓缩物或液态烃类化合物。天然气主要成分是甲烷，有少量乙烷和丙烷。流体作为储层中的气体单独存在，储层中或表面未形成浓缩液体。相图中压迹线不进入相包层，于是气藏中只有干天然气。

高效生产的关键是了解储层流体的相态特征，并从发现的资源中获取最大价值。有关样本采集和实验室测量的附加信息，以及对数据解释的一些讨论，可在 Freyss 等（1989）和 Whitson（1992）的著作中找到。

4.3　原油和天然气蚀变

当原油进入储层时，原油可能会保持刚抵达储层时的状态，也可能不会保持。经过储层中活跃的过程，石油和天然气可能会蚀变。这些过程包括热蚀变、生物降解、水洗、气洗、脱沥青、脱挥发分、硫酸盐热化学还原（TSR）以及污染等。经历这些过程后，原油和天然气的化学特性会变得不明显，不易于说明它们的来源以及它们与在其附近发现的其他烃类化合物的关系。因此，认识蚀变过程并了解它们如何影响原油和天然气尤为重要，认识了这些过程，就能弄清和解释它们之间的关系。

4.3.1　热蚀变

热蚀变通常称作原油成熟或原油裂解，是储层加热或持续暴露于高温下产生的。这通常是储层深度增加导致的，且埋藏越深温度越高。热蚀变开始时原油温度可低至 60℃（Hunt，1996），特征是大分子裂解形成小分子，如 C_{7+}气相色谱（图 4.2）。由图 4.2 可见，随着热蚀变增加，分子化合物类型向更小、更低分子量化合物转变，注意并非所有的化合物以相同速率反应。有些化合物热稳定性更强且持续时间更长，有些化合物热稳定性弱且蚀变更快或完全消失。随着热蚀变过程的进行，沥青质和含氢、含硫、含氧化合物浓度下降，汽油范围（C_6—C_{12}）的烃类化合物饱和，石蜡、环烷烃增加（Milner 等，1977）。由于较大的化合物裂解成较小的化合物，API 度会增加，形成的气体范围（C_1—C_4）化合物会导致油气比增加。持续或广泛的热蚀变最终会消除储层中的所有液体，只剩下气体和含碳残留物。油气主要裂解阶段开始时的温度为 150~160℃，完成时的温度大约为 250℃（Hunt，1996）。

因为热蚀变可以改变并最终破坏原油中的化合物，这一过程会对原油特征解释和石油相关工作产生严重影响。在做出这些解释之前，有必要评估热蚀变的程度，并确定所使用的化合物是否受到不利影响。生物标志化合物特别容易受到高温高压影响，导致产生破坏或异构化。必须对使用的每个化合物类别做评估，因为热蚀变的影响作用取决于化合物的类型与结构。

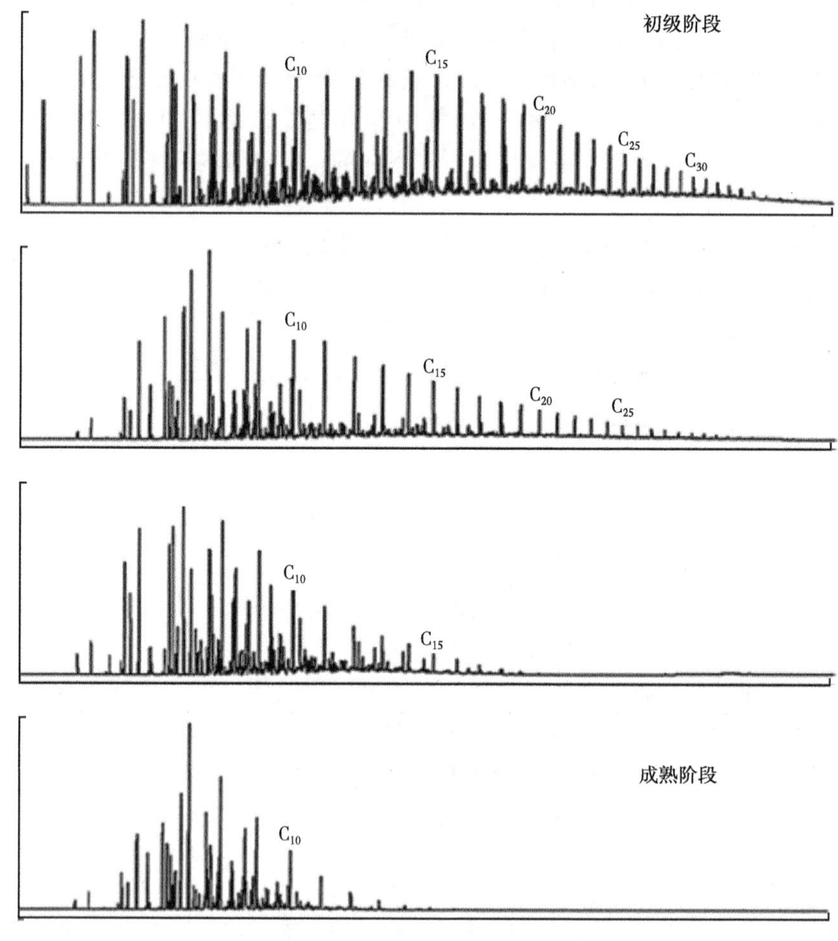

图 4.2　整张油气色谱图显示相同来源的原油热蚀变图

所选正构烷烃的碳原子数以供参考。小于 C_7 范围的材料蒸发损失在下方的三个色谱图中显而易见

一旦所有液体都裂解为气体，热蚀变可能会继续裂解湿天然气成分。随着碳元素的增加，湿天然气热稳定性会降低。最后所有的戊烷都会消失，接着丁烷、丙烷、乙烷也都会消失，最终储层中只有甲烷。

4.3.2　生物降解

储层原油中的微生物蚀变称为生物降解。这种变化是由沉积时原生于储层沉积物的微生物进行的，它们会保持休眠状态直到烃类化合物出现（Head 等，2003）。由于地下缺氧，这些微生物必须厌氧（Jones 等，2008），而且因为它们需要水溶性营养物质，所以生物降解的生物活性集中在油藏的油水界面（Head 等，2003）。要发生生物降解，储层条件必须有利于微生物，这些状态包括适宜的储层温度、地层水矿化度、地层水中充足的营养物质以及促进微生物生长的烃类化合物。

生物降解对温度的变化极其敏感。储层温度为35~45℃时，储层中微生物活性达到最大（Larter等，2006）；当温度从45℃升至65℃时，微生物活性开始降低；温度为65~80℃时，因为微生物活性是有限的，所以降解率会大幅度降低；温度高于80℃时，大部分微生物会消失或被“巴氏消毒”，终止降解（Head等，2003）。

在进入烃类化合物前，储层也可以进行“古巴氏杀菌”。如果储层的埋深环境超过80℃，微生物会被消除。即使储层随后抬升，盆地反转，使储层温度降至80℃以下，由于沉积物的“古巴氏杀菌”，任何进入储层的烃类化合物都不会经历生物降解。

虽然没有储层温度的影响那么明确，但地层水矿化度也能控制微生物降解。地层水矿化度增加，微生物降解率降低（Mille等，1991；Later等，2006），饱和烃附近高水位矿化度严重抑制了微生物蚀变。为更好地定义矿化度对微生物降解的作用，更为详细的矿化度影响研究仍在进行中。

应向微生物提供足够营养物质，诸如硝酸盐、磷酸盐、铁和钾，以保证微生物群落进行生物降解。向油水界面运送充足的营养，必须有活性水柱的混合（Head等，2003）。这可能会导致油柱中的原油成分呈梯度变化，在生物降解活跃的储层中，随着与油水界面的距离越远，生物降解程度逐渐降低（Later等，2006）。

储层圈闭形状和水位高度也会影响储层中的微生物降解总数和降解率。储层圈闭形状控制油水界面区域，即微生物活动的有效区域，区域越大，微生物降解的可能性越大。水位高度能指示储层中水的体积，这种储层可为微生物降解提供营养物质，水位越高，越能供应更多的营养物质并影响微生物活动率。综合这些因素可以了解一个储层是否经历了广泛的变化或只是低程度的生物降解（Later等，2006）。

微生物降解如何作用于储层油？微生物活动会改变石油的组成成分，并减少其总体积。油的体积特性，硫的质量分数、黏度、沥青质含量和金属浓度将增加，而API度、轻馏分含量、蜡含量和倾点将减少，如图4.3所示。这些性质的变化主要反映了石油成分的变化。

微生物降解如何影响原油成分已得到充分研究。微生物根据化合物降解的难易程度确定消耗原油中的组成成分。先消耗小的烃类化合物，小的烃类化合物包括 C_1—C_5 化合物

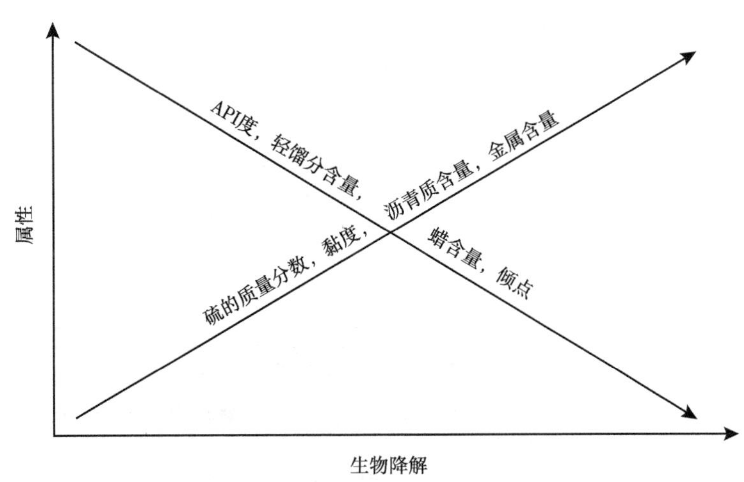

图4.3 原油综合性质对生物降解的反应示例图

（James 和 Burns，1984）。随着微生物降解的进行，消耗的化合物逐渐增大，先增至中等范围 C_6—C_{15}化合物，随后达到 C_{15+}化合物。消耗原油组成成分的明显顺序也受化合物结构的影响。在饱和烃类化合物中，直链正构烷烃被优先消耗，接着消耗支链化合物，然后是环状化合物。芳香化合物也能被微生物改变，主要是通过改变和去除芳香环结构上的侧链。

图 4.4 展示了原油和天然气生物降解过程中具有地球化学意义的变化。这些变化包括化合物类型的去除和形成。图 4.4 清晰地显示出哪些化合物更易改变，哪些化合物更具抗

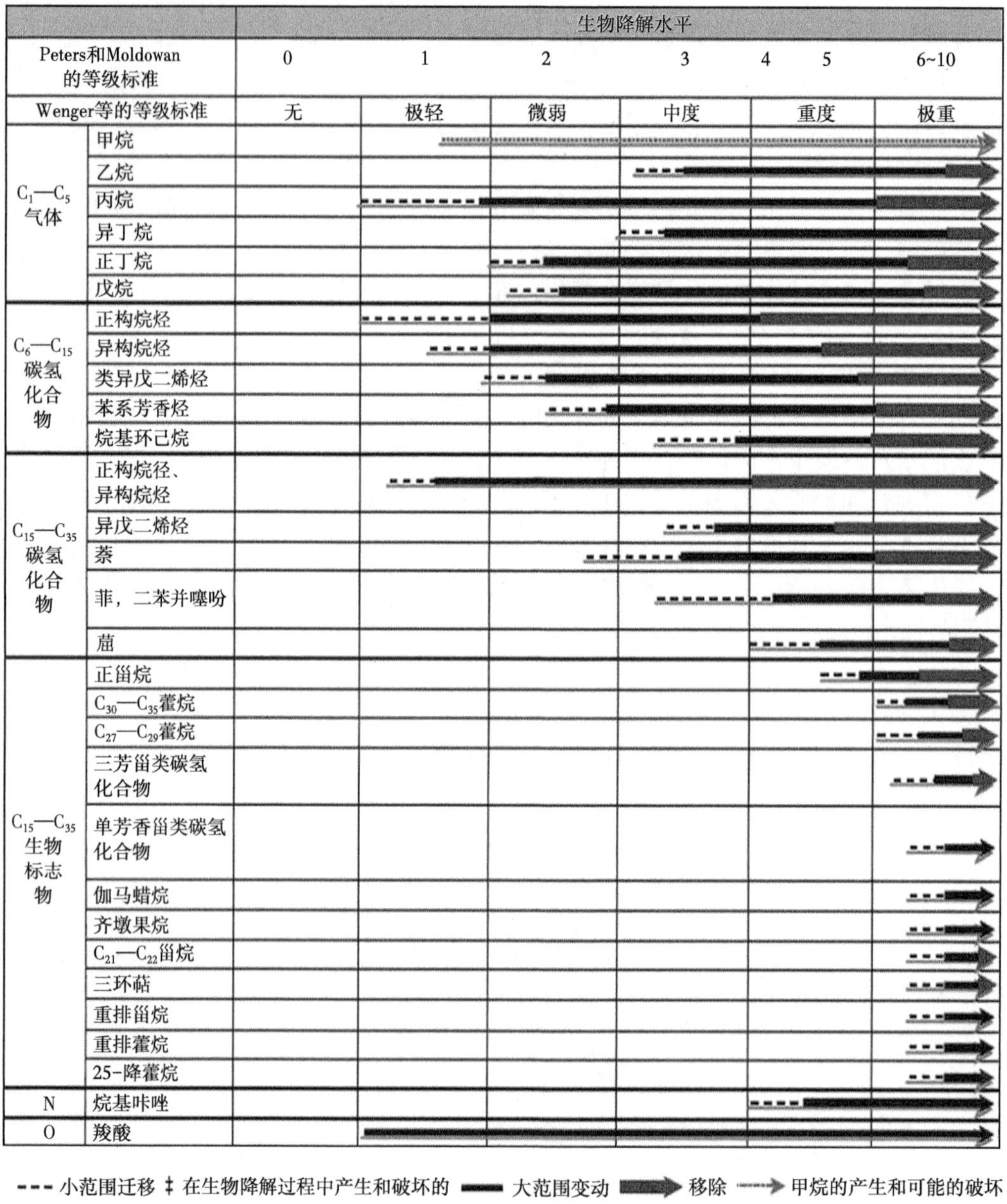

		生物降解水平					
Peters和Moldowan的等级标准		0	1	2	3	4　5	6~10
Wenger等的等级标准		无	极轻	微弱	中度	重度	极重
C_1—C_5气体	甲烷						
	乙烷						
	丙烷						
	异丁烷						
	正丁烷						
	戊烷						
C_6—C_{15}碳氢化合物	正构烷烃						
	异构烷烃						
	类异戊二烯烃						
	苯系芳香烃						
	烷基环己烷						
C_{15}—C_{35}碳氢化合物	正构烷径、异构烷烃						
	异戊二烯烃						
	萘						
	菲，二苯并噻吩						
	䓛						
C_{15}—C_{35}生物标志物	正甾烷						
	C_{30}—C_{35}藿烷						
	C_{27}—C_{29}藿烷						
	三芳甾类碳氢化合物						
	单芳香甾类碳氢化合物						
	伽马蜡烷						
	齐墩果烷						
	C_{21}—C_{22}甾烷						
	三环萜						
	重排甾烷						
	重排藿烷						
	25-降藿烷						
N	烷基咔唑						
O	羧酸						

--- 小范围迁移　‡ 在生物降解过程中产生和破坏的　▬ 大范围变动　➡ 移除　┈➤ 甲烷的产生和可能的破坏

图 4.4　生物降解强度等级图（修改自 Head 等，2003）

性不易改变。生物标志化合物因其在解释原油方面的用途而特别受关注，如图 4.4 所示，这些化合物在原油中保存的地球化学信息，一直保留至生物降解后期。

原油成分的变化也是生物降解的识别和变化程度的衡量。这是通过检查整个原油的气相色谱图来实现的，如图 4.5 所示。这些色谱图来自具有相同来源和成熟度的油，但来自不同的井，显示出不同的生物降解量。色谱图的渐进变化首先显示低分子量化合物的损失，以及如上所述的减少的正构烷烃。高阻力化合物浓缩，低阻力化合物被去除。此外，色谱图还显示出未降解的复杂混合物的“隆起”形成过程，由于石油经历了严重的生物降解，可识别的化合物很少，色谱图主要由 UCM（未知化合物）控制。

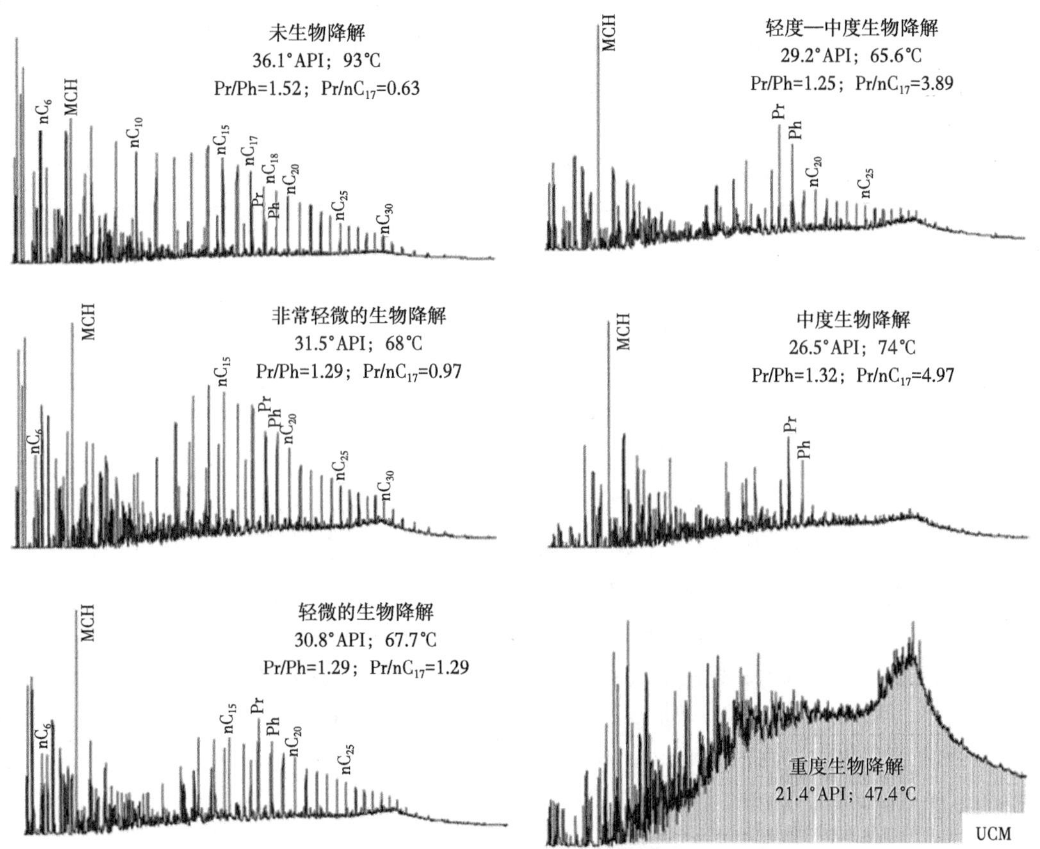

图 4.5　全油气相色谱显示生物降解的程度示例图（Wenger 等，2002）

Pr—姥鲛烷；Ph—植烷；MCH—甲基环己烷

随着烃类化合物的消耗，储层中的原油体积减小，消耗的碳元素去哪儿了？要回答此问题，有必要研究引起地下石油大部分生物降解的微生物群落。从 20 世纪 90 年代末开始，Zengler 等进行了研究（1999）。在实验室实验中记录了产甲烷的模型化合物，如正构烷烃转化成甲烷和二氧化碳的产甲烷微生物。现场观察结果表明，原油的生物降解导致了次生生物气的形成，而次生生物气是生物降解油气藏中常见的物质。Jones 等（2008）利用地质环境中自然存在的微生物群落进行的实验，显示原油随着生物气的生成而降解。最后，Grabowski 等（2005）和 Bennett 等（2013）对生物降解原油油藏油水界面及其下的微生物群落进行了研究，确认了地下生物降解现场存在产甲烷微生物。所有这些证据表明，原油的生物降解导致生物甲烷和二氧化碳的生成。二氧化碳可以是游离气体或溶解在地层水中，如 HCO_3^-，并且可能有助于在储层中形成同位素轻方解石胶结物（Pallasser，2000）。生物甲烷气体可以溶解到剩余的原油中，如果石油相对于天然气饱和，则形成单独的相作为气顶。

产生的生物甲烷数量具有重要意义。Zengler 等（1999）指出了微生物降解 1mol 正十六烷产生 12mol 以上的甲烷和接近 4mol 的二氧化碳。Dessort 等（2003）把它放在石油勘探更相关的计量单位中，并估计 1bbl 石油生物降解为 15100ft^3 生物甲烷气体。因此，这种次生生物气可能在地下形成大量聚集。这些油气藏可能与生物降解油气有关，也可能是天然气从含油气藏中运移而形成单独的油气藏。

遇到大量次生生物气具有重大的勘探意义。与其认为生物气只是沉积史早期形成的原生生物气的聚集，不如认为这类次生生物气是含油气系统的标志。关于石油生物降解产生的次生生物气的勘探意义，以及更多关于天然气来源解释的细节将在后面的章节中论述。

4.3.3 水洗

水洗是流动的地层水清除油藏中低分子量化合物的过程（Bailey 等，1973）。原油组分对水洗的磁化率和它们在储层条件下的水溶性相关。从石油中清除的烃类化合物数量也取决于经过油水界面的水流量。对每种烃类化合物而言，溶解度随着碳原子数的增加而降低，对已给定的碳原子数，芳香化合物通常比饱和烃化合物的可溶性更强。在饱和烃化合物中，环状化合物通常比支链化合物的可溶性更强，支链化合物比直链化合物的可溶性更强（Lafargue 和 Barker，1988）。净效应通常是汽油馏分中烃类化合物（$<C_{10}$）的减少或去除，在 C_{15+} 组分中，一些芳香化合物和环烷烃也随之减少（Lafargue 和 Barker，1988）。水洗油的饱和烃生物标志物几乎没有或根本没有变化（Palmer，1984；Lafargue 和 Barker，1988）。这些组成成分的变化会导致某些综合性质的改变，比如 API 度下降，硫含量和沥青质的含量（Palmer，1984）增加。因水洗通常与微生物降解有关，生物降解的作用通常会导致原油的变化大于水洗。

4.3.4 气洗

气洗，也称为蒸发分馏（Thompson，2010）和气提，发生在气体通过油藏运移时，溶解了部分石油，并将其作为凝析油在气体溶液中携带（Losh 等，2009）。当这种凝析油达到最终的积聚状态时，溶解的油可能会残留在溶液中，直到生产过程中冷凝出来。气洗发生在地层或构造圈闭中，这种密封环境内可渗透气体但不渗透石油。图 4.6 中所示的是断层圈闭，和原油相比，气洗油的成分将通过显示较轻端材料的损耗而改变（Losh 等，2009）。通常，天然气和“凝析油”具有不同的成熟度，不同来源的天然气往往比“凝析油”成熟度更高（Losh 等，2002）。在迁移的凝析油中，成熟度的不同对判断气洗具有较大的价值。

气洗造成的轻烃损失可降低原料油的密度，增加原始油的黏度，并大幅降低其经济价值（Losh 等，2009）。然而，由于气体洗涤对 C_{15} 以下组分的影响最大，因此在解释原油时所使用的生物标志物可能很少或没有。

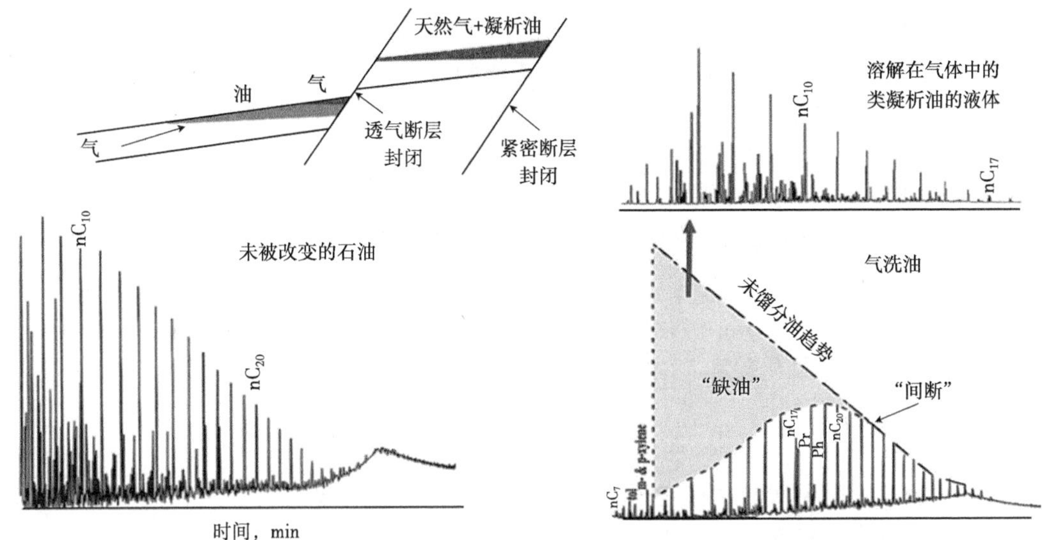

图 4.6 可能的气洗场景示例图（修改自 Losh 等，2009）

一个在具有可渗透到气体但不渗透到石油密封的地层圈闭中，另一个在具有可渗透密封的断层圈闭中

4.3.5 脱沥青

沥青存在于原油胶体溶液中。这些溶液不是一直稳定的，它们会受数个过程的干扰。当胶体溶液不稳定，导致沥青质从油中沉淀时，就会发生脱沥青。沥青质沉淀可以由许多机制触发，包括损失轻端材料、水洗、气洗、密封泄漏、微生物降解、压力降低、混合油以及气体中混入油体（Akbarzadeh 等，2007）。析出的沥青质可在油水界面呈席状或在储层孔隙中以固体沥青的形式存在。虽然沥青质本身的沉淀对原油的地球化学解释没有什么影响，但一些触发机制，如生物降解，可能会带来某些问题。脱沥青是一个复杂的问题，因为它与油气生成有关，将在第 5 章中详细讨论。

4.3.6 脱挥发作用

当油气藏被挖出或密封在地表附近被破坏时，原油中的低分子量化合物会因其高蒸气压而蒸发到大气中。这一过程通常被称为脱挥发或浓缩作用，通常与焦油砂沉积有关，这种高达 C_{15} 的选择性组分损失（Barbat，1967）会导致高黏度，干扰常规回收。脱挥发几乎总是伴随着石油的生物降解和氧化。通常当储层暴露在地表时，脱挥发作用有助于形成沥青封层，从而减少地表以下油气的进一步损失。

4.3.7 硫酸盐热化学还原（TSR）

TSR 最初被描述为高温烃类气体与储层中的硬石膏反应的过程。反应将消耗烃类气体，产生硫化氢（H_2S）和二氧化碳（Orr，1974）。二氧化碳通常会与硬石膏中的钙反应形成碳酸钙，通常以方解石胶合物的形式存在。这个过程是天然催化的，因为 H_2S 既是产物又是催化剂（Hunt，1996）。

在气藏中，这些反应在大约 120℃（248℉）时开始发生（Heydari，1997），当温度高于 140℃（284℉）（Worden 等，1995）时，重要的烃类化合物被破坏。但 Orr（1997）能在 77～121℃时通过实验进行这些反应，这表明液态烃也可能易受 TSR 的影响。实验表明，油与硫酸盐反应生成除 H_2S 之外的硫醇、噻吩和苯并噻吩等有机硫化合物（Yue 等，2014），也可能易受 TSR 的影响。例如，在亚拉巴马州部分的斯马克科趋势（Sassen 和 Wade，1994；Wade 和 Sassen，1994）。

H_2S 含量高于 10%的储层通常归因于 TSR。TSR 对油气资源具有很大的破坏性。由于 TSR 的结果，Sassen 和 Moore（1988）报道了 Black Creek 在斯马克科构造中的气体组成为 2%的甲烷、20%的二氧化碳和 78%硫化氢。

4.3.8 污染

目前为止，只有天然的过程能改造石油和天然气，人工改造石油和天然气会产生污染。污染是将外来有机物引入原油或天然气中导致的。在原油实例中，污染通常是由于在油藏、钻孔或取样区间或与钻井液混合而造成的。钻井液可以用柴油、原油和合成油配制，也可包含大量用于控制或改变钻井液性质的有机化合物，如消泡剂、黏度控制添加剂、润滑剂以及示踪剂。将原油储存在塑料瓶或未经适当清洁的玻璃容器或金属容器中，也会污染原油。

如第 3 章所述，强烈建议定期采集钻井液样品，并尽可能采集钻井液添加剂样品以供参考。大部分原油的污染状态，可通过气色谱图中呈现的不同特征来识别。这些特征与探钻泥液、钻井液添加剂的气相色谱图相匹配。根据污染的组成成分，污染物可能影响解释原油数据，也可能不影响。用于制作合成油基钻井液的基础油不包含会影响解释的生物标志化合物。然而，如果钻井液用于多个油井，合成基础油可能已经从钻井期间钻井液中的岩屑循环中提取了生物标志化合物。需要仔细分析钻井液参考样品，以确定是否存在任何问题。

天然气样本也可能与部分解释不符。若采样前储样容器未完全净化，空气可能会混入样本中。空气污染由是否存在氧气以及氧气与氮气的比是否接近空气中氧气与氮气的比来识别。样本容器泄漏也会造成影响，甚至轻微的泄漏能改变天然气样本的组成成分和同位素特征。为避免识别时发生泄漏，应记录收集天然气样本时的压力并在分析时与样本容器中的压力做对比。

4.4 油—烃源岩对比

油—油对比和油—烃源岩对比是基于所掌握的地球化学参数确定石油之间和石油与烃源岩之间是否存在地球化学联系。油与油的相关性通过确定存在多少个油族来确定盆地中有多少个烃源岩活跃。将一种油与另一种油相对比也提供了一种检测油在储层内部或储层之间运移的方法。油—烃源岩对比通过建立烃源岩与原油的成因关系来定义油气系统。当与盆地结构分析相结合使用，油—烃源岩对比有助于确定油气运移的时间和途径。

石油相关地球化学参数是用来证明石油之间以及石油与其烃源岩之间的关系。通过参数分布特征或简单的描述，以区分各个来源单元或原油。同时，在原油或烃源岩物理分离后，不应受到任何作用于原油或烃源岩过程的影响。它们应该基于普遍存在的石油成分和烃源岩提取物。然而，没有化学特征能满足各种状况下的各种要求。相反，必须使用最适合这些标准的地球化学特征来研究样品，并使用多个参数进行解释，以避免得出模棱两可或错误的结论。

当在寻找可用于石油对比工作的有机化合物时，还必须考虑化合物可能携带的潜在地球化学信息以及获取该信息的难度。随着有机分子的尺寸和结构复杂性的增加，它们携带的潜在信息增加。但是，随着大小和结构复杂度的增加，研究人员分析化合物的能力降低，留下许多无法分析的信息。因此，有必要在潜在的地球化学信息的数量与研究人员的分析能力之间找到折中方案。

基于这种考虑，油—油对比和油—烃源岩对比的方法经历了与分析化学发展相关的演变。石油相关性的早期研究仅限于对原油的综合性质进行简单的对比。随着分析化学开始开发表征石油中烃的方法，人们进行了更详细的比较。但是，这些最初仅限于通过蒸馏方法表征汽油馏分（Barr 等，1943）。最终，这种研究方法扩展到使用相关指数，来测量整个原油和原油的每个蒸馏馏分中烷烃、环烷烃和芳香烃的相对含量，以及油中的硫和氮含量（Barat，1967）。20 世纪 70 年代，在地球化学中使用气相色谱分析是提高石油相关性研究方法的重要一步，原油相关性是基于气相色谱图中 C_4—C_7 烃类化合物和 C_{15+} 正烷烃的分布，以及顶部原油和饱和烃、芳香烃、含氮、含硫、含氧化合物和沥青组分的碳同位素组成的测定（Erdman 和 Morris，1974；Williams，1974）。其后，质谱技术的提高，使生物标志物分布应用到油—油对比和油—烃源岩对比的研究中（Welte 等，1975；Leythaeuser 等，1977；Seifert，1977）。目前，生物标志物分布、全油或抽提物及其液相色谱组分的碳同位素比值是大多数油气相关研究的基础。

但是，有些地方微生物降解已严重改变或彻底破坏了研究中的所有生物标志物。当试图将重油、焦油砂或固态沥青相互关联或将它们与更多典型的原油相关联，就会出现微生物降解影响或破坏研究中的所有生物标志物这种情况。在这些实例中，发现微量元素（Hitchon 和 Filby，1984）和重金属（Curiale，1987）是相对有用的石油相关参数。

4.4.1 生物标志化合物

在油气地球化学中，生物标志化合物是沉积物和原油中的化合物，其基本结构与在活生物体中发现的化合物相同，只能从生物分子的成岩变化中获得。许多早期的研究也称这些化合物为化学或分子化石。生物标志物最初是生物标记烃类化合物的缩写。由于还包括了除烃类化合物以外的化合物类别，如卟啉，因此定义有所扩展。生物标志物及其与生物前体的关系的典型例子是胆甾烷和胆甾醇，如图 4.7 所示。通过简单地除去羟基并使双键饱和，生物化合物胆甾醇转化为地质化合物胆甾烷，胆甾烷通常存在于烃源岩提取物和原油中。Treibs（1934）在认识原油中的类叶绿素结构时应用了生物标志物，从而为建立油气地球化学科学奠定了基础。

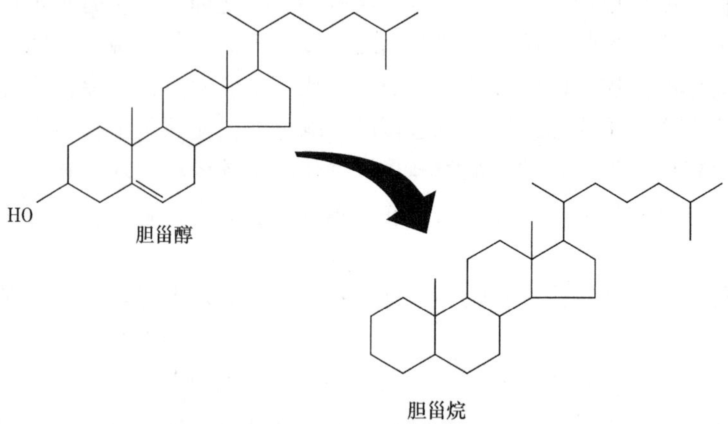

HO

胆甾醇

胆甾烷

图 4.7　生化胆甾醇转化为地球化学生物标志物胆甾烷示例图

并非所有被认为是生物标志物的地球化学化合物均可用于油气对比工作。在过去几年中，许多化合物都被建议作为相关性工作的实验化合物，但由于沉积物和原油中的含量有限或难以获得数据的分析程序，这些化合物并没有得到广泛的接受。现今使用的原油相关性化合物有异戊间二烯烃、三环萜烷、四环萜烷、五环萜烷、甾烷和芳香甾烷。这些化合物的基本结构示例如图 4.8 所示。

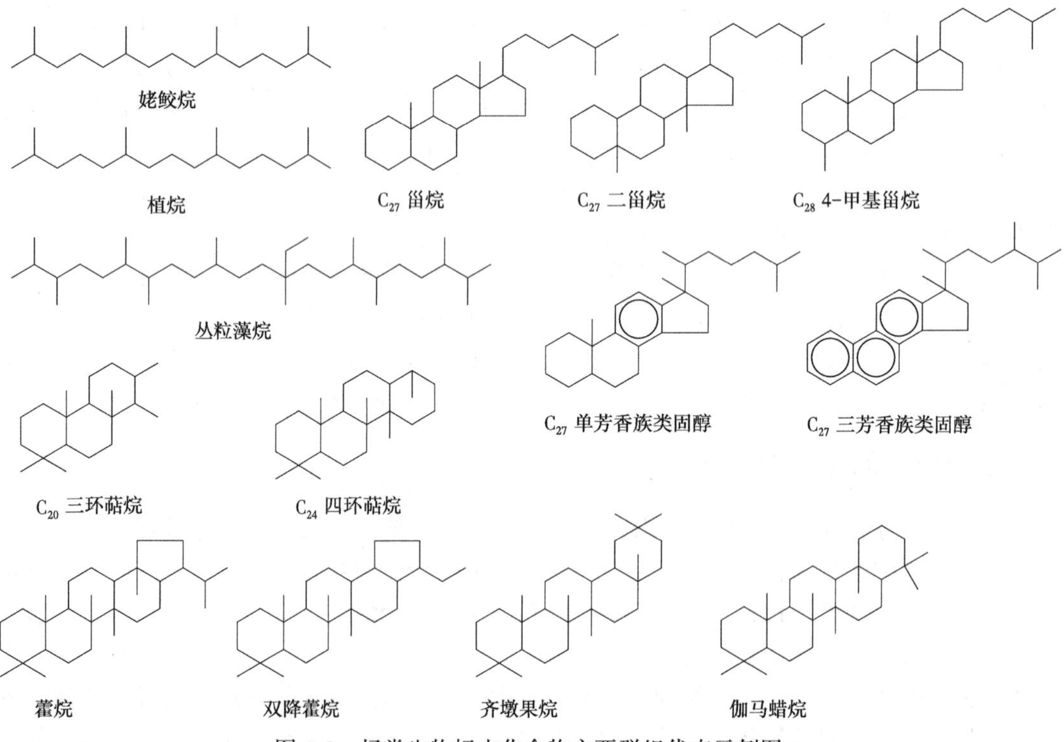

图 4.8　烃类生物标志化合物主要群组代表示例图

立体化学的细节不包括在内，见 Waples 和 Machihara（1991）立体化学的插图

4.4.2 生物标志物分析

为获取生物标志物数据，在气相色谱—质谱仪（GC-MS）上对烃类化合物进行分析。对于萜烷和甾烷，使用原油或烃源岩提取物液相色谱中的饱和烃化合物组分。饱和烃组分首先在气相色谱仪中分离。然后，将柱状流出物送至质谱仪的样品入口。如图 4.9 所示，质谱仪是非常灵敏的气相色谱检测仪，它能测量特定的化合物基团，当烃类化合物进入离子源，经过电子轰击，烃类化合物被离子化，若能量足够，烃类化合物将被分解成片段。生物标志化合物将在其结构的特定位置断裂，并形成具有特征质量的碎片，如图 4.9 中的藿烷和甾烷所示。这些质量碎片的描述单位是 m/z，即质量除以电荷。藿烷类化合物碎片的质量是 191 个原子单位质量（amu），甾烷的碎片质量是 217amu。藿烷类化合物碎片和甾烷碎片均有单独电荷，因此它们各自描述为 $m/z=191$ 和 $m/z=217$。

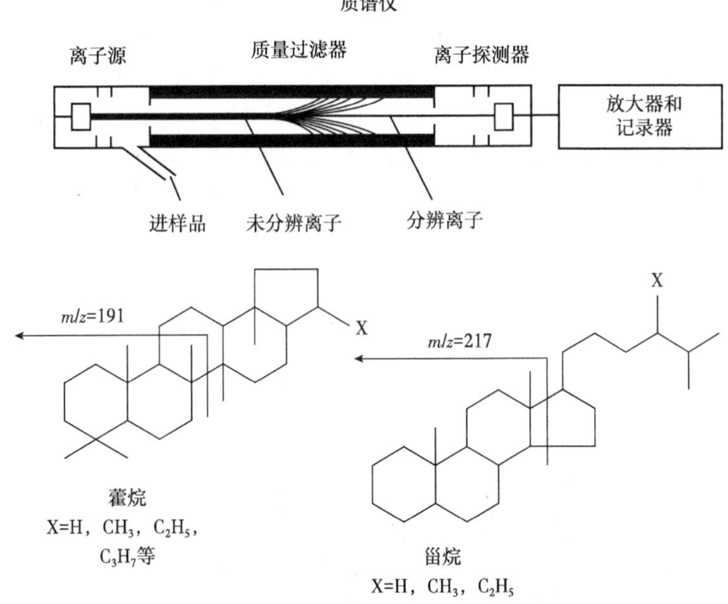

图 4.9 藿烷类化合物和甾烷分裂模式的质谱仪原理图

随后离子利用电场形成一道光，并通过质量滤光器发出。质量滤光器用于将单个质量的分子碎片聚焦到离子探测器上，质量滤光器可以很快地改变（毫秒级），从而可以快速连续地测量多个离子。这样，可以几乎同时检测和测量多个质量碎片，每个质量碎片的记录显示在质谱图中。使用 $m/z=191$ 的质量碎片，记录萜烷的分布，如图 4.10 所示。萜烷由三环和四环化合物以及五环萜烷组成，包括主要的藿烷类化合物，比如奥利烷和伽马蜡烷。

$m/z=217$ 质量色谱图捕捉甾烷分布，如图 4.11 所示，主要的有益化合物是 C_{27}—C_{30} 甾烷。因每个碳原子数的同分异构体和保留时间内的重叠部分是 C_{28}—C_{29} 重排甾烷和 C_{27}—C_{28} 甾烷，$m/z=217$ 质量色谱图中的个体化合物更不易识别。因此，注意力通常集中在可清晰识别的甾烷上。

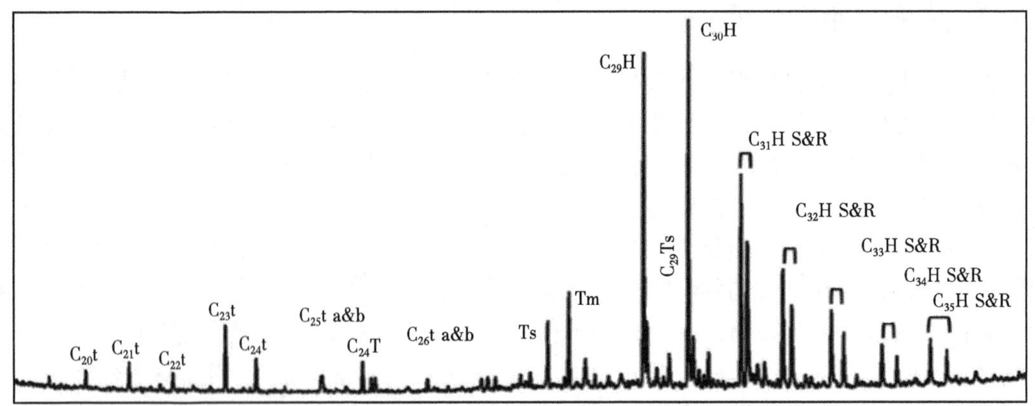

图 4.10 原油典型 m/z=191 萜烷数据图

三-四环萜烷峰值标签：C_{20}t—C_{20}三环萜烷；C_{21}t—C_{21}三环萜烷；C_{22}t—C_{22}三环萜烷；C_{23}t—C_{23}三环萜烷；C_{23}t—C_{23}三环萜烷；C_{24}t—C_{24}三环萜烷；C_{25}t—C_{25}三环萜烷 a 和 b；C_{24}T—C_{24}四环萜烷；C_{26}t-C_{26}三环萜烷。藿烷标签：Ts—18α（H），22，29，30-三降藿烷；Tm—17α（H），22，29，30-三降藿烷；C_{30}H—C_{30} 17α（H）21β（H）-藿烷；C_{31}HS&R—C_{31} 22S 和 22R 17α（H），21β（H）-升藿烷；C_{32}HS&R-C_{32} 22S 和 22R 17α（H），21β（H）-升藿烷；C_{33}HS&R—C_{33} 22S 和 22R 17α（H），21β（H）-升藿烷；C_{34}HS&R—C_{34} 22S 和 22R 17α（H），21β（H）-升藿烷；C_{35}HS&R—C_{35} 22S 和 22r 17α（H），21β（H）-升藿烷

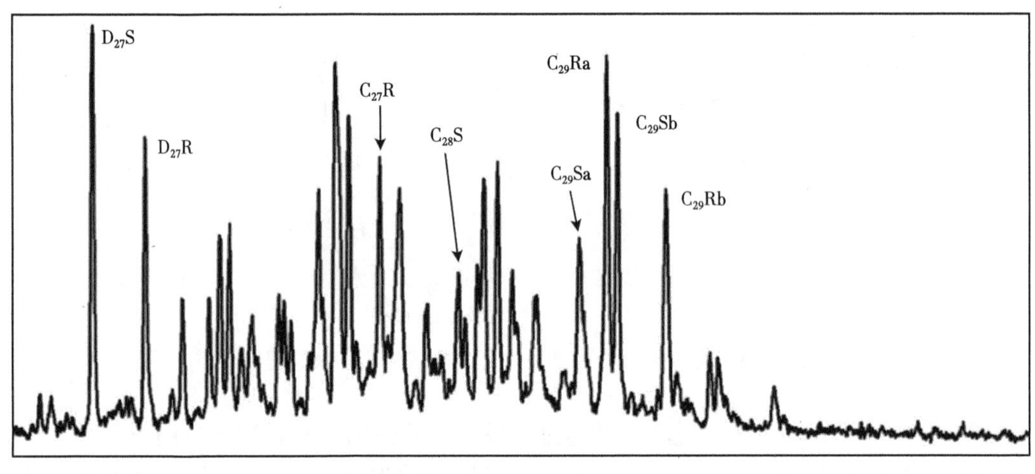

图 4.11 原油典型 m/z=217 甾烷数据图

由于 C_{28}—C_{29}重排甾烷的析出和 C_{27}—C_{28}规则甾烷，正峰值任务法更有难度。甾烷峰值标签：D_{27}S—C_{27} βα 20S 重排甾烷；D_{27}R—C_{27} βα 20R 重排甾烷；C_{27}R—C_{27} αα 20R 甾烷；C_{28}S—C_{28} αα 20S 甾烷；C_{29}Sa—C_{29} ααα 20S 甾烷；C_{29}Ra—C_{29} αββ 20R 甾烷；C_{29}Sb—C_{29} αββ 20S 甾烷；C_{29}Rb—C_{29} ααα 20R 甾烷

单芳香族和三芳香族甾烷的分析方法与萜烷和甾烷类似，仅使用液相色谱中的芳香族部分。单芳香族和三芳香族甾族化合物的离子分别为 m/z=253 和 m/z=231。

异戊间二烯烃类化合物数据通常从全油或萃取物气相色谱图中获得或从饱和馏分气相色谱图中获得。若色谱图未清晰展示有用的异戊间二烯烃化合物，也可通过 GC-MS 进行分析。

4.4.3 油—烃源岩对比数据

油—烃源岩对比研究是在地球化学数据对比的基础上，确定油气之间、油气与烃源岩之间的相似性或差异性程度，油气对比和油气与烃源岩对比的过程采用与烃源岩评价相同的多参数方法。要求用一种数据类型观测相似性时，应通过至少一种其他的数据类型来证实。而且，在一种特定数据类型内观察到的相似性或差异性的程度需要根据上述任何潜在的变化过程进行评估。热蚀变和生物降解是最有可能对油气相关性产生影响的两个蚀变过程，应仔细检查数据，寻找其影响。不同的数据类型可能需要使用不同的研究方法和对照准则，针对碳同位素等特殊数据，已经开发了特定的解释方法。最后，要比较的样本数量直接关系到如何进行比较。让我们先回顾一下生物标志数据使用的一些方法。

在建立油与油和油与烃源岩的相关性时，有几种比较生物标志化合物数据的方法。第一个也是最重要的方法是使用质量色谱图作为不同化合物组基团分布的“指纹”，并直接对比。质谱图中化合物分布的总体相似性，单个生物标志化合物的存在与否以及单个或一组生物标志化合物的相对丰度是进行比较的主要标准，这种对比的实例如图 4.12 所示。在所示的三种油中，油 A 和油 B 的甾烷分布表现出高相似度，而它们和油 C 的甾烷分布存在显著差异。

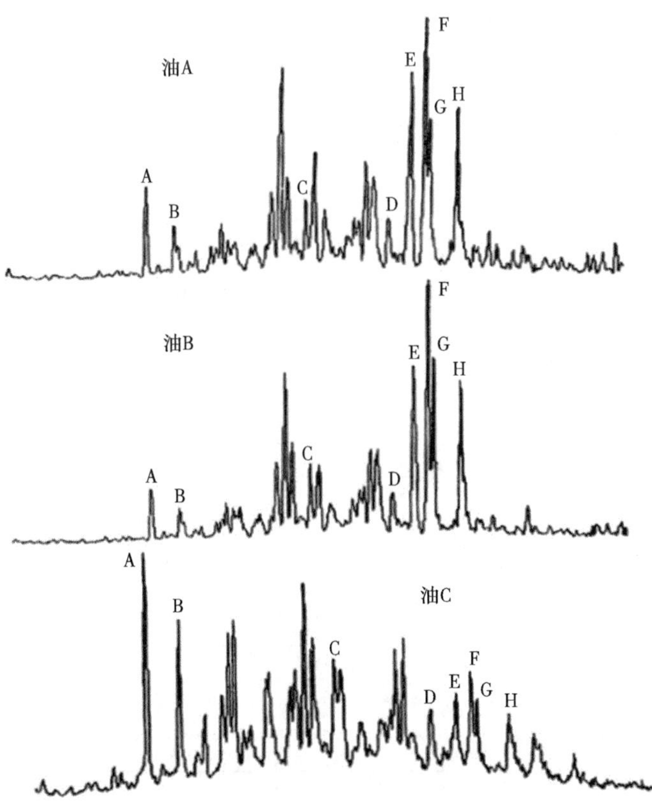

图 4.12 对比三种石油 $m/z=217$ 质量碎片示例图

该图表现出油 A 和油 B 之间相似度，油 C 与油 A、油 B 的相异度

一种对比方法是用质量色谱图中测量的峰高或峰面积。这些测量是由用于捕获来自质谱仪的数据，应由做过生物标志物分析的实验室提供。通过取一种生物标志物的峰高或峰面积，并将数据与最大峰进行标准化，可以将数据绘制在同一组轴上，从而可以对分布进行更直接的比较。图 4.13 所示的示例显示了三种油的三环和四环萜烷的归一化后分布在大多数数据中，油 B 和 C 看起来非常相似。但是，也有一些偏差点，例如标记为 C_{24}T 的 C_{24}四环萜烷。相比之下，油 A 在一些化合物的分布上有很大的差异。

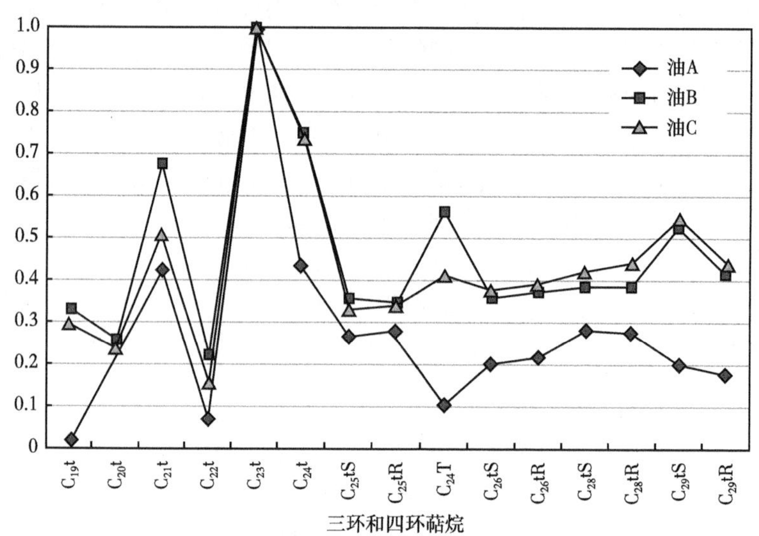

图 4.13　三种石油中三环和四环萜烷的分布图

该图表现出油 B 和油 C 之间的相似度，油 A 与油 B、油 C 的相异度

另一种方法是使用甾烷数据，如图 4.14 所示。C_{27}、C_{28}和 C_{29}甾烷分别相加，并计算每个碳数的百分比。然后将百分比标绘在三角图上（Moldwan 等，1985）。这种对比更多

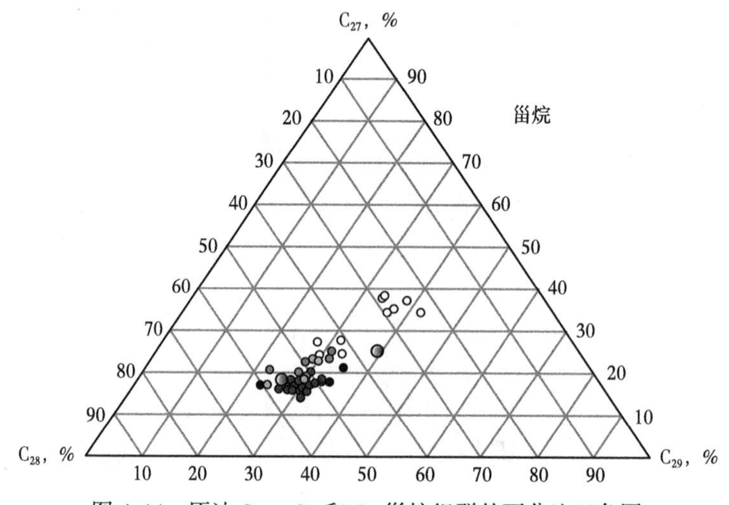

图 4.14　原油 C_{27}、C_{28}和 C_{29}甾烷组群的百分比三角图

聚集数据点集表明相似度

的是基于甾烷的整体性质，而不是利用质谱图中观察到的更明显细微的差异。具有类似甾烷分布的原油和烃源岩样品往往聚在一起，但聚在一起并不一定表明它们之间存在相关性，而是表明它们是由相似的有机质生成的。其他参数的证实需要建立相关性。有关三角图的其他解释将在下面原油反演部分进行探讨。

两个或两个以上生物标志物的比值可用于油气对比研究。如上所述，比值可由质量色谱图中的峰高或峰面积来计算。这些比值通常与所产生的石油或烃源岩的性质有关，这些解释将在随后的原油反演描述中进行更详细的讨论。如图 4.15 所示，使用两个生物标志物比值图（交会图）进行对比，相关油或烃源岩提取物聚集在一起。可用于相关的生物标志物比值包括：姥鲛烷/植烷、C_{22}/C_{21}三环萜烷、C_{26}/C_{25}三环萜烷、C_{24}四环萜烷/C_{23}三环萜烷、C_{27}和 C_{29} Ts/Tm 藿烷、C_{29}/C_{30}藿烷和 $C_{35}S/C_{34}S$ 藿烷。

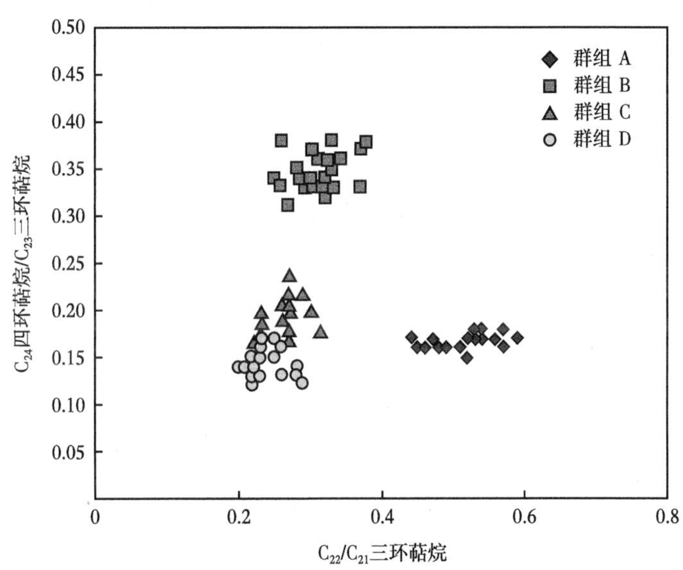

图 4.15　C_{22}/C_{21}三环萜烷和 C_{24}四环萜烷/C_{23}三环萜烷这两个生物标志物比值的交会图数据点的聚集表示相似性

也许研究油—油或油—烃源岩的相关性，使用雷达图来表示生物标志物比值更为有效，雷达图也称星型图。不仅限于使用两个比值，雷达图能使用多个生物标志物比值来对比油与油或油与烃源岩的相似度和差异性，如图 4.16 所示。通过提供各比值样本易于识别的变化信息，就能简化统计多个生物标志物比值相似性的对比工作。

除生物标志物外，全油或烃源岩萃取物的碳同位素比值及其液相色谱组分可用于油气对比研究。一种方法是利用同位素曲线将饱和烃、芳香烃、不饱和烃和沥青质馏分的碳同位素比值绘制在一个轴上（Stahl，1978），如图 4.17 所示。有时，全油或全烃源岩萃取物的碳同位素比值也包含在同位素曲线中。更常见的比较方法是交叉绘制饱和组分与芳香组分的碳同位素比值（Sofer，1984），如图 4.18 所示。小于 1‰的一致性表示正相关，而相似性由数据之间的小于 2‰的差异表示。（Sofer，1984；Peters 等，2005）。样品之间的成熟度差异可能显示高达 2‰～3‰（Peters 等，2005）。大于 2‰～3‰的差异，通常表明缺

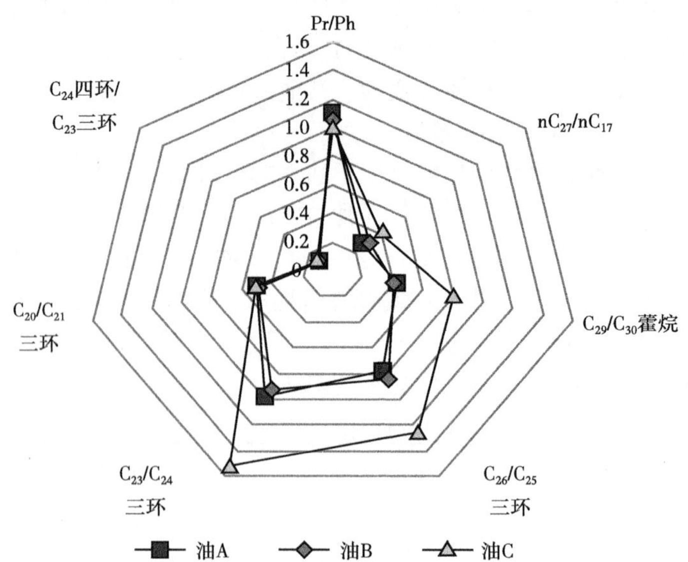

图 4.16　研究油—油关联性的 7 个生物标志物比值雷达图

油 A 和油 B 显示出相似度，油 C 显示与油 A、油 B 的相异度

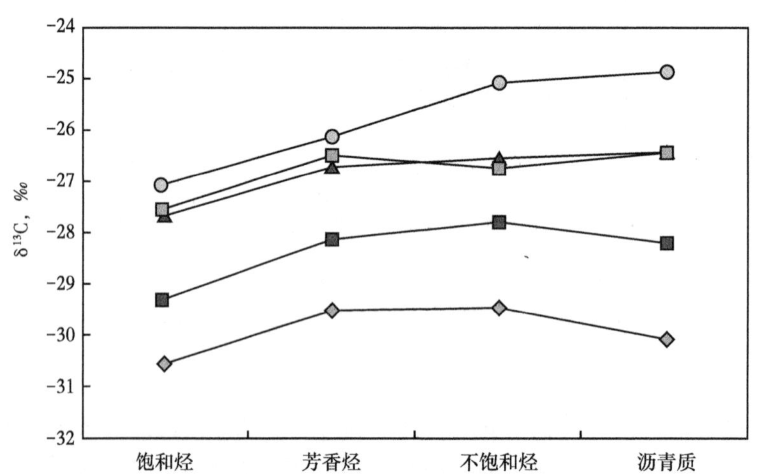

图 4.17　四种用于石油关联性研究的原油中饱和烃、芳香烃、不饱和烃和沥青质色谱馏分（SARA）的碳同位素比值图

比率用 $\delta^{13}C$ 符号注释，遵循 Stahl（1978）的方法

乏相关性（Peters 等，2005）。

碳同位素比值在同位素曲线上紧密或聚集在一起的石油和烃源岩样品并不总是表明具有相关性。同位素特征的相似性可能只表明类似的有机质产生了石油或岩石提取物，与其他参数一样，需要其他参数的证实才能建立相关联系。

当油气对比研究涉及大量样品时，由于数据量大，很难采用上述简单的可视化对比方法。在这些情况下，多变量统计技术，如层次聚类分析和主成分分析是比较有效的（Sofer

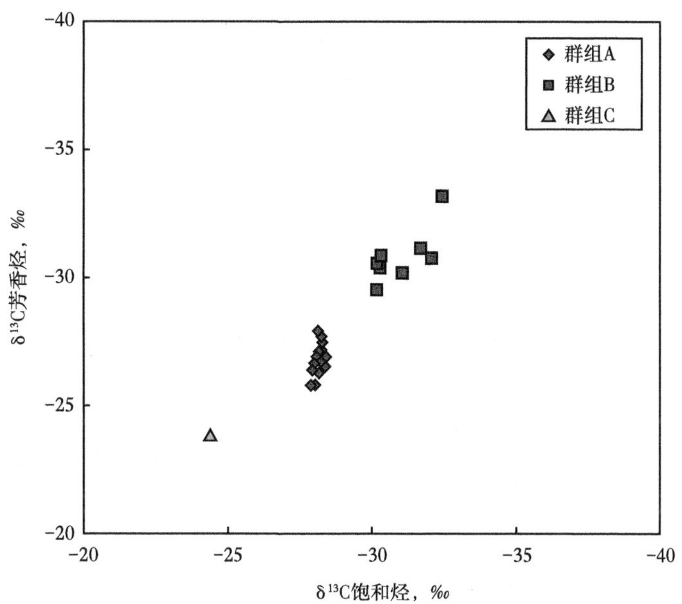

图 4.18　用于研究石油关联性的三种原油群组的饱和烃和芳香烃色谱馏分碳同位素比值交会图

等，1986；Telnaes 和 Dahl，1986；Pasadakisa 等，2004；Peters 等，2008）。这些统计技术可以同时或单独处理生物标志物分布、生物标志物比值和同位素数据。若使用生物标志物，必须使数据标准化，使所有峰值都在 0～1.0 之间。建议至少用一些可视化对比办法来验证其效能的统计结果。

4.5　原油反演

确定油气系统的关键是进行油—烃源岩对比。这些关联性在描绘运移路径时也很重要，它们能帮助地质学家发现其他积聚。与油—烃源岩对比对石油勘探同样重要的是，它们并不总是成功的。那么，如果油—烃源岩对比失败，应该怎么办？

首先，考虑是否对该地区所有可能的烃源岩单元进行了取样，是否可能存在比所钻最深度更深的烃源岩或者石油可能是从样品未覆盖的源区运移过来的。如果是这样，则可能在样品中未显示的源层段中存在有机相变化，油也可能是来自两个或更多来源的烃混合的产物，因此任何单一来源贡献的指示都可能被遮蔽。

虽然这些步骤在试图确定某一特定石油或油族的烃源岩时是重要和有用的，但实用性最强的方法是使用原油的地球化学特征为产生石油的烃源岩的性质提供线索。这种方法被称为原油反演法。原油反演利用原油地球化学的某些方面来提供其烃源岩的某些特征的指示，例如干酪根类型、沉积环境、岩性、成熟度以及在某些情况下的地质年龄（Bissada 等，1992）。由于原油反演提供的信息可能最终指向一个可能的烃源岩，因此它被认为是油源岩相关性的代表。这些解释不仅限于储层原油。它们也适用于油渍和渗出物，在发现石油聚集之前使它们成为潜在的有价值的信息来源。

原油反演有多种办法获得产生石油的烃源岩信息。一些办法借用单个生物标志物，另一些办法是借用化合物组的相对丰度。然而，使用最多的是利用生物标志物比值来识别原油特征。下述介绍这三种原油反演办法的实例。

4.5.1 特征生物标志物的存在

石油中存在不寻常的生物标志物或不寻常数量的单个生物标志物，可以作为它们所生成的烃源岩性质的一个指示。为了说明这一点，我们回顾一下五环三萜烷、伽马蜡烷、双降藿烷和奥利烷以及无环类异戊二烯丛粒藻烷。

伽马蜡烷通常存在于低浓度的烃源岩提取物和原油中。然而，如图 4.19 所示，中等至高浓度的伽马蜡烷是不常见的，因此具有重要意义。由于在始新世湖相绿河组页岩（Anders 和 Robinson，1971）中发现高浓度伽马蜡烷，大量伽马蜡烷最初被认为是湖泊环境中烃源岩沉积的指示物（Anders 和 Robinson，1971）。然而，进一步的研究表明，伽马蜡烷实际上是在具有分层水柱和高盐和至高盐水域的限制沉积体系中沉积的烃源岩的指示物（ten Haven 等，1988；de Leeuw 和 Sinninghe Damste，1990）。与这些沉积条件相关的高伽马蜡烷含量通常见于高盐度湖泊沉积（Brassell 等，1988）和一些海相碳酸盐岩中，并从潟湖环境蒸发（Mello 等，1988）。

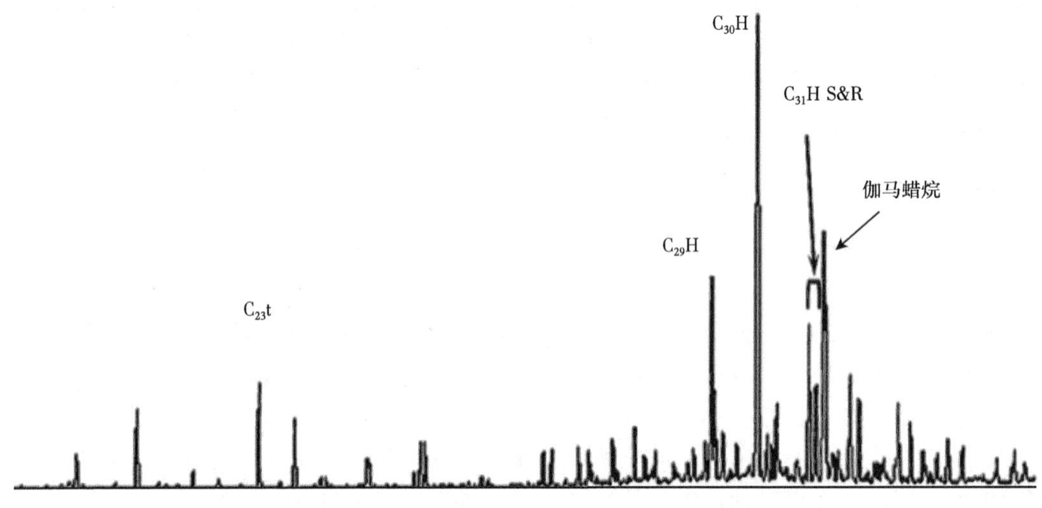

图 4.19 原油反演研究中使用个体生物标志物指示的实例图

虽然双降藿烷在沉积物沥青和原油中相对较少，但它通常是来自静海环境和萃取油沉积物中非常突出的成分，如图 4.20 所示。此类沉积环境的例子包括加利福尼亚沿海盆地的中新世蒙特利组（Williams，1984）和北海及其周围的 Jurassic Kimmeridge Clay 部分（Cornford 等，1983；Schou 等，1985）。在富硫沉积环境中深度缺氧发生时，最有可能来源于沉积物中的微生物输入（GrththAM 等，1980；Katz 和 Eeldar，1983；Soell 等，1992）。由于其深度缺氧和富硫沉积条件的影响，通常认为双降藿烷产生于含有Ⅱ-S 型干酪根的烃源岩。但也有许多Ⅱ-S 型烃源岩，如二叠纪磷块岩，不含任何可识别的双降藿烷。很可能是一个特定的微生物群落负责双降藿烷对沉积物的贡献（Williams，1984），而不只是深度缺氧和富硫沉积环境的影响。

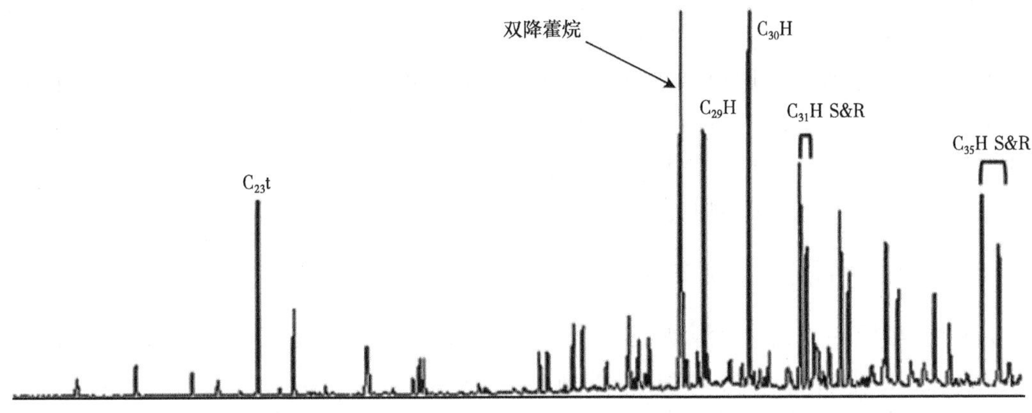

图 4.20　原油反演研究中使用个体生物标志物指标的双降藿烷的实例图

奥利烷被认为产生于被子植物中的有机物（Ekweozor 和 Udo，1988）。因为被子植物仅在侏罗纪末期进化而成，直到白垩纪数量才繁盛，如图 4.21 所示，因此原油中有奥利烷的存在，常被用作白垩纪或古近纪—新近纪沉积烃源岩的指标（Ekweozor 和 Udo，1988；Riva 等，1988；Moldowan 等，1994）。作为原油反演中仅有的几个地质年龄指标之一，奥利烷为烃源岩提供了重要信息。然而，在白垩纪或古近纪—新近纪沉积的极少数烃源岩或其相关的石油，实际上含有奥利烷。这表明，奥利烷的存在可能与来自特定植物来源的陆地有机物输入的贡献有关，而不仅仅是被子植物。

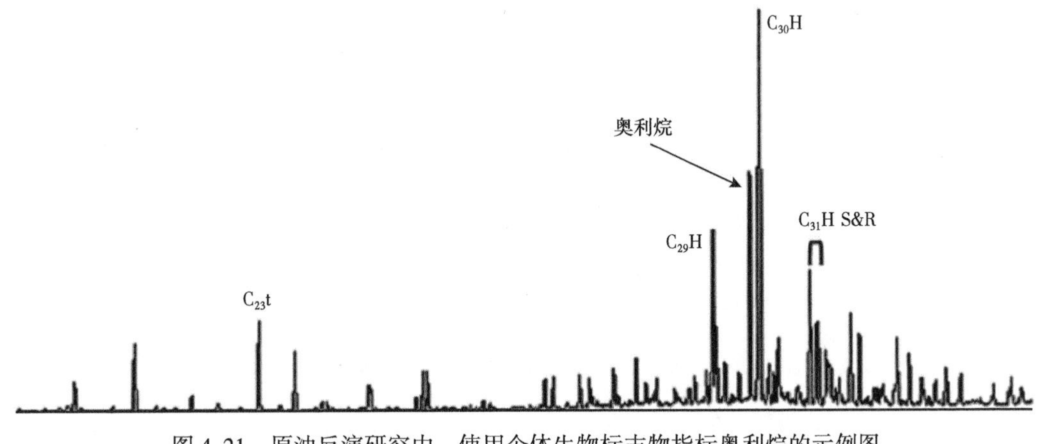

图 4.21　原油反演研究中，使用个体生物标志物指标奥利烷的示例图

石油中异戊间二烯烃丛粒藻烷的出现表明丛粒藻类葡萄球菌的贡献，丛粒藻类葡萄球菌主要生活在干净的咸水湖湖沉积环境中（Moldowan 和 Seifert，1980；McKirdy 等，1986）。因此，丛粒藻烷的出现被用作干净的咸水湖环境中沉积的烃源岩生成的指标。虽然缺乏葡萄球菌的测定结果，但并不表明烃源岩的沉积不是在干净到微咸水湖条件下进行的（Derenne 等，1988）。

尽管这四种独立的生油岩特征生物标志物在发现时非常有用，但由于其不常出现，在原油反演中的应用有限。它们的出现具有重要意义，但出现的原因却模糊不清。原油蚀变也会影响这些化合物。热蚀变可以消除这些化合物，从而消除它们关于烃源岩的信息。与常规藿烷系列的五环三萜烷相比，伽马蜡烷、奥利烷和双降藿烷更能抵抗微生物降解作用（Wenger 等，2002；Head 等，2003）。由于这些抵抗作用，在生物降解过程中，伽马蜡烷、奥利烷和双降藿烷浓度增加。这些化合物浓度的增加会引起石油中呈现低浓度状态的相应化合物表现出极高的浓度。因此，在解释这些生物标志物时必须谨慎。

4.5.2 各组化合物的相对丰度

原油反演的另一个信息来源是一组化合物的全部或部分相对丰度。为了说明这一点，回顾常规甾烷、重排甾烷、噻吩和金刚烷的相关丰度的解释，以便深入了解原油的来源。

甾烷是原油和烃源岩沥青中普遍存在的组分。在这些地质物质中发现的甾烷的数量和类型主要受光合生物中形成沉积物的甾醇类型控制。海洋光合生物的贡献主要由 C_{27} 甾醇控制，而非海洋高等植物的贡献则主要由 C_{29} 甾醇控制（Huang 和 Meinschein，1976）。Huang 和 Meinschein（1979）后来提出，这种关系可以扩展到较老沉积物中的甾烷，并使用 C_{27}、C_{28} 和 C_{29} 甾烷的三元图来说明这种关系，如图 4.22 所示。虽然这种方法通常有助于进行沉积相解释，但它并不总是明确的。并非所有的海洋沉积物都能显示 C_{27} 甾烷的优势（Volkman，1986）。这可能在一定程度上反映了陆地有机质向近海环境的运移。在陆地植物出现之前，在下古生界（Moldowan 等，1985）和前寒武纪（Fowler 和 Douglas，1987）沉积物中也发现了丰富的 C_{29} 甾烷。Fowler 和 Douglas（1987）认为，一些蓝藻细菌可能在这些古老的沉积物中产生了 C_{29} 甾烷。

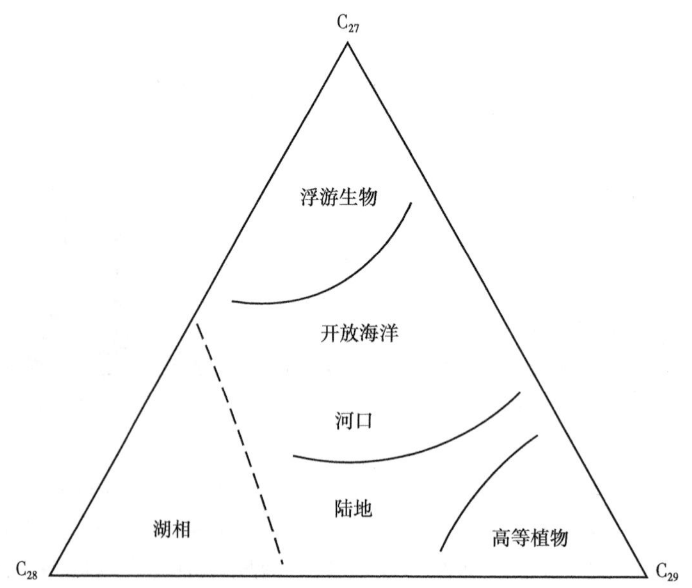

图 4.22 原油反演研究中用于解释沉积环境的 C_{27}、C_{28} 和 C_{29} 甾烷百分比三角图（Huang 和 Meinschein，1979）

C_{27}、C_{28}和C_{29}甾烷是原油和烃源岩沥青中普遍存在的组分，但C_{30}甾烷并不总是存在的。虽然这一观察结果已得到其他人的证实（Mello 等，1988；McCaffrey 等，1994）。但并非所有海洋沉积物都可能含有可识别的C_{30}甾烷浓度（Waples 和 Machihara，1990）。这可能是由于大量陆地有机物中的甾烷稀释了海洋来源的C_{30}甾烷。Moldowan 等（1985）还注意到，寒武纪和前寒武纪海洋沉积物中没有C_{30}甾烷，他们将其归因于在早期海洋生物中产生C_{30}甾醇的生物化学途径中的进化滞后。

与常规的甾烷相比，重排甾烷或重新排列的甾烷浓度主要由成熟度和岩性控制。C_{27}—C_{29}重排甾烷大多数存在于至少中等成熟的样品中，其中C_{27}重排甾烷最容易识别，因为它们与 m/z=217 质谱图中的其他峰分离良好。与常规甾烷相比，重排甾烷相对含量取决于沉积物类型和成熟度。重新排列常规甾烷为重排甾烷是增加沉积物成熟度的正常反应。但是，也可由沉积物中的黏土催化重新排列甾烷（Rubinstein 等，1975）。因此，高含量甾烷通常用作碎屑或富含黏土的沉积相指标；贫黏土沉积物，比如碳酸盐岩和硅质岩，其重排甾烷含量较低（Zumberge，1984；Mello 等，1988）。图 4.23 中的实例显示，石油 A 表现出高的重排甾烷浓度，很可能来自富含黏土的烃源岩。而石油 B 重排甾烷含量较低，可能来自黏土贫瘠的烃源岩。必须指出，随着沉积物成熟度的增加，甾烷浓度增加，由此

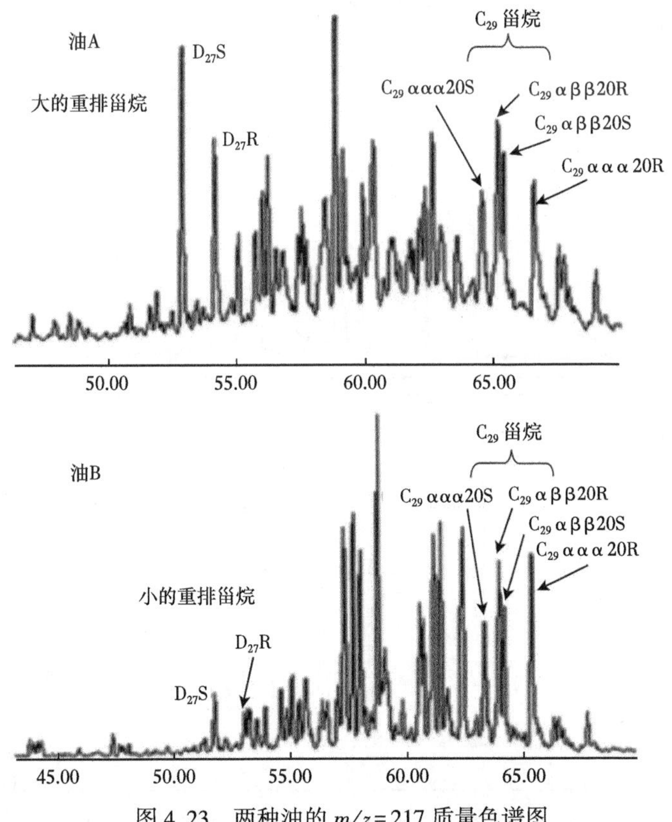

图 4.23 两种油的 m/z=217 质量色谱图

油 A 展示出大的重排甾烷峰值，此峰值说明烃源岩黏土丰富，C_{29}甾烷同分异构体成熟度接近峰值产油量的成熟度，油 B 展示出小的重排甾烷峰值，说明烃源岩黏土稀缺，C_{29}甾烷同分异构体成熟度小于峰值产油量的成熟度

变得更加具有优势。与常规甾烷相比，重排甾烷更能抵抗生物降解作用（Wenger 等，2002）。随着生物降解强度的增加，重排甾烷浓度会更大，常规甾烷浓度降低。

用于原油反演的甾烷质量色谱图的另一个特征是 C_{29} 规则甾烷化合物异构化。如图 4.23 所示，共有 $C_{29}\alpha\alpha\alpha$20S 甾烷、$C_{29}\alpha\alpha\alpha$20R 甾烷、$C_{29}\alpha\beta\beta$20S 甾烷和 $C_{29}\alpha\beta\beta$20R 甾烷四种异构体。ααα 同分异构体，尤其是 20R，和最初的 αββ 同分异构体形成鲜明对比。随着成熟度的增加，αββ 同分异构体增加，ααα 同分异构体减少，αββ 同分异构体具有更高的内在热稳定性（Seifert 和 Moldowan，1981）。如图 4.23 所示，油 B 具有略为丰富的 ααα 异构体，特别是 20R，这表明其比油 A 稍不成熟。

尽管不是真正的生物标志物，噻吩也可以提供有关烃源岩岩性的信息。噻吩是有机硫化物，是沉积物早期成熟过程中，硫元素与干酪根相互反应时形成的，是硫与有机物的结合（Gransch 和 Posthuma，1974）。Hughes（1984）指出，与硅质碎屑沉积物相比，来于碳酸盐（非硅质碎屑）沉积物的油中的噻吩化合物浓度和多样性增加。这种现象归因于硅质碎屑沉积物中较高浓度的铁与沉积物中的硫反应抑制噻吩的形成。图 4.24 所示的示例显示，来自贫黏土油源的油具有较高的二甲基苯并噻吩和三甲基苯并噻吩的相对浓度，以及更多种类的这些化合物的分布。

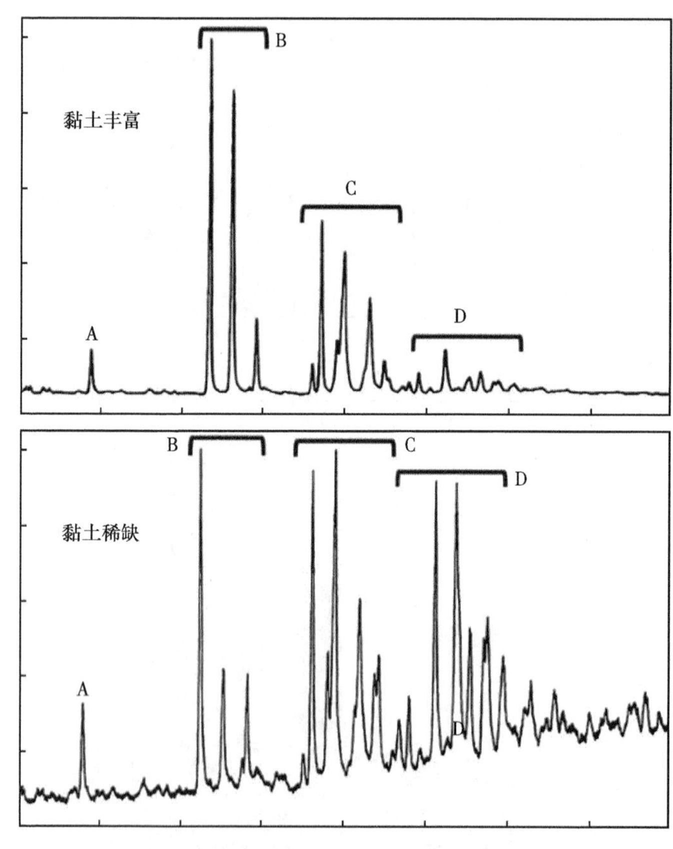

图 4.24　黏土丰富与黏土稀缺的烃源岩噻吩分布对比图

数据来自火焰光度检测仪气相色谱图。化合物标签：A—二苯并噻吩；B—甲基二苯并噻吩；C—二甲基苯并噻吩；D—三甲基二苯并噻吩

另一组用于原油反演的非生物标志物是金刚烷。金刚烷分子呈笼状，非常稳定，是和金刚石类似结构的环状饱和烃类化合物，由许多六元碳环融聚在一起。如图 4.25 所示，它们由 10 个称为金刚烷的碳原子组成的重复单元组成，形成四环笼系统（Marchand，2003）。它们被称作“金刚烷”，因为它们的碳—碳骨架组成金刚石晶格结构基本重复单元（Mansoori，2007）。

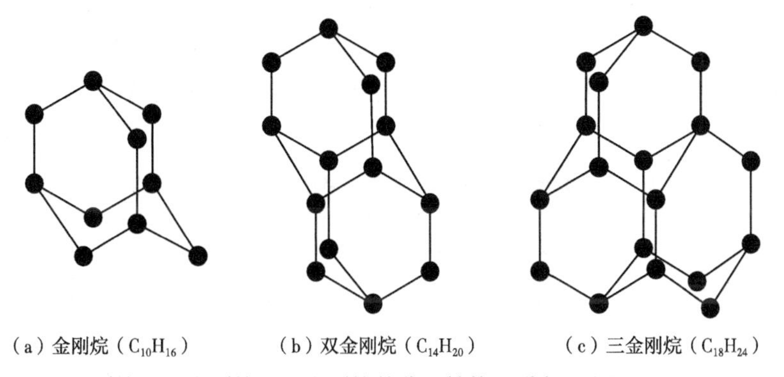

图 4.25 金刚烷、双金刚烷、三金刚烷的分子结构（碳架）图（Mansoori，2007）

随着 Landa 等在一些欧洲原油中发现最简单的金刚烷，金刚烷首先被鉴定为石油的组分。金刚烷存在于成熟的高温石油流体中，包括挥发油、凝析油和湿天然气。人们认为，它们是在油气裂解过程中，由黏土矿物催化的环烃重排形成的（Dahl 等，1999）。

由于这种高温来源，金刚烷被用作原油裂解和高温成熟度的指标。如图 4.26 所示，金刚烷中的甲基双金刚烷开始浓度非常低，但当石油进入高热成熟裂变区，浓度迅速增加（Dahl 等，1999）。金刚烷浓度也用于混合原油指标。若石油表现出高浓度金刚烷和

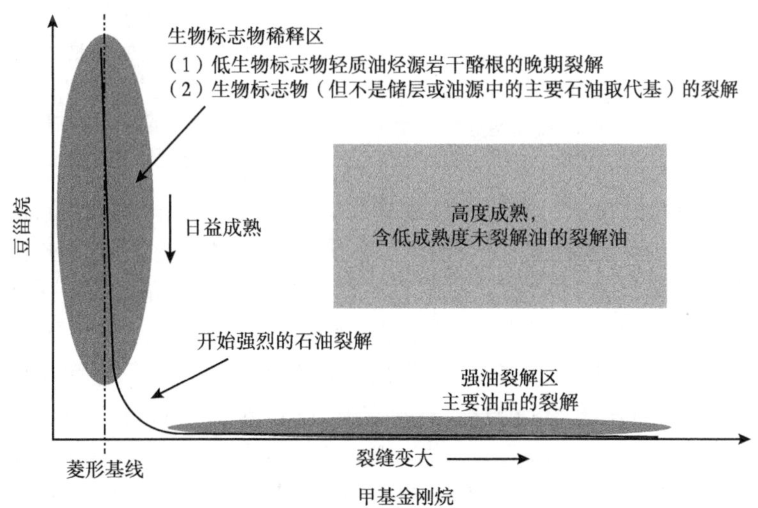

图 4.26 不同热成熟度石油中的金刚烷（此例中是甲基双金刚烷）和 C_{29} 甾烷生物标志物甾烷（此例中式 ααα 20R 同分异构体）浓度之间的关联性示例图（Dahl 等，1999）

金刚烷的浓度一直较低直到抵达裂变区。在裂变区，金刚烷和豆甾烷的浓度都较高说明低成熟度未裂变的石油与高成熟度裂变石油相混合

低生物标志物热成熟度指标，建议将低成熟度未裂开的石油与高成熟度裂开的石油相混合。

4.5.3 生物标志物比值

生物标志物比值是原油反演研究的主要工具之一，通常以交会图的形式表示。有大量的生物标志物比值被提出作为烃源岩特征的指标，如岩性（碎屑岩与碳酸盐岩、贫黏土与富黏土）、沉积环境（海洋与湖泊、高缺氧、高盐度）和成熟度。表 4.1 给出了原油反演研究中一些常用的生物标志物比值。有关这些生物标志物指标的综合列表，请参考 Peters 等（2005）的著作。

表 4.1 一些生物标志物比值及其用于原油反演研究的解释

项目	生物标志物比值	解释说明
湖泊与海洋	藿烷/甾烷	>1.6表示湖泊； <1.6表示海洋。 Moldowan等（1985）
	C_{26}/C_{25}三环萜烷	>1.0表示湖泊； <1.0表示海洋。 Zumberge（1987）
碳酸盐岩与碎屑岩	C_{29}/C_{30}藿烷	>0.8表示碳酸盐岩； <0.8表示碎屑岩。 Connan等（1986）
	C_{21}/C_{22}三环萜烷	>0.6表示碳酸盐岩； <0.6表示碎屑岩。 Peters等（2005b）
缺氧	C_{35}藿烷（S）/C_{34}藿烷（S）	>1.0表示强缺氧。 Peters等（2005b）
成熟度	C_{27}Ts/Tm藿烷	随着成熟度的增加而增加。 Seifert和Moldowan（1978）
	C_{29}Ts/Tm藿烷	随着成熟度的增加而增加。 Fowler和Brooks（1990）

所采用的基本方法是使用一对生物标志物比值，它们是同一烃源岩特征（如岩性）的指标。当在一组轴上相互绘制时，数据可以显示两个比值之间的一致性或矛盾。如果它们相互印证，所做的解释将得到加强，若矛盾，须对缺少一致性的原因进行调查。图 4.27 为如何应用该方法的示例。四个交会图用于表示相对成熟度、岩性（碎屑岩与碳酸盐岩）、缺氧和沉积环境（海相和湖相）。图 4.27 中的成熟度指标是 C_{27} 和 C_{29} 藿烷类化合物热态更稳定的 Ts 和热态更不稳定的 Tm 的比。此处的比为 Ts/Tm，也可以表示为 Ts/(Ts+Tm)。随着 Ts/Tm 值的增加，表明油源岩具有较高的热成熟度（Seifert 和 Moldowan，1978）。Ts/Tm值仅是相关成熟度指标，与等效镜质组反射率值的比值没有可靠的转换。这主要可能是由于本源有机物质对比值的影响（Moldowan 等，1985），用作成熟度指标的其他生物标志物比包括 $\alpha\beta\beta/(\alpha\beta\beta+\alpha\alpha\alpha)$ 20RC_{29} 甾烷和 $\alpha\alpha\alpha$20S/($\alpha\alpha\alpha$20S+$\alpha\alpha\alpha$20R) C_{29} 甾烷（Seifert 和 Moldowan，1986）。这两种都反映出比值增加，成熟度增加。和 Ts/Tm 相比，这两种 C_{29} 甾烷比仅是相关成熟度指标（Moldowan 等，1985）。其他成熟度指标，如甲基菲指

数（Radke 和 Welte，1983）和单芳甾烷（Seifert 和 Moldowan，1978）以及三芳类甾醇（Beach 等，1989；Peters 等，2005）也可能有助于解读成熟度。

C_{22}/C_{21} 三环萜烷（Peters 等，2005）和 C_{29}/C_{30} 藿烷（Connan 等，1986），如图 4.27 所示，作为沉积物碎屑岩与碳酸盐岩的对比指标。Connan 等（1986）设定 C_{29}/C_{30} 藿烷初始截止值为 1.0，但碳酸盐岩性表明可能低至 0.8。另一个用于表明碳酸盐烃源岩的生物标志物比的是 C_{24}/C_{23} 三环萜烷（Peters 等，2005）。比值小于 0.60 时，说明石油源呈现碳酸盐岩倾向（Peters 等，2005）。

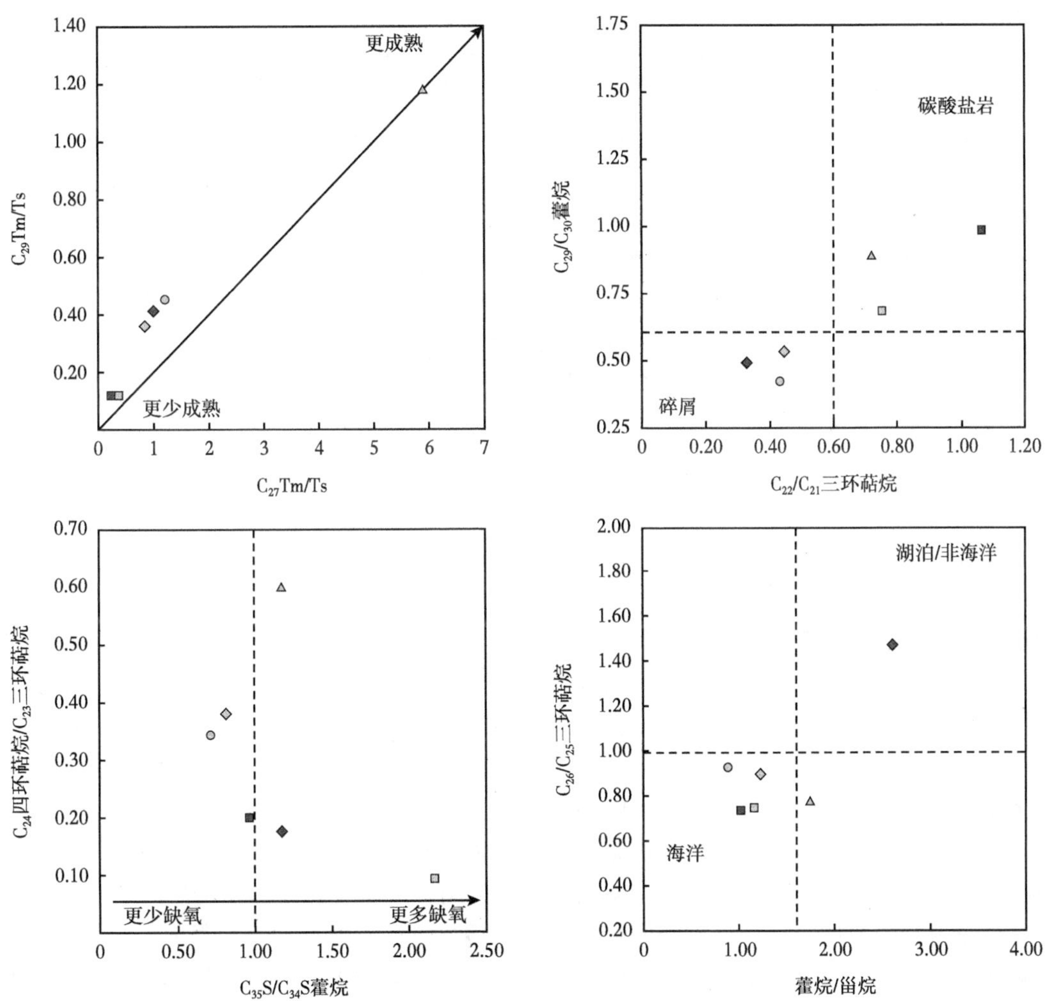

图 4.27 四种生物标志物比值的交会图

如图所示，一套典型的交会图涉及相对成熟度、碳酸盐岩与碎屑岩岩性、沉积环境缺氧以及海洋与碎屑沉积环境

如图 4.27 所示，$C_{35}S/C_{34}S$ 藿烷值说明缺氧。图中其他比值，C_{24} 四环萜烷/C_{23} 三环萜烷没有指示有关烃源岩的任何已知特定特征。但是，它展示了地质物质中的重要变化，并常用于分隔石油家族及其烃源岩。另一种缺氧的生物标志物比值是双降藿烷/藿烷值（Curialie 等，1985）。但是，双降藿烷的极少出现限制了它的用途。

如图 4.27 所示，湖相与海相的指标是 C_{26}/C_{25} 三环萜烷（Peters 等，2005）和藿烷/甾烷（Moldowan 等，1985）。随着两种比值显示湖相趋势的增加，用藿烷/甾烷代替一般的甾烷/藿烷，以便更为直观地比较两种比值。当各种其他生物标志物比值作为湖相对海相源岩贡献的可能指标时，其他的生物标志物比值也被建议尽可能作为湖相烃源岩与海相烃源岩贡献的指标，但目前还没有足够的证据来证实这些结果。

在原油反演中使用生物标志物比值有几个优点，它们通常基于在常规分析中发现的常见生物标志物。使用生物标志物比值的解释是半定量的，因此不容易产生偏差。用交会图方法，通常可以用两个指标来确定符合多参数方法的解释。

原油反演研究中，使用生物标志物比值的方法也存在一些不足之处。同一个实验室的数据结果也可能会产生问题，而原油反演研究需要分析结果的一致性。实验室间的差异可能源于所用仪器和分析条件的差异。潜在问题包括仪器调谐、气相色谱柱分辨率变化、积分或测量差异以及处理共洗脱峰的方法。单个生物标志物比值解释可能不会总是持续应用，需要对特殊盆地进行调整。生物降解和热蚀变可能影响基于藿烷和基于甾烷的比值，三环萜烷比值比其他生物标志物更能抵抗微生物降解和热蚀变过程。最后，所有的生物标志物比值可能有时有效，但并非所有的生物标志物比值总是有效。因此，一些结果不一致可能是由于应用的生物标志物比值所致，这些矛盾需要解决，以做出连贯的解释。

4.6 油—烃源岩对比和原油反演研究中的方法与障碍

在开始油—烃源岩对比和原油反演研究前，需要花一些时间来评估要使用的每个油样和烃源岩提取物的数据质量和潜在变化。寻找生物降解过程、成熟过程、污染过程以及可能影响解释的其他过程。若发现变化，测定有何影响，若有影响，蚀变会给相关性研究带来什么影响。此外，检查选取的烃源岩是否具有足够的烃源潜力，是否足够成熟，尤其是所使用的样品和盆地的整个烃源层段，以产生足够数量的烃类化合物。

确定所有关于生物标志物数据的分析工作是否都由一个实验室完成，如果不是，需要考虑多个实验室数据进行分析工作，因为不同实验室分析过程和测量方法不同，导致测量结果不同，这可能给分析工作带来困难。它们可能来自不同的测量仪器、不同的仪表和不同的分析方案，所以要确定一个实验室的数据能否可以与另一个实验室的结果进行比较。

若使用数值数据，如峰高或峰面积，则需要检查数据是否存在测量误差。这需要通过将测量结果与质谱图进行比较，看它们是否一致。将色谱图中的峰值与数据表中的数值相对应。在分析过程中，保留时间可能会发生变化，一些峰可能会被遗漏。同样重要的是，如果使用的是数值数据，则测量值应始终基于峰高或峰面积。若要最小化这些潜在问题，则要尽可能使用具有一致分析方案的同一实验室。

利用多重相关或反演参数确定油气之间、油气与烃源岩之间的关系或解释烃源岩特征。单参数相关可能是错误的，会产生误导。使用化合物的分布和生物标志物比值交会图或同位素数据的对比技术是主观方法。虽然石油对比中的统计方法可能更为客观，但其结果仍需要通过直接比较进行验证，以确保其有效性。

对于石油相关性研究，基于地球化学的相似性进行统计之后，须从地质学的角度来确定统计是否合理。对于油—油对比，须确定储层之间是否连通，以及是否可以通过一个共同的岩石单元寻找储层。对油—烃源岩对比，应确定烃源岩是否处于良好的地层位置形成储层，以及在烃源岩和储层之间是否存在清晰的运移路径。

对于原油反演研究，在确定可能的烃源岩特征之后，应确定这些特征在地质上是否合理。例如，具有这些性质的烃源岩在附近存在吗？这些烃源岩是否有足够的成熟度以供生成大量的烃类化合物？烃源岩和储层之间是否有清晰的运移路径？正如在烃源岩评价中，油—油或油—烃源岩的地球化学相关性和原油反演解释不能独立存在，它们必须存在相关的地质意义，不然它们就没有价值。

油—烃源岩对比和原油反演是确定油气系统和寻找额外油气藏的关键因素。但是，也存在许多可能同时出现的问题，这些问题会阻碍完成这些研究，为评估勘探计划的下一步工作，理解相关性和反演的可能对成功或失败尤为重要。

原油蚀变过程是一个起点，如果热蚀变严重，则可以去除部分或全部油源控制的地球化学特征，以及烃源岩的沥青质。这就导致组成成分由热力学条件控制，而非烃源岩有机物控制。生物降解也是主要的干扰源，若生物降解强度足够，用于相关性和原油反演研究的许多生物标志物分布会被改变或彻底消除。一些实例中，生物标志物分布改变，但还不够明显，可能导致误导性的解释。

油基钻井液的污染也是一个问题。用原油配制的钻井液对烃源岩和原油样品都提出了明显的问题。然而，柴油和合成油基钻井液也可能存在同样的问题，特别是使用井下取样工具［如 MDT（模块化地层动力学测试仪）］采集油样时。用于配制油基钻井液的基础油可以在钻井过程中提取烃源岩，并获得如前所述的生物标志物特征。一旦遇到充油油藏，原油中的生物标志物也可以引入钻井液中。即使在低浓度下，这些生物标志物也会改变原来生物标志物的分布，造成解释问题。而且，如果油基钻井液多次使用而不进行修复，这些污染生物标志物可以被带到下一口井。

为这些研究收集的样本也可能存在问题。对于烃源岩，受限于采样地点、钻井地点和露头地点，这些地点并不总是我们所设想的实际生烃和排烃发生的地方。因此，无法确定可用的烃源岩样品是否呈现出与生成区沉积物相同的有机相或成熟度。分子水平之间的显著差异可能存在于这些位置之间，可能导致矛盾或错误的结论。即使当我们在“生成灶”中为特定的油藏采集烃源岩样品，也不确定储层中的沥青质是否代表烃类化合物。这种不确定性可能来自以下三个方面：

第一，油—烃源岩对比和原油反演的一个基本假设是在排驱和运移过程中，烃源岩和产出油中的生物标志物分布没有明显变化（Deroo，1976）。但这些组分差异是否延伸到分子水平并影响生物标志物的分布还不清楚。

第二，用于这些分析研究的烃源岩样品代表采样时的沉积物成熟度水平，运送到储层的烃类化合物不代表采样时的沉积物成熟度水平。随着时间的推移，储层逐渐充注，其在逐渐增加的成熟度水平上接受来自烃源岩的烃类化合物。最终的产物是所有这些贡献的混合体。储层中的额外加热可能加速油的成熟过程（热蚀变），这也可能改变生物标志物的分布。在这种情况下，烃源岩提取物和原油的比较可能不会显示出相似程度，反而显示出明显的相关性。

第三个潜在的不确定性是烃源岩的物理采样。烃源岩生成和排出会形成油气藏，导致油气聚集的烃源岩的产生和排出可能发生在至少几十平方千米的区域内，涉及几十米或更深的沉积厚度。然而，与油相比，烃源岩的取样代表一个单一的位置，即油井，如果使用井壁岩心，则可能仅代表几厘米的厚度，如果使用岩屑样品，则可能代表几米的厚度。Katz 等（1993）和 Curiale（2008）观察到在同一个烃源岩中采集的岩屑和井壁岩心样本中，同一口井中岩屑和井壁岩心样本之间的距离只有几米，生物标志物的分布也可能存在显著差异。考虑到有机质丰度和类型可能存在纵向和横向上的变化，这就并不奇怪了。如果进一步考虑到油藏正从整个烃源岩厚度和整个“生成灶”区域接受贡献，就不难想象我们的采样可能不具有代表性。

用于这些研究的原油也是一个值得关注的点。如上所述，一个储层可以接受来自多个烃源岩的贡献。根据混合物中每种油的比例，由此产生的混合物可能使一种油与另一种油相关。就会使混合油与烃源岩相关变得困难，甚至不可能。但是，即使聚集来自单一来源，也可能会出现困难。因为原油本身可以作为溶剂，会从烃源岩、沥青和沿着其运移路径或在储层中遇到的煤中提取有机物质（Philp 和 Gilbert，1982；Hughes 和 Dzu，1995；Curiale，2002），这被称为运移污染（Curiale，2002）。提取的物质数量以及进入原油中的生物标志物的分布将决定能否成功进行油—烃源岩对比或原油反演。

虽然在油—烃源岩对比和原油反演研究中，克服这些阻碍的方法很少，但认识到这些问题是研究中的一个重要方面。这些信息可以为石油地质学家提供油—烃源岩对比或原油反演失败的原因，或提供研究结果出现错误或与含油气系统的地质情况相反的线索。它还可以帮助确定可能需要哪些样品或分析工作来尝试解决这些困难并为研究增加价值。

4.7 天然气数据

天然气是组成最简单的石油形式。不像原油那样有大量的地球化学特征需要解释，天然气的简单性受到类型的限制，可由它们获取大量的信息。通常，只有天然气的组成及其同位素特征可用于解释天然气的成因、成熟度以及进行天然气与天然气、天然气与烃源岩的对比。

天然气的组成是通过一系列气相色谱分析测量单个成分的浓度来确定的。天然气中含有烃类化合物和非烃类化合物。经常发现的烃类化合物有甲烷、乙烷、丙烷、异丁烷、正丁烷、异戊烷和正戊烷，己烷也可能存在，但它们通常被认为是汽油范围烃类化合物的一部分，一般浓度较低。除烃类化合物气体之外，非烃类化合物气体包括氮气、二氧化碳、硫化氢、氦气和氢气。天然气的所有组成成分有相关列表，烃类化合物和非烃类化合物通常用摩尔分数表示。

天然气组成成分的其他判别要素是它们稳定的同位素组分。用质谱仪测量稳定同位素。天然气的每个单独的烃成分通过气相色谱分离，这些单独的气体在一个封闭的系统中燃烧形成二氧化碳。然后在二氧化碳上进行碳同位素测量。对于氘气/氢气同位素分析，收集单独的气体燃烧过程中形成的水并进行测量。二氧化碳中的碳和氢同位素数据通常用

δ 符号表示（见第 1 章），是解读天然气来源和成熟度的重要工具。天然气典型的同位素测量包括 $\delta^{13}C$ 甲烷、δD/H 甲烷、$\delta^{13}C$ 乙烷和 $\delta^{13}C$ 丙烷。$\delta^{13}C$ 的测量也可能在丁烷上尝试，但通常天然气中丁烷的浓度太低，无法准确测定。类似的，也可以在乙烷和丙烷上尝试测量 δD/H，但这些低浓度的气体常常不能获得良好的数据。对于非烃类化合物气体，若气体浓度足够用于分析，$\delta^{13}C$ 测量对二氧化碳是有效的工具。

4.7.1 天然气的来源：生物成因与热成因

如第 2 章所述，天然气可由生物成因过程或热成因过程产生。生物成因产生的天然气是微生物作用于有机物的产物，热成因天然气是复杂的有机物在生成烃类化合物和石油裂变过程中热分解的产物。生物成因和热成因天然气可用它们的组成成分和同位素特征来辨别。

关于天然气中烃类化合物的比例，生物成因天然气几乎全由甲烷组成，通常大于 99.95%，并且是轻同位素的，甲烷的 $\delta^{13}C$ 在-110‰~-60‰之间。地下生物气储量巨大，它们占据世界天然气资源的 20%（Rice，1992）。热成因天然气与生物成因天然气有很大不同。除了过成熟的天然气外，C_{2+}烃类化合物通常大于总烃类化合物的 5%。从同位素上看，甲烷在产热气体中较重，表现出 $\delta^{13}C$ 值范围为-60%~-20%。

生物成因天然气的组成基本上是恒定的，但热成因天然气会经历重大变化。如第 2 章所述，由于时间和温度的增加，烃源岩中的生热气体随着深度的增加呈现出持续成熟的趋势。随着成熟度的增加，甲烷 $\delta^{13}C$ 逐渐增加（较小负值）。烃源岩中的气体成分也有相应的变化，C_{2+}化合物从低浓度开始，随着源岩接近峰值油的生成而增加到最大值。经过峰值生成后，C_{2+}化合物浓度稳步降低，直到它们在高成熟度的天然气中逐渐消失。Schoell（1983）的甲烷 $\delta^{13}C$ 与 C_{2+}烃气体百分比的交会图（图 4.28）总结了这些产热气演化和生物气组成的趋势。这种交会图是显示天然气数据的一种方便方法，用以说明天然气的来源和相对成熟度。Schoell（1983）还绘制了一个类似的图表，将甲烷的 $\delta^{13}C$ 与 δD/H 交叉绘制，如图 4.29 所示。它用于利用纯稳定同位素数据对天然气的成因和相对成熟度进行相同类型的观测。这两张图经常一起用来证实解释。

由于地表下的天然气能够自由流动，天然气积聚可能不止一个来源或得到不止一个排出期排出的天然气。由于天然气成分简单，可能难以识别它们的混合，但在尝试将含油气系统的不同组成部分组合在一起时，必须牢记这一点。

发现热成因天然气具有明显的勘探意义：烃源岩生烃和运移表明可能存在油气系统。然而，遇到生物气的勘探意义是一个更为复杂的问题，取决于生物气是如何形成的。最初，人们认为生物气的形成只是由于现代有机物在最近的时间里被微生物分解而形成的，主要在近地表沉积的沉积物（Rice 和 Claypool，1981）。这种原生生物气会聚集在沉积物的间隙中，通常溶解在孔隙水中。人们认为这种生物气可以运移形成商业聚集（Rice 和 Claypool，1981）。然而，这种生物气从孔隙水中逸出、运移和聚集的机理尚不清楚。在这些沉积物演化早期没有形成圈闭或盖层，很可能在沉积物脱水过程中，由于压实作用早期生物气的很大一部分丢失，使其被怀疑是否为商业生物气的主要来源。

遇到原生生物气的勘探意义在于，没有发生过任何生物气的生成，这种甲烷是沉积史

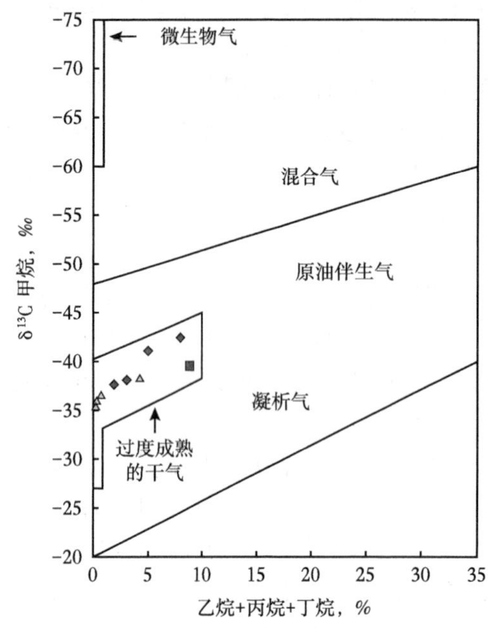

图 4.28 甲烷 $\delta^{13}C$ 对用于给天然气分类并评估其相关成熟度的乙烷、丙烷、丁烷总计浓度综合图（Schoell，1983）

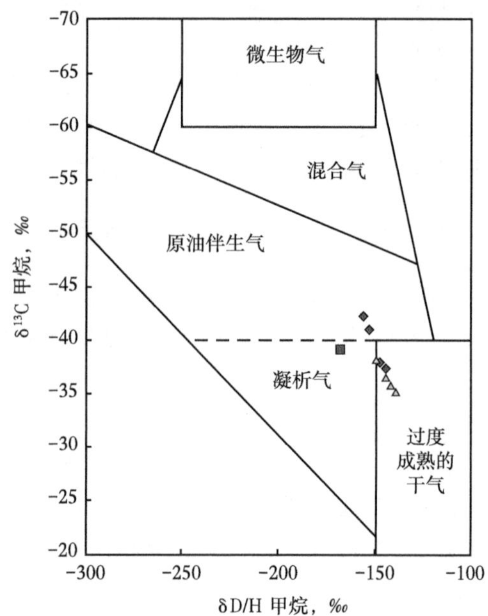

图 4.29 甲烷 $\delta^{13}C$ 对用于给天然气分类并评估其相关成熟度的甲烷 δD/H 综合图（Schoell，1983）

早期微生物生成的产物，没有含油气系统在运行。在附近只能发现额外的原生生物气藏。通常，在勘探计划中不会很好地考虑这一点。

然而，如上文所述，生物气的第二来源是原油的生物降解（Head 等，2003）。由于天然气在地下的流动性，次生生物气可能与生物降解油有关，也可能已经从形成的含油气储层中运移出来，现在位于一个单独的储层或圈闭系统中。这种次生生物甲烷在油气藏中的数量是巨大的。Milkov（2010）估计，在现有的生物降解石油和沥青积累的地质历史中，可以产生多达 $66500\times10^{12}ft^3$ 的次生微生物甲烷。许多研究也表明，次生生物气是周围油气、凝析气藏的重要组成部分（Jeffrey 等，1991；Pallasser，2000；Lillis 等，2007；Milkov 和 Dzu，2007），从这些数据得出的结论是，大型生物气藏可能由次生生物气形成。

次生生物气藏的存在是勘探计划中非常积极的指标。由于次生生物气是由原油的生物降解形成的，因此必然存在生成、运移和积累油气的含油气系统。如果生物气与生物降解油不直接相关，则必然存在更深或更低的生物降解油气聚集。这也表明，该地区可能还有其他可能改变或未改变的深层或下倾油藏。

如果储层中没有生物降解油的证据，区分原生生物气和次生生物气并不简单，但有一些线索。次生生物气经常与同位素亏损的二氧化碳（相对于 ^{12}C）有关，$\delta^{13}C>+2‰$（Pallasser，2000；Milkov，2011）。在气体中夹着的任何液体中都可能发现另一条线索。次生生物气通常含有少量溶解在气体中的液体（每百万立方英尺气体中液体的浓度约为 1bbl 或更少）。仔细检查，这些液体几乎总是生物降解石油，最有可能来自最初形成次生生物气的储层。

4.7.2 热成因天然气的成熟度

更精确地测定热成因天然气热成熟度，对了解其来源以及寻找来源的线索很重要。天然气热成熟度预估值是基于个体烃类化合物天然气的碳同位素数据，尤其是甲烷、乙烷和丙烷。由于丙烷浓度低，有时很难获得准确的丙烷同位素分析。这些实例中，成熟度评估仅仅依靠甲烷和乙烷，暂时没有丙烷。

天然气中甲烷、乙烷或丙烷的碳同位素比和烃源岩的镜质组反射率之间的关系最初由Stahl和Koch（1974）建立，随后由Stahl（1977）和Faber（1987）进行了细化。这些关系如图4.30所示。使用这些关系预估天然气成熟度的常用方法是对两种趋势作交会图，通常甲烷对乙烷和乙烷对丙烷，如图4.31所示。未改变的天然气样本且不是两种或两种以上气体混合的产物，应在±1.5‰的区域沿着这些趋势绘制（Berner和Faber，1988）。两种趋势的成熟度预估值应该有一个普遍的共识，以放心地将天然气的成熟度分配给它们。由于烃源岩有机质碳同位素特征可能产生变化，基于这些趋势的天然气成熟度评估应被认为是近似值。

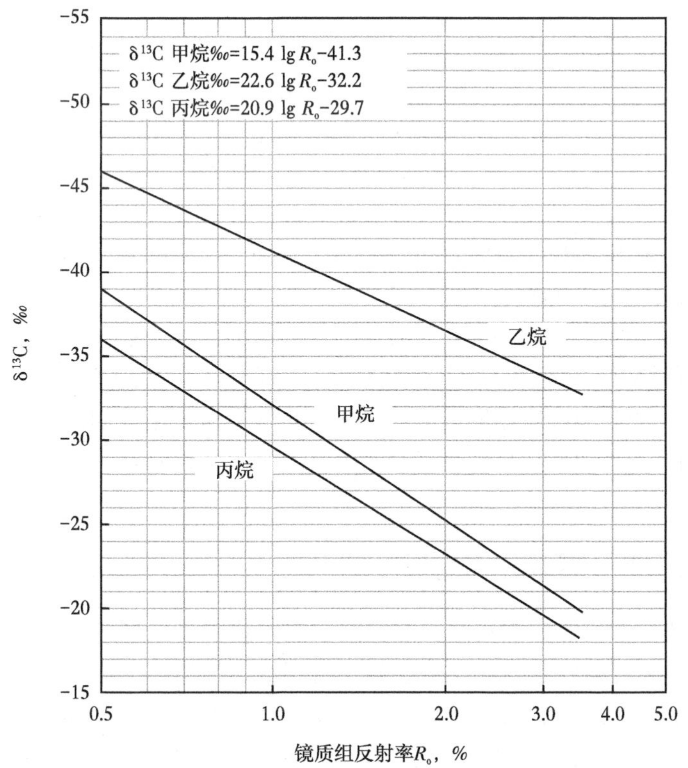

图4.30 基于Stahl（1977）方程甲烷、乙烷和丙烷的$\delta^{13}C$与镜质组反射率间的关系图

观察天然气的碳同位素变化以便绘制这些趋势线，数据趋势线的偏离通常是由于两种或两种以上不同来源的或不同成熟度的混合气体造成的。通过绘制甲烷—乙烷趋势偏离的样品表明生物成因天然气与热成因天然气混合，而通过低于趋势的绘图偏离表明两种热成

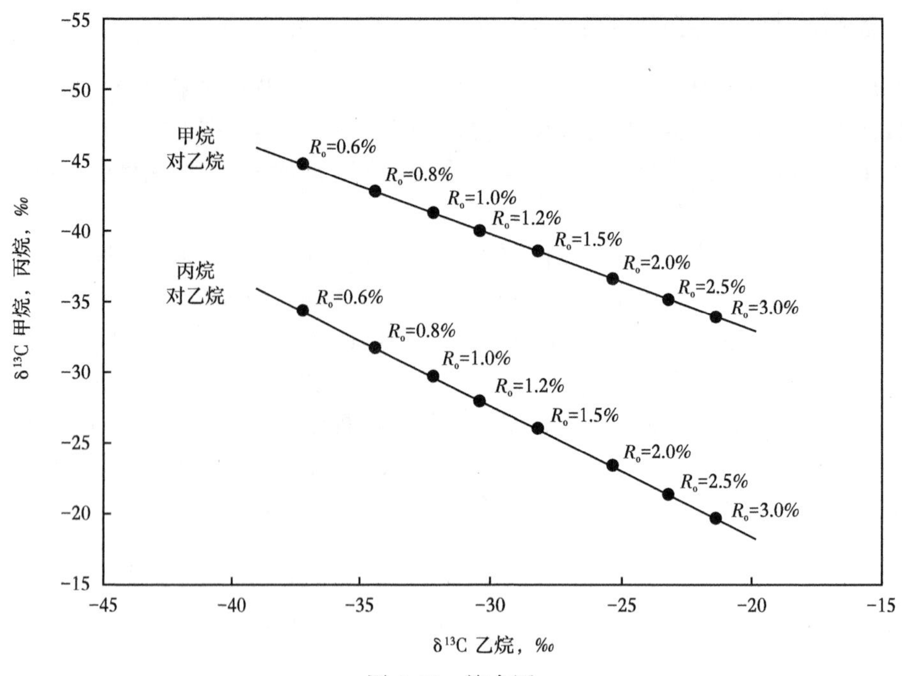

图 4.31　综合图

δ^{13}C 甲烷对乙烷和丙烷对乙烷形式预估等效镜质组反射率 R_o 中的天然气热成熟度

基于 Stahl（1977）方程，这些综合图也能用作生物降解和天然气混合物指标

因天然气的混合（Berner 和 Faber，1988）。低于丙烷—乙烷趋势的偏差也指示两种热成因天然气的混合（Berner 和 Faber，1988）。

这些趋势的偏离也可能是天然气变化的信号。伴生原油的生物降解有望为天然气带来同位素上更轻（负异常）的生物甲烷（Head 等，2003），也将导致数据点高于甲烷—乙烷趋势（Head 等，2003），相比之下，天然气本身的微生物变化最初集中在湿气成分上，可能的结果是乙烷和丙烷同位素更重（正异常）（James 和 Burns，1984），导致数据点绘制低于趋势。

4.7.3　气—气和气—烃源岩对比

气—气对比试图寻找两个或两个以上圈闭中两个或多个储层或同一储层中气体之间的地球化学关系。这些关系表明，气体是在同一时间或成熟期从同一烃源岩中产生的。气—烃源岩对比扩展了这一概念，以便在可能的情况下尝试确定产生气体的实际烃源岩。当这些信息与盆地构造发育结合使用时，可用于圈定储层、圈闭和油源之间的运移通道，这些通道可指向寻找额外的气藏。

如前所述，天然气组成成分的简单性限制了可用于这些研究的地球化学特征。对于孤立的天然气和与油相关的天然气，有两种对比途径：一种是基于天然气的组分，另一种用个体 C_1 通过 C_4 部分的碳同位素特征（Erdman 和 Morris，1974）。

正确的采样是成功进行气—气对比的关键。最理想的天然气样本出自井下压力采样工具，其次是长期生产试验或实际生产的样品。与钻探钻井液相关的天然气样本来自等深管（详见第 5 章）、等深罐（详见第 3 章）或罐装顶空气体样本（详见第 3 章），没有同样的可作储层气体的烃类化合物和非烃类化合物组成。但是，发现这些类型的天然气样本中的气体同位素特征本质上和等效储层气体相同。如果这些是唯一可用的样本，则气—气对比研究必须仅依赖气体的同位素特征。

相关性研究应从使用图 4.28 和图 4.29 中的标准气体分类图开始。这些气体的起源和相对成熟度的信息可以提供气体样品的初步分类和分组，可以通过更详细的气体成分和同位素特征的比较加以补充。

比较两种或两种以上气体的成分以进行相关性研究可以通过几种方式来完成。最简单的办法是绘制烃类化合物气体的相关浓度，如图 4.32 所示。直接比较这些类型的办法是有用的，但并不总是很有用。这通常是由于大部分天然气成分以甲烷为主，这便很难清楚地发现乙烷、丙烷和丁烷之间的差异。在这些情况下，如图 4.33 所示，再次观察不含甲烷的烃类化合物气体的相对组成，可以更深入地了解气体之间的差异和相似性。

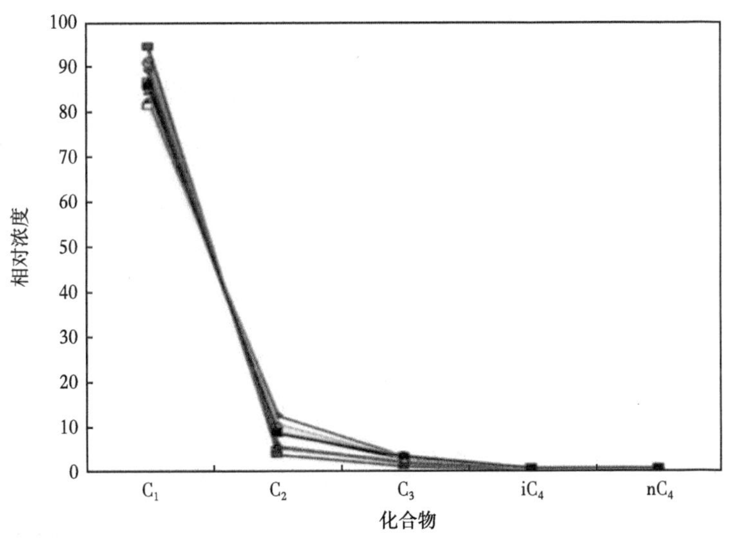

图 4.32　气—气关联性研究 C_1—C_4 天然气组分对比实例图

通常交叉绘制一些烃类气体比值以说明气体之间的相似性和差异是有益的，如图 4.34 所示。这些比值中可以使用的一些烃类化合物比值是：湿气百分比［（Σ% C_2—C_4）/（Σ% C_1—C_4）］、C_1/C_2、C_2/C_3 和 iC_4/nC_4。这些比值也可用于与个别气体的碳同位素数据交叉绘制，以帮助对类似来源的气体进行分组。

天然气的非烃部分也可用于气—气的相关性研究。绘制氮、二氧化碳和硫化氢浓度可显示气体之间的相似性和差异性，如图 4.35 所示。当二氧化碳在地下有多个来源时，必须谨慎使用二氧化碳浓度（见第 2 章）。同样，氦不容易确定，因为它来自放射性衰变，而不是烃类化合物生成的副产品。

比较单个气体组分的碳同位素数据是进行气—气对比的重要工具。当有完整的碳同位素数据可用于 C_1—C_4 组分时，James（1983）建议将数据绘制在图 4.36 所示的单个轴上，

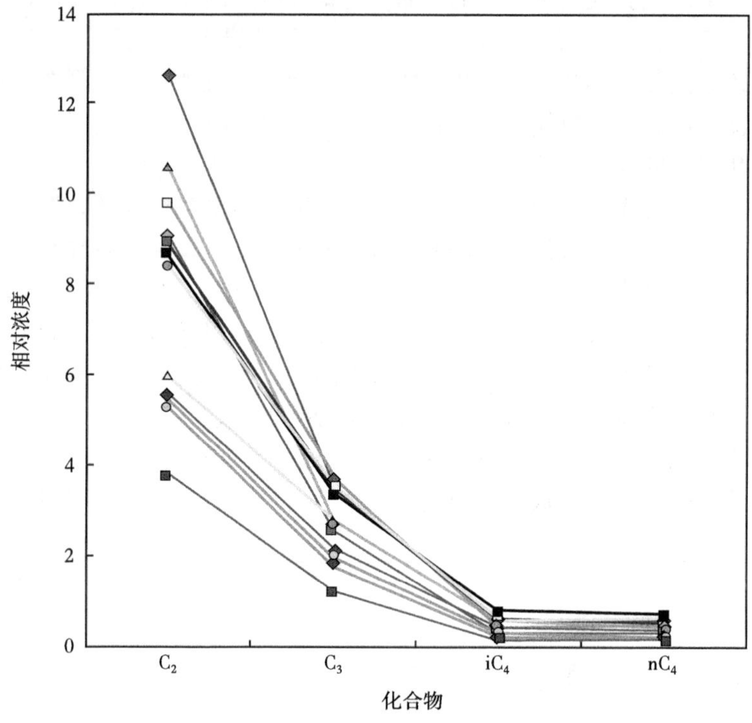

图 4.33 气—气关联性对比 C_2—C_4 天然气组分实例图

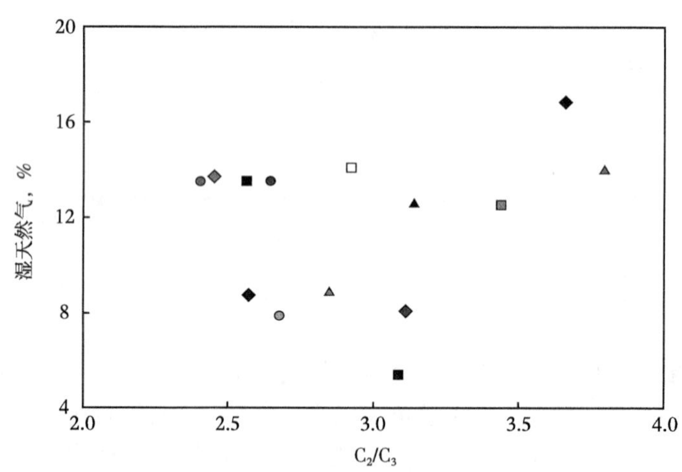

图 4.34 气—气关联性研究中使用天然气比值综合图

以便在单个图像中直接比较所有组分。由于丙烷和丁烷的浓度较低，并不是所有的 C_1—C_4 组分都能分析其碳同位素特征。在这些情况下，如图 4.37 所示，甲烷和乙烷的简单交会图可用于比较气体。即使所有气体组分都有同位素数据，这些交会图也有助于说明气体样品之间的差异和相似性。

将气体与其烃源岩对比的过程与将气体与气体对比的过程相同。然而，进行这些相关性

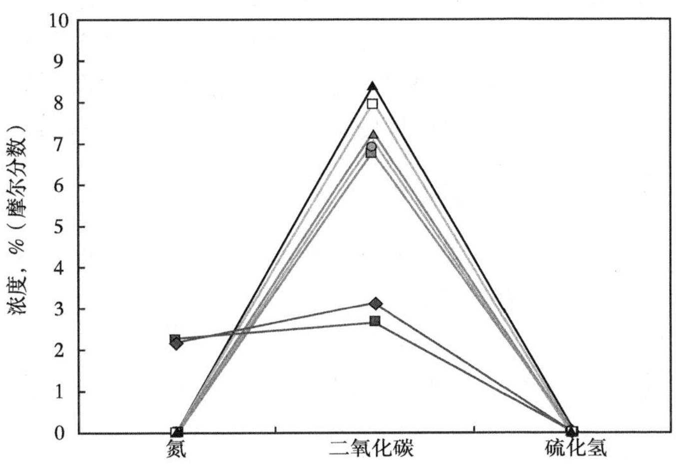

图 4.35　气—气关联性研究中非烃类化合物天然气对比实例图

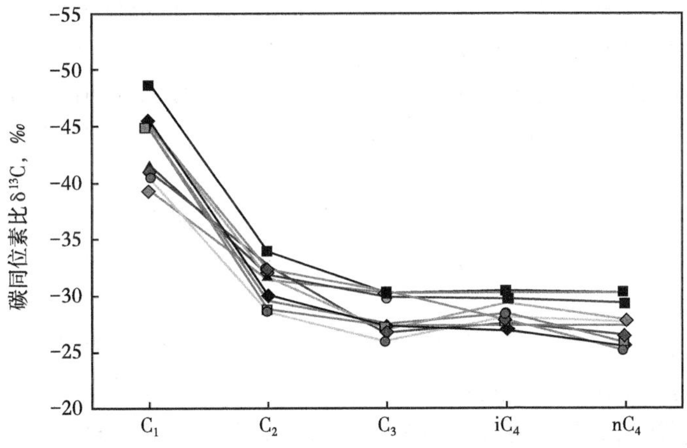

图 4.36　C_1—C_4 气—气关联性研究中碳同位素比值对比实例图

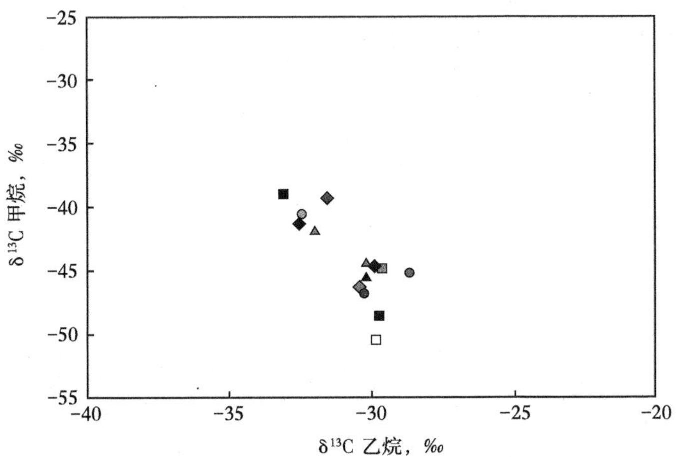

图 4.37　气—气关联性研究中甲烷对乙烷的 $\delta^{13}C$ 综合图

的研究通常受到来自烃源岩层段的优质天然气样品可用性的限制。在大多数情况下，烃源岩层段的气体样品仅限于等离子管或来自岩屑的顶空气体样品。尽管这些样品可以提供代表性的同位素数据，但如上文所述，由于分流作用，成分信息将发生改变。因此，大多数气—烃源岩对比（Stahl 和 Cary，1975）仅基于同位素数据（James，1983；Whiticar，1994）。

4.7.4 解释天然气数据的策略与障碍

与烃源岩和原油研究一样，天然气解释需要有关钻井方式和地层层序的地质背景。还需要全面了解样品如何采集及其在井壁中的具体位置。

由于解读天然气数据的信息量有限，样本质量至关重要。如上所述，由于取样误差造成的成分变化可能很大（Erdman 和 Morris，1974），仅采集罐气样或顶空气样这样的样品才能提供可靠的同位素数据。

地表下的天然气流动性好，易于混合。这可能会掩盖单个贡献气体的来源和成熟度，并影响建立气体的相关性。同样，储层也可能发生蚀变。石油裂变可为天然气提供第二来源。甚至湿气成分也会裂化为甲烷，生物降解也能改变组分和储层气体的同位素特征。寻找这些过程的指示是很重要的，例如矛盾的成熟度指标可能暗示混合或改变。

需要注意，天然气的成熟度评估只是近似的。气源岩有机质同位素组成的变化可能导致生成气体同位素反映的成熟趋势偏差。需要在碳同位素成熟度指标和气体成分之间寻找证据，以增加对这些解释的可信度。

气—气和气—烃源岩对比应基于成分和同位素特征。然而，由于取样问题，这些相关性可能仅基于同位素数据。在这些情况下，可能需要考虑暂时性的相关性，直到有更多的数据可用。

与油—烃源岩对比一样，由于缺乏足够深的气源岩样品，天然气与气源岩的对比可能会受到阻碍。在这些情况下，可能有必要根据最接近生气成熟度的气源岩进行初步对比。在某些情况下，气源岩成熟度可能是根据镜质组反射率推断出来的，也可能是根据盆地模拟研究估算出来的，这给解释增加了额外的不确定性。

正如烃源岩评估、油—烃源岩对比以及原油反演研究，天然气数据的地球化学解释不能独自成立，它们需具有地质意义，不然毫无价值。

第 5 章　油藏地球化学

曾经有人认为油气地球化学的作用仅仅是为了支持勘探工作。为评估烃源岩、原油和天然气所开发的概念、工具和方法也适用于石油中的许多生产和现场开发问题。这些应用大致分为两大类，即储层评价和生产应用。储层评价主要涉及产油层的识别、油藏质量的初步评估以及确定流体类型，生产应用更多的是处理生产问题和油田开发问题。这些问题包括有机质沉积问题、储层连续性问题、生产监控、混采问题、生产分配、监测提高采收率以及储层酸化。

在处理生产问题时，时间是最重要的，因为任何损失或生产减缓都会导致收益下降。尽管这些问题中的许多问题可用传统的石油工程技术解决，但这些技术经常需要中断生产。用地球化学的办法解决这些生产问题则快速且经济。

研究油藏地球化学的途径包括常用的地球化学法，比如岩石热解分析法、全油气相色谱法、原油生物标志物和同位素分析法、天然气组成和同位素分析法。有时这些方法以已描述过的方式使用，有时它们以一种独特的方式来解决特殊的问题。此外，钻井液气侵录井、等温线和热采气相色谱（TEGC）的信息被用来补充更传统的地球化学技术以解决问题。

下面的讨论涵盖了油藏地球化学的主要问题并提供解决这些问题的实例，体现了油气地球化学在油藏管理和油田开发中的应用价值，找到解决这些问题的快速方法，以此恢复产量。

5.1　产油层检测

显而易见，找到可开采的石油层位是商业勘探和生产计划成功的关键。但是，识别地下油气的区间并评估它们是否可开采并非易事。比如电缆测井数据的岩石分析法，通常是此项任务的标准方法，但会出现一些难以解释的问题，比如低电阻率油层或裂缝性储层，这会使寻找可开采的烃类化合物更具挑战性。在这种情况下，用于产层探测的地球化学技术通常更好，并且是很好的补充工具，可以帮助发现或证实更典型的储层的存在。

开始此项讨论前，须定义我们将要寻找的内容。产油层是可采储量中含有油气的储集层段，包含可开发的石油和天然气数量。可采储量较少就没有实际意义，钻探时发现的非商业数量的石油或天然气也不具有实际开采意义。可开采的石油和天然气商业数量和非商业数量之间的差异取决于当地的经济条件。例如，一天能够生产 200bbl 石油的油井在陆上可能是成功的，但是在偏远的海上地区，每天能生产 2000bbl 的油井可能仅被视为含油标志。因此，当评估油井时，理解当地经济阈值很重要。

虽然产油层检测在经济上并不重要，但在勘探计划中却是重要的信息来源。它们能指出潜在的含油气系统并提供区域内活动烃源岩的性质和线索。钻探时发现非商业数量的石油或天然气，其大小范围可以从仅低于商业或经济限制的范围到仅少量的石油。Schowalter 和 Hess（1982）提出分类解决此种问题，他们推荐将油气显示分 4 种类型。第一种是连续相油气显示，由一条油气链组成，通过含水多孔岩石的孔隙网络连续连接。这是一种很容易观察到的油侵或油饱，大多数人很容易将其视为一种显示。第二种是隔离油滴或天然气，这很可能表示流失水分的残余烃类化合物仍在岩石的孔隙中。第三种是溶解的烃类化合物，溶解的分子级别或散布的烃类化合物出现在孔隙流体溶液中或吸附在岩石上。第四种是与干酪根相关的烃类化合物，由可溶有机材料、沥青组成，它们与潜在烃源岩中干酪根有关。这种沥青可能已经存在于烃源岩中，或者可以通过钻头的加热作用或样品制备过程中的加热（烘箱或蒸馏罐中的样品加热）产生。在石油勘探和生产方面，上述 4 种类型的油气显示都有一定的价值，但只有连续相油气显示才是潜在的工作油气系统和附近可生产油气的重要标志。

为了对钻井计划产生影响，需要对产层和重要显示进行实时探测。这有两种方法，一种是在钻井时开采或在岩石物理性工具测量；另一种是利用地球化学数据从钻井液气测录井。地球化学在石油勘探中的应用生产、录井是一项前沿技术。它检测 C_1—C_5（有时至 C_8）的气态烃类化合物，这些气态化合物来自钻屑，会随返回的钻井液一并被带到地表。这种信息随后可用于检测地表下烃类化合物是否存在、区分天然气和石油以及指示流体接触类型，有时评估可生产性。

也有一些辅助技术帮助检测产油层和重要显示。诸如荧光切割，通常在井场进行，并提供实时数据。其他如等深管分析、岩石热解分析、溶剂萃取/气相色谱分析和 TEGC，是实验室分析法，能补充资料以确认岩石物理性质和钻井液气的观察结果。采用实时数据，这些方法也可用于确认潜在的产层区间不被忽略。

5.1.1 钻井液气分析

商业录井开采烃类化合物于 1939 年开始，通过钻头对钻井液中释放的气体进行简单的检测（Hunt，1996）。这些早期的系统使用热导率或“热线”探测器，这些探测器是气体探测器，不能区分烃类化合物气体和非烃类化合物气体的区别。20 世纪 70 年代，随着气相色谱法的出现，可以分离和识别单个组分气体，气测录井才发展成为一种真正的地球化学工具。它仍然受到热导检测器使用的限制，而且很难充分地分离一些气体来识别油气和非油气。最终，火焰离子检测器被用于检测烃类化合物气体，其灵敏度更高。这些系统为 C_1—C_4 烃类化合物提供了可靠的分析，有时可延伸至 C_5。

虽然这些分析的改进有助于提供更好的气体采样数据，但是在从钻井液中提取气体的气体捕集器中仍然存在问题。大部分圈闭在钻井液导槽中的固定位置，如图 5.1 所示。探钻中波动的钻井液水平会改变顶空气的体积导致样本中的不一致，顶空气从圈闭中萃取。温度和压力也影响钻井液到顶空所释放的气体数量。随着钻眼中钻井液温度随深度的增加而升高，以及天气变化对温度和压力的影响，钻井液气体的可重复采样非常具有挑战性。因此，这些问题使得很难在整个钻孔中获得一致可比性的钻井液气体数据。

气体圈闭设计的最新改进是从回流管线中抽取钻井液样品，并将其泵送至恒温恒容的

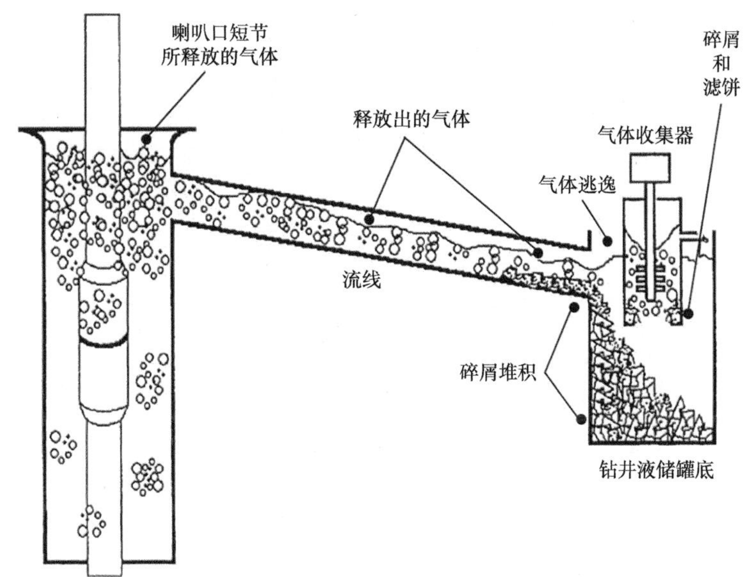

图 5.1 钻机回流钻井液流原理图（Whittaker，1991）

钻进液气体提取器中（Blanc 等，2003），提供一致的可重复采样。该技术还可与质谱仪结合，作为气相色谱仪的检测器，以增加钻井液分析范围。利用这些新系统，可以更快、更灵敏地检测 C_1—C_8 范围内的油气和非油气气体。几个小组还努力将钻井液气体的实时碳同位素分析带到井场，这可能会在不久的将来提供额外的重要信息。

5.1.2 钻井液气数据解释

尽管气体分离器设计和井场分析工具已发生重大变化，但钻井液气数据的解释通常依赖于两种基本方案。这两种解释钻井液气数据的主要方法是利用 Pixler 图上的钻井液气比（Pixler，1969）或应用所谓的 Haworth 钻井液气参数（Haworth 等，1985）。

Pixler（1969）使用根据钻井液气体的气相色谱分析计算的 C_1/C_2、C_1/C_3、C_1/C_4 和 C_1/C_5 来解释储层含量。在 C_1/C_4 中，C_4 包括正丁烷和异丁烷；而在 C_1/C_5 中，C_5 包括正戊烷、异戊烷和新戊烷。当钻井液气体数据中不存在戊烷或井场分析设备不提供戊烷数据时，可以用比率 $(10\times C_2)/C_3$ 代替 C_1/C_5（Whittaker，1991）。

这些比率绘制在图上，如图 5.2 所示，称为 Pixler 图。在一个油藏层段中为每个钻井液气体采样点绘制各个比率，并通过一条线连接。图底部的非生产区通常代表储层中的剩余油，而图顶部的非生产区是非商业性天然气（Whittaker，1991）。Pixler（1969）提出，如果 C_1/C_2 在油中很低，而 C_1/C_4 在该区域的气段中很高，或者任何比率低于之前的比率，该区域可能是非生产性的。生产性干气带可能仅显示 C_1，但 C_1 异常高的显示通常表示盐水。

这种方法对于低渗透层也不是确定的，更复杂的钻井液气体数据解释方法是使用 Haworth 钻井液气体参数（Haworth 等，1985）。该方法利用 C_1—C_5 烃类钻井液气体数据计算湿度、平衡度和性质三个参数，如图 5.3 所示。湿度是扩展到 C_5 的标准湿气体百分比

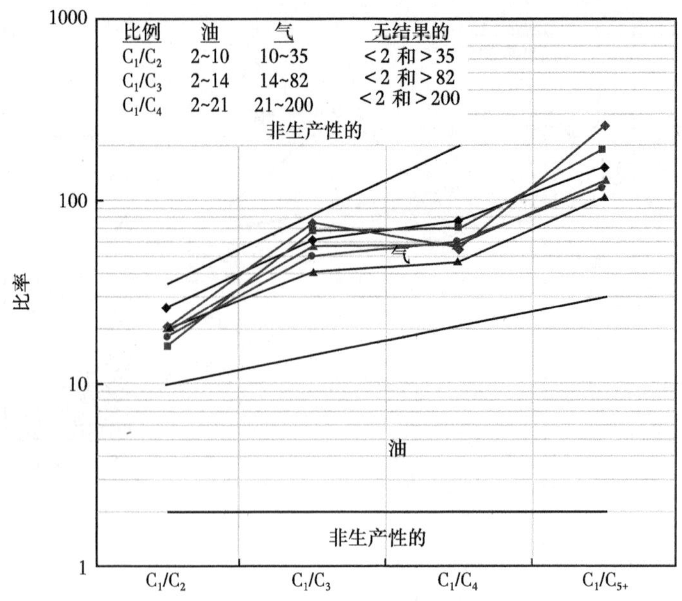

图 5.2 使用标准 Pixler 图解释钻井液气的示例图（Pixler，1969）

计算得到的，而平衡是比较较轻气体 C_1 和 C_2 与较重气体 C_3—C_5 的比率。其特点是使用 C_3—C_5 组件解释与气顶、油气接触和水网区相关的显示。图 5.3 总结了使用这三个参数的解释规则。使用 Haworth 参数的示例如图 5.4 所示。在这个数据集中，可以看到上部气层通过下部气层过渡到剖面底部的油层。

$$湿度(Wh\%)=\frac{(C_2+C_3+iC_4+nC_4+iC_5+nC_5)}{(C_1+C_2+C_3+iC_4+nC_4+iC_5+nC_5)}\times 100$$

$$平衡(Bh)=(C_1+C_2)/(C_3+iC_4+nC_4+iC_5+nC_5)$$

$$特性(Ch)=(iC_4+nC_4+iC_5+nC_5)/C_3$$

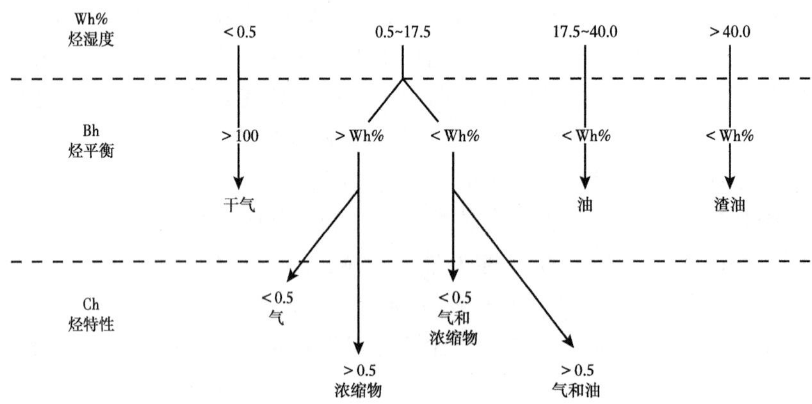

图 5.3 Haworth 钻井液气参数方程式和解释流程图（Haworth 等，1985）

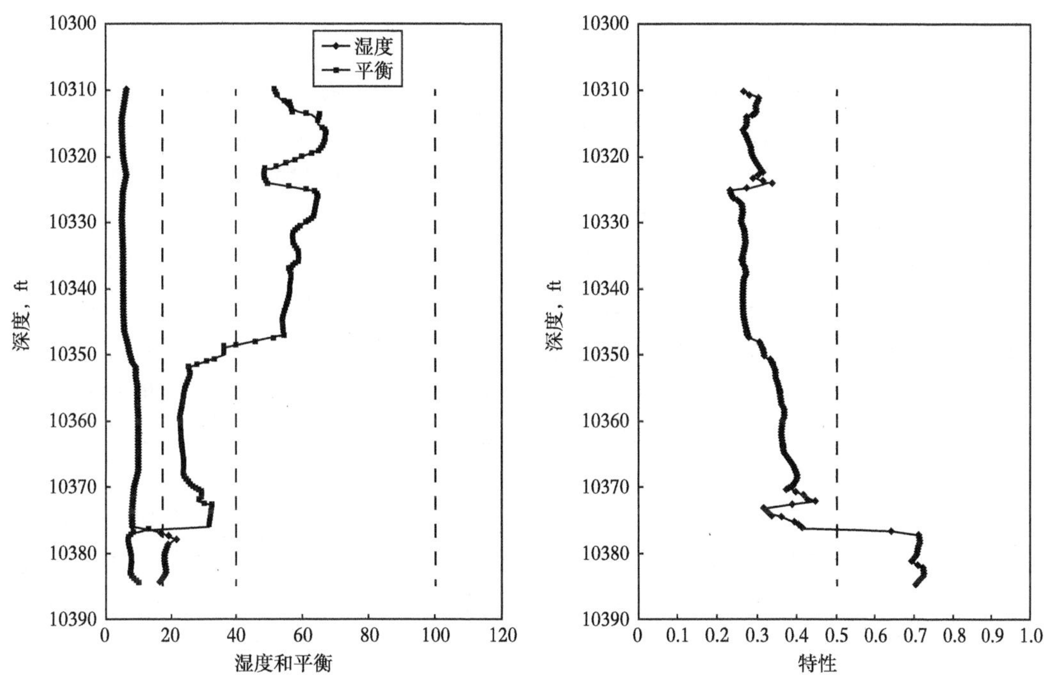

图 5.4 应用 Haworth 钻井液气参数实例图

10348ft 以上为天然气，10348~10376ft 之间的参数表明天然气接近石油，10376ft 以下为石油

通常，Haworth 参数与 Pixler 图结合使用，这种方法利用了两种方法的优点来对解释进行交叉检验，从而更好地描述流体的性质。

使用 Pixler 图或 Haworth 参数，因时间滞后将其放入合适的深度环境，所有的数据必须纠正。此外，由于油基钻井液、地下气/循环气和渗入气/圈闭气的影响，天然气数据需要纠正。钻井液中的总气体不仅是由储层释放到钻井液中的气体组成的，它还包括来自通往储层途中沉积物的贡献，这通常称为地下气。理论上，流通至地表的天然气应先净化钻井液，然后再净化泵回井眼的钻井液。实际上，这种天然气中的部分气体在钻井液中是循环的，会带来信号。残余气体称为循环气，钻探后最为普遍。当使用油基钻井液时，地下气和循环气会带来更多问题。钻井液中的油增加了钻井液可以容纳的溶解气体的量，还会干扰钻井液系统中气体的净化。

除地下气和循环气之外，由于钻井作业，钻井液气信号周期性剧增。渗入气是在增加一段新的钻杆时，钻井液循环停止时，在井内积聚的额外气体，循环钻井液恢复，额外的天然气会引起上述地下气上方的气体剧增。圈闭气类似于渗入气，渗入的气是额外的气，是在循环钻井液停止时积累的。当开始循环钻井液，会引起地下气上方的气体剧增，也可能引起所有地下气暂时增加。

当解释钻井液气数据时，对每个储层多次读数解释是很重要的。在储层间隔内对钻井液气进行多次采样可证实该信号，并可显示数据趋势，这可能反映储量的变化。在油井现场实时评估时，对储量做出任何结论之前，应将这些信息与岩层的岩性描述、间隔和荧光以及岩屑观察结果结合起来。

5.1.3 荧光切割

荧光切割是从潜在储层段回收岩屑目视检查的一部分。钻屑岩性和粒度已描述清楚，对岩屑进行目视检查，以便明确是否有油渍。同时，通常会检查是否有油气的气味。切屑中的染色可能不明显。寻找更多细小的油渍，钻屑应当放在紫外线灯下（长和短波长）来测定是否存在荧光。出现的荧光可能来自同一样本中烃类化合物、矿物质或一些污染物。为了帮助区分油气的荧光与矿物或污染物的荧光，记录荧光材料的颜色、强度和分布。石油荧光范围分布从蓝—白到白、黄、红棕色。荧光材料通常光度较强且仅与钻屑样本中特殊的颗粒相关。为了区分石油的荧光和矿物，在紫外线照射下，在岩屑中加入几滴溶剂，诱导岩屑中石油的切割或流动，岩屑的形态（均匀的或流动的）、颜色、光的强度和形成速率可提供关于石油流动性和储层渗透性的信息。关于荧光切割更详细的探讨参见 Whittaker（1991）的著作。

虽然荧光切割可以提供非常有用的潜在信息，但普遍应用仍有一些障碍。首先，如果钻井液是用柴油或原油配制的，则不能使用该技术。此外，管道涂料和一些钻井液添加剂也可能会发出荧光，显示出假阳性。钻井液中的空穴或再生油会被观察到并产生误导。

5.1.4 等深管

等深管提供一种获取钻井液气样本的方式作后续的同位素分析。这是通过在气藏和井场分析系统之间的钻井液气体流动管线上安装一个取样管来完成的。为了便于操作，该管通常位于录井拖车内。实验室分析的气体在等深管中提供了组成以及碳和氢/氘同位素特征的气体，给予个别气体足够高的浓度。尽管由于气相和钻井液（溶解气）间的分区，钻井液气组分不能直接和储层天然气相比，但已发现钻井液气的同位素特征与储层气体具有可比性。

应用等深管数据可以确认烃类化合物含油储层的存在，包括使用组分和同位素数据绘制深度。当绘制各等压管中的气体量及其成分曲线（相对于深度作图）时，可显示出潜在区和开采区。随着深度的改变天然气含量迅速增长，油气是在短深度区间，说明存在烃类化合物含油储层。根据钻井液的重量和地层压力，一旦钻头移出储层，气体含量的增加可能会减少，也可能不会减少。这种等深管天然气含量的增加通常伴随着天然气组分的改变，反映地下气和储层天然气的差异。

当绘制等深管数据中甲烷的碳同位素比值与深度的关系图时，一般随着深度的增加，甲烷越来越重（负电荷较少）。这种趋势反映了沉积物中间隙气体的正常演化，随着深度和温度的增加，局部有机物成熟。利用同位素数据趋势与镜质组反射率，如第 4 章所探讨的，这种趋势可用于预估成熟度。通常，具有开采潜力的储层岩石会偏离这种趋势，通常意味着更多成熟的天然气向上运移并进入储层。

等深管数据通常与测井电缆钻井记录和钻井液气的数据应结合使用，以确定潜在油气藏区和开采区的界限，不能独立作为寻找含烃储层段的工具。

5.1.5 岩石热解分析

通过对可疑储层内部收集的岩屑进行分析，可以利用岩石热解的 S_1 峰来探测潜在的产层（Dow 和 Talukdar，1991；Jarvie 等，2001）。用 S_1/TOC 对沉积物中有机质含量的 S_1 信号进行归一化处理。在含烃储层岩石中，构成 S_1 峰的挥发性物质的含量应远大于即使是富烃源岩中的含量，如图 5.5 所示。

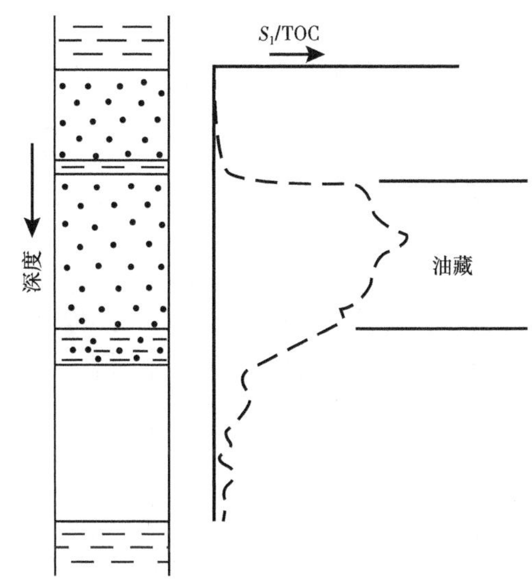

图 5.5 使用岩石热解 S_1 数据指示存在含油储层的实例图（Dow 和 Talukdar，1991）

Baskin 和 Jones（1993）的研究表明，如果石油是同一来源，则来自储层段岩屑或侧壁岩心的岩石评估数据可用于预测石油的某些物理性质，如 API 度和黏度。这些预测需要通过原油物理性质的测量进行校准，且最好在油田大规模开发时应用。

5.1.6 溶剂萃取—气相色谱分析

该技术利用简单的溶剂提取方法和从可疑的储层间隔中对岩屑或侧壁岩心进行气相色谱分析（Baskin 等，1995；Jarvie 等，2001），以明确是否存在油气。将几克岩石放入装有几毫升溶剂（通常是二氯甲烷）的小瓶中，以提取岩石中的烃类化合物。萃取物用于简单的整体提取物气相色谱分析（如第 3 章和第 4 章所述）以获得“指纹”烃类化合物分布。如图 5.6 所示，色谱图可用于对比多个区域的组分，寻找指示储层岩石中天然气、石油或水的诊断特性。这类数据还可用于识别划分储层蚀变过程、流体接触、绕过的产层和沥青垫。油基钻井液会通过遮挡地层信号干扰这种方法。钻井液中使用的合成油不能完全掩盖原地的烃类化合物。

5.1.7 热萃取—气相色谱分析

这种技术可用于获得类似于前面描述的溶剂萃取物—气相色谱法的数据。代替溶剂萃取物，钻屑从一种特殊设计的气相色谱图入口中热萃取（参见第 3 章裂解气相色谱图）。随后的气相色谱分析提供了类似于溶剂提取物的岩石中烃分布的“指纹”，并且可以相同的方式使用。

除了岩石样品外，TEGC 还与钻井液样品一起用来探测含油油藏（Dembicki，1986）。油层中的 C_{5+} 烃类与 C_1—C_4 气体一起释放到钻井液中。TEGC 可以检测和分析这些较重的油气，该技术仅限于应用在水基钻井液钻井。

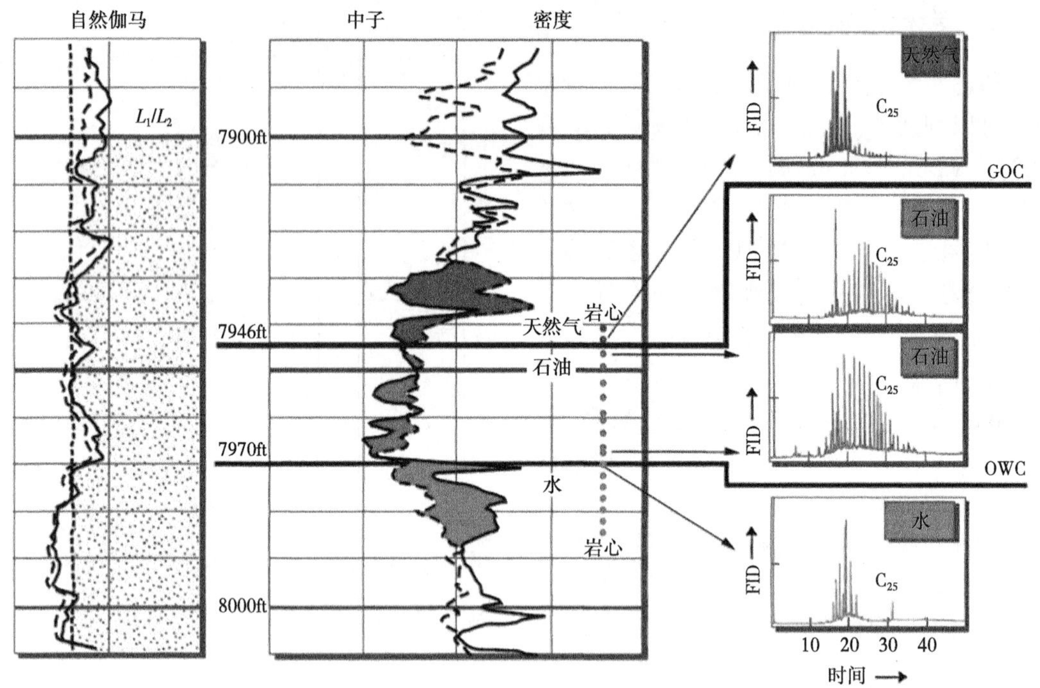

图 5.6 以全部油气相色谱“指纹识别”技术示例图（Baskin 等，1995）

该图验证了电缆测井对所选储层含量和流体接触位置的解释

5.2 高分子蜡

原油中的高分子蜡（$>C_{40}$）可引起生产中的问题。当油被开采并离开储层时，油的温度会降低，导致高分子量的蜡从溶液中析出。这可能导致在近井眼环境、生产线到地面、来自井口的生产线、地面仓库和管道中的蜡沉积。

油气地球化学在高分子蜡中的作用是提供一种早期认识这些问题潜在性的方法。用高温气相色谱法完成，允许常规分析石油中存在 C_{40+} 烃类化合物（del Rio 和 Philp，1992；Carlson 等，1993）。高温气相色谱图展示了高分子蜡，如图 5.7 所示，通常完成了对石油

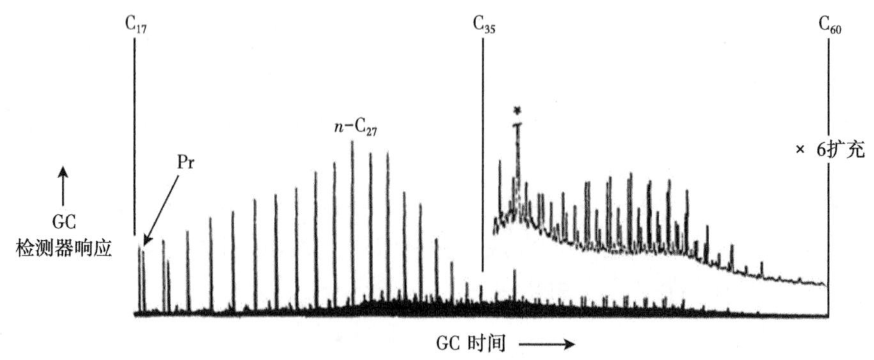

图 5.7 高温气相色谱图分析原油中 C_{40+} 的蜡示例图（Carlson 等，1993）

或整体脱沥青油中饱和分的分析。但是，Thanh 等（1999）演示了石油脱沥青或岩石提取物可能引起沥青质和高分子蜡的析出。如果仅分析饱和馏分或脱沥青的全油，则可能会错过这些高分子量蜡的存在，Thanh（1999）等描述了一种特殊的分离方案，为需要隔离蜡并获得潜在蜡沉积问题做出准确评估。

可以认为蜡沉积物问题仅与湖相沉积环境中Ⅰ型干酪根产生的蜡质油相关，Carlson 等（1993）展示了这些高分子蜡既可出现在海洋Ⅱ型烃源油中，也可以出现在湖相Ⅰ型烃源油中。高分子蜡沉积甚至可能导致冷凝液失效（Leontaritis，1998）。因此，建议对所有原油进行常规检查，以确定是否存在高分子蜡，以避免潜在的蜡沉积问题。分析的成本远远低于生产和处理的成本，如果蜡沉积的可能性存在，可以进行额外的实验室研究来预测在什么条件下可能发生蜡沉积（Leontaritis，1996）。

可以通过使用溶剂（如二甲苯）来减轻蜡沉积（Fan 和 Llave，1996）。如果原油保持在高于原油倾点的温度或使用蜡抑制剂，也可以防止这种情况的发生（Gloczynski 和 Kempton，2006）。

5.3 沥青质

除了高分子量的蜡外，还可能发生沥青质形式的有机沉积。沥青质有时被称为固体烃、储层沥青或焦油。沥青质沉积可以发生在地下、从生产线到地面、从井口到地面的流线、地面储罐和管道中。地下沥青质沉积对油气藏流动具有重要的阻碍作用，但与高分子量的蜡不同，这些沉积物可能不能完全溶解在有机溶剂中，因此更难处理。沥青质造成的问题包括有效孔隙度和渗透率的降低或破坏，这反过来又会降低产量，并可能影响采收率（Lomando，1992）。由于在电缆测井中沥青质沉积不容易被识别，因此它会对估算采收率和储量计算产生负面影响（Lomando，1992）。沥青质的出现甚至可能改变储层润湿性，从亲水性变为亲油性（Buckley 等，1997；Amroun 和 Tiab，2001）。

沥青质沉积可能是自然过程的结果，也可能是由生产引起的。在天然形成的沥青质沉积过程中，最常遇到的情况是在地下空隙中填充，主要是孔隙，也有裂缝和断层。这些间隙沥青质主要存在于储层中，以颗粒涂层或部分孔隙充填的形式浸透沉积物。它可能在储层中普遍存在，也可能出现在不连续的区域，有时仅局限在油水接触的附近区域。

在岩心中，间隙沥青质表现为深棕色至黑色，高黏性物质覆盖颗粒并填充孔隙空间。沥青质通常由10%~15%的岩石、80%~85%的矿物质以及4%~6%的水组成。沥青质具有非荧光特性，可将其与油渍区分开来。

自然出现的间隙沥青质因压力/温度下降，在不稳定的石油中沉淀，与轻油相混合，然后随气体迁移。储层中的压力或温度下降可能是抬升和侵蚀或储层结构重新定位的结果。由于生物降解，沥青质的浓度是饱和烃和芳香烃类化合物移除产生的结果。生物降解过程中，生物气的加入以及生物降解中轻馏分的损失也会导致这一过程的发生。

虽然天然沉积的间隙沥青质可能会影响生产，但无法减缓它的发生。用溶剂处理，比如二甲苯，可能提供一些短期的改善，但这些处理方法可能需要重复使用以保持效率（Mansoori，2010）。

天然形成的地表下沥青质（焦油）也可能在大量明显的填充体中形成，伴随着生成极少沉积物或完全没有（Han 等，2010）。这些沥青质可能平行于岩床体中的层理，或横切层理，沿断层/岩墙状体中的裂缝填充（Romo 等，2007）。这些焦油体几乎总是与盐有关，通常存在盐体之下或邻近。这种类型的沥青质沉积在岩屑中表现为一种闪亮的黑色物质，通常具有贝壳状断口，易碎，可以很容易地压碎成深棕色粉末，几乎没有沉淀物。这些沥青质在地震资料中是不可探测的。

它们确切的形成方式未知。但是，石油可能沿着断层或盐层向上迁移到大的断层带或形成了土丘或层状焦油的古地层，在墨西哥湾的许多地方都能看到（MacDonald 等，2004；Hewitt 等，2008；Williamson 等，2008），如圣巴巴拉海峡（Valentine 等，2010），以及安哥拉的深水区（Jones 等，2014）。当在钻井过程中遇到这些沥青质时，如果覆盖层压力和地下温度达到临界水平，这些沥青质就会变得有韧性并流入钻孔（Han 等，2010）。如果这些沥青质流动起来，则通常需要放弃井眼的下部，并且对井进行侧移（Weatherl，2007）。与此同时，这些移动沥青质似乎局限于墨西哥湾，可能与该地区所经历的动态盐构造有关。

在生产过程中，沥青质沉淀也可能由于压力或温度的降低、气体注入、注水或井筒（多区生产）或地表设施中两种油的混合而产生（Leontaritis 和 MangoSoi，1988）。这些沥青沉淀可能以固态形式存在于井筒附近的储层孔隙中、井筒中沉积物、流动生产线中沉积物或地表设施沉积物中。减轻井筒附近储层沥青质沉积问题是可行的，但通常费用高且耗时，导致生产损失。最好主动对即将生产的原油进行测试，以确定沥青质沉淀是否会成为一个问题，以及在什么状况下会发生沉淀。最常见的引起沥青质析出的原因是压力—温度的改变。可进行 PVT 研究，定义 p—T 空间中沥青质沉淀包络线（Leontaritis，1996），如图 5.8 所示的通用包络线。通过了解可能引发沥青质沉淀的储层条件，可以采取措施将生产过程中的温度和压力变化保持在沥青质稳定范围内。这可以应用于油藏、钻孔或上层生产设施，同样的方法可采用天然气回注或氮气或二氧化碳注入以预测何时产生沥青沉淀（Burke 等，1990）。

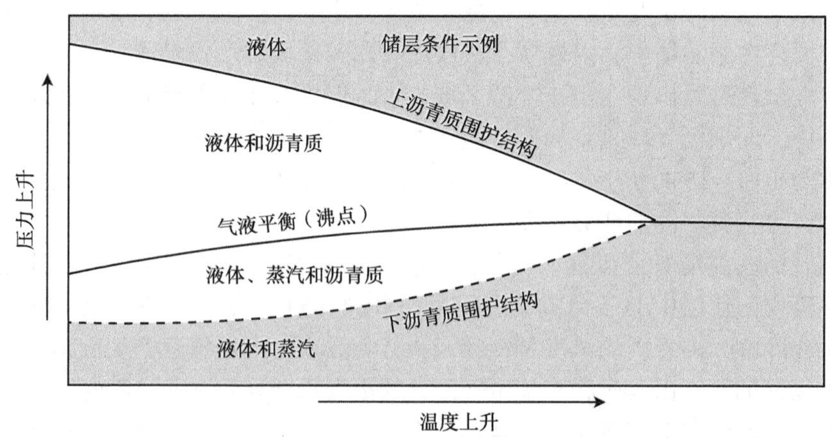

图 5.8　一种用于预测沥青质沉积的压力—温度空间中沥青质沉淀包络线图（Akbarzadeh 等，2007）

若沥青质沉淀无可避免或已经出现，对于井筒和井筒附近的油藏，可以采用多种处理方法，比如利用抑制剂二甲苯减少有机物沉淀以提高生产效率（Mansoori，2010）。

5.4 储层连通性

储层连续性的定义是，在单井内的烃柱内没有垂直的流动屏障，在井间含油层内没有横向流动屏障。当储层被划分时，流动屏障将储层划分为一系列离散的部分。为了有效地开发油田并最大限度地回收油气，需要确定储层分区。

储层划分通常通过重复地层测试压力、压力下降曲线、油水接触深度或断层位置来确定，它们也可以通过储层间不同位置取样流体的成分差异来识别。随着时间的推移，储层逐渐充满，它从烃源岩中吸收的油气也逐渐成熟，最终的产物是所有这些贡献的混合物。在一个有多个储层的储层中，每个储层的充注历史可能是不同的，从而导致每个储层中油气的细微差异。这些细微的差异可以在钻井时的钻井液气体组成中观察到，也可以在测试时从储层中回收的油气样品中观察到。

5.4.1 使用钻井液气数据研究油藏连通性

储层中潜在的垂直分隔作用的最初迹象可以从钻井液气数据中发现。连通的储层段将显示出一致的钻井液气组分，而未连通的储层段将显示出不同的组分（Blanc 等，2003；McKinney 等，2007）。在简单的气体组分综合图中可以观察到组分的差异，如图 5.9 所示的甲烷—乙烷综合图。图中绘出了来自 4 个小砂层的钻井液气样品的数据，这两个趋势显示了两个上砂层和两个下砂层之间潜在的垂直分隔，表明存在两个垂直分隔。另一种利用钻井液气数据的方法是在雷达图上绘制像素比，如图 5.10 所示。这与第 4 章讨论的气—气对比中使用的方法相似。雷达图上相似的模式表明相邻砂层之间存在交流，而不同的模式则表明砂层可能存在垂直分离。最后，利用等径管测得的钻井液气同位素，可以反映相邻砂层的相似性和差异性。

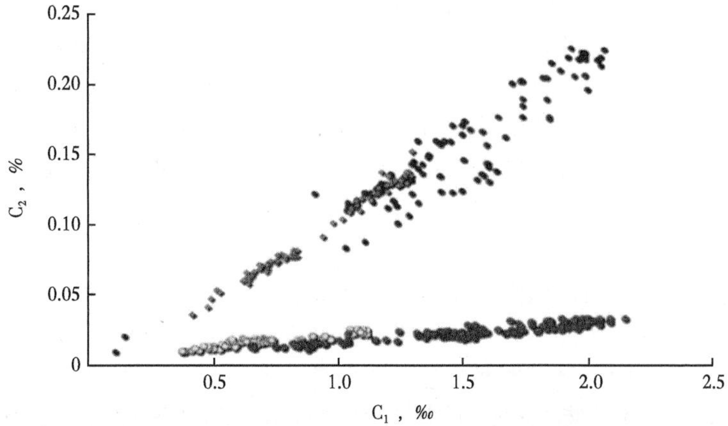

图 5.9 从一系列油砂岩中收集的钻井液样本中 C_1 对 C_2 综合图

两种趋势展示这些油砂岩可能分隔成两个垂直的间隔

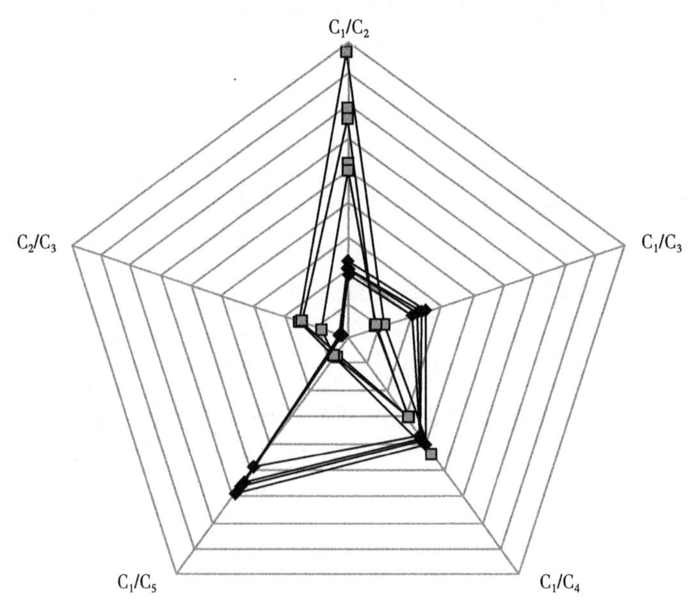

图 5.10　钻井液气 Pixler 比值雷达实例图

此图展示的是垂直划分的油井中组分差异

虽然这些垂直连续性和从钻井液气数据中分离出来的迹象是有用的，但应考虑试验性，需要和实际储层样本的其他数据一起加以证实。

5.4.2　使用石油样品研究油藏连通性

在测试油层的连续性时，可以采用多种方法。有时，简单的全油色谱图可以用来显示不同隔层之间容易识别的差异，例如生物降解差异（Edman 和 Burk，1999）。其他例子中，用于油—油关联性研究的生物标志物数据，如第 4 章所描述的，可用于解决这些问题（Peters 和 Fowler，2002；Pomerantz 等，2010）。但是，储层连续性研究中对比石油的通用方法是使用高分辨率全油气相色谱法（Kaufman 等，1990；Dow 和 Talukdar，1991）。因为储层连续性研究寻求发现对比的烃类化合物组分的细微差异，所以全油气相色谱分析须以一种独特的方式进行。用于分析的温度程序通常会变慢，常会使分析时间加倍，以提供更高的分辨率。此外，需多次分析空白、标准、复制样本以保证保留时间是可重复的。如果要分析的油很重并且可能会带走残留物，则可能必须在样品之间运行空白样以确保色谱柱已经清理干净。

通常，被比较的整个油色谱图在总的尺度上看起来几乎相同。但是，较低浓度化合物的详细信息可提供一种方法证明相似度和差异（Kaufman 等，1990）。如图 5.11 所示，储层连续性研究的全油分析高分辨率气相色谱图就是一个例子。这 3 种石油来自 3 个不同油井中的同一储层段，油井由断层分隔开来。问题是断层是否为开放的，是否有油井间的交流或断层是否将油井间彼此隔离。色谱图中左上方展示其中一种油的完整的全油色谱图，这两种油在总体上是相同的。色谱图中，一个窗口的保留时间是 5~10min，这是对比的选定时间范围，也说明存在可能的合成油基探钻钻井液污染物。这 3 种保留的色谱图，如

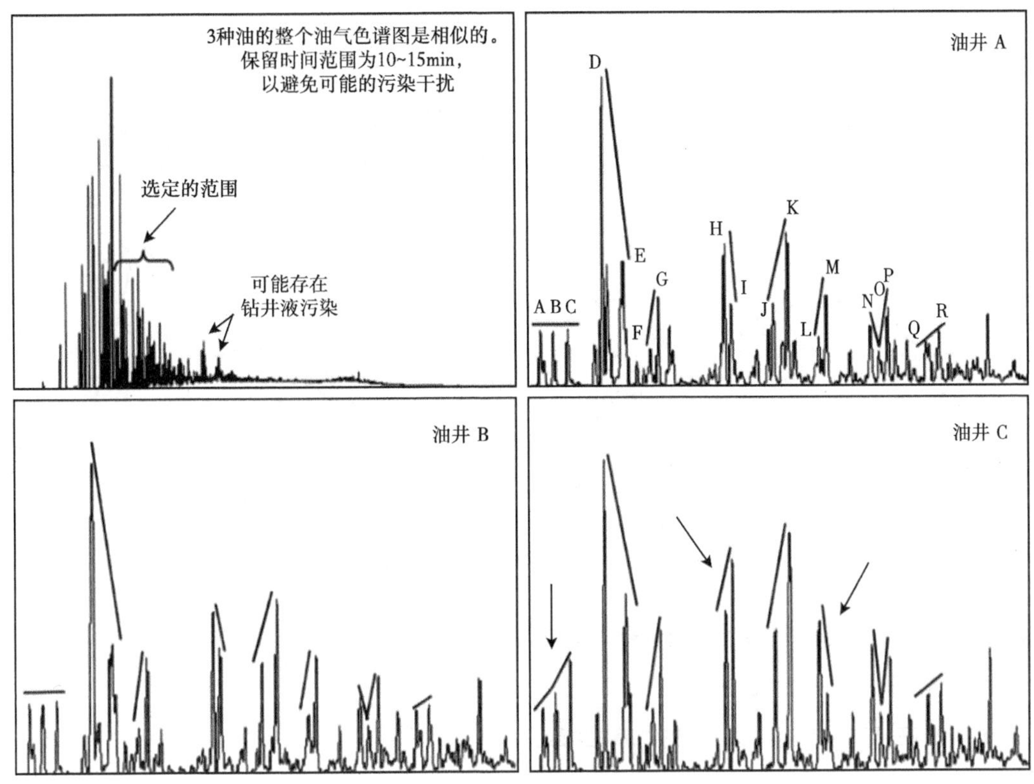

图 5.11 高分辨率气相色谱在油藏连续性研究中应用的实例图

左上方色谱图为全分析范围，选择保留时间窗为 10~15min 进行比较。其他 3 张色谱图显示了油井 A、油井 B 和油井 C 相同储层段原油的 10~15min 保留时间窗，以及选择的对比峰。油井 C 色谱图上的箭头表示它与油井 A 和油井 B 的油有显著差异

图 5.11 所示，展示为油井 A、B、C 相同储层段的石油 10~15min 保留时间窗口。对比选定的峰值，如油井 A 色谱图中所示。在选定峰上绘制的条形图提供了要计算的比率，并提供了油之间相似性和差异的初步评估。油井 C 色谱图中的箭头表示油井 A 和油井 B 中的石油和它们之间具有显著差异。

然后计算峰值比，通常基于峰值高度，并使用雷达图进行图形比较。图 5.12 显示了在雷达图上绘制的图 5.11 中的 3 个全油色谱图的计算峰比结果。虽然 A 井和 B 井的油具有高度的相似性，但 C 井的油存在显著差异。然后利用这些相似性和差异性以及地质背景，对图 5.12 横断面所示的井间连通性进行解释。从数据上看，储层流体在油井 A 和油井 B 之间的断层连通，油井 B 和油井 C 之间的断层将两个隔层隔开。在这个例子中，雷达标绘图上的数据图形显示是区分不同采油舱室油品的一种有效方法。但是，如果要检查大量的数据集，可采用与第 4 章中描述的石油对比法类似的多元统计分析法。

除高分辨率全油气相色谱图之外，还使用了原油中分布的烷基苯用于储层连续性研究（Fox 和 Bowman，2010）。这些化合物可用芳香烃类化合物馏分气相色谱图辨别，但是获得烷基苯数据的常规方法是使用气相色谱—质谱联用技术监控 $m/z=92$ 片段的特性。这些

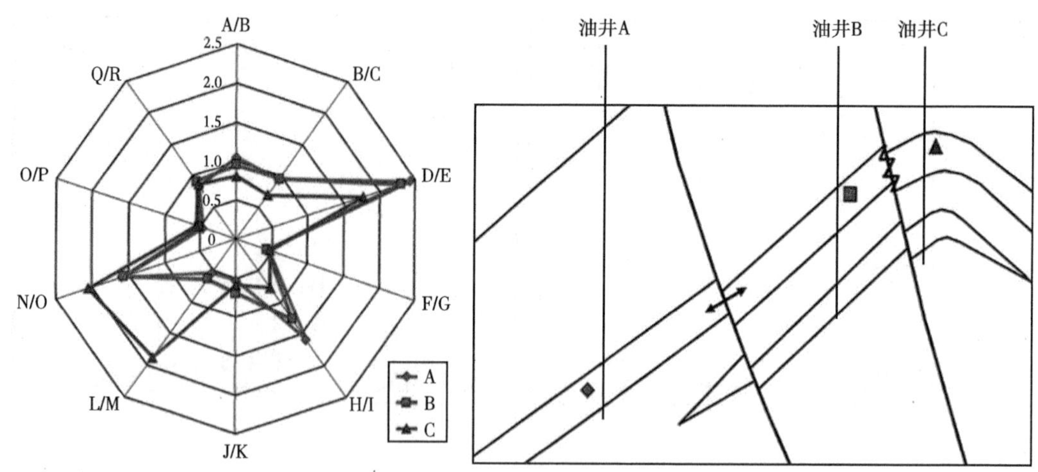

图 5.12　3 种全油色谱图峰值比计算结果与雷达复合图

图 5.11 为右侧横断面解释的依据。数据表明，油井 A 和油井 B 之间的断层连通，而油井 B 和油井 C 之间的断层似乎将两个隔层隔开

数据通常被归一化到分布中的最高峰，并以与高分辨率全油气相色谱中所选择的峰值比相同的方式使用。

5.4.3　使用天然气样本研究油藏连通性

在气藏中，也可以使用相同的通用方法，结合成分信息和碳同位素比值，测试储层的连续性，从而建立不同井中相同产层的气体之间的相似性和差异性（Weissenburger 和 Borbas，2004；Milkovet 等，2007）。这种比较方法基本上与第 4 章所述的气—气对比方法相同，只是气体的地球化学与充注历史的差异可能比石油的差异更为细微。

由于地下天然气更容易迁移，因此更有可能是来自不同来源或不同成熟度的气体混合气体。再加上储层之间可能存在较小的成分和同位素差异，这可能掩盖了指示储层划分的气体之间的差异。

5.5　生产分配

若在油田中发现一个以上的产油层，这些分隔层的石油或天然气在生产中可能混合于地表设施或管道中。有时确定某些油或气对整个生产的贡献是很有必要的。这可能是为了评估各个产油层在油藏管理方面的能力，或者当不同的租约持有人有权使用不同的产油层时，确定产油层的收入分配。

用于估计产量分配的基本方法是使用高分辨率全油气相色谱数据和类似于储层连续性研究中使用的峰值比（Kaufman 等，1990）。该方法是基于开发组成混合物的各个油层之间的组分差异。为证明这一点，使用一个简单的混合模型来从两个独立的生产层分配产量，如图 5.13 所示。通过地球化学对比，确定这两个层位是相互隔离的。在本例中，选择两种油中各有显著不同的 3 种峰值比来估计每种油对总混合物的贡献值。使用简单的线性混合模型，比值可沿着指定的趋势改变，从右边100%的油A至左边100%的油B。通过绘制中观察到的比率混合油，如图中 X_s 的发展趋势，混合油组分将会表明，此示例中大约含37%的油A和63%的油B。实际上，经常在结果中观察到每种比值的变化。若这些变化小，3种结果的平均值用于最后的取值。这种方法对二元混合物是有用的，当两种以上的油混合时，有必要采用多元统计分析确定每种油的贡献值（Hwang等，2000；McCaffrey等，2011）。

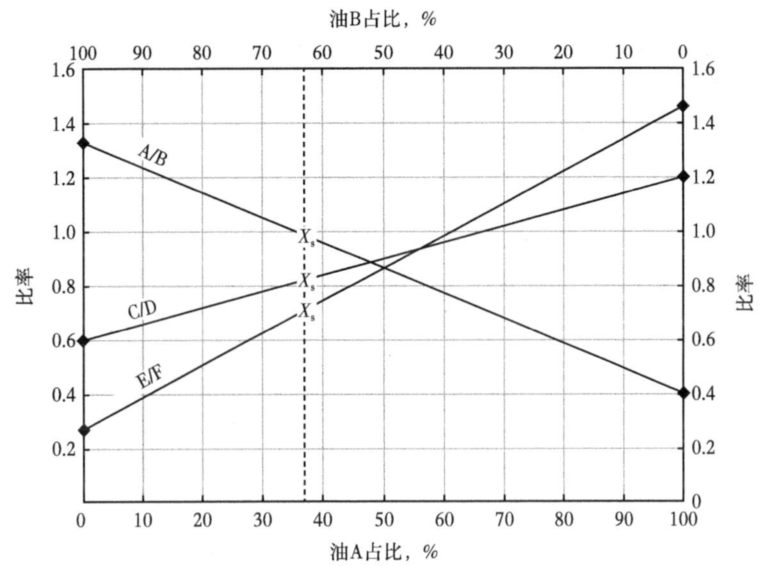

图5.13 简单混合模型方案，从两个独立的生产区混合生产分配图（Kaufman，等）

在气藏中，反褶积混合物的方法更为复杂。虽然使用混合组分数据的可以遵循简单的线性模型，但单独的气体的组成可能不能提供足够的差异，以充分区分每个气体对混合物的贡献。如储层连续性研究部分所述，将同位素数据与成分数据结合使用，可以区分进入混合物的每种气体。然而，由于使用δ表示法计算稳定同位素比率，所以它们不能用于简单的线性混合模型。相反，McCaffrey等（2011）提出了一种组合成分和同位素方法，使用一系列混合方程，虽然这些方程不能提供确切的结果，但可以用来近似表示最可能的气体混合物组成。

5.6 生产问题和定期抽样

生产开始后会出现许多问题，这可能减少或停止烃类化合物的流量，因此影响油田的收益率。这些问题可能和水泥或封隔器故障、管道或等深管破漏、有机沉积物有关。许多时候，这些生产问题可在生产的烃类化合物组分的变化中辨识。理想的状态下，生产的烃类化合物组分应定期监测，大概每6个月检测一次，寻找可能预示潜在难点的变化。这种类型的信息也可用于提高生产效率，使烃类化合物采收率达最大化。

对产生的流体进行定期分析的另一种方法是为存档而进行的定期取样。每6个月收集

25~50mL 石油，密封储存在一个阴凉较暗的地方，可预防可能的生产问题。这些样品的收集和储存价格低廉，如果发生复杂情况，可立即用于地球化学分析，并提供珍贵的信息。这些示例不仅提供了数据来帮助诊断可能的生产问题，还提供了一个时间框架，这对于理解问题的潜在原因可能非常重要。

Kaufman 等（1990）提出的研究是这一概念的经典案例，记录了墨西哥湾油井的管柱故障产生历程。图 5.14 所示是此问题形成的原理图。最初，不同流体组成的两个区投产相隔 5 年，定期从各产地采集档案样本。当怀疑井中的两个油管柱之间存在连通时，地球化学家便可以去寻找所涉及存档的样品。通过应用早前描述的用于储层连续性研究的高分辨率全油指纹技术和生产分配方法，他们能够确定油管柱之间确实存在连通，确立了其发展中可能遇到的问题解决方案，如图 5.14 所示。完成这项研究后，对下级区域的生产方案进行了重新规

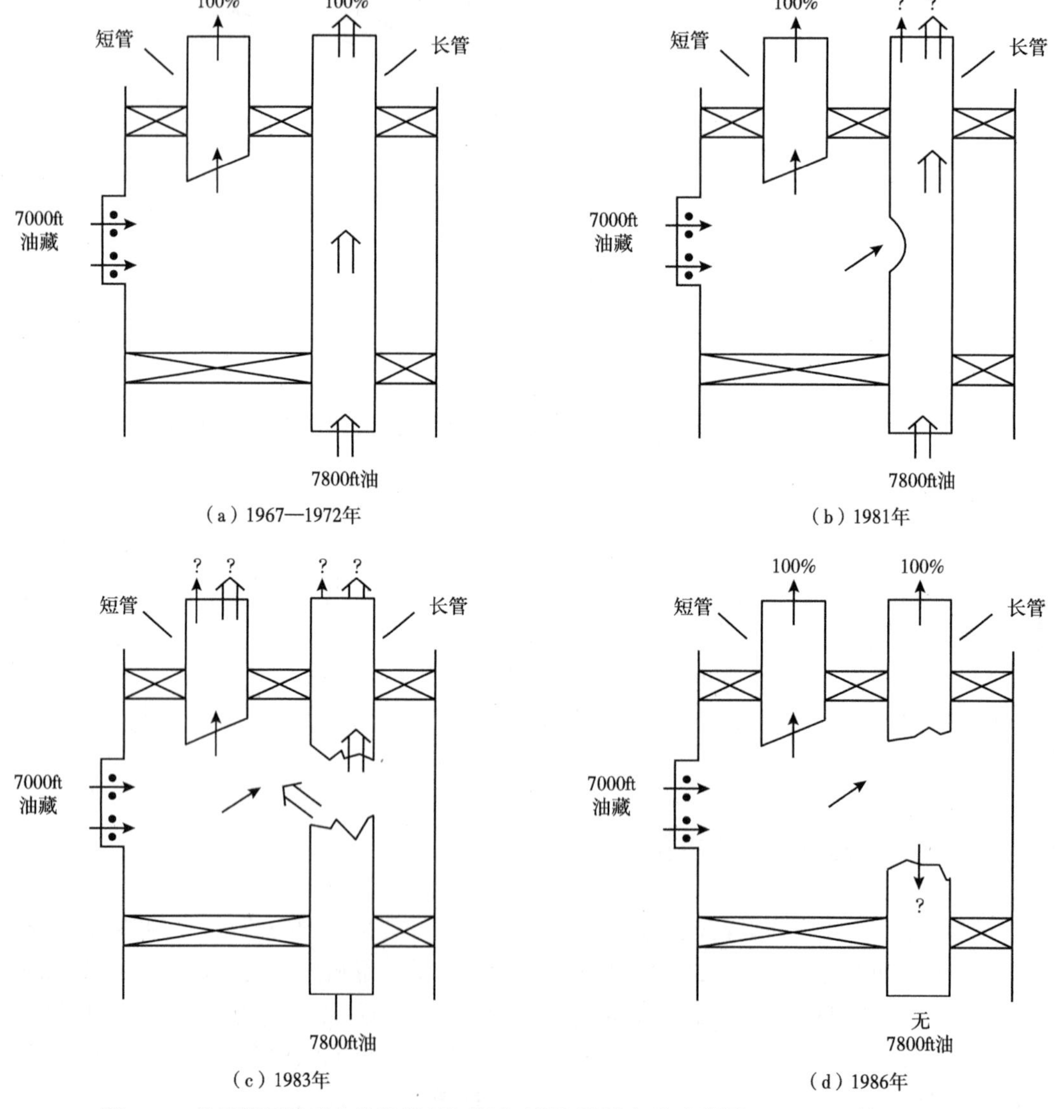

图 5.14　使用储层地球化学数据理解管道破漏问题的相关步骤图（Kaufman 等，1990）

划，从而增加了油井的整体产量，并采取了措施以防止将来发生油管故障。

对比石油样本，油井中天然气样本的收集和归档显得并不实用。天然气样本需要昂贵的压力容器来存放，所需存放空间使归档更不实用。气瓶也有泄漏的可能性，从而改变天然气组分和同位素特征。因此，与原油分析相比，基于天然气的组成和稳定同位素相对便宜等方面考虑，分析更为实用且成本效益更高，所以定期采集生产气体样品并储存数据。这样，一旦出现问题，可以随时核验数据。

5.7　加强采油监测

一次采油技术仅开采了原始石油的10%~20%，提高采收率已成为从已发现的油田中采出更多的石油一种普遍做法，从而最大限度地进行勘探投资。油气地球化学在提高采收率监测中的应用虽然鲜有报道，但具有很大的应用潜力。油气地球化学可以应用于提高采收率的监测和评估。这些技术适用于水、蒸汽、CO_2 和表面活性剂驱以及天然气的回注。基本概念是需要在开始提高采收率之前为储层开发一套基准数据。这可以通过在给定位置（通常在注入井和生产井之间）通过储层开发垂直地球化学剖面来实现。垂直地球化学剖面将使用旋转侧壁岩心来建立，以获取井眼中固定位置处储层中的流体样本，可以在注水前缘通过后对其重新采样。收集的数据包括每个取样深度点的烃类化合物数量和分布。用三甘醇或常规溶剂萃取，然后用全油气相色谱法得到组成分布。使用井壁岩心（在井场冻结）有助于保护轻烃物质的损失，取得了最佳效果。水驱前缘过后，同样的岩心钻取点用于收集第二套石油侧壁岩心。第二组样本应按照与收集基准线完全相同的方式收集和处理。烃类化合物数量和组分的变化可用于确认水驱前缘的通道，以及估计提取剩余油过程的效率。

图5.15中数据表明，它们来自用于蒸汽驱试点工程的监测油井中两种深度相同的侧壁岩心。数据来自TEGC凝固的油侧壁岩心，这些岩心是在注水前缘经过监测点前后收集的。图5.15（a）表明出大量石油将被生物降解，图5.15（b）清楚地显示了烃分布的变化，即使是在峰以下的“驼峰”所代表的未分离的复杂混合物中也是如此。额外的数据由侧壁岩心中获得，分析数据显示出被蒸汽从沉积物中抽离出的石油含量。

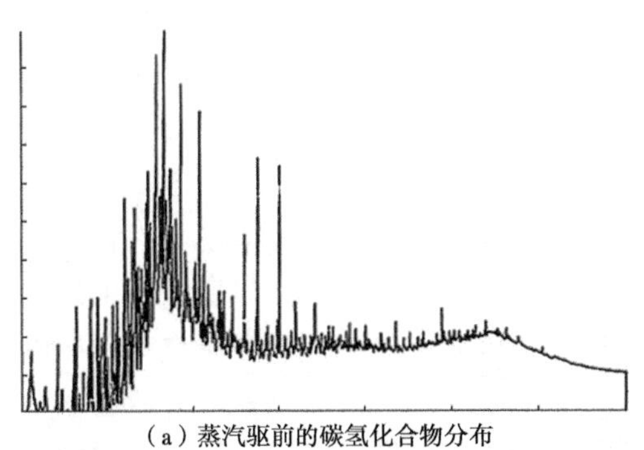

（a）蒸汽驱前的碳氢化合物分布　　（b）蒸汽驱后的碳氢化合物分布

图5.15　用热萃取气相色谱图数据监测提高采收率的实例图

当蒸汽驱油前缘经过油井地点前后时，在同一深度收集侧壁岩心

这些分析速度快，成本相对较低，此外还提供了有关提高石油采收率的信息。随着提高采收率成为生产作业的一个更加重要的方面，预计今后将更多地使用这项技术。

5.8 储层酸化

储层酸化是观察到的储层流体中硫化氢（H_2S）含量随时间增加的现象。它通常发生在注水后的几个月到几年内的油藏中，H_2S 增加会导致产烃质量下降，油井产能下降，且增加了安全和健康风险。它还可能增加井下设备、流水线和地面设施的硫化物应力开裂和腐蚀破坏的可能性（Iverson，1987）。

注水过程中 H_2S 的增加是由于将硫酸盐还原菌引入注入水中，对油藏中的石油进行生物降解的结果（Cord Ruwisch 等，1987）。它更常见于注入富含硫酸盐海水的近海油田，为微生物补充硫酸盐。该过程引起的生物降解可以通过与自然生物降解相一致的采油成分的变化来识别。它还具有类似于自然生物降解的温度敏感性，该细菌活性的上限为 80℃。减轻硫酸盐还原引起的储层酸化可通过向注入水中添加杀菌剂或从注入水中去除硫酸盐来减少硫酸盐还原菌来实现（Vance 和 Thrasher，2005）。

在水淹油藏中，由于蒸汽驱油藏引起的硫酸盐热化学还原（TSR）作用，也可能导致油藏酸化（Hoffmann 和 Steinfatt，1993；Kowalewski 等，2008）。蒸汽驱期间，储层岩石的温度可能超过 150℃。如果存在硫酸盐，则可能发生 TSR 反应，消耗部分油气并产生硫化氢。

油气地球化学在储层酸化中的作用是监测产量。应定期对采出液进行采样，以帮助识别油气（液体和气体）中的地球化学变化，这种变化可能预示着正在发生酸化，以便采取补救措施。考虑到因储层酸化而导致的产量损失、石油价值降低和生产设施腐蚀修复费用，生产监控是符合成本效益的。

5.9 储层地球化学战略

虽然油气地球化学自 20 世纪 70 年代末开始应用于解决储层和生产问题，但这方面的科学进展不如烃源岩评价或油气对比。仍然有机会发现新的方法，将油气地球化学应用到解决储层问题上。需要寻找储层地球化学的创新应用，以增加其在油田开发和生产实践中的价值。

对于如何将油气地球化学应用于解决油藏和生产问题，一些建议仅供参考。首先，有必要明确问题是什么，什么时候发生的，以及你想从研究中了解什么。问题定义中规定的这些规范将确定所需的样品以及需要遵循的分析程序。他们还将确定这项研究的预期以及它将如何帮助解决这些问题。

其次，对于储层地球化学来说，值得强调的是，储层流体样品必须进行有规律的采集并存档。在储层使用初期开始收集，并至少每 6 个月定期重新取样。如果出现问题，将需要这些样品来建立基线，并帮助确定问题开始的时间线。

早期尝试用地球化学方法解决生产问题总是最好的。它通常比传统的工程程序更快、更便宜。问题越早解决，恢复生产的速度就越快。如果需要，工程方法仍然可用。

最后，与所有油气地球化学应用一样，将地球化学结果放在地质环境中。这些解释不能单独存在，它们需要有地质意义，否则就毫无价值。

第 6 章　地表地球化学

任何对石油勘探历史的回顾，都说明石油和天然气渗漏是早期发现的重要线索。许多最初发现的特大型油田是由于探钻或附近渗漏的直接结果。通过研究渗漏及渗漏出现的原因，可获得对含油气系统有价值的见解和勘探区内流体的流动变化规律，从而有助于降低勘探风险。

地表地球化学是寻找深层地下油气藏中烃类渗漏直接或间接的表现形式。它基于油藏上的所有密封都是不完善的，存在一定程度的渗漏，这些渗漏的烃类化合物是由自然浮力驱动到地表的（Klusman 和 Saeed，1996）。然后在地表或地表附近检测到这种渗漏，如烃类浓度升高、沉积物矿物学变化和对烃类存在的生物反应。

地表地球化学中所研究的烃类渗漏通常分为微渗漏和宏渗漏两大类，如图 6.1 所示。微渗漏是一种低浓度渗漏，只有少量烃类化合物通过垂直运移而渗漏到地表。这种类型的渗漏对地表的观测者来说并不明显，通常必须通过对近地表沉积物的地球化学分析来追踪。与之相反，宏渗漏是一种高浓度的渗漏，其中大量的烃类化合物渗漏，导致在地表形成可见或容易检测到的石油和天然气，这种类型的渗漏通常与延伸到储层附近的断层或裂缝带密切相关。

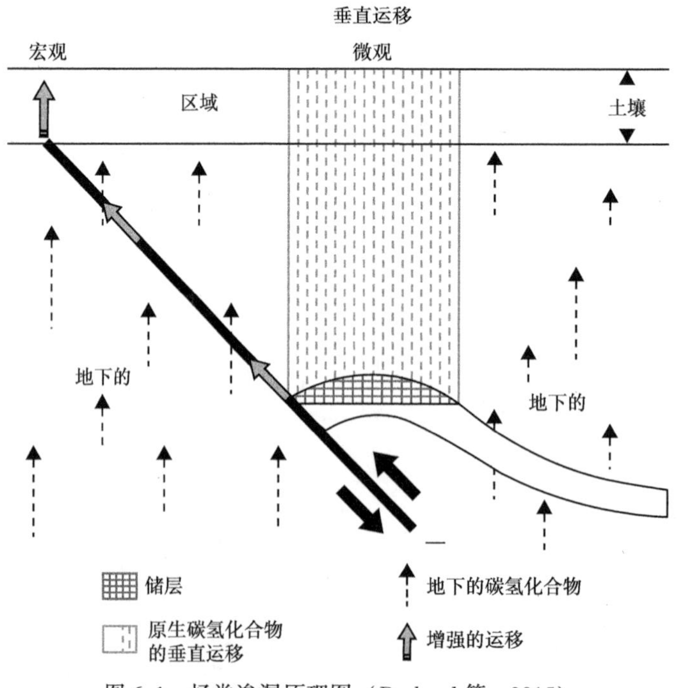

图 6.1　烃类渗漏原理图（Rasheed 等，2015）

地表地球化学是一个有争议的话题，几乎每个勘探学家和油气地球化学家都能看到利用从宏渗漏中发现和分析烃类化合物收集到信息的好处，而在微渗漏中则是另一种状态。

虽然有些人完全相信它的用途，但有人仍否认存在微渗漏。在那些承认存在微渗漏的人当中，有些人认为微渗漏实际上不能被用来发现地下石油积聚。此外，已发表的关于成功应用微渗漏检测技术的报告中，有些是针对这些技术的，而对其他方法的记录很少，许多人对其持怀疑态度，在这个问题上似乎没有妥协的余地。

讨论地表地球化学的目的是提供相关方法的背景资料，使读者能够开始形成他们自己的观点。从微渗漏开始，检测泄漏的烃类化合物，然后审查如何运用陆上和海上的宏渗漏信息。

6.1　微渗漏

对微渗漏的研究基于3种主要假设（Schumacher，1996）。如前所述，第一种假设是油气藏是动态的，其封闭性是不完善的，因此所有储层都有一定程度的泄漏。在微渗漏方面，相对于储层中烃类化合物的体积，所需的渗漏量非常小。因此，考虑到所有的实际情况，这种密封仍然可以有效地抑制堆积。

第二种假设是泄漏的烃类化合物可以在相对较短的时间内垂直地穿过数千米的沉积物，而没有明显的断层或裂缝（Schumacher，1996）。虽然垂直运移不是大体积的高分子量烃类化合物能容易地穿过地下的过程，但它可能适合少量的低分子量烃类化合物。早期的科研人员认为，扩散是这种垂直迁移的动力，直到Klusman和Saeed（1996）的研究表明，更有可能是浮力推动了这一过程。虽然这种垂直移动的速率尚不清楚，但Rice等（2002）的一项研究表明，根据在产油区观察到的因注水而引起的土壤—气体烃类化合物浓度的变化，计算出的烃类化合物垂直运移速率为0.6~2m/d。

第三种假设是渗漏造成了近地表环境的变化，这些变化可探测、绘制并与深层烃类化合物相关联（Schumacher，1996）。可检测到的微渗漏表现形式多种多样，最明显的是近地表沉积物中热生烃的增加。但是，这些烃类化合物的存在也会引起可在地表探测到的主要沉积物的变化，例如矿物学的改变，而矿物学的改变反过来又能改变沉积物的磁性和电学性质。渗漏烃类化合物的存在也可能对近地表沉积物或可观测和绘制的地表植被的微生物群产生影响。

使用微渗漏是一种陆上勘探途径。已经有人尝试将这种技术扩展到海上，并有成功的报道（Hitzman等，2009）。但是，在海洋环境中所观察到的条件以及进行近海调查（尤其是在深水区），所涉及的后勤挑战，都不利于检测微渗漏。

随后的讨论将回顾微渗漏的直接和间接指标，以及用于勘测设计和数据解释的一些概念和实践。

6.2　烃类化合物微渗漏的直接指标

利用烃类化合物微渗漏的直接指标，集中分析了土壤或近地表沉积物中是否存在热成因烃类化合物。虽然大部分直接方法侧重于检测使用土壤中 C_1—C_5 烃类气体检测微渗漏（土壤气的方法），但也有一些其他方法通过使用埋在沉积物中的吸附剂（被动收集或吸附剂方法）来检测一些较高分子量的组分。尽管背景理论和研究方法并不相同，但这两类方法的应用方式却非常相似。

6.2.1 土壤气

土壤气法在土壤剖面和近地表沉积物中寻找 C_1—C_5 烃类气体，这些轻烃被认为是以微渗漏为特征的直接垂直运移的最可能表现形式。土壤气体采样分析有两种基本方法，第一种是使用一个插入土壤至少 1m 深的气体探测器（Jones 和 Drozd，1983；von der Dick 等，2002），探头与泵送系统相连，将气体从土壤中抽出。通常，这种方法会结合便携式气相色谱仪来对气体进行现场分析。然而，有些研究人员会捕获气体以便在实验室中进行后期分析。第二种是挖至少 1m 深的土进行采样，然后迅速地将样本放入密封罐中，以便后期的实验室分析。由于气体探测器、泵送系统和便携式气相色谱仪（若使用）的物流保障难度大，大多数土壤气体调查都是使用罐装土壤样品进行的。

罐装土壤样品运到实验室后，可以用多种方法来获取气体数据。最常见的方法是简单地对罐装土壤样品的顶空气体进行采样，并用气相色谱法（GC）分析轻烃组成（Jones 等，2000）。它仅依靠土壤间隙中的游离气体来提供微渗漏信号，与第 3 章所述的顶空岩屑气体分析非常相似。这种校准分析给出了顶部空间中烃类化合物气体的总量和单个气体组分的定量分布。通常会将罐装土壤样品加热到相同的温度，并根据每个样本的土壤量调整结果，以使数据规范化。

除观察顶空气体之外，一些工作人员认为，很大一部分渗漏可能被吸附在矿物颗粒上，需要释放出来进行适当的分析。为此，工作人员已经制定了分析方案。首先进行顶空气体分析，然后打开罐子，将土壤放入密封的搅拌机（Abrams，1992）或球磨机（Bjoroy 和 Ferriday，2002）中，释放吸附气体进行分析。不幸的是，这两种方法都受到了怀疑，因为使用这些装置摩擦加热可能会提高温度，可能会使土壤中的有机质生成烃类化合物。Horvitz（1939，1969）提出了另一种观察吸附烃类化合物的方法，将土壤样品放置在一个密封的室内并置于真空下，以清除任何残留的间隙烃类化合物气体。然后对土壤中的矿物颗粒进行酸腐蚀，释放出被吸附的烃类化合物，然后用 GC 进行分离和分析。这一领域的工作人员有的同时使用间隙气体和吸附气体进行解释，有的仅使用吸附气体。吸附微渗漏的优点是累积的烃类化合物应代表一个随时间变化的综合信号，可以避免后面讨论土壤气体采样的一些缺陷。

除上述方法中使用的 C_1—C_5 烃类化合物气相色谱分析外，如果甲烷浓度足够高，还可以尝试对甲烷进行碳同位素分析。如第 2 章和第 4 章所述，甲烷可以是生物成因的，也可以是热成因的，而碳同位素比值是做出这一判断的关键证据。如果乙烷和丙烷的碳同位素比值足够丰富，那么它们的碳同位素比值也可用来解释。

这种土壤气体的瞬时采样，无论是用探针还是用罐装土壤样品的顶空气体分析，都可能存在问题。烃类微渗漏的通量速率受多种因素的影响，而这些因素反过来又影响着土壤中任何时刻的微渗漏浓度。温度和压力、湿度、风速、空气湍流和降雨等大气条件的变化

（Klusman 和 Webster，1981），以及土壤的昼夜温度变化（Jones 等，2000）都可以影响渗漏烃类化合物的短期浓度。此外，地潮还会引起裂缝和断层的压缩和扩张，从而影响微渗漏的垂直运移（Calhoun 和 Hawkins，2002）。这些影响使得有时很难在完成一项土壤气体调查所需的数小时或数天内获得可比的样品。

污染也可能是土壤气体采样的一个问题。来自内燃机和石油产品泄漏的烃类化合物会进入土壤样品。当收集土壤进行分析时，应检查采样区域是否有任何可能的污染，并清除所有机动车尾气。

6.2.2　吸附剂

利用吸附剂进行微渗漏采样，有时也称为被动土壤气体采样，是一种成熟的地表地球化学技术。与土壤气体法相比，用吸附剂进行微渗漏采样有两个明显的优点。首先，吸附剂会在数天或数周内收集潜在的微渗漏，以消除大气和其他影响，这些影响会使收集与土壤气体类似的样品变得困难。其次，它们收集的分子量范围更大，从而可以提供更多机会识别热生烃。虽然使用吸附剂进行调查需要更多的现场时间和费用，但其优势弥补了这些时间和费用的付出。

第一个实际应用吸附剂进行微渗漏检测的是 Petrex 系统（Klusman 和 Voorhees，1983；Voorhees 和 Klusman，1986）。它由涂有活性炭的细丝组成，这些细丝被放置在一个小玻璃圆顶下，并掩藏在土壤中至少一个星期。回收后，将细丝在质谱仪的入口中“解吸”，对收集到的分子量约为 240 的有机材料进行分析，其分子量约为 C_{16}正构烷烃。

1996 年，W. L. Gore 和 Associates，Inc. 购买了 Petrex 系统，并开发了一个更先进的吸附系统。该采样器由涂有专用吸附剂的双丝组成，被密封在一个 Gore-Tex 护套中。这些吸附剂被埋在至少 1m 深的地方，放置 7~10d。使用 Gore-Tex 护套的优点是，它作为一种膜，防止水蒸气浸透长丝上的吸附位点，同时仍然允许挥发性有机化合物通过并被收集（Schrynemeeckers 和 Silliman，2014）。检索后回到实验室，将细丝“解吸”到气相色谱—质谱仪的入口进行分析。多达 82 个挥发性和半挥发性有机化合物从 C_2—C_{20}被鉴定（Hellwig，2011）。为了解释这些数据，有必要研究信号强度和复合分布的组成。所发现的化合物被分离为通常在石油中发现的化合物、通常在土壤背景中发现的化合物（生物输入）和可能的蚀变产物（Schrynemeeckers 和 Silliman，2014）。在数据中，接收到的信号被分为背景信号、地下石油信号或地下天然气信号，并被赋予一个强度。如果可能，使用来自当地原油的样品化合物分布进行比较。

该吸附系统目前由 Amplify Geochemistry Imaging LLC（AGI）销售。还有其他几种基于吸附的技术可用于收集和分析土壤中的挥发性和半挥发性有机化合物，它们在概念上都与 AGI 系统相似。然而，这些技术目前仅配置用于环境研究工作，但也适用于石油勘探。

6.3　烃类化合物微渗漏间接指标

并非所有的微渗漏勘探方法都直接在近地表沉积物中寻找低浓度的热生烃。许多研究者专注于寻找可能已经发生的烃类化合物引起的沉积物蚀变的证据，而另一些则寻找可能归因于烃类化合物渗漏的微生物或植物变化（Schumacher，1996）。在某些情况下，这些方法是可以间接地检测到一些信息，这些信息可能间接地表明存在渗漏的烃类化合物。虽然这些方法可能有看似合理的理论基础，但对于它们所描述的现象，往往有不止一种可能的解释。这些间接指示烃类化合物渗漏的方法在某些情况下可能有用，但它们通常缺乏充分的理论研究来完全支持其主张。在确定这些间接油气勘探方法的全部价值之前，需要进行大量研究，以了解被检测到的内容以及原因。下面简要介绍一些常用的方法，有关间接检测方法的更多信息，请参见 Klusman（1993）或 Schumacher（1996）的著作。

6.3.1 土壤微生物

微生物调查需要收集土壤样本并培养现有的微生物群落（Rasheed 等，2013），目的是鉴定能够代谢轻烃的微生物，主要是通过丁烷氧化微生物代谢乙烷（Tucker 和 Hitzman，1996）。这些生物种群的增加被用来作为由于油气渗漏而导致轻烃浓度升高的潜在的指标。因为土壤中可能产生生物甲烷，所以通常不考虑使用甲烷氧化剂。虽然许多被寻找的生物体有代谢烃类化合物的能力，但它们并不完全消耗烃类化合物，而且由于其他原因，它们的浓度可能很高。

6.3.2 伽马射线光谱法

光谱伽马射线勘探利用与用光谱伽马射线测井工具探测烃源岩相同的原理。在近地表沉积物中检测到的伽马射线信号主要来源于天然存在的放射性元素铀、钾-40 和钍。当沉积物的 Eh 具有氧化性时，铀化合物是水溶性的，但在还原条件下，铀化合物沉淀并固定在沉积物中。在这种情况下，沉积物中的有机物渗透烃类化合物，可以导致还原条件的发展，进而从天然水中沉淀出铀（Fertl 和 Chilingar，1988）。伽马射线光谱法可以将铀信号从钍和钾信号中分离出来。可以使用携带相关设备飞机或地面车辆进行表面地球化学调查（LeSchack 和 van Alstine，2002）。

6.3.3 土壤碘

利用土壤碘作为烃类渗漏的指标基于轻质烃类化合物渗漏到地表与碘相互作用形成低挥发性碘有机化合物的亲和性（Leaver 和 Thomasson，2002）。虽然土壤的其他化学特性可能影响碘的含量，但人们认为碘的含量主要取决于一种或多种轻烷烃、乙烷、丙烷和丁烷的浓度（Gallagher，1984）。碘的来源最初被认为是大气（Gallagher，1984），但是，Klusman（1993）提出了生物起源。这些碘有机化合物是亚稳态的，若烃类化合物来源被切断，它们将在几个月后分解（Leaver 和 Thomasson，2002）。因此，必须在样品采集后尽快进行碘分析。

6.3.4 感应极化和电阻率

感应极化（IP）和电阻率是近地表沉积物作为间接烃类化合物指标的两种电学性质，它们通常是通过将两个电极插入地球表面并通过电流来同时测量的。电阻率测量完成后，切断电流，测量 IP。IP 是由于电流注入地球“充电”类似于电容器的特定矿物产生的。

极化测量的是电流停止后储存的电荷所产生电压的缓慢衰减（Sumner，1978）。

电阻率和IP值的增加都被认为是由于成岩矿物的存在，而成岩矿物可能与烃渗漏有关。电阻率的增加可能是由于碳酸盐矿物的沉淀堵塞了孔隙空间。当渗漏的烃类化合物被微生物氧化成二氧化碳时，碳酸盐会被诱导沉淀，二氧化碳与孔隙水中过量的钙和镁发生反应（Oehler和Sternberg，1984）。

IP被认为来自浅层硫化物矿物，如黄铁矿和镁铁矿（Oehler和Sternberg，1984）。渗漏的烃类化合物可被近地表沉积物中产生硫化氢的硫酸盐还原菌消耗，产生硫化氢，而硫化氢又与沉积物中的铁发生反应，形成硫化物矿物。

6.3.5　磁性对比

渗出的烃类化合物的存在可能导致一些磁性矿物的形成，如磁铁矿和磁黄铁矿，或者破坏了其他矿物，如赤铁矿（Machel和Burton，1991）。趋磁细菌在厌氧条件下可生产磁铁矿、磁黄铁矿或硫复铁矿（Machel和Burton，1991）。硫酸盐还原菌的存在也可能有助于磁性硫化物矿物的形成。在相同条件下，赤铁矿是不稳定的，容易溶解或还原。渗漏的烃类化合物的存在有助于在这些近地表沉积物中建立还原环境，并作为微生物群落的食物来源。由于渗漏烃类化合物的存在可能改变磁性矿物的浓度，因此使用磁性对比和不一定是很高的局部磁性作为烃类化合物渗漏的指标（Machel，1996），航空磁测和地面磁测均可获得数据。

6.4　微渗漏测量设计与解释

微渗漏调查的范围可以从对感兴趣地区的区域调查、筛选到对租赁面积的侦察研究，再到重点勘探的规模。虽然可能需要进行大规模的区域调查，但要对该地区的潜在渗漏情况做出有意义的评价，所需的采样密度在后勤上可能不可行。对小区域进行更集中的研究很可能使人们对地下油气的潜力有更深入的了解，特别是地下地质与地表地球化学数据相结合时。

当着眼于处理一个或多个勘探区的重点调查时，调查的规模和形状必须足够大，以容纳可疑的地下目标，并将超出预期的异常延伸到背景区域。必须对背景区域进行采样，建立异常信号识别的比较基线，这包括估算用于帮助建立背景信号中可容忍的潜在变化的地表地球化学技术的信噪比。Matthews（1996）认为，如果采样距离不超过目标边缘与目标宽度相等的距离，就无法找到背景。

调查要么以网格模式进行，要么以一系列直线进行。如果进入被调查地区的通道有限或用于调查的资源有限，则可以使用线路。采用线路勘测的另一个原因可能是为了遵循二维地震测线，以此协助与地下地质的整合。样本密度应该足够大，在目标宽度内至少有4个样本（Matthews，1996），线条应该远远超出目标，延伸到背景区域。网格采样应该遵循类似的指导原则，在目标上进行多个采样，并在背景区域进行足够的采样。调查需要包括实地空白、实验室空白、复制样本以及对某些样本的重复分析，为研究提供足够的数据质量保证和质量控制。

在解释时，通常将土壤气体数据绘制在一系列地图上的网格点处或沿断面线的采样点处。这些数据通常包括总 C_1—C_5 气体浓度以及各个气体的浓度和计算出的比率。一些解释方案不再考虑甲烷，因为它既可以是生物成因的，也可以是热成因的，并且只集中在 C_2—C_5 气体上。如果使用网格模式，则可以绘制数据轮廓（无论是轮廓线还是颜色），作为识别潜在异常过程的一部分，如图 6.2 所示。对于网格模式或横断面，点分布图也很有用。这种类型的映射在样本位置使用一个圆圈（点），圆圈的大小与变量的强度成比例缩放。将地表地球化学数据的等高线或点分布图叠加在勘探层的地下构造图上，可大大提高其实用性。

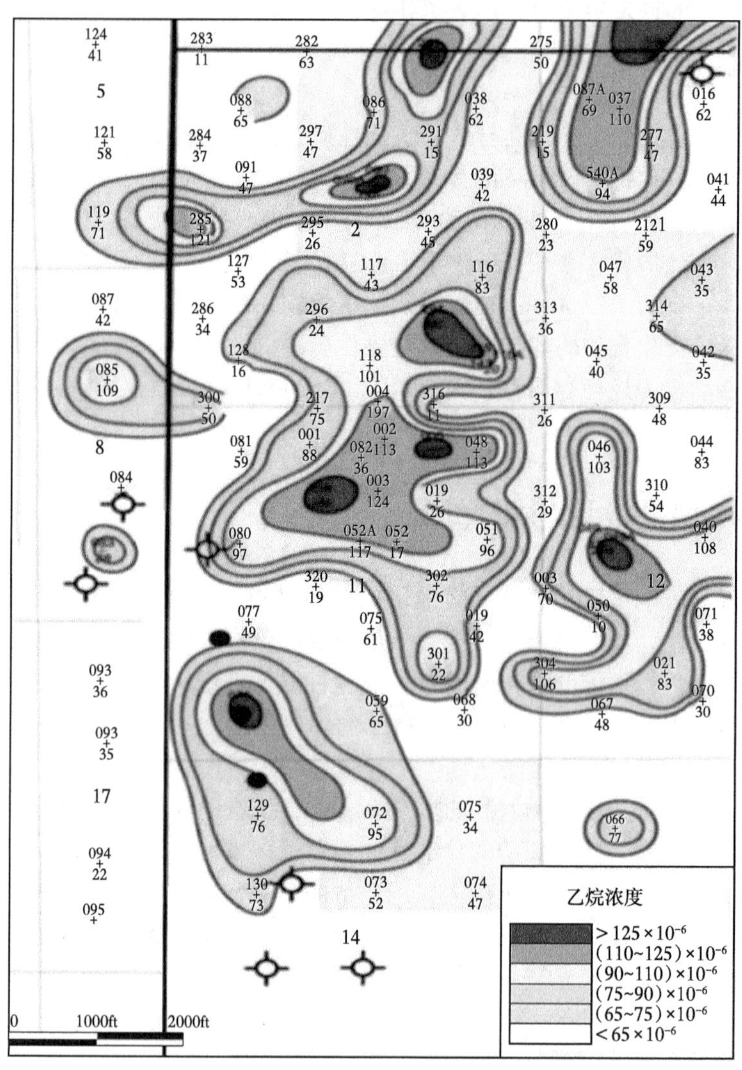

图 6.2　土壤气体乙烷浓度等值线图（Jones 等，2004）

除了地图，X—Y 图是非常有用的解释工具，其中 X 是横断面上的距离，Y 是被调查变量的大小。可以在 Y 轴上绘制多个变量来增加被比较的数据量。这些 X—Y 图可以与绘制在相同尺度上的地质剖面进行配对，以辅助地球化学与地质的整合，如图 6.3 所示。

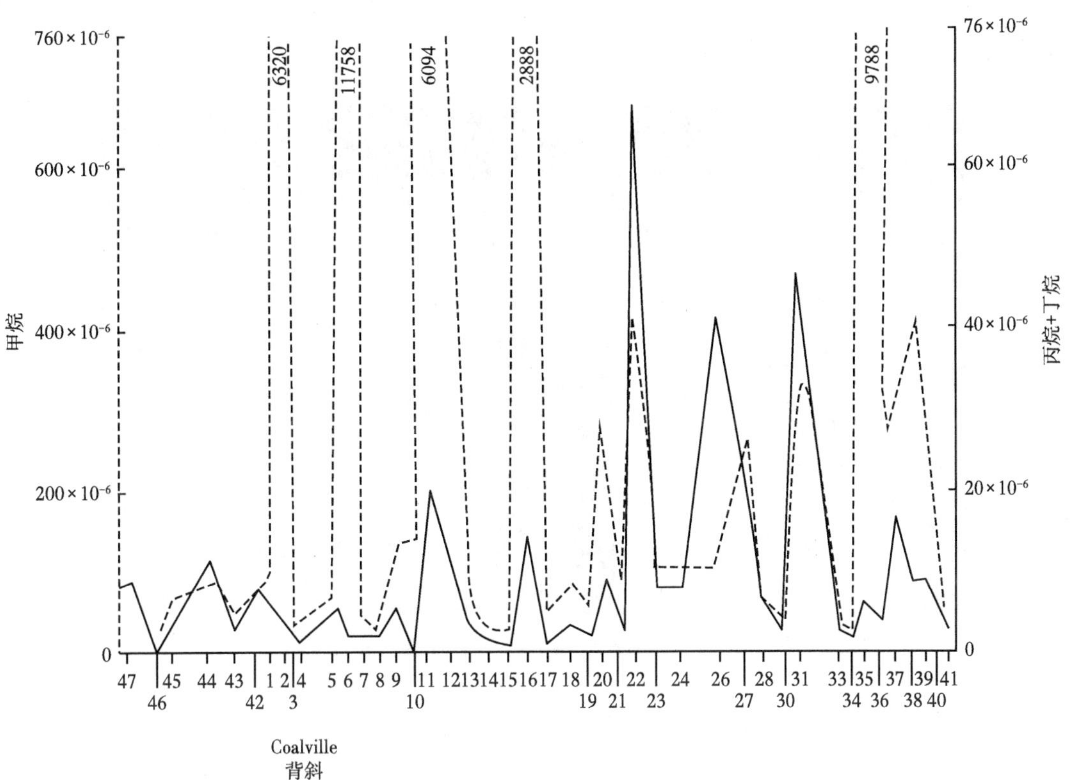

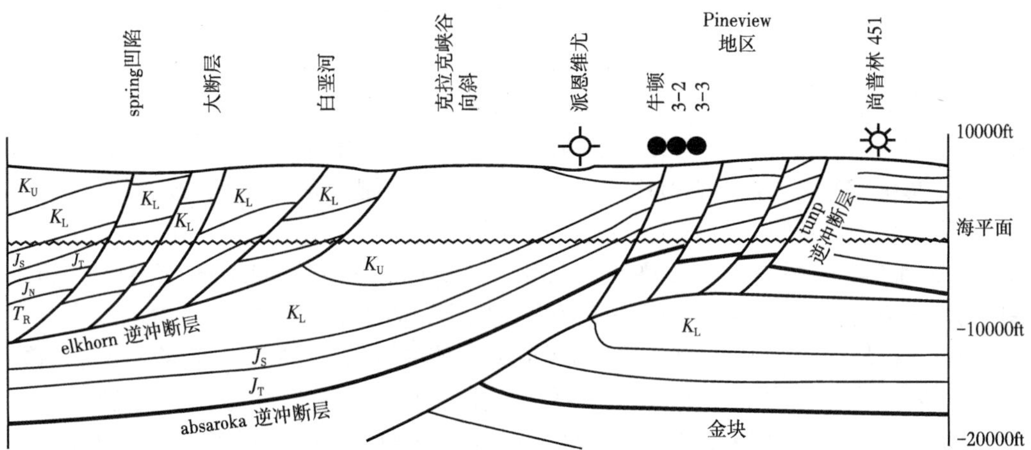

图 6.3　横断面地表地球化学数据图（Jones 和 Drozd，1983）

横断面地表地球化学数据绘制在 $X—Y$ 图上，其中 X 为横断面距离，Y 为信号幅值，本例中甲烷为虚线，丙烷+丁烷为实线。它与地质剖面相结合，有助于解释数据

在地表或近地表沉积物中检测到微渗漏时，可发现两种类型的地球化学异常（Schumacher，1996），如图 6.4 所示。图 6.4 左侧所示的顶部异常是由于异常位于渗漏聚积物上方，且该异常直接通过地表渗出烃；图 6.4 右侧所示的光晕异常是由渗漏引起的矿物沉

淀直接作用于渗漏堆积物之上的结果。沉积物的这些变化改变了沉积带附近油气垂直运移的方向，使异常带位于沉积带边缘。

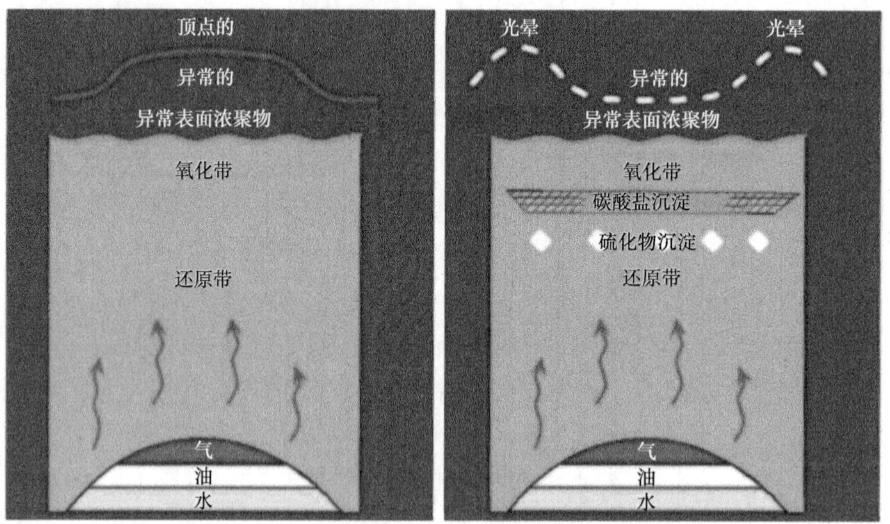

图 6.4　两种类型的微渗漏地球化学异常示例图（Schumacher，1996）

识别异常并不总是那么容易，土壤气态烃浓度高于背景水平的增加是渗漏存在的主要指标，背景浓度需要从地图上没有渗漏的区域估计。土壤气体的典型背景浓度通常只有百万分之几，当背景区域外的信号水平也很小时，可能会出现问题，也许只有两倍或三倍的背景。考虑到在进行这些测量时可能出现的采样和分析误差以及背景水平的一些变化，很容易看出，在某些情况下，识别低浓度数据中的异常可能是困难的。为了帮助识别烃类化合物信号中的异常，可以使用气体的比率。在这种情况下，比值的变化可以用来表示烃源信号的不同。可以使用的一些比率包括湿气百分比、像素比、C_2/C_3 和 iC_4/nC_4。同样，比率应该与指定的背景信号进行比较。通常数据也会绘制在像素图上，或者简单地交叉绘制以获得额外的透视图。如果有关于这些气体的同位素数据，就可以应用第 4 章所讨论的标准气体同位素解释方案来分离生物成因和热成因气体。在 Klusman（1993）和 Jones（2000）等的研究中发现了一些辅助从背景中识别异常的附加准则。

由于密封都不完善，在某种程度上都会出现泄漏的情况，要检测因渗漏而垂直运移到地表的烃类数量是不太可能的。而渗漏是否能到达地表并被探测到，取决于烃类渗漏量和其间的地质条件。断层和断裂带，以及多孔性和渗透性沉积物，可以为运移的烃类提供阻力较小的通道，使它们偏离垂直运移（Thrasher 等，1996），极低渗透性沉积物可以形成屏障。在渗漏沉积物和地表之间的地下水流动也可以减少和转移这种垂直运移，以防止在近地表出现的异常情况（Holysh 和 Toth，1996）。Toth（1996）提出，需要在垂直运移模型中考虑水文地质因素，以便更好地了解可能发生的异常情况以及地下水流量对强度的影响。

考虑以上因素，对微渗漏地表地球化学指标的解释不能孤立地进行。这些解释必须与其他勘探资料相结合，而且这些解释具有良好的地质意义。否则，其在勘探计划或含油气系统分析中就没有什么价值。

6.5 陆上宏渗漏

虽然微渗漏可能是有争议的，但是宏渗漏特别是陆上渗漏，是一种经过证实的勘探工具，可以追溯到现代石油勘探时代的开始。关于渗漏勘探的历史，请参阅 Link（1952）的相关著作。由于认识到石油和天然气渗漏是石油积聚过程中泄漏的产物，并且了解到它们的地质状况可以追溯到石油积聚的位置，石油工业才有了起步。德雷克（Dreake）的第一口井是在 1859 年在宾夕法尼亚州泰特斯维尔（Titusville）的一个漏油点附近钻的，这个漏油点引发了早期的勘探热潮，主要集中在俄亥俄州、肯塔基州、印第安纳州和伊利诺伊州的漏油点。到 19 世纪 60 年代中期，石油渗漏勘探已经扩展到得克萨斯州东部和怀俄明州，到 1875 年，已经扩展到达加利福尼亚州的洛杉矶盆地。20 世纪初，伊朗和伊拉克的石油勘探取得了初步成功，这要归功于石油渗漏的存在。加拿大、欧洲、特立尼达、委内瑞拉、哥伦比亚、厄瓜多尔、阿根廷、印度尼西亚和缅甸的第一批勘探工作都是由渗漏推动的。

如前所述，导致油气渗漏的宏观渗漏往往与延伸至储层附近的断层或裂缝带密切相关，这些断层和裂缝为大量石油从储层向地表运移提供了一个运移途径。除了断层和断裂带外，宏渗漏可能是结构调整的结果，包括地表露出输导层、储层的剥露、沿盐结构向两侧移动和沿不整合带移动。这种宏渗漏可以表现为地表油气藏，包括天然气在内的气体喷口、泉水、小溪、池塘或湖泊中冒出的气体，石油污染或石油露出岩层以及泥火山。

陆上宏渗漏仍然是有用的。如前所述，关键是要了解当地地质条件，将渗漏的地表表现与地下堆积联系起来。从宏渗漏研究成果来看，它表明存在含油气系统，有助于确定勘探风险较低的地区。也可以通过采样来获得地球化学数据，提供有关石油或天然气的详细信息。

关于漏油采样，尽量在漏油处采取最新鲜的物质（例如黏性最小的物质）。预计渗出的石油将被生物降解，蒸发失去挥发性物质，并被部分氧化。这些变化的程度将决定你可能从样本中获得的地球化学观察数据的量。

气体渗漏泉水、小溪、池塘或湖泊可以通过放置一个 1 夸脱油漆罐，在容器中装满水，将罐或容器倒置在渗漏处，并在将盖子放在罐上之前，让冒泡的气体置换至少一半的水来取样。气体成分和碳同位素比值都可以从样品中得到。

6.6 海上宏渗漏

与陆上相比，对海上宏渗漏的搜索仍为综合海上勘探计划的一部分。如果发现并采样，在进行任何勘探钻井之前，海上宏渗漏可以提供有价值的信息，了解任何勘探钻井之前在盆地中作业的含油气系统和流体流动状况。海底渗漏可以帮助识别具有高潜力的地区，并有助于风险预测，它们可以提供关于石油、烃源岩和热史的详细信息。与地下地质条件相结合，利用海底渗漏可对钻头前方的航道进行识别和测绘。

但是并非所有近海沉积盆地都发生海底宏渗漏，他们往往是在盆地发现丰富的烃源岩能够装填大圈闭，那里的石油正在发生或迁移，或者在最近的地质时代已经发生过，以及垂直管道（例如断层或盐底辟）靠近或到达海底的地方（Bolchert 等，2000；Abrams 等，2001）。海底渗漏通常不会发生在没有烃源岩、贫瘠或未成熟的地方，也不会发生在遥远的地质过去发生过生成和迁移的地方。而且，在厚度大、没有断层、没有扰动的古近—新近纪覆盖层限制堆积的烃类化合物向海底的运移，它们也很可能会消失。

在使用海底渗漏数据时，有几点需要注意。虽然海底渗漏表明在地下存在石油/天然气，但它们并没有表明在石油的沉淀中有多少石油，只有钻头才能回答这个问题。虽然证明了烃类化合物的堆积会导致渗漏，但并不表示密封环境一定会被破坏。而且，没有渗漏并不意味着没有含油气系统。

在勘探程序中使用海底渗漏的工作流程不像在陆上宏渗漏那么简单。首先必须通过各种方式将潜在的渗漏位置在海底定位。然后必须对这些地点进行采样，并对回收的沉积物进行热成因烃类化合物分析。经过分析，这些数据可以解释热成因烃类化合物是否存在，如果存在，则可以从数据中解释存在哪些组分。所有这些信息都需要与地下地质相结合，以了解它对勘探计划和含油气系统分析的影响。下面的讨论将提供这些工作流程的更多细节，以及在此过程中可能遇到的一些困难。

6.7 定位潜在的海底渗漏点

要找到海底渗漏，了解它们的解剖结构是很有帮助的，图 6.5 所示的加利福尼亚州近海煤油点渗漏模型是一个很好的渗漏结构实例。宏渗漏从石油储层渗漏到海底，部分石油仍在沉积物—水界面以下，而部分烃类化合物则释放到水柱中，气泡和油滴向表面移动。

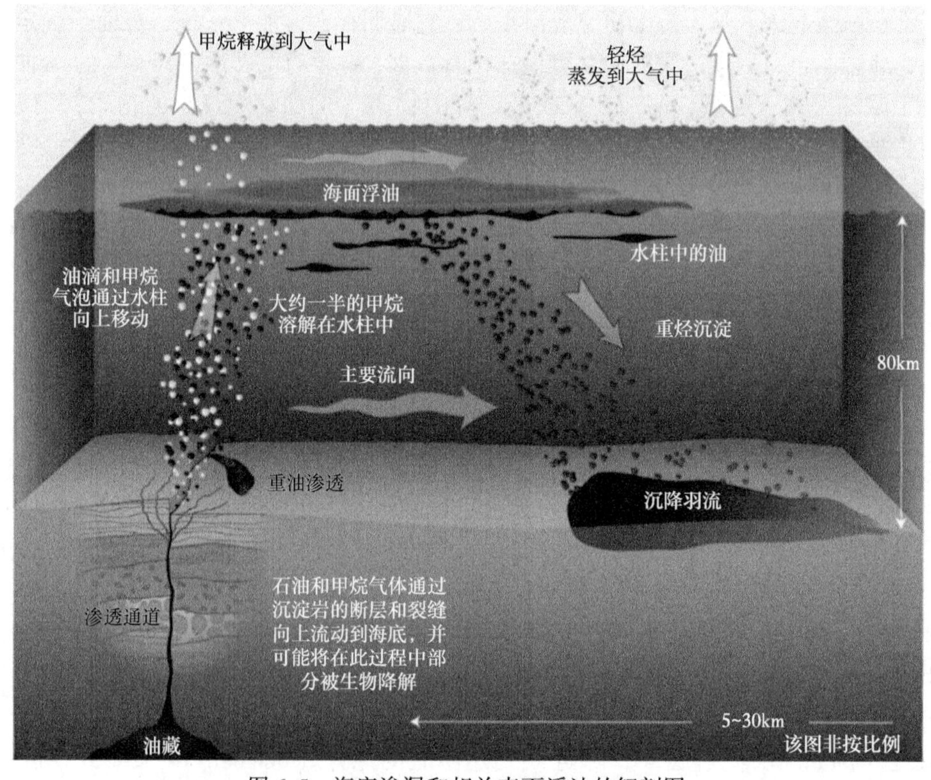

图 6.5　海底渗漏和相关表面浮油的解剖图

部分石油和天然气将溶解在海水中，如果渗漏足够深，所有上升的气泡可能在到达水面之前就溶解在海水中（MacDonald 等，2002）。到达海洋表面的油滴会变薄，形成一层非常薄的浮油。浮油受到蒸发、生物降解、氧化和乳化等一系列过程的影响（ITOPF，2011）。最终，一些石油可能会凝结成致密的物质并沉入海底。该模型表明，在海面、水柱和海底均可找到海底渗漏的线索。

定位海底渗漏并不总是一件容易的事，尤其是在深水中，搜寻工作通常从对盆地地质条件的评估开始，以确定是否可能发生渗漏。在地质评价之后，实际的搜寻工作往往从寻找海面浮油开始，作为可能发生宏渗漏的初步指标。然后将焦点转移到水柱和海底，以提供额外的位置信息。

6.7.1 海面浮油

使用合成孔径雷达（SAR）卫星图像、机载激光荧光和航空摄影进行观测，都是用来寻找可能表明海底渗漏的海面浮油（MacDonald 等，1996）。合成孔径雷达（SAR）卫星图像是最常用的海面浮油探测方法。SAR 可以探测到海面上雷达能量的后向散射。当存在浮油时，水面上油的黏性会抑制毛细管波的形成，导致海面出现一个看似平静的点（Lennon 等，2005）。在 SAR 卫星图像中，由于受到毛细管波的抑制，浮油反射回卫星的能量更少，所以在较亮的背景下，浮油呈现为黑点（Williams 和 Lawrence，2002）。图6.6 为浮油的 SAR 图像实例。

油气渗漏并不是造成海面浮油的唯一原因，海上钻井和生产作业造成的污染，以及船舶排放和事故都会形成浮油。海底水深测量和洋流或潮流可以结合起来抑制海浪，并在 SAR 图像上模拟浮油（Jones 等，2005）。此外，生物事件，如藻华、珊瑚产卵和鱼群觅食等都可以产生生物浮油，可以模仿自然渗漏浮油的外观（Jones 等，2005）。

为了帮助区分自然渗漏的浮油和污染或其他原因形成的浮油，记录浮油的位置、大小、形状和流向，以及它与地下和近地表地质特征的关系（Kanaa 等，2005）。重复数据也有助于从自然渗漏中识别浮油，在重复日期可以观察到持续的自然渗漏（Williams 和 Lawrence，2002）。然而，在间歇渗漏地区，记录自然渗漏的可重复性可能比较困难。

极端的海洋条件会阻碍 SAR 对浮油的探测，汹涌的海洋会产生更多的后向散射，所以浮油会融入背景中（Williams 和 Lawrence，2002）。在平静的海面上，少量的后向散射从海面反弹回来，而光滑的后向散射会与背景融为一体（Williams 和 Lawrence，2002）。

虽然目前还没有得到广泛的应用，但机载激光荧光技术是一种有效的定位油层的方法（O’ Brien 等，2002）。石油中的芳香烃在紫外光照射下会发出荧光，安装在飞机上指向海面的激光光源被用作激发光源来产生荧光信号（Clarke 等，1988），荧光的光谱和其他特性使石油能够区别于自然发生的生物荧光（Williams，1996）。该方法的主要缺点是低海况对该技术的成功应用至关重要，限制了它的使用时间和地点。机载激光荧光仪器的改进使其对海洋状态不那么敏感，该技术目前用于溢油监测（Lennon 等，2006）。

虽然该技术在石油泄漏和污染研究中使用得更多，但海岸和近海区域的航空摄影也可用于定位自然渗漏引起的海面浮油（MacDonald 等，1996；Garcia-Pineda 等，2016）。与卫星图像相比，航空摄影的高分辨率通常可以提供更多关于浮油来源、扩散和最终扩散的信息。

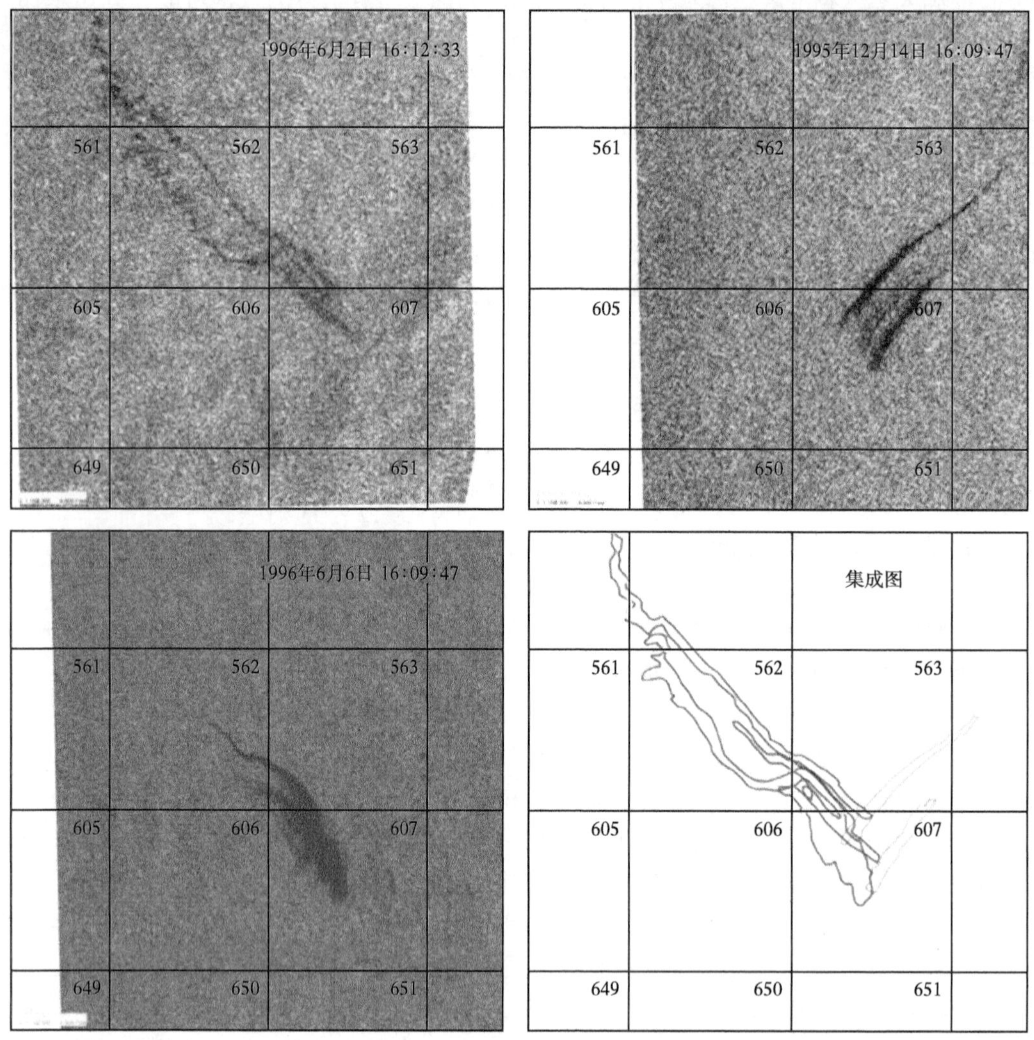

图 6.6 三幅合成孔径雷达在墨西哥湾同一区域不同日期拍摄的图像（Dembicki 和 Samuel，2008）

最后，从船舶上观测，特别是地震船的观测，提供了关于海面浮油的良好信息。除了定位浮油外，船舶观测可以添加水面光泽的颜色信息、任何烃类化合物的气味（“类似燃料的气味”），以及油滴到达海面的信息，并提供浮油采样的机会。

6.7.2 水柱“嗅探器”

除了海面上的浮油，在水柱中还能找到海底渗漏的位置线索。在 20 世纪 60 年代和 70 年代，研究人员开始注意到轻烃气体可以在轻烃渗漏上方的水柱中检测到（Bernard 等，1976）。这些早期的工作大多涉及在深海中采集的水样，并在岸上的实验室中进行分析。其中一个海湾石油公司的研究小组开发了一个舰载系统（Jeffery 和 Zarella，1970；Mosseau 和 Glezen，1980），用于“嗅探”海水中的烃类化合物气体。它由在水面以下一定深度的嗅探器和一个用于抽水系统的入口组成，该系统将水样带到水面船只上。水样中溶解气体被分离，然后用 GC 分析，并记录该船在采样时的位置。

当对地下地质条件有了更深入的了解后，会发现水柱气体数据是最有价值的，所检测到的渗漏可能与储层向地表的潜在运移路径和海底潜在的渗漏特征有关（O' Brien 等，2002）。水柱气体数据通常与二维地震数据同时采集，将气体数据与地下地质数据结合起来（Mosseau，1980）。除了地下地质，地震数据还提供了有关海底水深和水柱特征的信息，如气泡地幔柱（Geyer 和 Sweets，1973；Sweets，1974）。由于海底水流的作用，从海底到海面的路径可能不是直线，因此对水柱和海底的声波成像对正确解释这些数据是至关重要的。

6.7.3 海底渗漏特性

识别潜在海底渗漏的位置主要目的就是识别可能与渗漏有关的海底特征，如海底丘和丘陵、断层崖、海底凹陷和火山口，以及海底和近地下混沌、无定形和消失带的高阻抗对比，可能表明存在海底渗漏和可能相关的化学合成群落和自生地壳或路面（Roberts，1995）。

土丘可能是充满烃类化合物的膨胀沉积物（Roberts，1995），化学合成群落的生物热液堆积物（Sassen 等，1993）或海底喷出的水合物（Sassen 等，1999），而更大的山丘状结构可能是泥火山（Roberts，1995）。这些特征可能与盐底辟或其他与盐有关的海底特征有关，这些特征为渗出的烃类化合物到达海底提供了运移途径。化学合成群落是以渗出的 H_2S、甲烷和较重的烃类化合物为能源的化学自养生物群落，它们通常生长在水深超过 500m 的地方。泥火山是由泥浆形成的锥形结构，是由含水和气体的沉积物泥浆在海底被挤压形成。水合物是由甲烷和水组成的冰状固体，其中的甲烷分子被包裹在水分子的分子笼中。甲烷水合物只在温度低于 4℃ 并且水深超过 350m 的海底和海底沉积物中稳定存在。断层碎屑可能是渗漏烃类化合物的运移管道与海底的交汇处，海底洼地或火山口可以代表流体排出特征，通常称为麻点（Roberts，1995）。流体排出特性表明在沉积物—水界面集中排放水、油或气体。它们通常与断层和断裂带有关。

海底的高阻抗对比可能表明底部沉积物、化学合成群落和自生碳酸盐结壳或铺路的硬地的石油或沥青饱和（Roberts 等，2006）。自生碳酸盐岩是由海底或附近烃类化合物的微生物氧化 HCO_3^- 与海水中的钙反应形成碳酸盐岩矿物而形成的（Fang，1991）。其他成岩矿物，如重晶石和黄铁矿，也可能包括取决于微生物群落的存在和沉积物和孔隙水的化学成分。有时高阻抗对比度略低于海底，这可能是地下化学合成群落掩埋或古拖拉迹的结果。

具有混沌或非晶态特征的近地表声学数据常被称为无反射带。这些无反射带可能指示沉积物的浅气充注或水合物破坏沉积物层理（Roberts，1996）。如果气体充注与断层有关，并延伸到近地表沉积物之下，则可能存在一个气体烟囱（Ligtenberg，2005；Connolly 等，2008）。

有时可以观察到从海底向海面延伸的近垂直反射带，这些可能代表了从海底逸出的气泡柱（Sweets，1974）。这些气泡地幔柱并不总是能到达海面，尤其是在深水中。在这种情况下，逸出的气体进入海水的溶液中。

在深部地震资料中，具有底部模拟反射器（BSRs）的区域可能表明存在天然气水合物，BSRs 与海底反射大致平行。如果由水合物引起，BSR 标志着天然气水合物与底层饱和气体沉积物之间的比值（Kvenvolden 和 Barnard，1982）。这将发生在深水中，因为那里的海底沉积物是在水合物稳定的环境中。

6.7.4 定位潜在的海底渗漏特征

寻找海底潜在渗漏特征的最有效方法是海底声学测绘，可以使用常规地震、侧扫声呐和多波束声呐来完成。为了进一步说明为什么这些观测到的海底特征应被视为渗漏，然后将海底图与更深层的地震数据结合起来，以确认海底特征是通过运移管道与潜在的地下烃源联系在一起的，这一过程通常从地震数据开始。

地震资料几乎总是可以在渗漏搜索区得到。虽然二维地震数据可以看到渗漏特征上方水柱中的气泡地幔柱（Sweets，1974），并且可以作为一种有效的定位渗漏点的方法（Roberts，1995），但它仅限于沿着地震网格线对海底成像。对于成功的渗漏搜索来说，这通常太过局限。然而，三维地震数据提供了更大的覆盖面积，但需要适当处理，以提取海底数据，包括振幅信息（Roberts 等，1996，2000）。这种海底数据提取将提供水深测量和一些声阻抗的指标，以帮助识别潜在的海底渗漏特征，如图 6.7 所示。由于三维地震资料的

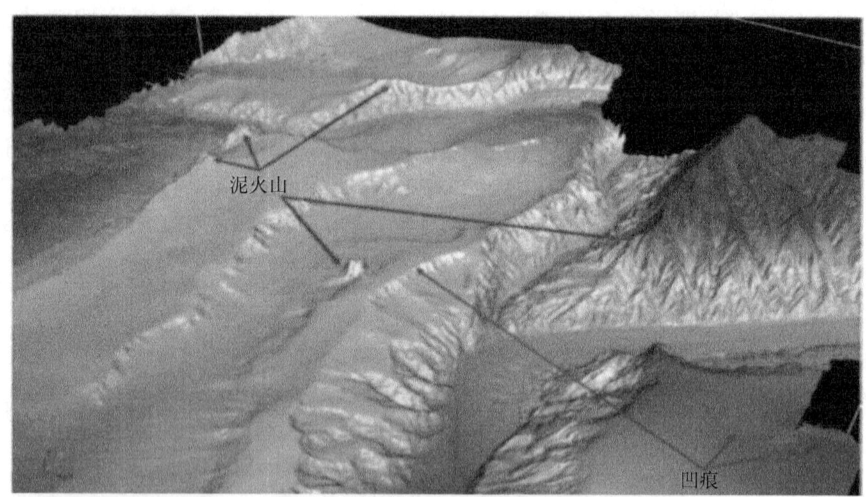

（a）潜在渗漏特征的三维地震测深图

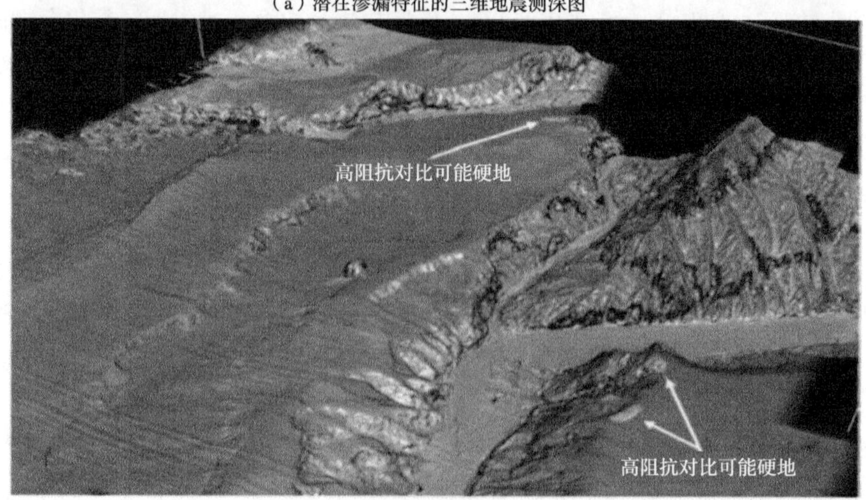

（b）近地表振幅图

图 6.7 潜在渗漏特征的三维地震测深图和近地表振幅图（Dembicki，2014）

分辨率相对较低，这种方法有时会因采集参数和水深的不同而产生误差。由于三维数据分辨率较低（Dembicki 和 Samuel，2007），小到中等规模的渗漏特征（直径几米或几十米）可能很容易被忽略。

当只有二维地震模型可用或需要更好的海底分辨率时，可以使用侧向扫描和多波束声呐。侧扫声呐通常是使用拖曳源/接收车辆在一定深度获得的，通过在海底运动时发射连续的扇形声呐脉冲束，获得海底的侧向扫描声呐图像。来自海底的声波反射强度（后向散射）创建了一系列图像切片，然后将这些切片放在一起形成海底的马赛克图像，如图 6.8 所示。

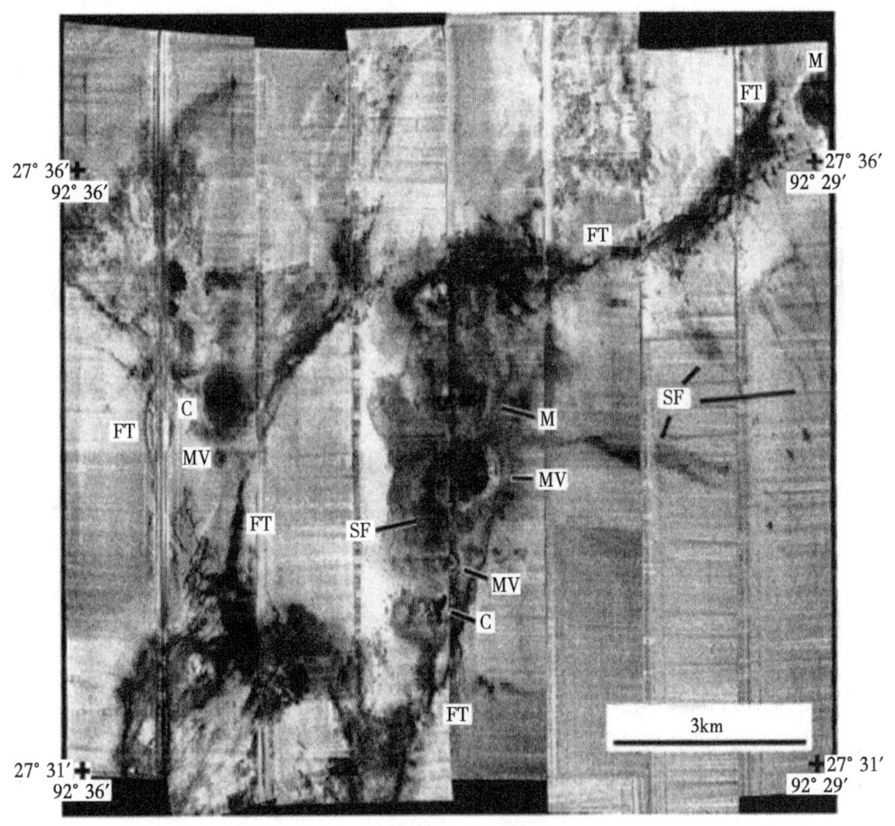

图 6.8　侧扫声呐镶嵌的潜在海底渗漏特征图（Sager 等，2004）

该图在较暗的区域显示高的声背散射，较亮的区域显示低的声背散射。

FT—断层痕迹；C—火山口或麻点；SF—泥沙流动；MV—泥火山；M—土丘

相比之下，多波束声呐通常装在水面舰艇的船体上。它还使用扇形波束，测量声音发射和接收之间的时间差来确定深度，并记录后向散射能量（Orange 等，1999）。虽然深度数据提供了一种绘制海底测深图的方法，但后向散射提供了一种测量声波脉冲从海底反射的强度和海底产生散射量的方法（Orange 等，2010）。这种反射率取决于海底组成（泥、砂、砾石、基岩和这些的混合物）以及粗糙度或分散度（Zhang 和 McConnell，2010）。图 6.9 给出了多波束测深和后向散射数据组合的一个例子。多波束声呐的最新的一项进展中，允许在标准数据之外探测水柱中的气泡地幔柱（Barnard 等，2015）。由于多波束既能提供水深信息，又能提供后向散射信息，因此它是确定潜在渗漏特征位置的首选海底测绘方法。

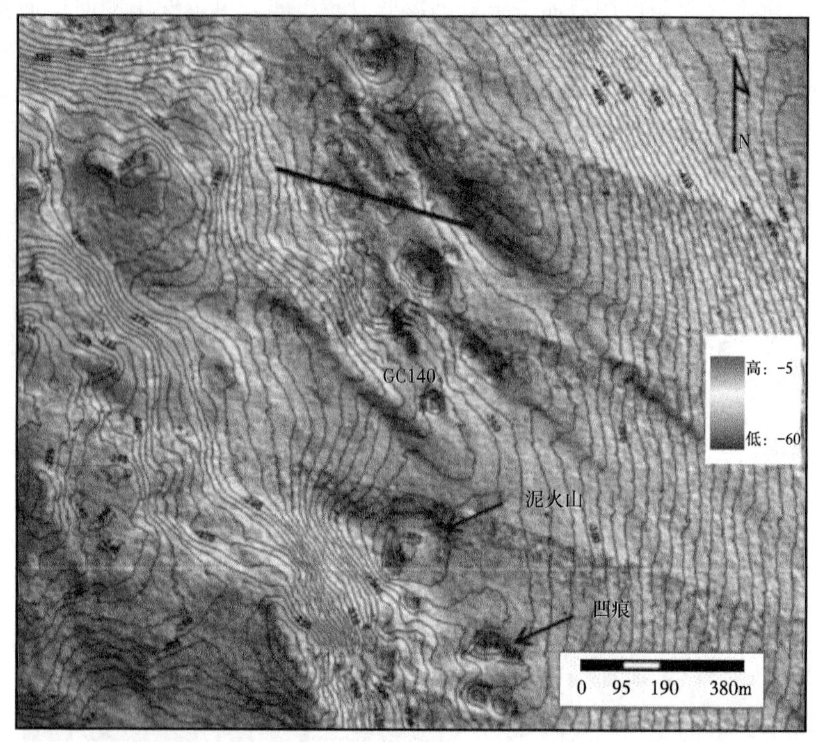

图 6.9 具有彩色标度多波束后向散射叠加的多波束等高线测深图（Zhang 和 McConnell，2010）

当使用侧面扫描声呐或多波束声呐进行海底测绘时，海底剖面往往是同时进行的，以提供对近地表沉积物的描述，帮助识别潜在的渗漏相关特征。海底剖面声呐系统可以表征海床下沉积物或岩石的地层学特征，包括识别可能表明浅层充注气体或水合物存在的灭落带的混沌或无定形特征，如图 6.10 所示（Orange 等，1999；De Beukelaer 等，2003）。不幸的是，海底剖面被限制在沿侧边中心的一条直线上，不能覆盖所有潜在的渗漏特征。

一些研究人员使用携带侧面扫描、多波束和海底剖面声呐的自主水下航行器进行渗漏研究（Dembicki 和 Samuel，2007，2008）。这种高分辨率多波束测深、侧扫声呐和海底剖面的组合提供了有关海底特征的详细信息，而这些特征是船上安装的仪器无法获得的。这有助于将渗漏与沉积物结构特征区分开来，显著提高了烃类化合物渗漏（如果存在）被识别和有效采样的可能性（Dembicki 和 Samuel，2007）。

一旦通过声学测绘确定了潜在的海底渗漏特征，就有必要将这些特征与从地下结构到地表的运移路径联系起来。这是通过将海底剖面与常规的深层成像地震相结合来实现的，如图 6.11 所示。

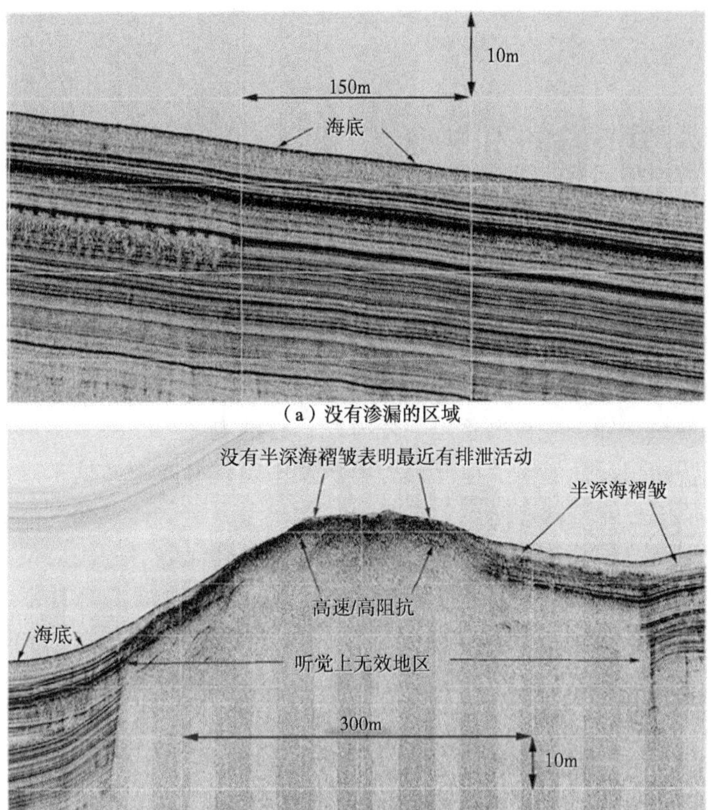

图 6.10　底剖面仪记录了一个没有渗漏的区域和一个有渗漏的区域

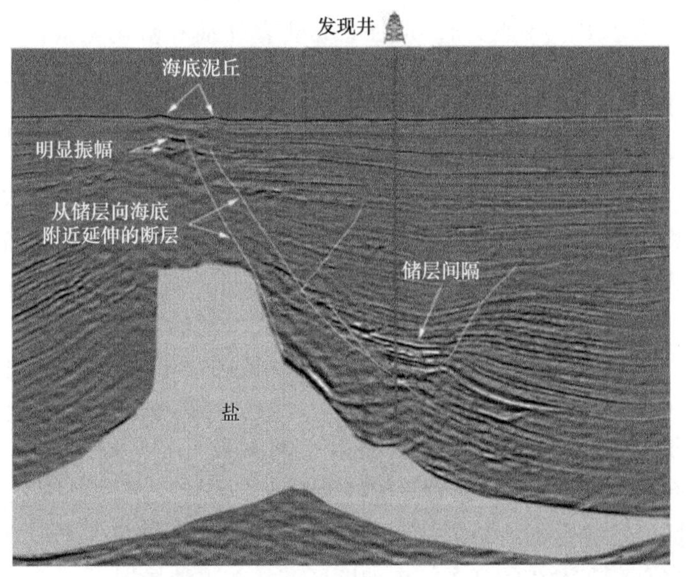

图 6.11　从三维地震勘探中提取的二维剖面图（Dembicki 和 Samuel，2007）

该图显示断层从储层向上延伸至海底附近，与浅层明亮振幅和海底泥丘有关，表明可能存在烃类化合物渗漏

6.8 潜在的海底渗漏点采样

从海底剖面填图中选择潜在的海底渗漏点后，需要对它们采样，以确定它们确实是渗漏特征。采样通常用活塞取心装置进行。海底渗漏特征的范围从几米到直径 500m 不等。尽管渗漏特征可能相当大，但含有高浓度热生烃的活跃渗漏区往往限于直径不到几十米的区域。因此，取心器在取心前的定位是采样成功的关键。

利用 GPS 进行初始定位，可以将船舶的表面位置定位到距海底特征±5m 的范围。在没有地下洋流的平静海域，岩心落差可以根据深度在指定位置约 10m 以内。然而，船舶的任何运动都可能传播取心装置的电缆摇摆，每 1000m 水深可达 10m。再加上地下洋流可能造成的偏转，很容易预想一个盲核落差会使海底目标消失。

为了避免这些问题，在岩心下沉之前，应该使用船载海底剖面仪来确认渗漏特征的存在和位置。建议使用超短基线声学定位系统，使用一个声学信标连接到取心设备，以跟踪其底部位置。使用这两种装置，可以调整船的位置，以确保取心的海底位置在渗漏特征的边界内。如果渗漏特征很小（直径小于几米），可以使用多个岩心来补偿定位中的任何不确定性（Orange 等，2008）。

活塞取心装置应配备至少 1 个 6m 的心筒和一个可拆卸的衬套。应当使其从海底上方下降约 3m，以确保适当的渗透到沉积物。一旦取下岩心，就需要尽快将其带出地表，特别是遇到水合物时，这一点尤其重要。随着时间的推移，水柱较浅的部分温度越高，压力越低，水合物在到达地表的过程中可能会分解，膨胀的气体可能会挤出岩心。

一旦活塞取心装置回到船上，取下心管进行采样。在远离可能烃源的清洁区域，沉积物从岩心筒衬套挤出。对回收的岩心进行测量和快速检查。还要记录沉积物的类型、外观、颜色和稠度（含水量、凝聚力）。应注意是否存在油和硫化氢（H_2S）的气味。还应记录石油染色、自生碳酸盐岩、水合物、气泡状、生物扰动、沉积构造、生物、气裂缝、气侵等特征。

岩心的近地表沉积物可能受到污染物和海洋生物的污染，热成因烃可能不会一直运移到地表，可能仅仅在岩心的下部。渗进去的烃类化合物的变化也可能在沉积柱的更深处减少。这使得海底岩心的下部成为采样的重点，采样计划在艾布拉姆斯（Abrams，2013）之后进行了修改。为了避免任何可能的污染，通常会将岩心底部 10cm 的部分除去。由于沉积物的地球化学特征随深度的变化而变化，根据岩心恢复的长度选择 2~3 个 20cm 剖面进行地球化学分析。每个 20cm 的剖面又细分为 4 个相等的部分：两份密封在罐中进行顶空气体分析（顶空气体样品采集步骤见第 3 章），两份进行高分子量烃类化合物分析（通常在铝箔片之间压扁并装在密封塑料袋中）。每个深度的这些重复样本都用于质量控制研究，重复检查并作为备份。样品应在-15℃或更低的温度下冷冻，以抑制微生物活性。

有时，热成因烃可能占据岩心的多孔沉积物区或在一段时间内出现染色。同样，气泡和裂缝可能表明岩心存在潜在的高含气饱和度区域。在这种情况下，先对明显的油气饱和度进行采样，且无须固定的间隔采样。

如果遇到水合物，可以用一个简单的程序对它们所含的气体进行采样。在靠近核心区的地方准备一个装有干净、新鲜海水的大桶，并准备一些干净的顶空气罐。当观察到水合物时，迅速将水合物输送到海水桶中。将一个顶空气罐完全浸入水中，并将其装满水，在确认罐内没有大气气体后将其倒置。将水合物块保持在罐的开口下方，直到罐内部分充满来自游离水合物的气体。在罐中至少留出 2in（5cm）深的水。将罐盖盖在倒置罐子的开口上，并将罐子和罐盖压在桶底密封。重复上述步骤，至少在两个罐子里装满气体。离解水合物气体与海水的罐体应倒置冷冻储存，以便与顶空气体样品一起运输。

以前在地球化学采样之后，剩余的岩心物质通常被倾倒到海里，但这种情况正在发生变化。在一个 4.0m 的岩心中，地球化学采样仅占回收沉积物的 15%左右。通过寻找宏渗漏的物理证据，如降解的石油结构、化学合成生物群落的残余以及自生碳酸盐岩地层的形成，仍然可以对剩余的岩心物质进行观测（Dembicki 和 Samuel，2008）。如果岩心材料不能保存下来供以后检查，则通过在船上用 1.0mm 的筛网湿筛剩余的岩心材料，收集被滞留的碎片，以便以后分析。

如前所述，AGI 被动式吸附剂采样器也可用于海底岩心。将海底岩心沉积物与吸附剂放置在一个罐中固定一段时间，与微渗漏样品以相同的方式进行分析（Schrynemeeckers，2015）。

记住，还需要在远离潜在渗漏特征的区域采集一些海底岩心，需要这些基本样品来建立沉积物的烃类化合物背景信号进行比较，如果没有它们，就很难从背景信号中识别出渗漏信号。

6.9　海底沉积物中热生烃的分析

回到实验室后，海底岩心样本将以多种方式进行分析。这些分析的第一个目的是确定沉积物中是否存在渗漏的热成因烃。如果发现热生烃，第二个目标是利用这些热生烃的地球化学特征，尽可能多地了解渗漏的地下储层中石油的成因。这包括确定渗漏的石油是否与该地区已知的储量有关，进行原油反演研究，以确定产生石油的烃源岩的特征，并估算该生成的成熟度水平（见第 4 章）。

为完成第一个目标，对岩心样品进行了一系列筛选分析。这一过程通常从分析罐装沉积物样品的顶空气体含量开始，这种分析与第 3 章所述的顶空气体分析相似。通过这一过程，得到了烃类化合物气体和二氧化碳的组成和浓度。沉积物罐是密封的，以防日后需要进行同位素分析。

热成因气体的存在与否取决于其浓度和成分。一些典型的海底岩心顶空气体数据如图 6.12 所示。热成因气体常常淹没（$>10000\times10^{-6}$）原位背景生物成因气体（$<1000\times10^{-6}$），而生物成因气体几乎完全由甲烷组成，通常大于 99.95%（Bernard，1978）。相比之下，除了非常成熟的气体外，热成因气体通常含有 2.5%以上的 C_{2+} 化合物（Bernard，1978）。然而，气体的生物降解可能会消耗大量的 C_{2+} 化合物，使其组成不那么具有指示性（Dembicki，2013b）。混合源气体常在海底渗漏处出现。

为进行高分子量烃分析而收集的沉积物需要先干燥，然后用溶剂萃取，提取液用于全提取液 GC 和总扫描荧光（TSF）分析。对整个萃取气相色谱图进行背景有机质（BOM）

和热成因烃特征分析。海底沉积物中存在的任何热生烃很可能会因海底和近海底沉积物中的微生物活动而发生一定程度的变化。

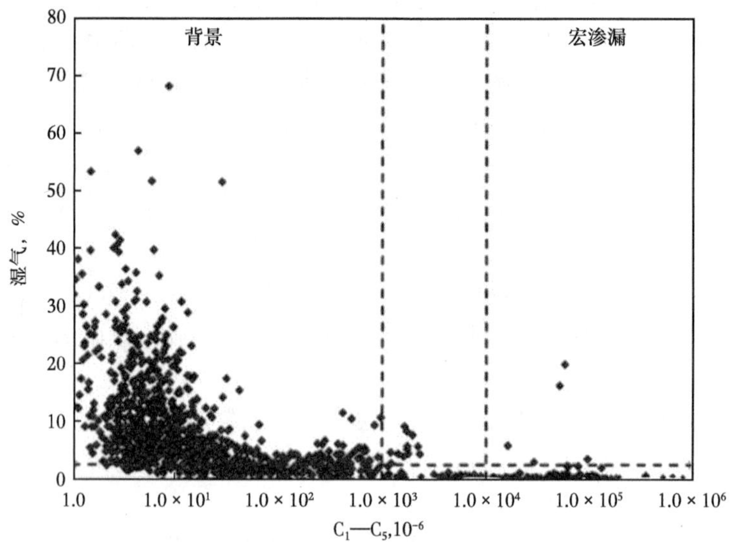

图 6.12　典型的海底岩心顶空气体数据集示例图（Dembicki，2013b）

宏渗漏并不总是显示预期的来自热成因烃类化合物的湿气

物料清单（BOM）的信号是由那些从疑似渗漏的岩心上取下的数据来建立背景的，BOM 主要由新近的有机物（ROM）组成，沉积物的主要来源是海洋浮游生物和底栖生物。此外，在海洋沉积物中经常观察到陆生高等植物的贡献，并通过河流和风成过程输送到海洋环境中。BOM 还可能包含来自已存在的古沉积物（包括烃源岩和煤）的侵蚀、运输和再沉积有机质。虽然很少被观察到，但是重新加工过的渗滤烃类化合物也可能包含在 BOM 中，这可能是因为大量的垃圾或海岸渗漏物对附近底栖生物沉积物的贡献造成的渗透油气重新分布的结果。仔细评估 BOM 的组成对正确评估海底岩心是必要的（Dembicki，2010）。

热成因和 BOM 的评估始于对整个萃取气相色谱图的目视检查，注意可分解的峰、生物降解的程度和未分解的复杂混合物（UCM）的形状（Logan 等，2009）。ROM 通常在 C_{15}—C_{18}范围内显示一系列有限的峰值，以及一个低到中等的 UCM。正构烷烃峰在 C_{25}—C_{33}范围（高植物输入量）表现出奇碳优势，其中一些峰值可识别为不饱和烃。热成因烃如果不改变，将显示一个平滑的类似于原油的峰值。如第 4 章所讨论的，如果生物降解，色谱图将显示出不同程度的突出峰减少，UCM 的面积往往很大。

TSF 也使用溶剂萃取物完成。它寻找在紫外线照射下会发出荧光的芳香烃。原油中芳香烃的浓度和组成与沉积物的 BOM 不同，因此会产生不同的荧光光谱。样品提取物以 10nm 为间隔，200~500nm 的光照射，每个激发波长记录荧光发射光谱（波长和强度）（Brooks 等，1983；Barwise 和 Hay，1996）。记录三维激发/发射/强度图，以及最大发射强度和 R_1（当激发波长为 270nm 时，360nm 处的发射强度与 320nm 处的发射强度之比）。这些参数以及光谱被用来评估热成因烃类化合物的存在与否。

如果筛选数据表明存在热成因烃，则应对顶空气体和溶剂萃取有机物进行更详细的分析。对于顶空气体，如果组分气体浓度足够高，通常会进行碳同位素分析。通常甲烷是同位素分析的主要焦点。如前所述，生物气中的甲烷是同位素轻的，$\delta^{13}C$ 为-90‰～-60‰，而热气中的甲烷是同位素重的，$\delta^{13}C$ 为-60‰～-20‰。在仅仅基于甲烷做出这些解释时，需要谨慎一些。伴生渗油在生物降解过程中存在产甲烷的可能性，可向沉积物中添加次生生物甲烷（Dembicki，2013）。若乙烷和丙烷的浓度足够高，它们的碳同位素比率可以用来估算气体的成熟度。同样，应当注意，乙烷和丙烷的生物降解也可能改变这些气体的碳同位素比率。

对高分子量烃样品的萃取物进行了详细的分析，包括液相色谱分离和饱和烃和芳香烃组分的生物标志物分析。生物标志物分析遵循与第 4 章原油对比和原油反演部分相同的步骤和方法，得到的数据也使用相同的方法处理。从生物标志物数据中可以收集到的信息量取决于渗漏的浓度和所经历的生物降解的程度。如果渗油量低，海底沉积物中的 BOM 可以掩盖渗油的生物标志物分布（Hood 等，2002）。同样重要的是，从 BOM 中获得生物标志物分布，以评估存在多少干扰（Dembicki，2010）。BOM 的生物标记从罗组件将含有甾醇类、甾烯、藿烯、17β、21β-藿烷和 17β，21α-藿烷以及官能团的化合物可以区分开来仔细检查产热的生物标志物的气相色谱质谱法（GC-MS）的数据（Dembicki，2013）。然而，无论是来自烃源岩、煤还是附近的渗漏物，经过重新处理的有机物都可能含有生物标志物，类似于在迁移的热成因烃类化合物中发现的化合物，并且能够掩盖真正的渗漏信号。

虽然在许多情况下，渗油所经历的生物降解可能还没有严重到足以改变生物标志物的程度，但生物降解可能非常剧烈，以至于无法找到可识别的生物标志物，如图 6.13 所示（Dembicki，2010）。这通常取决于有多少渗漏发生，当渗流通量较高时，微生物的变化跟不上渗到地表的烃类，降低了生物降解的严重程度。当渗流通量较低时，微生物的蚀变范围较广，影响大多数生物标志化合物群。一般来说，藿烷和常规甾烷对近地表微生物的蚀

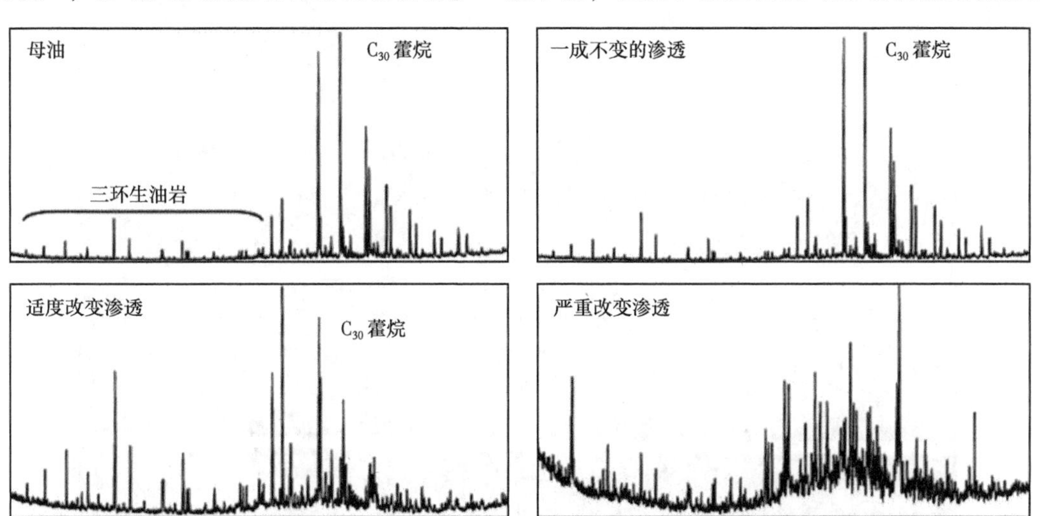

图 6.13　一系列海底渗出物及其母油的生物标志物数据图（Dembicki，2013）

该图显示生物降解引起的变化越来越大。变化最严重的不再具有任何可识别的生物标志物

变作用抗性较差，而三环/四环萜烷、重排甾烷、单环芳香烃和三环芳香烃的抗性较强（Dembicki，2010），这与在地下油中观察到的生物降解模式相似（Wenger 和 Isaksen，2002；Peters 等，2005）。

6.10 海面浮油

当在合成孔径雷达（SAR）图像中或从地震船上观察到浮油时，并不总是能够将一项完整的海底渗漏研究整合在一起，以寻找证据来证实存在一个正在工作的含油气系统。在钻井计划开始之前可能没有足够的时间，预算限制可能会阻止在工作计划中包括海底渗漏研究，或者研究的后勤工作难以协调。然而，有必要降低勘探风险，并找到一些油气生成和运移的直接证据。为了降低费用，也许可以将海面光滑采样程序与三维地震数据结合使用。通过对浮油的采样和分析，可以确定热成因烃的存在。油层中的烃类化合物可能与该地区的产量有关，或者原油反演可以提供有关生成浮油的烃源岩的信息。为证实浮油与地下有关，可以利用来自三维地震资料海底萃取物，来识别与海底油气渗漏相一致的测深特征。应该将海面浮油的明显来源与这些海底特征的位置进行比较，以确定它们是否一致。最后，三维地震成像可以用来证明从可疑的带电圈闭到这些海底特征存在潜在的运移路径。这些数据的组合提供了一个高水平的可信度，即存在一个活跃的含油气系统。Dembicki（2014）在东黑海提供了这类研究的一个例子。

6.10.1 浮油采样与分析

海面浮油是水面上非常薄的一层油，如图 6.14 所示。因此，仅仅舀起水来对浮油进行采样，通常无法回收足够的石油进行分析（Abrams 和 Logan，2014）。为了提高样品回

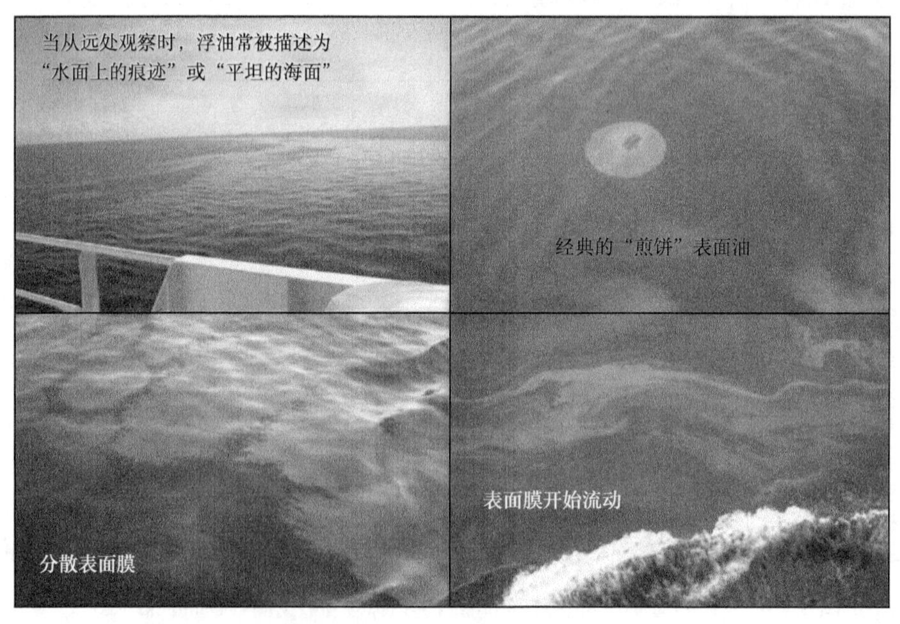

图 6.14 船上对海面浮油的观测图（Dembicki，2014）

收率，采用两种方法均能取得良好的效果。第一个是用尼龙螺栓条进行光滑采样。尼龙螺栓是一种聚酰胺螺栓布，主要用于细胞培养。在浮油采样时，将尼龙螺栓条固定在一根长杆的末端，并反复穿过光滑表面（MacDonald 等，1993；Dembicki，2014）。聚酰胺与吸附在条状物上的油有亲和力。暴露在光滑的表面后，将尼龙螺栓条从杆子上取下，放入一个带有聚四氟乙烯内衬盖的玻璃罐中储存和运输。如果可能的话，在分析前应将样品冷冻。

虽然尼龙螺栓是一种有效的采样材料，但很难获得。一个现成的替代方案是美国海岸警卫队推荐的浮油采样系统。它是由一个将铁氟碳安装在一次性环上构成的高孔聚合物网，使用方法与尼龙螺栓条相同。该网组件可以连接到一根杆子上，并反复通过浮油收集含油膜样品。然后将网取下，放入装有聚四氟乙烯内衬盖的玻璃罐中储存和运输。如果可能的话，在分析前应将样品冷冻。该系统被认为是一种非常有效的浮油采样方法（Abrams 和 Logan，2014）。

AGI 还开发了一种基于被动吸附剂的光滑采样器（Abrams 和 Logan，2014）。采样器连接在鱼竿上的钓丝上，抛入浮油中，并暴露在浮油中至少 2min。采样器装在 AGI 提供的特殊玻璃容器中，由 GC-MS 进行分析，这些数据虽然有助于区分天然油层和污染，但难以用于石油对比和石油反演研究。

由于海面挥发性烃类化合物的快速流失，对海面浮油样品不能进行轻烃分析。无论是尼龙螺栓条还是聚四氟乙烯网均应采用溶剂萃取法回收吸附的油，然后用气相色谱分析萃取物，以确定化合物的分布情况，以及是否具有热生烃的特征。如果这些提取物确实具有致热作用，那么就应该用 GC-MS 对其进行分析，以寻找生物标志物。

在评估它们是否具有产热性时，要注意油在蒸发过程中失去了光端处，而且很可能经历了一些生物降解。在采样过程中，除了光滑材料外，还会捕获一些生物材料，这也是很常见的。如果有足够的样品材料，用液相色谱法在短硅胶柱上分离成饱和烃、芳香烃和含氮、含硫、含氧化合物组分可能有助于减少这些干扰。如果浮油已经变稠，形成摩丝或焦油，应避免较多极性化合物和沥青质的干扰来改善数据。这些分析得到的浮油数据应按照标准原油对比和原油反演方法进行解释，以解释第 4 章讨论的生物标志物数据。

6.10.2 海上天然气渗漏取样与分析

在浅水中寻找和采集浮油样品时，偶尔会遇到气体渗漏。当观察到气体渗漏时，可以通过完全浸没顶部空间的气体罐并将其充入水，然后将罐体翻转到气泡流上方来收集样本。将气体部分充填到罐中，并在罐中至少留出 2in（5cm）深的水。将罐子盖盖在倒置罐子的开口上，将罐子盖尽可能压紧，将罐子放到甲板上，并将罐子盖拧紧，完成密封。收集到气体和海水的罐子应该被冷冻起来，倒过来储存，以便运送到实验室。

通过对天然气渗样的分析，可以确定天然气的组成和各组分的稳定同位素特征。这些分析得到的天然气数据可以按照第 4 章讨论的标准天然气解释指南进行解释。

6.10.3 海滩焦油采样与分析

随着时间的延长，浮油中挥发物的流失会浓缩高分子量成分，最终形成焦油团或球。季风和洋流有时会把焦油冲到附近的海滩上，海滩焦油可以简单地收集起来，并把其放在铝箔或玻璃罐与聚四氟乙烯内套中储存和运输。如果可能的话，在分析前应将样品冷冻。与表面浮油一样，海滩焦油也可能来自石油产品泄漏到海洋环境的污染物，或生物有机质，如藻华或鱼油浮油，以及天然石油渗漏。详细的数据评估需要确认海滩焦油是否来自渗漏区产热烃类化合物，请参考上述海洋浮油样品分析方法。

使用海滩焦油样品时要谨慎，尽管焦油可从当地获取，但沉积在海滩上之前，它也可能漂流过很长一段距离。所以最好只在有报告或观察到附近有活跃渗漏的情况下使用海滩焦油。Peters 等（2008）的研究是说明了如何将海滩焦油数据与渗漏及地下数据联合使用的较佳实例，可以深入地了解含油气系统。

第 7 章　非常规资源

自 20 世纪 90 年代中期以来，非常规资源已逐渐成为北美油气工业的主导资源，但对非常规资源的实际定义可能有点模糊。大多数石油勘探地球科学家认为非常规资源的作用与油气资源相似，如果非常规资源没有某种形式的人工参与，就不能按照经济速度生产或产生经济效益，如水力压裂技术。如果没有使用特殊的回收工艺和技术，也不能按照经济速度生产或产生经济效益，如水平钻井技术。尽管上述内容准确地描述了这类资源，但基本上都是工程学定义而非地质方面的定义。

相比之下，美国地质调查局（USGS）更倾向于根据地质情况将油气藏分为常规和连续两大类。常规的油气藏指的是在构造和地层圈闭中石油或天然气借助在水中的浮力形成的分散的油气藏（USGS，1995）。连续油气藏是指空间尺度大、边界模糊、存在独立的水层的油气藏（USGS，1995）。相较于之前的工程学定义，美国地质调查局偏向认为连续油气藏已成为非常规资源的代名词。

猜想这类资源基本性质的最佳方法是将两种定义结合起来。非常规资源指的是空间尺度大、边界模糊、存在独立油水界面的油气储层。如果没有某种形式的人工干预或使用特殊的提高采收率技术，它们就不能按照经济速度生产，也就是说，不能产生经济效益。根据这一定义，非常规资源应包括煤层甲烷、致密砂岩气、重油/油砂、页岩气、致密油、油页岩/页岩油和天然气水合物。

除了定义之外，描述非常规资源的术语也有一些模糊性。美国石油地质学家协会（American Association of Petroleum Geologists Explorer）2012 年发表的一篇关于页岩区块数量不断增加的问题文章（Durham，2012）就是一个很好的例子，它列出了 20 个“页岩区块”，但只有 8 个是真正的页岩，其余为砂岩、碳酸盐岩或混合岩性储层，包括花岗岩风化层。在文章中，作者直接使用“页岩区块”来代替需要水平井和水力压裂的区块。具有讽刺意味的是，在有些文章中，指出了一些地质术语不准确和不一致的问题，包括定义非常规区块中使用的术语（Boak，2012）。

由于定义和术语也会引起误解，因此 150 多年来，石油工业一直在发展常规石油勘探和生产的科学理念和方法。与之不同的是，我们对非常规石油勘探与开发的科学理念和方法的研究，从 20 世纪 90 年代中后期才真正开始。因此，人们要认识到并非所有有关非常规资源的文献都经得住时间的考验，尤其是需要批判性地阅读，这样可以将推测与事实分开，以免在观点经过验证，甚至被测试之前接受它们。

下面关于非常规资源的讨论将坚持运用验证过的想法和概念，来描述这些区块的组成、工作方式以及油气地球化学的作用。这些讨论将涉及煤层气、页岩气、页岩油和混合油/致密油。致密砂岩气和重油/油砂可划分为非常规类型，但这些成熟的油气藏类型的开发更具工程性，油气地球化学方面的研究投入较少。此外，天然气水合物也是一种重要的潜在资源，但还处于开发的早期实验阶段。

7.1 煤层甲烷

自从人类可以从地下开采出煤以来，煤层中天然气的存在已是众所周知了。该天然气在矿井中聚集时会产生许多问题，如使人窒息（例如进入矿井前需将金丝雀先带入矿井中试探一下）和发生爆炸燃烧的危险。所以，如果要在煤层中钻孔，需在采矿作业之前排出气体，以减少发生危险的可能性。最后，这些气体在收集的同时直接被使用掉，从而催生了一个新的概念——煤层甲烷。

20 世纪 70 年代末，美国联邦政府为提高煤层甲烷行业的竞争力，实行了价格控制豁免和税收激励措施，煤层甲烷行业才开始发展起来。同时，这些激励措施也导致煤层甲烷开发技术的进步。煤层甲烷目前仍然是美国的天然气重要来源之一，澳大利亚、加拿大、中国以及其他煤炭资源丰富的国家也如此。

事实上，煤层甲烷是个误称。从煤层中回收的气体基本上都是天然气，虽然主要由甲烷组成，但往往还含有其他烃类气体，如乙烷、丙烷以及非烃类气体（氮气和二氧化碳）（Kim，1973）。因此，煤层甲烷也称为煤层气（CBG）或煤层天然气。

大多数煤层都是自源储层。当煤以类似于烃源岩的方式成熟时（Rice，1997），它会在原地生成天然气和较重的烃类化合物，并主要通过吸附来保存这些烃类化合物。由于煤的高吸附能力，它们还可以在其形成早期捕获生物甲烷或从其他来源捕获运移的热演化作用生成的烃（热成因烃）（Weniger 等，2012）。如果煤层被抬升到较浅的深度，大气中的水渗透到煤中，由微生物降解煤层沥青所产生的次生生物气也是煤层气（CBG）的来源之一（Scott 等，1994）。

作为储层，煤的孔隙度通常小于 10%，这与常规的油气储层不同。绝大多数气体被吸附在煤基质中的有机物表面，只有少量气体作为游离气体储存在孔隙和天然裂缝（割理）中或作为溶解气体储存在割理和孔隙的水中。煤的吸附能力随煤阶（成熟度）的增加而增加（Kim，1977），如图 7.1 所示，这与煤的生成趋势对应。在常压条件下，煤层比典型砂岩在原生孔隙中储存更多的吸附气体。

煤中的天然裂缝被称为割理，是煤层气开发的重要条件。如图 7.2 所示，这些裂缝通常为互成 90°的两组节理。早期割理发育可能发生在镜质组反射率值 R_o 为 0.3%～0.5%时。然而，在 R_o 为 0.3%左右时形成的割理可能发生退火，而在 R_o 为 0.4%～0.5%时形成的割理则更易保存（Laubach 等，1998）。这表明在烟煤阶段割理的形成对煤层气生成具有重要意义。

要想确定一个煤储层是否适合开发，需要对含煤盆地和煤储层的地质信息进行大量研究，确认煤的级别、厚度、侧向程度和破裂程度等。为了进行经济评价，还需要对煤中天然气的含量进行预测。煤层气含量常通过测量从取心操作中回收并密封在解吸罐中的煤样中释放的气体体积来确定，这种方法允许煤样中的气体在受控的实验室条件下解吸，直到达到规定的低解吸率截止点（Yee 等，1993）。然后将样品压碎，以测量样品中残留的气体量。所损失的气体是在煤被密封到解吸罐之前从其收集过程中释放出来的气体，要根据

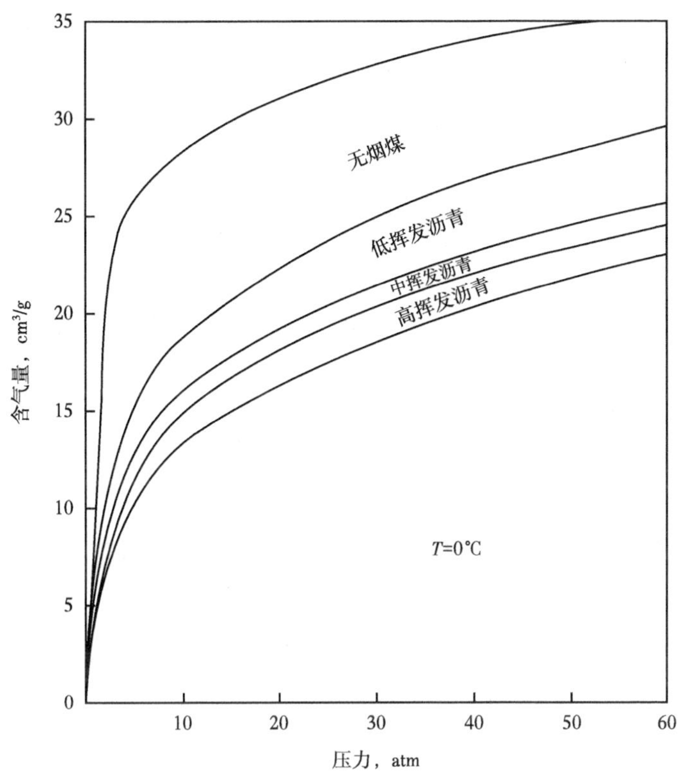

图 7.1　吸附气体量随等级变化图（Kim，1977）

实测解吸气量数据外推估算损失的气量。

煤的吸附能力可以用预估煤层气含量的伴生数据来表示。吸附能力是指单位质量的煤在标准压力和温度条件下所能吸附的气体体积，它通常以标准立方英尺（ft^3）的气体每吨煤表示。煤的吸附能力主要取决于煤的等级（成熟度）和含水率，一般吸附能力的值在 100～800ft^3/t 之间（Donnez，2012），吸附能力通过吸附等温线计算得出。吸附等温线描述了在恒定温度下气体吸附能力随压力的变化趋势，它表示在给定的压力和温度下，煤在平衡条件下能够储存的最大甲烷体积（Kim，1977）。煤样首先在真空中除去气体，然后，将一定量的气体以特定的温度和压力注入容器中并循环，直到达到吸附平衡（Yee 等，1993）。通过测定未吸附气体

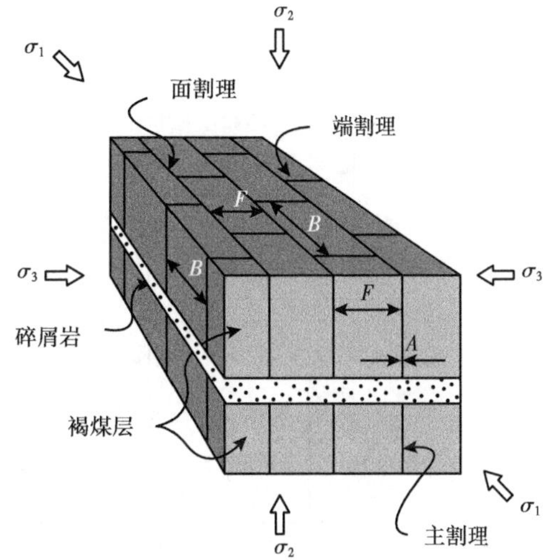

图 7.2　褐煤割理形成模型图（Widera，2014）

A—割理孔径；F—面割理间距；B—对接割理间距；σ_1—最大应力；σ_2—中间应力；σ_3—最小应力

的量，用差值法计算吸附气体的量，在不同压力下重复至少6次，建立吸附等温线曲线，如图7.3所示。根据实验确定的等温线曲线，可以推导出不同温度下的附加曲线。

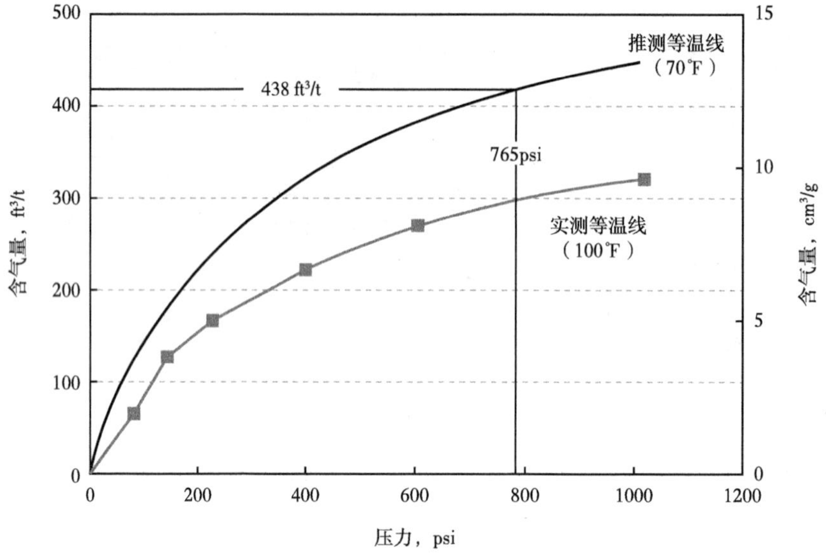

图7.3　实验测量的吸附等温线和根据数据推测的等温线示例图（Dallegge，2000）

如图7.4所示，当煤中的天然气达到过饱和状态时，在煤的开采初期会释放出气体，但大多数煤都是不饱和的。因此，为了将不饱和煤中的气体解吸出来，地层压力必须降低到临界解吸压力，这可以通过向割理系统注水和排出水来实现。煤层脱水会导致压力降

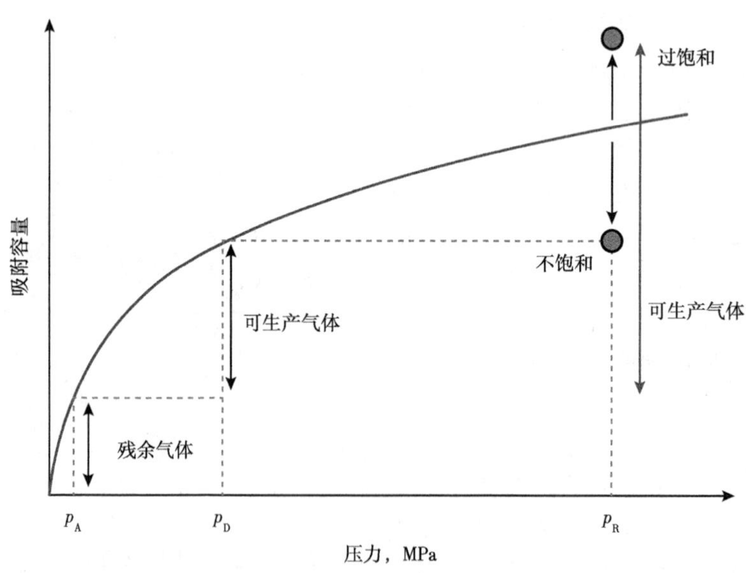

图7.4　过饱和与不饱和煤与甲烷吸附的关系图（Gensterblum等，2014）

p_R—初始解吸压力；p_D—临界解吸压力；p_A—废弃压力。过饱和的煤会立即产生。不饱和煤中压力必须降低到临界解吸压力才能开始产气

低，使得天然气从煤的有机质表面解吸。图 7.5 就是一个典型的产水产气曲线，当水从割理系统中排出时，实际天然气产量的增加通常会延迟，随着产水量的下降，天然气产量将增加。为了提高近井渗透率，加快降水过程，可以采用水力压裂。排水过程可能会持续数年，因此水处理必须纳入开发方案中。

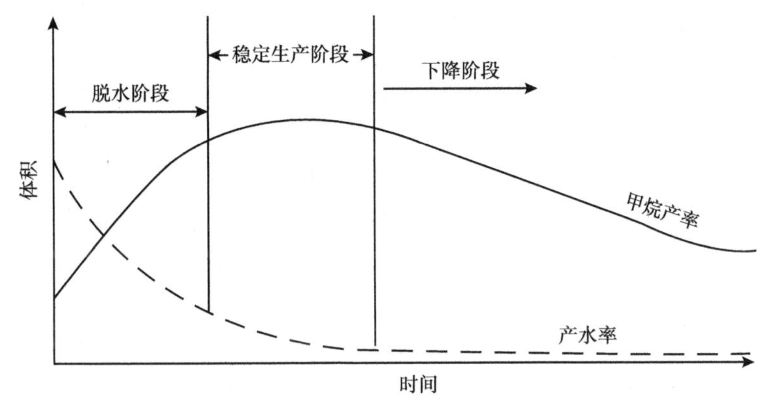

图 7.5 煤层气井的典型生产曲线图（修改自 Kuuskraa 和 Brandenberg，1989）
该图显示了甲烷和水随时间的体积相对变化

油气地球化学在煤层气上的应用主要是煤的成熟度评价。如前文所述，煤的成熟度或阶级将影响煤生成和吸附的烃类化合物的数量、煤的吸附能力和割理的发育。这种成熟度最好用镜质组反射率来测量。在烃源岩分析中，镜质组反射率应作为趋势工具，与此不同的是，单个煤层镜质组反射率是一个更确定的成熟度指标。岩心中的煤层镜质组反射率不受崩落和来自镜质体再循环的影响。在大多数煤中，原生镜质体含量丰富，在显微镜下易于识别。虽然煤层镜质组反射率数据不用反映成熟度与深度的变化趋势，但最好在每个位置对煤层的多个样品进行测量。如果正在开发的煤层在相关区域有显著的深度变化，则可以从采样的各个位置建立深度趋势，这一趋势可用于根据煤层深度预测尚未取样地区的煤成熟度。

油气地球化学对煤层气的另一个应用是研究其气体的组成和来源，有关煤层气的研究对确定资源的价值十分重要。干燥的生物成因气体的价值小于热成因湿气，气体成分还将表明存在多少非烃气体，这些也会影响资源的价值。非烃类气体会使烃类气体的浓度降低，影响气体的总价值。如果非烃气体的浓度较高，就需要采取一定的措施去除非烃类气体。

烃类气体的组成和同位素特征是表明其成因的重要标志。它们有助于确定吸附在煤上的天然气是否来自早期生物成因过程产生的气体、煤内部生成气体、捕获的运移气体，或次生生物成因天然气。通过结合煤的成熟度信息和气体的同位素特征（参考第 4 章），可以确定其来源。生物成因气体是一类具有明显的同位素特征的天然气。如果天然气是自源的，则热成因气的成熟度应与煤的成熟度相似，如果天然气成熟度比煤高，捕获的运移气体可能来自其他气源岩。在判断天然气来源时应谨慎，因为煤层气与常规气藏一样，可能来自多个气源岩。

7.2 页岩气

尽管页岩气自20世纪90年代末以来才对油气行业产生了重大影响，但这一概念已经存在了相当长一段时间。1825年，William Hart在美国纽约州Fredonia首次将页岩气作为一种资源进行开采（Lash和Lash，2014）。该井位于天然气渗漏处，由铲子手工挖掘，深度仅为27ft，在敦刻尔克页岩裂缝处开采低压天然气（Lash和Lash，2014）。该企业早期的描述是，天然气是通过管道输送的，管道由挖空的原木制成，用焦油和抹布密封。1857年，Preston Barmore开始对页岩进行更多的定向钻探，页岩当时被认为是天然气运移的通道。Barmore还使用火药诱导人工裂缝作为增产的手段（Lash和Lash，2014）。这种页岩气资源的早期开发比当时许多人预期的要先进，而且比1859年Drake的油井还要早。

直到20世纪70年代中期，人们才重新考虑开发页岩气资源。1973年，“阿拉伯石油禁运”之后，美国国内掀起了对包括天然气在内的化石燃料的开发热潮，页岩气也是考虑在内的资源之一。1976年，美国能源部（DOE）能源研究和发展局（ERDA）下属的摩根敦能源研究中心（MERC），资助了东部页岩气项目，以检测在阿巴拉契亚、伊利诺伊州和密歇根盆地（DOE，2007）的上泥盆统页岩资源潜力及试采方法。尽管该项目对页岩气有重要认识，但这些沉积物成熟度相对较低，没有较好的商业价值。该项目开发的一些技术包括页岩定向钻井（水平钻井的前身）、页岩大规模水力压裂和泡沫压裂技术（DOE，2007；Wang和Krupnick，2013）。

1986年，美国能源部与私营天然气公司合作，成功地在页岩中完成了第一口多级压裂水平井（DOE，2007），结果是充满希望的，并激励了进一步的发展和投资。1991年，美国能源部和天然气研究所（GRI）资助了米切尔能源公司在Barnett页岩钻探的第一口水平井，但直到1998年，米切尔能源公司才通过一种叫作滑溜水压裂的创新工艺，获得了第一口经济上成功的页岩气井（Wang和Krupnick，2013）。

起初，人们认为页岩特别是烃源岩可以用类似于巴奈特页岩的方法进行钻探和完井，这样天然气也会流动。自从巴奈特页岩气早期取得成功以来，人们对北美的许多页岩气进行了测试。虽然其中一些岩层开发成功，但大多数还不可行，只有Barnett、Haynesville、Eagle Ford和Marcellus页岩获得了商业成功。有关为什么只有这四种页岩烃源岩而非所有页岩烃源岩取得成功的问题随后被提出，要想了解答案还要对页岩气进行剖析。

如图7.6所示的模型，气页岩需是一个足够丰富、成熟的烃源岩来生成天然气。但是，页岩气资源的关键不只是来自源岩成分，它还需要储层岩石和一种地层圈闭来容纳这种气体。早期认为页岩气与煤层气相似，主要吸附在干酪根上。然而，产气量和产气特征表明，吸附作用不能解释全部产气。相反，传统的储层孔隙是主要的产气源。此外，天然气页岩本身必须具有一些类似密封的性质，来减少天然气损失和被有效的密封层覆盖，以进一步控制天然气。页岩气的封闭性往往被忽略，但它却是至关重要的（Dembicki和Madren，2014）。虽然许多烃源岩都能产生天然气，但只有少数经过筛选的烃源岩能够保存天然气，并作为天然气页岩进行开采。

	密封——在增产过程中，能够容纳气体并充当裂缝屏障的岩石
天然气页岩	烃源岩——气窗中富含有机质的页岩； 储层——具有一定孔隙度和渗透率的页岩，可破裂以覆盖气体； 圈闭——本质上是地层圈闭； 密封——最小的开放性天然裂缝以排放气体
	密封——在增产过程中，能够容纳气体并充当裂缝屏障的岩石

图 7.6 天然气页岩烃源岩/储层——含油气系统的理想模型图（Dembicki 和 Maden，2014）

除了正确解剖储层内部结构以外，天然气页岩必须具有一定的特性才能使天然气达到具有商业流动的速率。天然气页岩具有较低的自然渗透率，导致常规直井采收率较低。尽管页岩的渗透性较差，但如果存在足够的压力，有机化合物保持在单一气相，并且天然渗透性可以输送气体，使其表面积增加，烃类气体就可以商业速率流动。

超压是页岩气潜在成功开发的一个很好的早期指标。气相页岩中存在超压，说明气相页岩内外的密封能力足够强，能储存产生的气体，这种压力还提供了生产过程中驱动气体流动所需的储层能量。

单相生产也是成功的一个关键因素。与纯天然气系统相比，含伴生液体的页岩气区块更具经济吸引力。在这些区块中，开采凝析油和天然气液体的能力常常盖过了许多此类公司的天然气产量。但是对相对富液区块而言，在生产过程中处于单一气相是极其重要的。气相的黏度较低，使天然气在页岩固有孔隙度和渗透率范围内更自由地流动。如果页岩气中含有液体，只要这些液体在气体溶液中，那么流动就不会受到抑制。然而，如果液体从气体溶液中析出，分离出的液相就会限制或阻塞孔径。因此，保持地层的压力以保证单相流动是至关重要的环节。

为了增加页岩渗透率作用的有效表面积，提高天然气采收率，需要使用水平井和水力压裂技术。水力压裂指的是泵在极高的压力下将液体泵出井筒，通过射孔段对周围地层进行压裂，并将沙子或其他支撑剂注入裂缝中，使裂缝持续张开。这种压裂通过连接岩石中的孔隙，并未显著提高渗透率。有效渗透性是通过在远离钻孔的岩石中打开运移通道增加的，这会增加基质渗透性的表面积暴露，从而更有效地实现排水。

虽然对页岩气系统的描述有了基本的地质认识，但仍有许多未知知识，尤其是工程学方面。几十年来，研究者一直认真致力于页岩气研究，但需要记住的是，我们对页岩气的了解还处于不断探索阶段。

7.2.1 油气地球化学与页岩气

烃源岩在页岩气系统中居于首要地位，明确页岩气区块内烃源岩的各项属性是油气地球化学的主要作用。与大多数烃源岩一样，对于页岩气烃源岩主要研究其是否具有足够的有机丰度，是否存在合适的干酪根类型，以及是否达到足够高的成熟度。这些评估可以运用第3章中描述的烃源岩标准评估技术，但是需要进行一些调整，评估最好从成熟度开始。

为了确定是否达到足够高的成熟度，通常使用镜质组反射率测量。如果缺少镜质体，则可使用热蚀变指数或岩石热解 T_{max} 值，但应谨慎。如果页岩来自较老的古生代地层，可用牙形刺蚀变指数大致确定成熟度。

在回顾了有关页岩气文献中如何利用镜质组反射率作为成熟度指标之后，可以发现有一种倾向，即只在感兴趣的深度区间内进行采样测试，而不在足够深度区间内建立成熟度演化趋势。这种做法可能导致成熟度评估出现误导和不准确，原因是溶蚀的镜质体、再循环的镜质体或干酪根颗粒会被误认为是正确的镜质体（Dembicki，2013）。应该始终使用成熟度演化趋势，最好将成熟度数据放在沉积物埋藏史的背景下进行适当的解释（Dembicki，2009）。

如图 7.7 所示，页岩气系统的理想烃源岩成熟度（R_o）范围为 1.3%~2.5%或等效值（Dembicki，2014）。在大多数情况下，成熟度（R_o）低于 1.3%时生成的气体很少，任何液体都不可能溶于气体中。在某些异常储层中，富液相油区可能出现在 1.2%~1.3%。当镜质组反射率 R_o 超过 2.5%时，沉积物开始转变为变质岩，导致储量和产能下降。

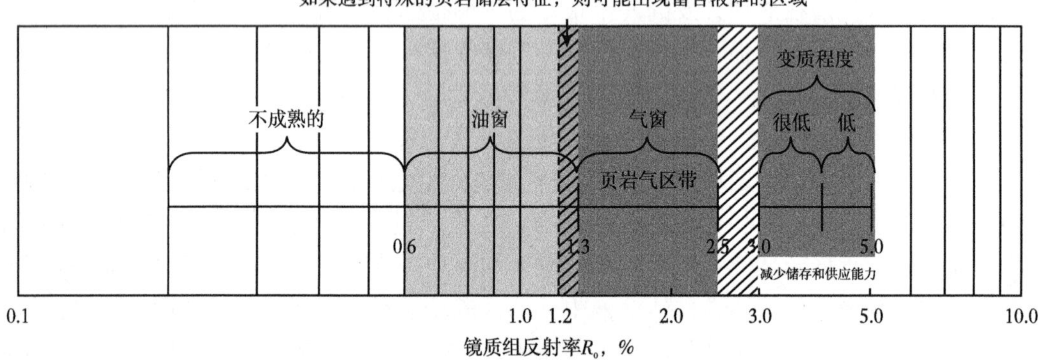

图 7.7　页岩气区块的成熟期窗口模拟图（Dembicki，2014）

为了确定是否有足够的有机丰度，通常采用总有机碳（TOC）来表示。由于正在调查的产气页岩通常处于热演化晚期，沉积物残留的总有机碳可能不到原始总有机碳的一半（Dembicki，2009），因此需要采用不同的方法进行解释。假设沉积物中存在合适的干酪根类型，总有机碳显示沉积物中残余有机质的数量。如图 7.8 所示，根据现场观测，产气页岩的最低残余 TOC 似乎为 2.0%（Dembicki，2014）。TOC 也有一个需要考虑的上限值。页岩气作为一种游离气资源，大部分气体储存在孔隙中。这与煤层气相反，煤层气将气体吸附在有机基质上。如图 7.8 所示，煤的总有机碳含量约为 40%，调查的大多数页岩气系统的平均总有机碳含量约为 10%或更低。基于此，假设在总有机碳含量为 10%~40%时存在一个从游离气体到吸附气体的转变，这种过渡从什么时候开始还不清楚。随着对更多的页岩气系统进行调查，应该会发现关于这种过渡的更多明确的信息。

Rock-Eval 热解仪也用于页岩气评价，但不完全采用传统方法。如前所述，T_{max} 仍作为成熟度指标；然而，与常规烃源岩相比，S_2 和氢指数（HI）更多地作为成熟度指标，而非丰度和干酪根类型指标。根据现场观测，当烃源岩成熟为生气页岩时，HI 小于 100。显示产气页岩 TOC 和岩石热解 S_2/HI 数据的简便方法是图 7.9 所示的修改后的 TOC 与 S_2 交会图。

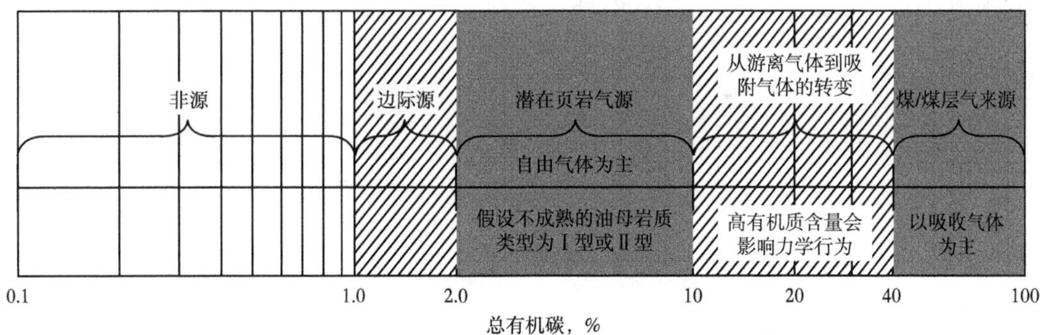

图7.8 页岩气区块的总有机碳窗口模拟图（Dembicki，2014）

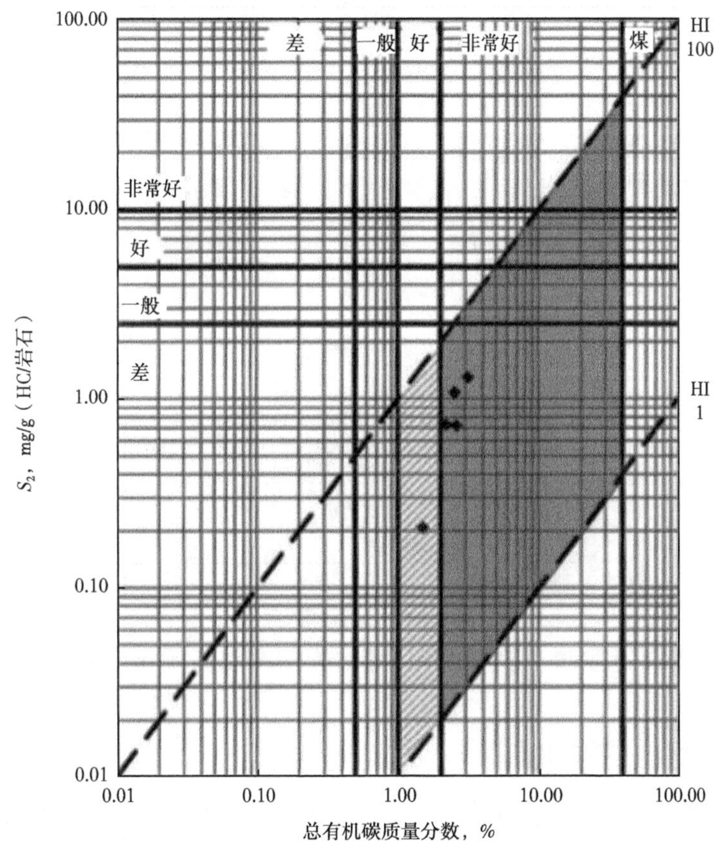

图7.9 用于气页岩评价的总有机碳（TOC）和岩石评价的交会图（Dembicki，2014）

TOC表示足够丰富，而 S_2/HI 值表示成熟

在页岩气评估中，要确定是否存在合适的干酪根类型，并不像大多数烃源岩评价那样简单。如第2章所述，在同等丰度的烃源岩中，Ⅰ型或Ⅱ型干酪根比Ⅲ型干酪根产生更多的天然气。因此，Ⅰ型和Ⅱ型干酪根是产气页岩和常规烃源岩的首选类型。但由于潜在产气页岩的提前成熟，将使任何原本含有Ⅰ型或Ⅱ型干酪根的沉积物都含有Ⅲ型天然气，甚

至Ⅳ型惰性气体，如图 7.10 所示。因此，有必要寻找和采集低熟区域的潜在产气页岩，以确定原始干酪根类型。建议采用第 3 章所述的岩石—热解—气相色谱法进行标准分析和解释。需要注意的是，在研究的地层区间干酪根类型可能发生横向变化，因此在使用这种方法时需要谨慎。

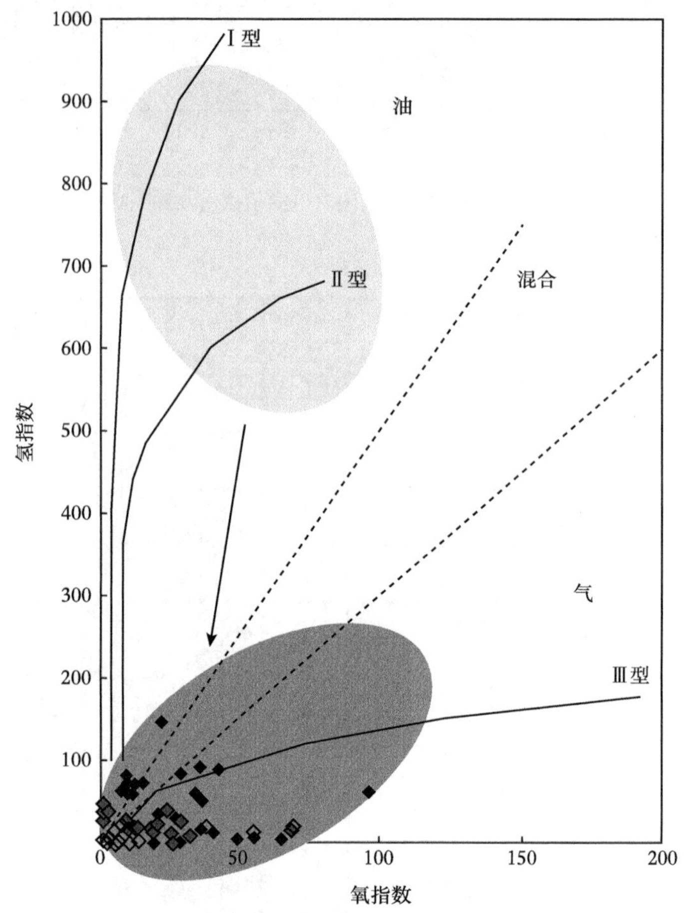

图 7.10　页岩成熟度不同，原本为倾油型的干酪根表现出倾气型干酪根示例图（Dembicki，2013）

7.2.2　页岩气区块的附加支撑

除了含气页岩的烃源岩地球化学属性外，还必须考虑储层物性，首要的就是孔隙度和渗透率特征。由于页岩固有的低孔隙度和低渗透率，传统的砂岩孔隙度和渗透率的测量方法既不实用也不准确。而 GRI 方法为间接测量这些特性提供了新的途径，该方法利用破碎的沉积物样品，测量在压力作用下气体进入岩石孔隙网络并从孔隙网络中回收的数量和速率。这些信息可计算相对孔隙度和渗透率（Guidry 等，1995）。由于计算的是相对孔隙度和渗透率，所以使用数据进行资源评估时需要谨慎。

岩石基质的矿物学、沉积结构以及对钻井和完井液的敏感性同等重要。矿物学可通过 X 射线衍射（XRD）分析确定。需要记住的是黏土的 XRD 数据通常是半定量的（Poppe

等，2001）。沉积结构可以在页岩薄片上观察，也可以通过 QEMSCAN 等扫描电镜技术观察。流体敏感性测试是测量岩石，特别是黏土成分对钻井和完井液的反应。例如采用毛细管吸入时间测试和布氏硬度测试（Carman 和 Lant，2010），可以跟踪记录这些流体暴露前后岩石性质的变化。

岩石的力学性质也必须掌握。虽然许多学者将页岩的力学性质与黏土体积含量联系起来（Jarvie 等，2007；Wang 和 Gale，2009），但这种方法存在一些缺陷，它没有考虑不同黏土类型力学性质的差异（Ikari 等，2009）以及沉积结构对岩石断裂能力的影响。为了更好地研究页岩的地质力学性质，需要通过三轴压缩试验获得岩石力学参数，以确定沉积岩是否具有韧性，并显示岩石在激发期间的行为。许多人将泊松比和杨氏模量作为水力破裂行为的指标。尽管这些参数对理解恒定孔隙压力环境下的天然裂缝发育很重要，并能对岩石在水力压裂过程中的反应有一定的了解，但最小有效应力和抗拉强度对预测岩石在水力压裂过程中的表现也很关键（Molenda 等，2013），需要加以考虑。

7.3 页岩油

页岩油是一个在石油和天然气工业中具有多种含义的术语。它可以指从油页岩干馏中产出的石油，例如美国科罗拉多州、怀俄明州和犹他州的始新世绿河页岩或爱沙尼亚中奥陶世 kukersite 型油页岩（Kann 等，2013）。虽然油页岩的开采潜力巨大，其相关技术还在发展，这一课题将留待以后讨论。

页岩油也可以指从高度破裂的页岩中回收的油，例如在美国新墨西哥州 Raton 盆地的白垩纪地层（Mallory，1977；Woodward，1984），加利福尼亚沿海盆地的 Monterey 地层（Regan，1953；Truex，1972），以及盐溪油田的 Frontier 组页岩（Mills，1923；Thorn 等，1931）。这些页岩通常是高硅质的（脆性），经历了一个或多个时期的构造变形，高度破裂。其中一些裂缝储层，如 Monterey 地层，可能是自产的。这些页岩是成熟的烃源岩，能生成并运送石油。裂缝充油只是一段短距离的运移。其他裂缝性页岩储层，比如盐溪油田的裂缝性页岩储层，可能不是烃源岩，或者不够成熟，无法产油。它们含有其他烃源岩中运移而来的石油。在这两种情况下，这些储层的商业价值将取决于可用裂缝孔隙度的体积和石油的生成特性。在这些裂缝性页岩储层所运用的水平井技术是这些区块取得足够产量的关键。

页岩油一词的另一个含义是指与页岩气生成有关的液体。如前所述，这些液体是从页岩表面的天然气生成中冷凝出来的，而不是从页岩中分离出来的液相。但因为它们是天然气的冷凝液，所以它们并不像石油那样真正被生成出来，也不在讨论范围内。

页岩油也可以指非常规混合开采的石油。这些混合岩性油藏产量可能十分可观，将在下一节进行讨论。

页岩油的最终用途是从页岩中提取的液相石油，使用的技术与页岩气生产中使用的技术类似，即水平井和水力压裂。为了更好地理解这是如何发生的，有必要描述定义此潜在资源的参数。

首先，这些区块中的页岩的镜质组反射率 R_o 必须小于 1.2%，否则页岩会处于生气窗以及成为潜在的页岩气烃源岩。将页岩置于生油窗中，表明可用的液相很可能是一种黑色石油。黑油在常规储层岩石中的流动行为与天然气有很大不同，从致密常规储层中生产黑油比从致密常规储层中生产天然气要困难得多。考虑到页岩甚至比致密的常规油藏还要致密，所以我们应该探讨能否让黑色石油以持续的商业速率从处于生油窗口的页岩中流出。为了回答这个问题，需要确定黑色石油是否能从页岩中流出，在什么条件下会流出，以及在这些条件下是否可能达到商业流动量。

我们知道可以从页岩中将黑色石油排出，如果不能就不会有传统的石油储备。如第 2 章所述，当烃源岩达到最小烃饱和度时，并且克服原油在干酪根和矿物基体上的吸附能量之后，来自烃源岩的黑色石油在镜质组反射率 R_o 为 0.7%~0.9%时开始流动。但是，石油聚集是由于石油在地质时期从烃源岩中流出而形成的，其流速相对于产量来说非常低。那么，页岩油实现商业价值的主要障碍是什么呢？

可采石油的产量由许多因素决定，包括岩石的渗透率、石油的黏度和自然驱动的强度。当储层岩石“致密”时，如页岩，石油一般难以流动；当岩石渗透率较高时，如砂岩，石油可以更自由地流动。如图 7.11 所示，页岩实际上更像密封层，而不是储集岩。油层内部和周围的自然压力常常有助于石油的流动，包括对溶解在油层中的天然气所施加的压力，对存在于石油上方的天然气（两相油藏中的气顶）和石油下方的水（在页岩中不存在）所施加的压力，以及重力。如第 4 章所述，黑色石油处于压力大于泡点压力的单相。黑色石油的黏度一般在 2~100mPa·s 之间，初始气油比通常小于 2000ft³/bbl，这表明黑色石油中含有不饱和气体。即使用水平井和水力压裂，这些特性也不利于页岩的持续商业开采。相反，（在石油窗口）开采页岩油的油井可能会有一些初始产量，但大多数情况下，几天或几周后产量会迅速下降。如果地层压力降至泡点压力以下，从溶液中释放的气体会导致液相气油比降低，黏度增加，使得液体更难从孔隙中流出。

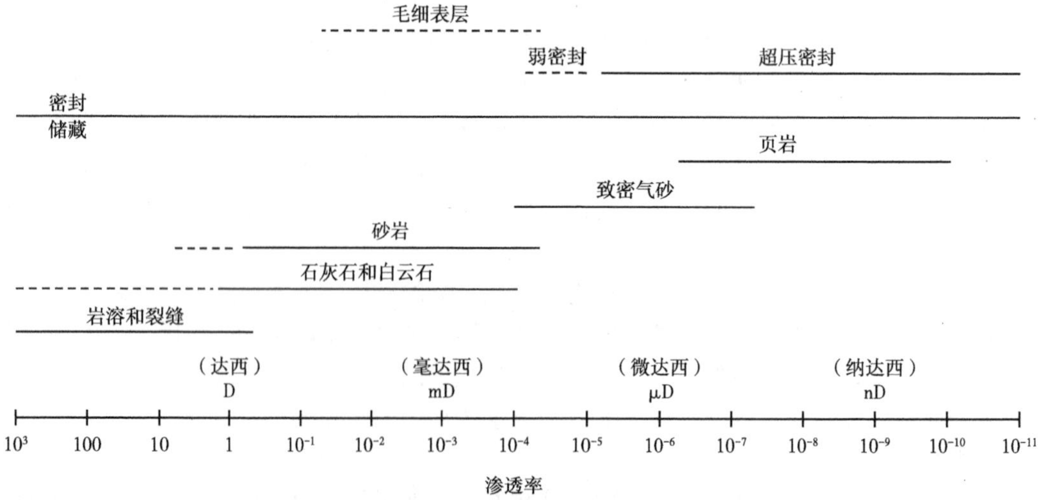

图 7.11 常规与非常规储层渗透率的比较示意图（修改自 Larnda，2012）

与传统的砂岩和碳酸盐岩油气藏相比，页岩油气藏与密封层更为相似页岩的渗透率低、原油黏度低以及缺乏储层能量，都不利于页岩生油窗中形成的黑色石油持续保持商业流量。虽然这些条件不太可能开采出页岩油，但在特定的环境下可能发挥作用。然而，在真正的页岩区块中，最有利于液体生成的是富含凝析油和液化天然气的页岩气，其 R_o 在 1.2%~1.5%之间。

7.4 混合系统

真正的页岩油气直接从页岩中开采，页岩既是烃源岩，又是储层。与之相反，混合系统是由烃源岩与粉砂岩、细砂岩或多孔碳酸盐岩相邻并互层，这些多孔隙岩石成为系统内烃源岩生成油气的储层。与常规油气藏不同的是，混合油层最具致密油特征，它们的渗透率普遍较低，储层厚度通常较小，需要水平井和水力压裂来产生持续的商业流量。许多混合油气藏在盆地勘探早期就已被发现。但直到水平钻井和油藏增产技术取得进展，这些资源才被开发。

Bakken 地层是一个简单的混合系统的实例。虽然 Bakken 的一些产量来自与威利斯顿盆地背斜构造相关的开放裂缝系统（Dow，1974），但大部分产量来自一个混合区块。Bakken 地层由三段组成，上、下段为富含有机质的页岩（TOC 可达 20%），倾油型干酪根，中段为白云岩、砂、粉砂和泥灰岩（Dow，1974）。虽然与常规油藏相比，中段储层的孔隙度和渗透率较低，但中段储层具有足够的油气储集能力，可容纳上段和下段生成的大量油气。中间段的产能是通过在该区域内水平钻井和水力压裂来增加裂缝网络提供的。

其他混合体系则更为复杂，由一系列与储层互层的烃源岩层段组成。丹佛—朱利斯堡盆地的 Niobrara 地层就是一个例子。它由一系列白垩储层段组成，储层与富有机质的烃源岩互层（Sonnenberg，2011），如图 7.12 所示。与 Bakken 地层一样，相邻烃源岩层段的生烃作用将为储层充注油气。水平井以这些储层为目标，根据互层烃源岩的厚度和岩石性质，对其中一个储层段进行水力压裂，可能是垂直扩展，也可能进入目标区上方和下方的储层段。

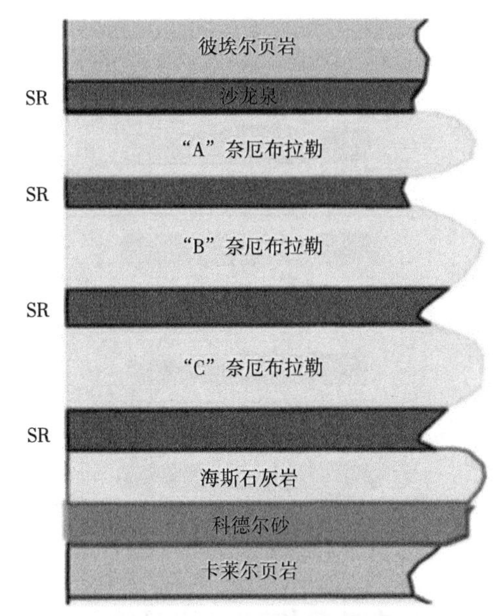

图 7.12 丹佛—朱利斯堡盆地 Niobrara 组地层柱模拟图（Sonnenberg，2011）

注意标记为 SR 的泥质页岩烃源岩层段与标记为奈厄布拉勒“A”“B”和“C”的白垩储层单元互层

在成熟盆地中寻找混合体系具有很大的潜力。这些系统中有许多已经在世界各地的富含油气盆地的初期钻探中遇到。但由于当时开采潜力低，它们往往被忽视或是被认为不能产生利润。通过回顾旧的钻井记录和测井数据，可以识别并追踪这些井网。混合系统不论烃源岩处于生气窗或生油窗都能产生经济效益，所以它们不受成熟度的限制。由于混合系统提供的机会，应考虑将其纳入大多数的勘探组合中。

混合系统本质上是一种运移距离较短的常规烃源岩—储层组合。因此，油气地球化学将使用与常规勘探相同的方式研究。以富有机质倾油型烃源岩为研究对象，其成熟度、有机质丰度和干酪根类型仍是研究的重点。成熟度最好由镜质组反射率来确定，而且应根据成熟度随深度变化的趋势确定，而不是仅仅从感兴趣的区段中分离出数据。资源丰富度评价应使用标准总有机碳和岩石热解数据解释方案。干酪根类型的判识应结合岩石热解和热解—气相色谱资料。如果该矿区的大部分样品位于或接近生气窗，则应尽量选取成熟度低的代表性样品，以评估干酪根类型。如果需要关于开采石油和（或）天然气及其与附近发现的其他油气的任何关联信息，可采用标准的油气分析流程和解释方案。

第 8 章　盆地模拟

盆地模拟，有时被称为含油气系统模拟，使用地层层序、剖面或整个盆地的深度、年龄和岩性描述，结合盆地环境的热历史信息来模拟其地质历史和油气生成、排烃、运移和聚集。盆地模拟的主要目的是：(1) 确定烃源岩是否、何时、何地、产生和排出了多少油气以及何种类型的油气；(2) 比较圈闭发育与生排时机；(3) 跟踪源区到圈闭区的潜在运移路径；(4) 估算出圈闭中的油气含量。

实现这些目标的能力取决于使用的模型类型和可用的数据量。一维（1D）盆地模拟使用地表上的一个点，其下方代表井、假井或地震炮点的地层序列作为模拟的基础。用一维模型处理的主要问题在于是否以及何时能产生烃和排烃。二维（2D）模型使用地层的横截面（垂直切片）来建立模型。除了预测能否或何时产生和排出烃类外，还可以预测潜在的垂直运移路径。也可以使用另一种水平面（地图视图）的二维建模形式。这种方法依赖于一系列一维模型向其提供有关地层表面生烃和排烃的信息，用于预测这些表面的运移路径。这种方式虽然有用，但不是真正的二维模拟。三维（3D）盆地模型使用立方体或其他盆地体积进行模拟，利用三维模型，可以在三维空间中观察到潜在的运移路径，并估算出可能已经运移并获得的油气的体积。

模型的复杂性和所需的数据量几乎随着维度的数量呈指数级增长。虽然一维模型只能使用简单的地层层序和一些关于烃源岩和温度史的基本知识来定义和建立，建立二维和三维模型需要更多岩石流体性质的信息，在增加维度时需要更复杂的地质和热流信息。虽然一维模型可以由经过培训的非专业勘探地质学家建立和运行，但二维和三维模型通常必须要由专业人员来运行。

与普遍观点相反，盆地模型实际上并不能证明任何东西。它们只能为含油气系统提供不同程度的确定性。因此，为了有效、恰当地使用盆地模型，需要牢记 5 个基本概念：(1) 永远记住盆地模型是模拟的，它们是对可能发生事情的预测，从不代表实际发生的事情。(2) 建模是一个迭代过程，永远不会结束。可以随时添加新数据，也可以随时改进模型。然而，模型可能出现这种情况，即没有额外的数据可用或新数据可能无法显著改变结果。(3) 盆地建模中没有唯一的解决方案。在将测量数据与预测值进行匹配时，要将模型的最终产品与自然过程的结果进行匹配。(4) 盆地模型应令人深思。它们使地球科学家提出“如果……会怎样”的问题，并创造性地研究各种不同的地质情形。对于石油勘探工作者来说，这是一个可以通过实验更好地了解到控制模型结果的因素的机会。(5) 盆地模型实际上并没有提供答案，而是减少了可能遇到的问题，并限制了不确定性。使用建模来排除可能的预测，而不仅仅是支持自身观点。如果能牢记这些基本概念，那么盆地模型的解释将是有用的，并有助于指导勘探计划。

统计学家 George Box 指出，“所有的模型都是错误的”（Box，1976），后来又补充道

“有些模型是有用的” （Box 和 Draper，1987）。Link （1954） 指出，在地质推理中机器（即计算机和软件） 不能取代人的因素，但它们可能会有所帮助。因此，认真工作，利用良好的地质理论，建立有助于降低勘探风险的盆地模型，应该是盆地建模者的目标。基于这些想法，接下来的讨论将简要介绍开发盆地模型的基本概念。作为大多数勘探地质学家在日常工作中能够使用的工具，我们将重点放在一维模型上。所有这些概念也适用于二维和三维模型，在适当的时候，还将增加二维和三维盆地建模的相关信息。想要更深入地探讨二维、三维盆地建模的理论和结构，请参考 Hantschel 和 Kauerauf （2009） 的相关著作。

8.1 埋藏史

埋藏史模拟地层柱所表示的沉积事件。该地层柱可根据实际井资料编制，资料根据地震数据或露出地面的岩层资料进行推测。埋藏史将包括一个深度—时间图，它将代表定义地层序列的地质事件。埋藏史上的曲线代表地层间隔或不整合面顶部或底部。由埋藏史曲线的每一段所描述的沉积事件代表沉积物、腐蚀物或沉积间断。

为了演示如何构建埋藏史曲线，以图 8.1 中所示的假想地层柱为例，该地层柱由 5 个沉积事件组成，每个沉积事件都表示一段时间内沉积厚度的沉积物，也存在两个不整合面。第一个不整合面位于 2000ft 处，是一个沉积间断，在没有沉积发生时，其时间间隔为 2~3Ma。第二个不整合面位于 6000ft 处，时间间隔为 8~12Ma。这是一个侵蚀性的非整合面，从 12~10Ma 沉积了 2000ft 的沉积物，然后从 10~8Ma 沉积了 2000ft 的沉积物。

为了在埋藏史中表示该地层柱，有时将其分解为沉积史，如图 8.2 所示。每一个沉积事件都被标绘为在一定时间段内沉积的沉积物量。侵蚀事件为负沉积事件，沉积间断事件沿零点线作图。要构建一个埋藏史图，只需从沉积史图的左侧开始，然后一步一步地向右移动。

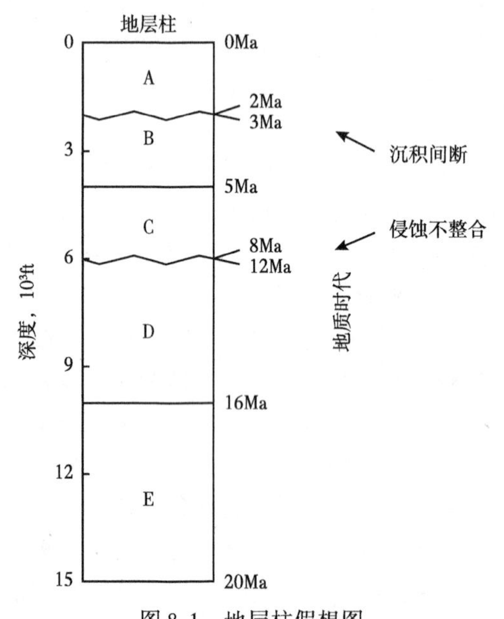

图 8.1 地层柱假想图

包含沉积间断和侵蚀不整合的假想地层柱，用于建立埋藏史

在图 8.3 的埋藏史图上，从 0 和 20Ma 开始沉积 E 段。E 段在 4Ma 内沉积了 5000ft 的沉积物，埋藏史曲线段在 16Ma 处结束，深度为 5000ft。接下来是 D 段沉积，4Ma 内沉积了 4000ft。埋藏史曲线的第二段在 12Ma 处结束，深度为 9000ft。D 与 C 之间为侵蚀不整合面。2000ft 沉积物的沉积发生在 12Ma 和 10Ma 之间，因此埋藏史曲线的第三段结束于 10Ma 处，深度为 11000ft。这之后是不整合面的侵蚀阶段，在 10Ma 和 8Ma 之间移走了 2000ft 的沉积物。这使得埋藏史曲线的第四段在 8Ma 处达到了 9000ft 的深度。然后是 C 和 B 的沉积，埋藏史曲线在 5Ma 处达到 11000ft，在

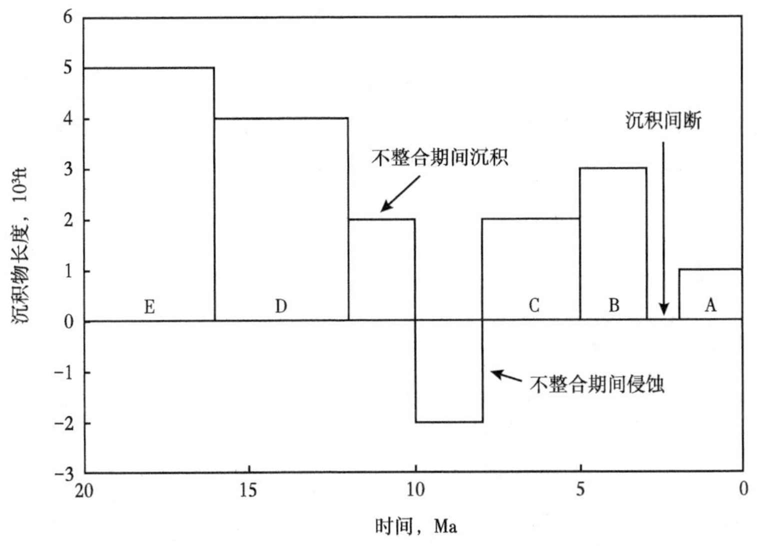

图 8.2 沉积史图

图 8.1 所示地层柱的沉积史将用于建立埋藏史

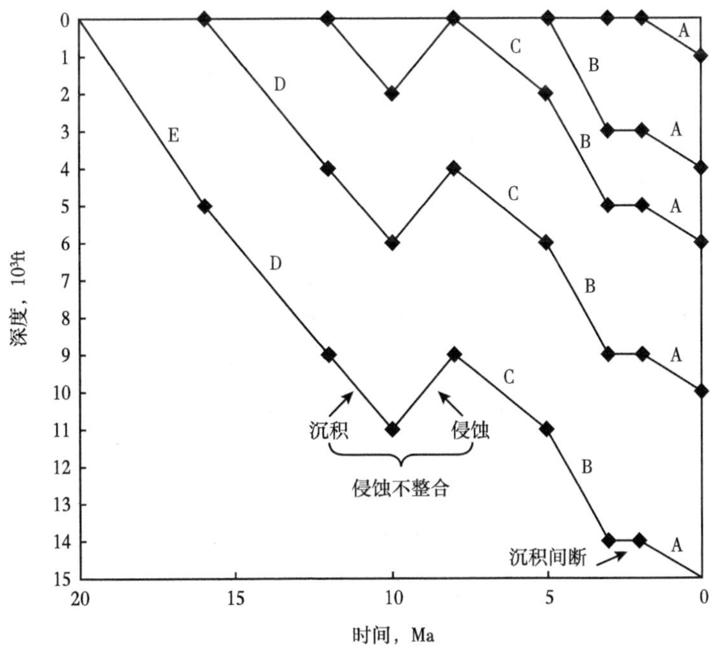

图 8.3 根据图 8.1 中的地层柱和图 8.2 中的沉积历史得出的埋藏史图

3Ma 处达到 14000ft。B 段沉积后，非沉积期在 3～2Ma 之间。埋藏史曲线在这段时间内保持在 14000ft。最后，区间 A 在 2Ma 和当前阶段之间沉积了 1000ft 的沉积物，绘制出在 0Ma 时 15000ft 深的埋藏史曲线。要绘制图 8.3 中的其他埋藏史曲线，继续这个过程，将每条连续的曲线向右移动一个沉积层段。

虽然最终的埋藏史图作为地层柱中沉积事件的参考非常有用，但对这些事件的描述并不准确。沉积物在沉积过程中，初始孔隙率较高，颗粒松散堆积。随着埋深的不断加深，覆盖层的重量逐渐将部分孔隙流体挤出，使孔隙空间塌陷，减少沉积物的厚度，如图 8.4 所示，由于孔隙率降低，所以通常被称为压实或机械压实。为了获得更准确的埋藏史，必须在覆盖层加到沉积物柱中时对沉积物厚度进行压实校正。

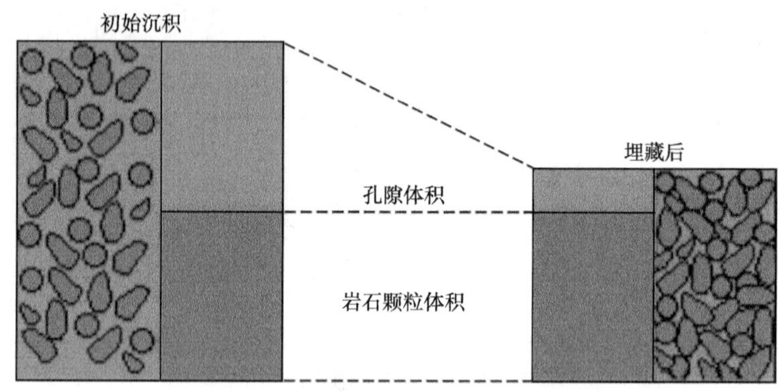

图 8.4　孔隙率降低后的压实作用模拟图

（Crews，2001）

为了校正压实，研究人员建立了经验关系式来帮助预测孔隙度变化，如 Sclater 和 Christie（1980）的指数模型、Falvey 和 Middleton（1981）的倒数模型、Butler 和 Baldwin（1985）的泥质沉积模型，如图 8.5 所示。通过这些关系式我们认识到，随着埋藏的增加，不同岩性的初始孔隙度不同，压实率也不同，如图 8.6 所示。同样重要的是，埋藏史中使用的沉积单元很少由一种岩性组成。虽然将这些单元细分为只包含一种岩性的亚单元会更准确，但并不现实。地层柱很可能由数千个沉积单元组成，而不是数十个，因此对这些较小的沉积物堆积进行绝对年龄分配是不可能的。相反，整个单元的孔隙度减少是根据地层层段的岩性组成计算的。这些混合岩性被看作是现有岩石类型的均质混合物，而不是每一种岩石类型的离散层。图 8.7 给出了含混合岩性的地层层序中孔隙度变化的实例。

Sclater 与 Christie（1980）指数模型：

$$P=P_o\exp(-Kz)$$

Falvey 和 Middleton（1981）互惠模型：

$$1/P=1/P_o+Kz$$

Baldwin 和 Bulter（1985）泥质沉积物：

$$z=6.02S^{6.35}$$

图 8.5　描述孔隙度减少与沉积物压实相关深度的经验关系图

P—孔隙度；P_o—初始孔隙度；K—岩性压实系数；

z—深度；S—固结度；$1/P$—孔隙度的倒数

为了使流体在压实过程中脱离沉积物，沉积物必须具有足够的渗透性。为了正确地校正压实作用，必须考虑沉积物的渗透性。大多数压实模型使用孔隙度—渗透率关系，通常采用沉积物的 Kozeny-Carman 方程（Ungerer 等，1990），并应用达西定律预测流体流量。

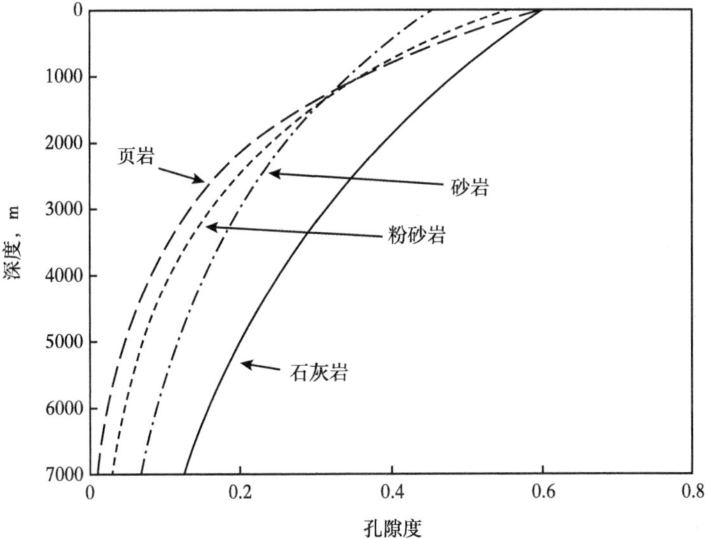

图 8.6　岩性的深度与孔隙度曲线图

此图是基于 Sclater 和 Christie（1980）指数模型，利用经验确定的初始孔隙度和压实系数绘制的

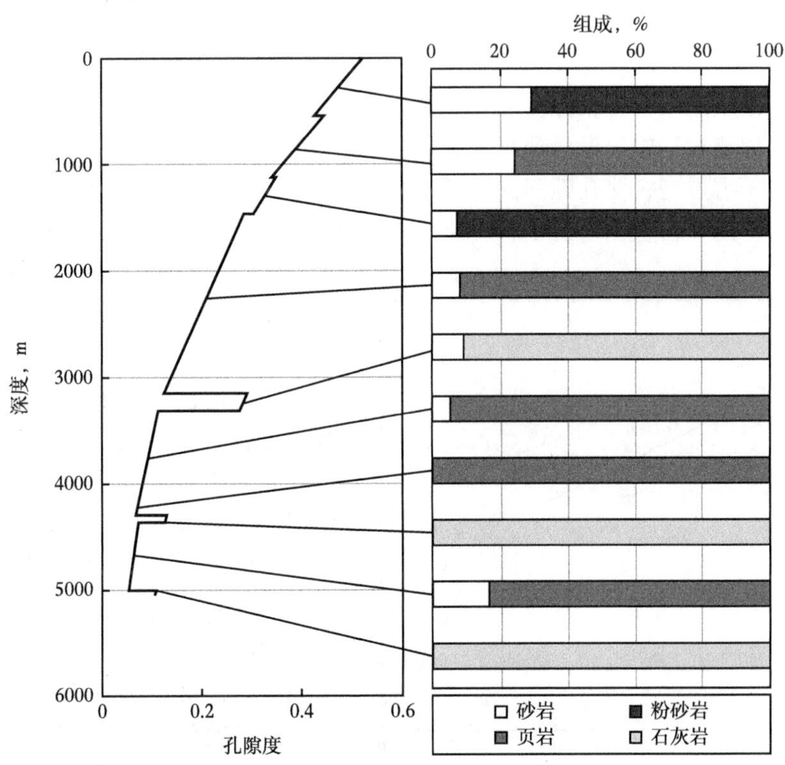

图 8.7　混合岩性孔隙度变化的深度趋势图

压实校正中使用的一组孔渗关系实例如图 8.8 所示。

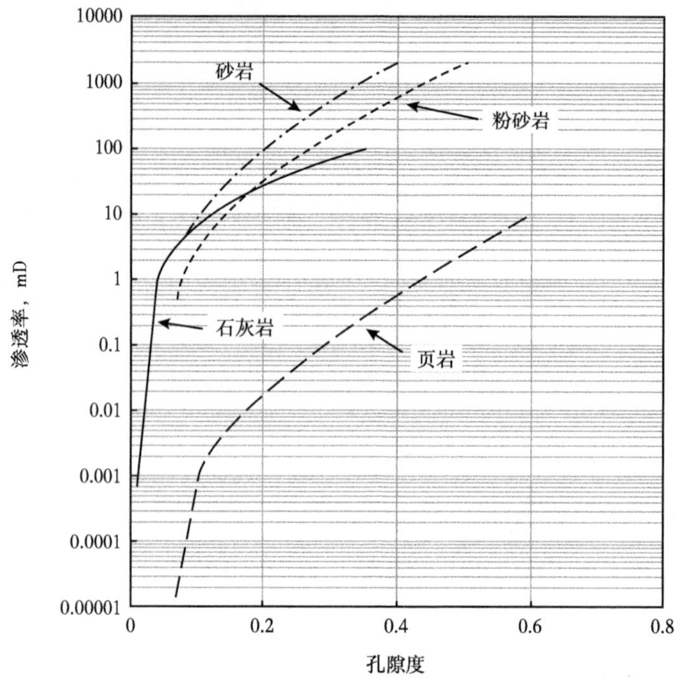

图 8.8 孔隙度与渗透率的 Kozeny-Carman 关系图

机械压实是造成沉积物孔隙度损失和体积减小的主要原因，其他因素也可能影响这一过程。在快速埋藏过程中，低渗透沉积物（如页岩）可能无法以足够高的速率释放流体，从而导致流体压力过高，使孔隙率高于预期。胶结作用可导致刚性较强的颗粒骨架停止压实。黏土成岩作用和自生矿物的生长可以填充孔隙，而压力溶液（柱状石化）可以消除孔隙空间，减小岩石体积。这些过程在盆地建模中难以预测和模拟，所以往往被忽略。

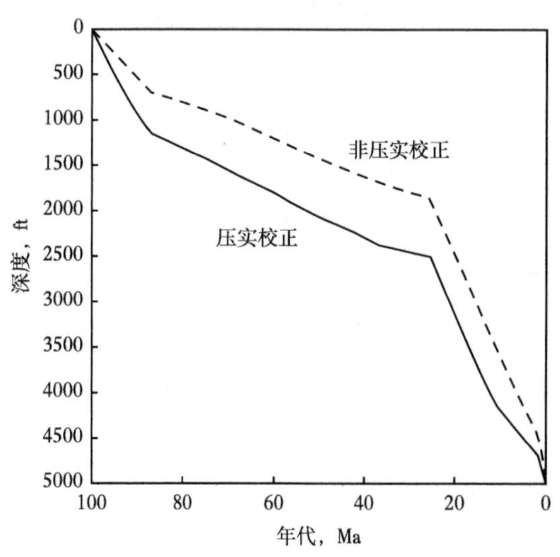

图 8.9 有压实校正和无压实校正的地层埋藏史曲线图

压实校正实际上是一个相当复杂的数学过程，特别是对于混合岩性，通常由盆地建模软件处理。从图 8.9 的例子中可以清楚地看出，需要对压实进行校正。从校正和未校正的埋藏史曲线来看，它们的起点和终点都相同。然而，校正后的曲线总是比未校正的曲线要深。由于温度随深度的增加而增加，压实校正曲线的温度总是高于未校正曲线的温度。这将对以后讨论的成熟和生烃过程的建模产生重大影响。

8.2 热史

埋藏史将地层层序置于时间—深度背景中。然而，正如第 2 章所述，有机物的成熟和生烃是受时间和温度控制的动力学过程。为了模拟成熟和生成过程，需要将埋藏史中的深度分量转换为温度，从而得到热史。

热史是对地层沉积物在埋藏过程中所经历的热流和温度的模拟。它通常表示为地层序列中地质事件的时间—温度历史。热史受沉积物的地表温度、热流和热特性以及火成岩或循环流体的影响。

在盆地模型的早期开发中，有一种估计热史的简单方法是使用地表温度和井底温度（BHT）来计算地热梯度。这定义了温度与深度的线性关系，其中地热梯度 =（BHT—地表温度）/深度，通常用℉/100ft 或℃/km 表示。在电缆测井运行期间测量 BHT，并记录在测井报告中。BHT 需要通过循环钻井液进行调整，以冷却钻孔，使用的校正方法包括霍纳图法等（Horner，1951；Fertl 和 Wichmann，1977），如图 8.10 所示。

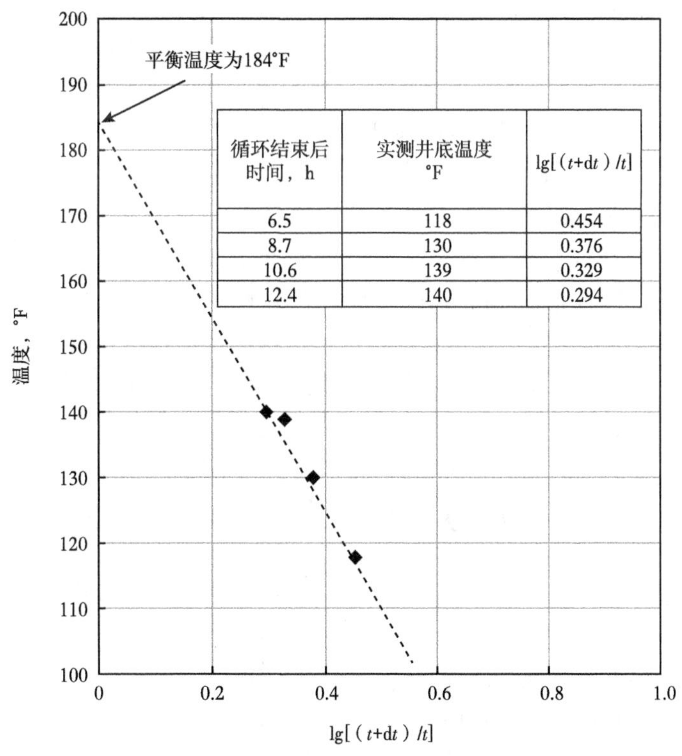

循环结束后时间，h	实测井底温度 °F	lg[（t+dt）/t]
6.5	118	0.454
8.7	130	0.376
10.6	139	0.329
12.4	140	0.294

图 8.10 井底温度的霍纳曲线校正示例图

设定地表温度并不像看上去那么简单。在陆地上，通常建议为地表温度的年平均温度（Gretener，1981）。然而，在某些情况下，受太阳对地表的加热、气候条件和地表沉积物的热特性影响，平均年地表温度作为地表温度的估计并不准确。可以参考近地表地下水和洞穴空气温度，来修正地表温度。经验表明，对于陆地来说，地表温度为 10℃（50 ℉）

通常是一个较好的起始温度。

在近海环境中，地表温度是沉积物—水界面的温度，这个温度将随水深和纬度的变化而变化（Pickard，1963）。目前大多数勘探活动集中在500m水深以下，典型的深海温度在-1~10℃，4000m以上或高纬度地区（Beardsmore和Cull，2001）的温度通常更低。利用Beardsmore和Cull（2001）提出的方程，可以从深度和纬度角度计算沉积物—水界面温度估计值。不管怎样，沉积物表面温度4℃（39℉）通常都是近海深水盆地模型的较好初始近似值。

地热梯度假定地层序中沉积物的热物性随深度的增加而变化。然而，与井中测得的高分辨率温度剖面相比，地热梯度并不能准确地估计地下温度。这是因为沉积物的热物性随深度变化，需要考虑热物性，才能更准确地模拟热史。因此，从热流的角度来研究沉积物的热史更合适。

回顾温度的概念对讨论热流动概念是很有用的。温度通常表示物体或环境的冷热程度。然而，它更准确地衡量了物体或环境的平均热量。温度也可以视为一个物体或一个空间区域的特性，它决定了是否有热量从邻近的物体或区域流入或流出，以及热量将朝哪个方向（如果有的话）流动。如果没有热流动，则该物体或区域处于热平衡状态，并保持相同的温度。如果有热流动，流动的方向是从一个较高温度的物体或区域到一个较低温度的物体或区域。

对于一个层序来说，热量的运动是从地球内部到地表，在地表通过辐射散发到大气、地表水和空间中。在稳态条件下，如果我们考虑地热梯度为温度（$\mathrm{d}T$）随深度区间（$\mathrm{d}Z$）的变化或$\mathrm{d}T/\mathrm{d}Z$，那么热流Q等于k（$\mathrm{d}T/\mathrm{d}Z$），其中k为热导率。热导率是衡量一种物质导热能力的指标。热导率高表示导热性能良好，而热导率过低表明是绝缘体。在稳态条件下，从沉积层底部到顶部的传导热流是恒定的，局部地热梯度与局部热导率成反比。

然而，盆地的发展是一系列动态过程，会随时间的推移不断变化。因此，大多数层序都是在瞬态热流条件下沉积的，可能存在短暂的稳态条件。在瞬态条件下，从沉积层底部到顶部的传导热流不是恒定的。如果沉积速度较快，沉积的大量冷沉积物需要一部分底部的热流来加热这些新沉积物，导致表面热流低于底部热流。如果侵蚀速度较快，暴露在地表的沉积物中含有多余的热量，必须将其耗散才能恢复稳定状态，从而导致地表热流高于底层热流。这些影响不会导致热剖面突然变化。相反，热惯性会随着时间推移平缓这些变化。因此，必须在热流方程中增加附加项，将这些情况包括进去。

对于瞬态热流，需要考虑物质的热容或比热来确定其热惯量。热容是衡量热流如何影响系统温度的指标，通常表示将物质的温度升高一定程度所需的热量。热容越大，可吸收的热量越多；热容越低，可吸收的热量越少。热惯量I表示材料传导和储存热量的能力，是材料对温度变化的反应性量度。公式为$I=(k\rho c)^{1/2}$，其中k是热导率，ρ是材料的密度，c是热容。

热导率和热容也是动态量。在讨论沉积物的热导率和热容时，必须同时考虑基质和体积性质。基体热导率和热容是指沉积物颗粒的性质，与颗粒的矿物学有关。而相比之下，体积热导率和热容是指整个沉积物的性质，包括沉积物颗粒和间隙流体。如图8.11所示，基体热导率和热容不随深度的变化而变化，体积热导率和热容则随孔隙度和流体含量的变化而变化。要深入了解岩石及其流体的这些热特性，请参考 Robertson 的著作（1988）。

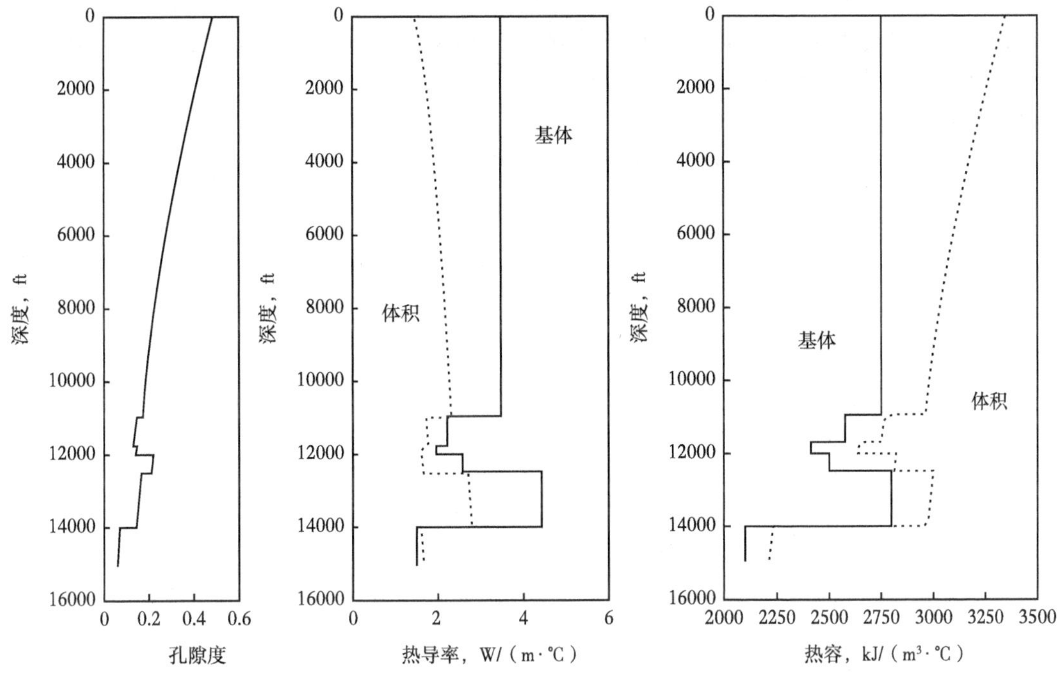

图 8.11　孔隙度变化与地层层序的基体、体积热导率和热容的对比图

虽然沉积物的基质性质随深度的变化是恒定的，但体积性质将随着流体含量的变化而显著变化

利用热流和沉积物的热性质获得热史值需要大量计算。幸运的是，盆地建模软件将使用地层的岩性定义作为热导率，用埋藏史的孔隙度预测作为热容。然后将这些数据与表面温度和估计的基础热流结合起来计算热史。任何一个区域的热流输入值都可以从众多可用的在线数据库中获取。

虽然大部分热流是地幔热传导的结果，但来自基底和沉积物的放射性衰变可能也有重要贡献。由花岗岩和流纹岩组成的基底岩平均放射生热量为 2.5μW/m³，而玄武岩和辉长岩的平均放射生热量为 0.3μW/m³（Pollack，1982）。沉积物的放射性热贡献取决于铀、钍和钾的含量，可根据伽马射线测井响应进行估算（Bucker 和 Rybach，1996）。

短期热源，如火成岩侵入体（岩脉和岩床）和循环流体（如热液流体）也会影响热史。火成岩侵入体大部分是局部的短期事件。在沉积柱中引入高热脉冲，随着地质时间的推移，热脉冲迅速消散。可导致沉积物孔隙流体的挥发和成岩作用，以及变质作用（Esposito 和 Whitney，1995）。

底辟盐柱也会对热流产生重大影响。与其他沉积物相比，蒸发矿物具有特别高的热导率。这种高导热性可以通过低阻力的热流导管将热量从周围的沉积物中吸走（Beardsmore 和 Cull，2001）。

表面温度和热流随时间不断变化。表面温度可能随水深或纬度变化而变化，热流会增加、减少、上升、达到峰值等。热流也可随地质事件而变化，例如火成岩活动。随时间的变化，预测表面温度和热流通常困难且不精确，并且可能需要通过一些实验来获取可行的方案。

一个典型的热流随时间变化的例子是 McKenzie（1978）提出的裂谷模型。在裂谷开始时，由于 β 因子对裂谷过程中热流史的影响，导致峰值的出现，如图 8.12 所示。软流圈上涌并伴随着地壳变薄。这种热流峰值由 β 因子表征，β 因子表示地壳在断裂、破裂和下沉之前所经历的拉伸量。拉伸量越大，地壳变薄量越大，热流越高。该模型估计了热流尖峰在返回较低热流时的衰减率。通常需要改变 β 因子，以得出一个合理的裂谷事件的热流史。

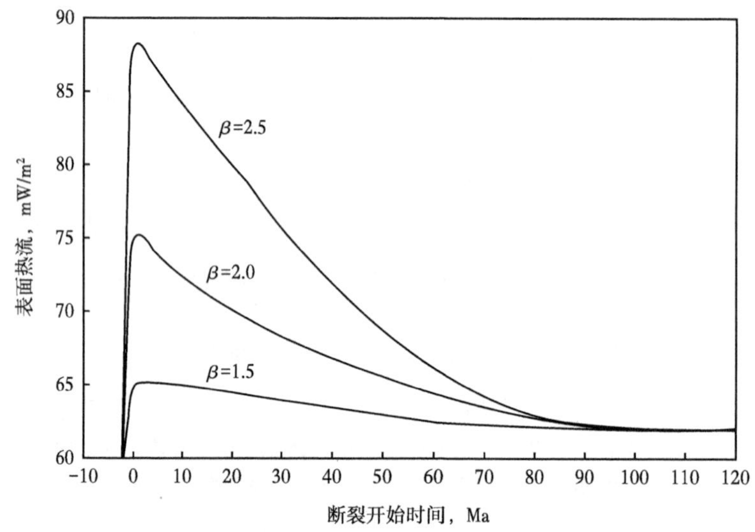

图 8.12　裂谷事件期间 β 因子对热流史的影响示意图

8.3　成熟度、生烃和排烃模式

在埋藏史和热史模拟将地层层序置于深度—时间—温度背景下之后，可以使用层序的时间—温度数据来模拟烃源岩有机质的成熟度、生烃和排烃史。成熟度模型可以预测地层层位的当前成熟度，重建地层层位的成熟史。成熟度通常用镜质组反射率的估计值来表示。烃类生成模型计算烃源岩中可能发生的石油和天然气的产量、种类和时间。它与烃源岩的丰度和所含干酪根类型有关。排烃模拟利用生烃模型和估计的孔隙度或渗透率来预测何时生烃以及有多少能从烃源岩向输导层运移。虽然这三个过程的建模相互关联，但它们通常在盆地建模软件中单独处理。这些过程中的主要方法以及主要问题如下。

8.3.1　成熟度模式

在 20 世纪 70 年代早期盆地模拟中，预测成熟度模型的主要由在油气地球化学家建立。早期的一些模型包括基于阿伦尼乌斯方程的简单时间—温度关系，如 Connan（1974）提出的模型。它们通常是盆地特有的，通过经验数据加以验证。这些类型的关系有时被转换成图形解，如图 8.13 所示，并提供基于有效加热时间和经历的最高温度的成熟度预测工具，是类似于 Karweil（1955）的煤化模型。与此同时，大部分石油公司也在开发大型计算机专有建模软件，使用简单的埋藏和热史，并结合这些早期的动力学模型。

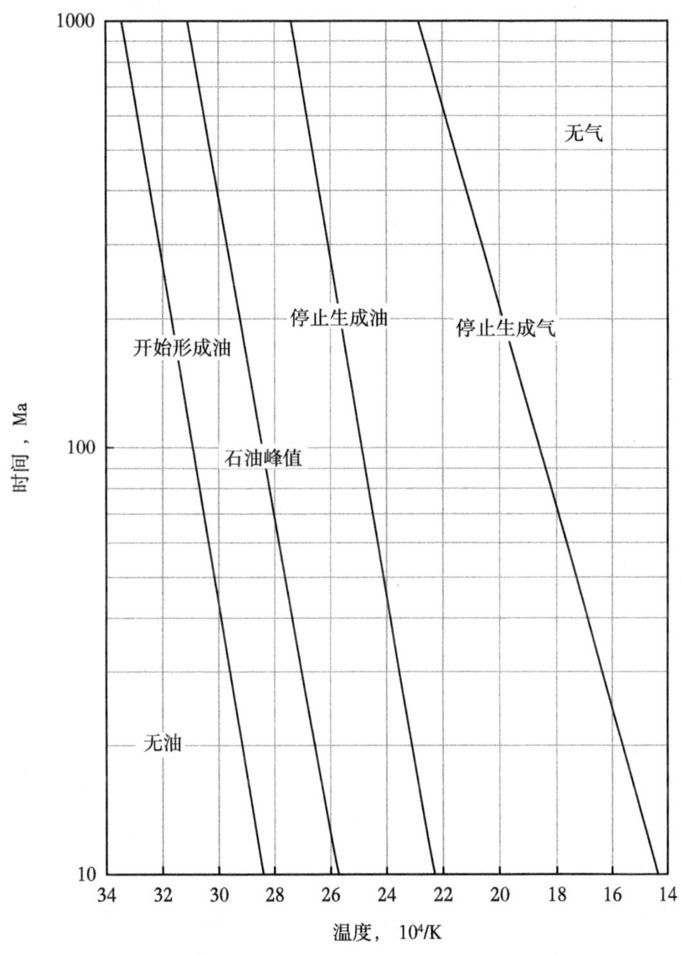

图 8.13 基于简单生烃动力学模型的图解时间—温度成熟模型图（Waples，1980）
时间是沉积物的有效加热时间，温度是所经历的最高温度

1980 年，随着 Waples（1980）对 Lopatin（1971）方法的解释和个人计算机的出现，盆地建模的发展迈出了重要一步。Lopatin 开发了一种利用时间—温度史来预测煤级（成熟度）的方法。Woples 调整了 Lopatin 的时间—温度指数（TTI），用来预测烃源岩的成熟度，如图 8.14 所示。Waples 使用铅笔、直尺、作图纸并使用地层柱和地温梯度的计算器来构建基本的埋藏和温度史。他还简化了 Lopatin 的计算，并将 TTI 转换为等效镜质组反射率。这种方法的意义并不在于它所代表的科学，而是在于它把建立成熟模型的能力交给了地质学家。同时，随着个人计算机的出现，盆地模拟从大型机转移到台式计算机的时间很短，第一个商业化的一维盆地模拟软件包也问世了，这个软件是为地质学家而不是专家设计的。油气地球化学家仍然参与盆地模拟，但现在只能研究概念和方法。

$$\mathrm{TTI}=\sum(\Delta T_n)(r^n)$$

式中，T_n 是在每个 10℃温度区间内花费的时间；r^n 是该区间的温度系数，计算中不包括温度下降期间（如上升期间）所花费的时间。

TTI	说明	R_o,%
15	开始生成石油	0.65
75	石油生成峰值	1.00
160	结束生产	1.30
约 500	40°石油保存期限	1.75
约 1000	50°石油保存期限	2.00
约 1500	湿气保存期限	2.20
>65000	干气保存期限	4.80

温度间隔,℃	温度系数
30~40	2^{-7}
40~50	2^{-6}
50~60	2^{-5}
60~70	2^{-4}
70~80	2^{-3}
80~90	2^{-2}
90~100	2^{-1}
100~110	1
110~120	2

图 8.14　TTI 计算方法归纳图

Waples（1980）TTI 方法存在一些重大缺陷。首先，温度降低（例如在隆起期间）的时间未考虑在计算中。在隆起期间，沉积物温度可能会降低，但成熟过程不一定会停止。相反，增长速度可能只会放缓。另一个问题是温度步骤，在许多情况下，使用的 10℃温度窗口可能无法捕捉到热史的显著特征。最后，由于无法根据热流对压实或热史进行校正，所以也造成了误差。

Waples（1980）发表论文之后，对盆地和成熟模型的研究取得了快速进展。McKenzie（1981）的成果就是一个典型的例子。他对 Waples（1980）方法进行简单修改来计算基于时间—温度历史积分的 TTI 值。这种整合在地质上更准确，可以更准确地解释侵蚀和沉积中断以及沉积事件的时期，并消除对 10℃温度窗口的需求。McKenzie 的模型还包括利用热流计算压实作用和热史的方法。

虽然集成 TTI 方法是一种改进，但它仍然依赖于某种形式的“校准”来将沉积物的模拟时间—温度历史转换为等效镜质组反射率，而且它没有解决镜质体本身的实际化学演化问题。这就需要发展镜质组反射率预测的动力学模型。如第 2 章所述，烃生成动力学模型的发展始于 20 世纪 60 年代末。但是直到 20 世纪 80 年代末 90 年代初，才提出了一些预测镜质组反射率的动力学方案，包括 Burnham 和 Sweeney（1989）、Larter（1989）、Sweeney 和 Burnham（1990）以及 Suzuki 等（1993）。其中，Sweeney 和 Burnham（1990）的 EASY%R_o 模型得到了最广泛的接受。该模型的动力学参数如图 8.15 所示，是早期 VITRIMAT 模型（Burnham 和 Sweeney，1989）的浓缩版本，计算相对简单。EASY%R_o 法已被证明是预测多种盆地环境下镜质组反射率的稳健模型，并能处理火成岩侵入和热液的影响等特殊情况。

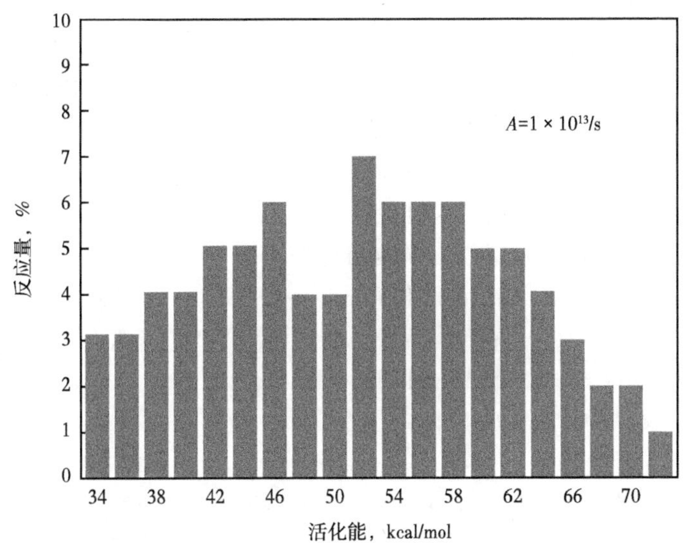

图 8.15　EASY%R_o 镜质组反射率模型的动力学参数图（Sweeney 和 Burnham，1990）

8.3.2　生烃模式

生烃模拟利用沉积柱的埋藏史和热史来模拟烃源岩中的油气生成反应。如图 8.16 所示，干酪根热分解生成油、气和残炭，油可以进一步热分解生成更多的气和残炭，所有这些反应都受一级阿伦尼乌斯动力学控制。这个模型的细节和动力学过程可以在第 2 章的成熟和生烃部分找到。

早期定义生烃动力学参数的工作，如 Tissot（1969）和 Espitalie（1975），为理解生烃过程以及如何模拟生烃过程奠定了基础。随着 Gear（1971）和 Balarin（1977）等不断改进计算方法，提高了求解初值微分方程的速度，这使得利用一阶阿伦尼乌斯动力学来模拟油气生成成为可能。

多年来，许多研究为以干酪根为主要类型的烃生成建模提供了动力学参数。其中包括 Tissot 等（1987）、Braun 等（1991）、Behar 等（1992）、Tegelaar 和 Noble（1994）、Pepper 和 Corvi（1995）以及 Behar 等（1997）。这些动力学参数用于简单的生烃模型，如图 8.16 所示，常用于商业建模软件中。

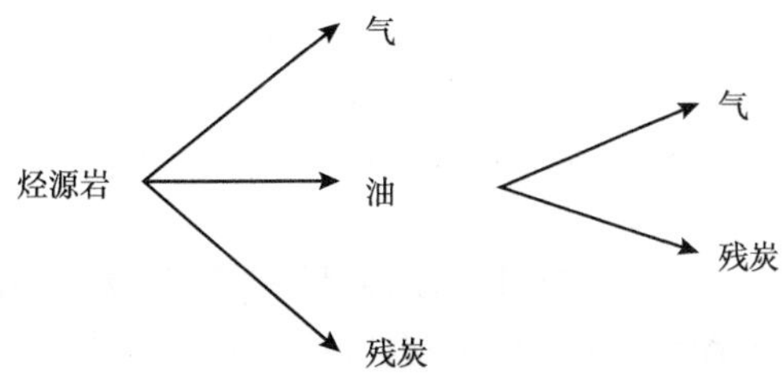

图 8.16　石油、天然气和残渣的干酪根生成的简单（3 组分）模型图

由于烃源岩中含有多种干酪根的混合物，大多数建模软件都将这种混合物纳入其生烃模型中，而且大多数软件还允许输入专门为建模中烃源岩确定的动力学参数。这些测量或定制的动力学是从一系列加热实验中得出的，通常使用 Tissot 等（1987）描述的改良岩石评估分析来产生至少三种不同的加热速率下的烃生成结果。要正确评估干酪根完整的生成历史，所使用的源岩样品必须是不成熟的。使用 Ungerer 和 Pelet（1987）、Braun 和 Burnham（1990）等描述的方法，对这些加热实验的结果进行数学分析，收敛于特定干酪根的一组活化能和频率因子。许多独立烃源岩的自定义动力学也可以在文献中找到，例如 Monterey 地层（Jarvie 和 Lundell，2001）、Green 河（Reynolds 和 Burnham，1995）、磷块岩（Reynolds 和 Burnham，1995；Lewan 和 Ruble，2002）、Lu Luna（Sweeney 等，1995）和 Kimmeridge 黏土或 Draupne 地层（Reynolds 和 Burnham，1995；Vandenbroucke 等，1999）。

至于这些自定义动力学在盆地建模中是否有用，还存在一些分歧。在做自定义动力学时，从盆地的未成熟部分选取了烃源岩的一些离散样本。虽然推导出的动力学参数可能代表这些样本，但尚不清楚它们对生成中的烃源岩有多大的代表性。实际上，它们可能具有误导性。可能基于烃源岩干酪根混合物的近似解足以约束模型的生烃部分（Curiale 和 Friberg，2012）。考虑到与盆地模型输入数据相关的其他不确定性，使用干酪根混合物而非自定义动力学似乎是合适的。

也有更复杂的生烃模型，其中天然气组分分离为甲烷（C_1）和湿天然气（C_2—C_4），石油组分被分离为轻质（C_5—C_{14}）和重质（C_{15+}）馏分，如图 8.17 所示。这些所谓的五组分模型需要使用复杂的系列分析，如 Behar 等（1997）、Vandenbroucke 等（1999）和 Dieckmann 等（2000）所描述的，为单个干酪根推导出特殊的组分动力学参数。这些复杂的模型通常不用于常规盆地建模，而是用于特定情况。在这种情况下，烃源岩的定义很明确，需要从建模中获得更详细的信息。

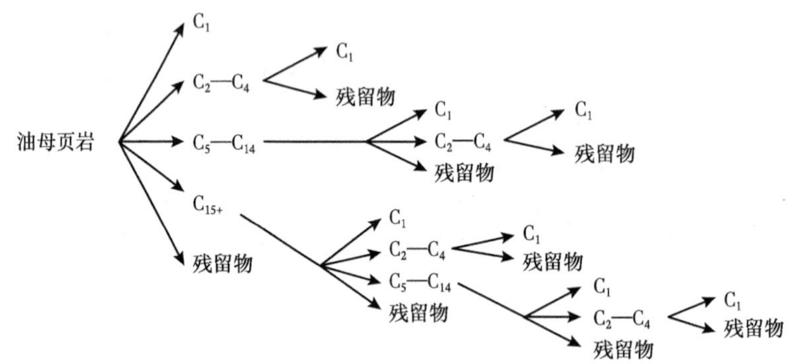

图 8.17　甲烷（C_1）、湿气（C_2—C_4）、轻质油（C_5—C_{14}）、重油（C_{15+}）和残炭的油母岩质生成的五组分模型图

生烃模型的结果取决于烃源岩中有机质的数量和类型。模型输入应根据未成熟样品的测量或对类似物的未成熟沉积物的估计。烃源岩输入参数通常以总有机碳（TOC）作为总有机质的量度，岩石评估 S_2 或氢指数（HI）作为衡量总有机碳生成的油气量的指标，而干酪根类型决定了要使用的适当动力学参数。

最初，生烃被模拟为一个封闭系统。封闭系统模型假设烃源岩是“封闭的”，并且生成的油气不会被清除。因为石油永远不会离开烃源岩，最终会转化为天然气。在自然系统中，生成的烃类有可能离开烃源岩形成油气聚集，因而这不是一个实际的模型。

最终，开发了开放系统模型，这样生成的油气能够根据规定的排烃标准排出烃源岩。通过允许石油排出烃源岩并迁移，更多的石油将被保存下来，而在烃源岩中转化为天然气的石油仅限于残余或未迁移的石油。

8.3.3 排烃模式

根据第2章的讨论，油气从烃源岩中排出时，烃会进入孔隙空间，形成一个连续的亲油运移通道，烃类就可以沿着该通道离开烃源岩。生成的烃类，只要超过维持该通道的最低烃类饱和度所需要的量就可以排出。当孔隙流体（包括水和石油）由于压实作用、构造应力、水的热膨胀和生烃作用而压力过大时，有助于油气排出。

排烃与否以及何时排烃受到几个因素的影响，如烃源岩中有机质的含量和类型、沉积物的类型和沉积速率。有机物质越多，产生的烃类越多，从而更快达到最低饱和度。某些类型干酪根比其他类型生成更多的烃类，不同类型干酪根在时间—温度史上的不同时间点生成烃类，这也影响何时达到最低饱和度。岩性控制着沉积物孔隙度和渗透率的变化，进而控制着烃类所需填充的孔隙体积。沉积速率可以影响热史、超压发展和生烃速率。

一些早期盆地模型简单地将排烃与成熟度指标（如镜质组反射率或转化率）联系起来。在给定的成熟度水平下，通常在镜质组反射率约为0.7%时，无论烃源岩或干酪根类型的丰度如何，都认为排烃开始。这些预测排烃的方法是不充分的，而且往往具有误导性。

随着对排烃的理解越来越深入，与排烃原理相关的模型也开发了出来。一维盆地建模软件中使用的主要排烃模型是孔隙度—饱和度模型。它使用基于生烃和孔隙度降低或压实模型结果的烃源岩孔隙空间的烃饱和度估计（Ungerer 等，1988）。一旦饱和度超过阈值（通常为20%~25%），生成的额外烃就会排出。

一种更严谨的排出方法是使用达西型流体的毛细管入口压力和渗透率来计算沉积物中能否和能排出多少流体（Hantschel 和 Kauerauf，2009）。这种方法需要精确的渗透率估测值以及一些关于液体黏度的知识。尽管有适合的一维排烃建模的模板（Nakayama，1987），但是这种方法最常用于二维和三维盆地模型。

8.4 运移模型

运移模型预测了烃类从烃源岩到圈闭、从一个圈闭到另一个圈闭形成聚集的路径。由第2章可知，石油运移是在储层岩石中石油达到足够高的饱和度，其浮力超过孔隙喉道中的毛细管压力后，沿着一定的路径或管道进行的。在储层岩石中，石油垂直移动，直接到达储层的顶部，即封闭层，然后通过狭窄、受限的路径向上倾斜，直接到达圈闭并开始积聚。过程中可能会形成多个导管，由于这些导管直径有限，因此运移过程中损失的油量仅限于导管中不可还原的油气。

一维盆地模型没有考虑迁移问题。一维模型的贡献在于估计能否、何时以及有多少石油从烃源岩中排出并可供迁移。迁移是二维或三维模型讨论的问题。二维模型可以在一个表面（在地图视图中）为特定载体床的横向移动演示潜在的迁移路径，也可以在一个平面上为有限的水平和垂直迁移提供横截面上的潜在迁移路径。三维迁移建模可以展示一个体积内的潜在迁移路径，是唯一真实的迁移建模形式。

模拟油气从烃源岩向圈闭运移的主要方法有射线路径模型、达西流模型和侵入渗流建模。盆地建模的讨论主要集中在一维建模技术的应用上，下面简要描述三种迁移建模方法。

8.4.1 射线路径模型

射线路径或流动路径是基于油气运移受浮力驱动，按照运移面倾角控制运移路径的原理建立的，模型的基本概念如图 8.18 所示。在最简单的模型中，射线路径建模可以看作是使用偏移面上的储备倾角矢量。在特定的时间点对特定的深度曲面进行建模。迁移面参考密封输导层顶部或基底的目前构造图和古构造图。由下伏烃源岩产生和排出的油气垂直地进入载体层。指定的石油和天然气可能到达运移层的地点，通常位于烃源岩的生油带之上，这里应该已经排出了其他气体。

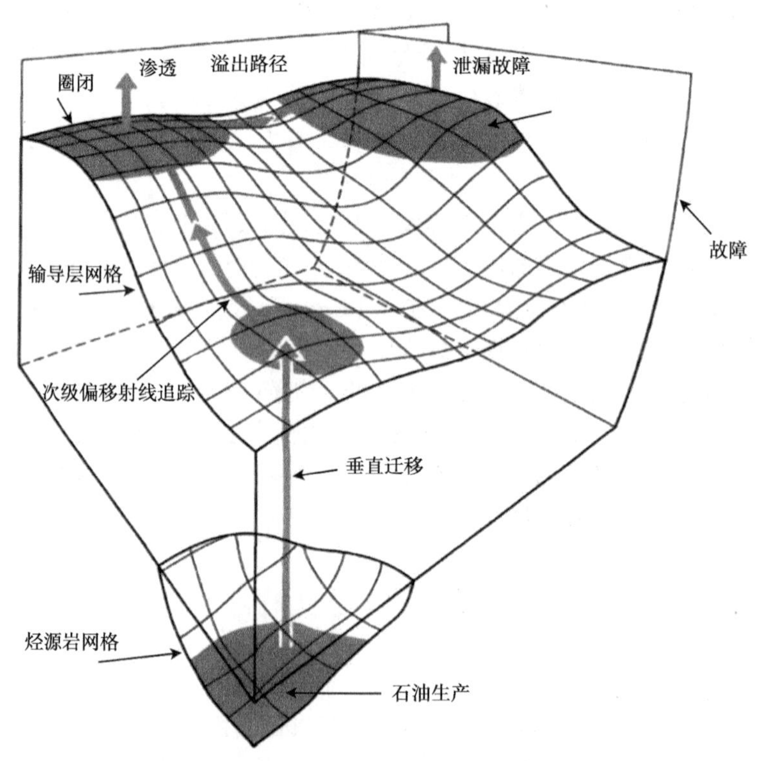

图 8.18　射线路径偏移建模的基本要素示意图（Burleg 和 Scotchman，1999）

该模型假设由于油气在亲水介质中的浮力，石油和天然气将沿该表面向上倾斜穿过载体层。然后根据水动力条件和电位面方向来计算流动路径（Hindle，1997）。任何到达油层的圈闭都可能积聚，如果圈闭被填满，则可能向上溢到邻近的圈闭。如果将柱高和密封能力考虑到模型中，则圈闭顶部或沿断层平原可能发生垂直泄漏，从而使油气在较浅的载体层中迁移和积聚（Burley 和 Scotchman，1999），或泄漏到地表形成渗漏（Hindle，1997）。

虽然射线路径模型建模非常简单且计算速度快，但它可以揭示水流路径聚焦和发散的潜在模式、可能形成聚集的区域、可能的迁移阴影和流域边界。

8.4.2　达西流动模型

达西流动描述了流体沿压力梯度通过多孔介质的整体层流的流动。点与点之间的流量大小直接关系到点与点之间的压力差和岩石中流动通道的渗透性。油气作为独立的相迁移，运动方向是从较高压力向较低压力移动。达西方程描述了类似于含水层中水的运动（Meinzer，1936）。它还描述了在生成过程中油气藏中的流动（Dake，1978）和作为密封作用的泥岩层序中的油气泄漏（Pegazo-Fiornet 等，2012）。在许多二维和三维模拟装置中，达西流动常被用来模拟烃从烃源岩向圈闭运移并形成聚集的过程，它并没有描述这一过程中所设想的流型（England 等，1987）。低流速沿着狭窄曲折的通道，有些在渗透率屏障处走不通，这可能不符合达西流动的描述。

8.4.3　入侵渗透建模

侵渗描述了一种流体在毛细管力作用下在多孔介质中置换另一种流体的过程（Wilkinson 和 Willemsen，1983）。在油气运移过程中，孔隙介质为储层岩石，流体为油和地层水。渗滤作用通常被认为是一种流体通过多孔介质向下流动，但对于油气运移来说，由于石油在水饱和储层岩石中存在浮力，所以运移是向上的。由于浮力和毛细管力是侵入渗流的主要驱动力，所以黏度和渗透率的影响被最小化（Carruthers 和 Ringrose，1998）。利用侵入式渗流，也可以模拟两相流，以及多个指令的同时运行。

在地下，当原油开始进入储层底部时，侵入渗流过程就开始了。随着石油的积聚，它最终会达到一个临界饱和（度），此时石油的浮力超过了孔隙喉道的毛细压力，石油开始运动（Carruthers，2003）。正是这样，石油沿着运移路径从一个孔（孔隙）移动到另一个孔（孔隙）。这与 Dembicki 和 Anderson（1989）、Catalan 等（1992）以及 Thomas 和 Clouse（1995）所描述的二次迁移的实验结果相一致。

目前，许多二维和三维盆地建模软件包中都包含侵入渗流，这是建模运移的首选方法。

8.5　保存预测

盆地模拟不仅可以模拟油气的生成和运移，还能预测油气充填满储层后的保存情况。从盆地模型中可以预测影响储层原油的两个主要过程，即生物降解和热裂解。正如第 4 章所讨论的，这两种过程都与温度有关，并利用储层段的温度史进行预测。虽然提供了有用的见解，但这些预测只是定性的，目的是表明是否有发生热裂解或生物降解的潜力。

温度是生物降解的主要控制因素之一。当储层温度低于45℃时，生物降解的风险很高（Larter 等，2006）。随着储层温度升高到45~65℃之间，生物降解风险降低为中等风险，温度在65~80℃时，降低为低风险（Larter 等，2006）。当温度高于80℃时，即使油藏随后冷却，油藏中的微生物也被认为是经过巴氏灭菌的，几乎或根本不存在风险（Head 等，2003）。虽然地层水矿化度、营养盐供应和油水界面的表面积在确定生物降解是否真的发生方面都起着重要作用（Larter 等，2006），但这些因素目前超出了盆地建模的预测范围。因此，需要记住的是，预测是针对生物降解的风险，而不是生物降解实际发生的直接指标。

在预测油气裂解方面，通常采用 Hunt（1996）的《热裂解通用指南》。大多数原油在储层温度低于150℃时是稳定的。当温度升高到150~160℃以上时，液态烃开始转化为气态，在较高的温度（190~200℃）下，湿气组分（C_2—C_4）也可能转化为甲烷，250℃时完全转化为甲烷。这些温度阈值是一般准则，可能因原油组分的不同而有所不同。

另一种预测石油热稳定性的方法是使用一种石油裂解成天然气的动力学模型，例如 Ungerer 等（1988）或 Vandenbroucke 等（1999）。储层段的时间—温度史将作为运行模拟的输入数据，从而实现更定量的预测。对于特定的原油，也可以得到动力学参数，类似于干酪根的动力学参数。一般来说，这种动力学方法是首选的，但是在盆地建模软件中没有广泛应用。

8.6 一维模型结果

建立一维盆地模型是模拟油气生成和排烃的一种简单有效的方法。如前所述，这些模型可以由受过一些训练的非专业的勘探地质学家经培训来建立和操作。这些模型是最容易构建和操作的，需要的数据最少，并且基于现成的信息。而且，一维模型很容易被修改来测试其他地质情况。

一维盆地模型的常规输入内容包括对地层层序的描述、任何不整合面所代表的事件细节、地表温度、地热梯度或热流，以及被建模烃源岩的各项特征。要了解每个地层单元的顶部和底部的绝对年龄和当前深度，以及沉积物的岩性描述，所需的烃源岩特征包括 TOC、S_2 或 HI、用百分比描述的干酪根类型和地层厚度。TOC、S_2 和 HI 应该表示烃源岩的初始值，而不一定是测量到的当前值。此外，任何测量数据，如镜质组反射率或校正后的地下温度，都应包括在内，以便与预测值进行比较。在大多数建模软件中，也可以选择在建模过程中使用的分解算法、干酪根动力学、镜质组反射率模型、热史计算的约束条件等。

建模运行会输出大量数据。除了模型中每层地层的年龄、深度和温度数据、成熟度以及生烃和排烃量外，还存储了孔隙度、渗透率、压力、体积热导率和体积热容等特性，以及许多其他计算值以供查阅。这些信息通常是以表格或图形形式提供。许多盆地模拟软件包允许用户根据需要自定义模拟结果输出表。这些表可以导出，供其他软件分析。在图形显示方面，可以通过大量的数据叠加和颜色映射选项生成埋藏史图，并且通常可以绘制任意计算值与深度、时间或其他计算值的相互关系。

一维盆地模型的主要目标是确定潜在烃源岩是否、何时和能产生多少油气，以及可能生成和排出何种类型的油气，还能了解所发生的地质事件。这通常通过埋藏史图、预测参数的深度剖面图和预测参数的时间剖面图来完成。

8.6.1 埋藏史图

埋藏史图是代表地层序列中地质事件的深度—时间图。图上的线表示地层单位（组）或不整合面的顶部或底部。已对这些表面进行了沉积物压实校正。图 8.19 所示的埋藏史图中，右侧表示深度增加，上方表示年龄增加。地层表面从左边的零深度到右边的埋藏深度。向下的线段（增加深度）表示沉积，向上的线段（减少深度）表示侵蚀，水平线段表示没有沉积或侵蚀的间隔。

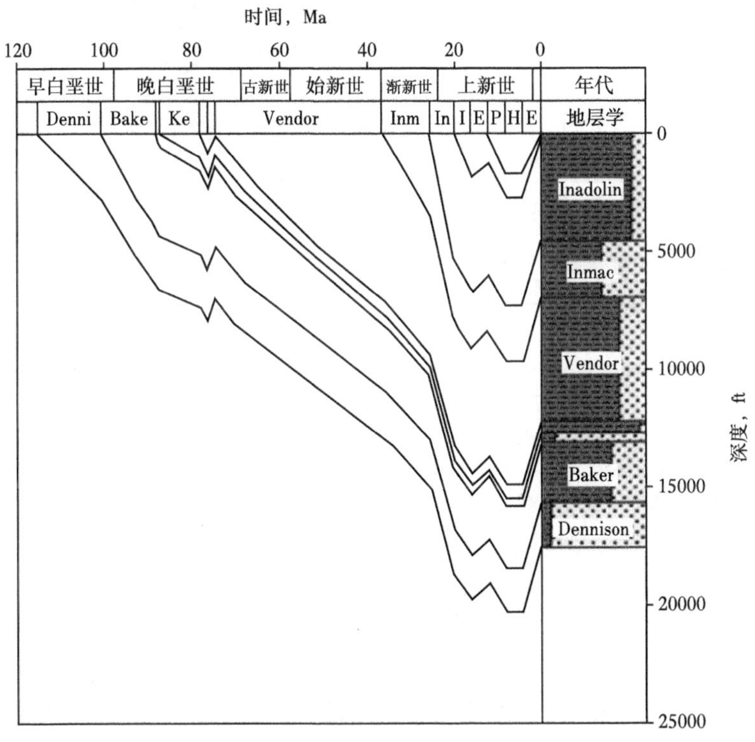

图 8.19 盆地模拟运行的埋藏史示例图

在埋藏史图上，盆地建模结果可以用彩色地图或等高线来表示。覆盖层最常用的预测结果是成熟度/镜质组反射率、温度和生排烃。如图 8.20 所示，预测的镜质组反射率数据通常是在埋藏史上绘制的，它提供了成熟度和深度和时间变化的情况。从这个角度看，温度数据也很有用。也可以用颜色映射属性，在图 8.20 中，将局限于烃源岩层段的排油量进行了彩色映射，以便深入了解哪些地质事件可能是驱动因素，这样看来气体排出和转换比也很有用。

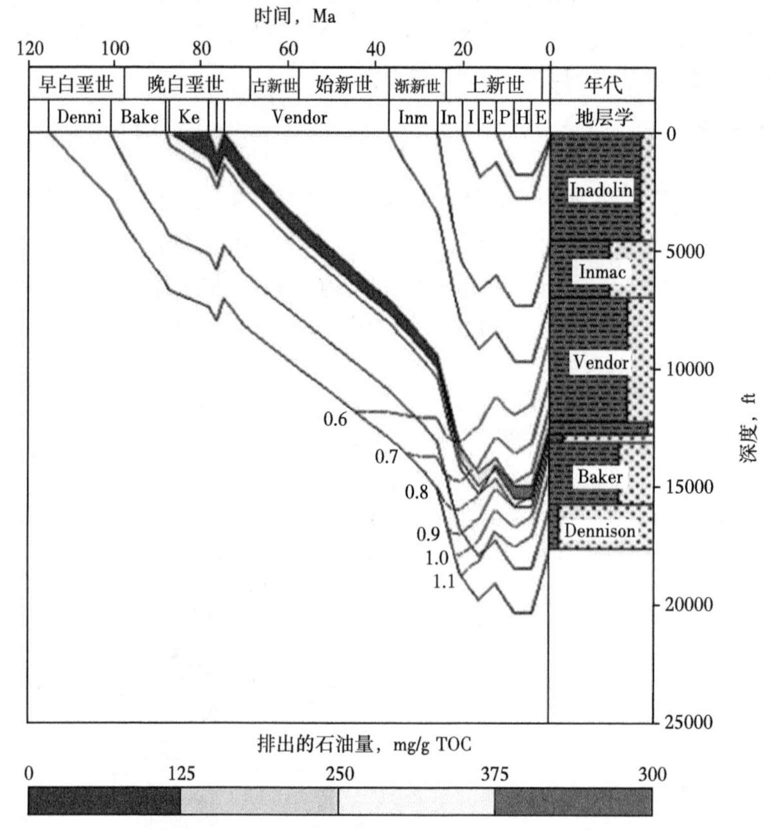

图 8.20　一个盆地模拟运行的埋藏史示例图

此图将镜质组反射率作为等值线值叠加在曲线上，并绘制了从烃源岩层段排出的石油的颜色图

8.6.2　深度剖面

深度剖面在垂直轴上绘制深度，从上到下深度递增，在水平轴上绘制预测属性。这些图可以用现在或过去任意时间的预测属性来绘制。此外，属性的测量值也可以添加到当前制作的深度剖面中。图 8.21 为目前预测和实测的镜质组反射率。这些图可以与实测和预测温度数据图结合使用来验证模型，稍后将对此进行讨论。其他计算值，如预测的压力或孔隙度，可以用类似的方式绘制。

8.6.3　时间剖面

在水平轴上绘制单个水平/深度的时间剖面图，在右侧绘制当前属性，在左侧绘制年龄，在垂直轴上绘制计算属性，这提供了一种跟踪给定时间范围内进程的方法。这些图主要回答了潜在烃源岩所需的成熟度和排烃时间的问题。图 8.22 中的示例显示了图 8.20 中埋藏史上突出显示的烃源岩油气排出曲线。图 8.22 中显示了开始排烃时间，曲线表示烃类的累计排出量。其他计算值，如预测的镜质组反射率、温度或压力，也可以用类似的方式绘制。

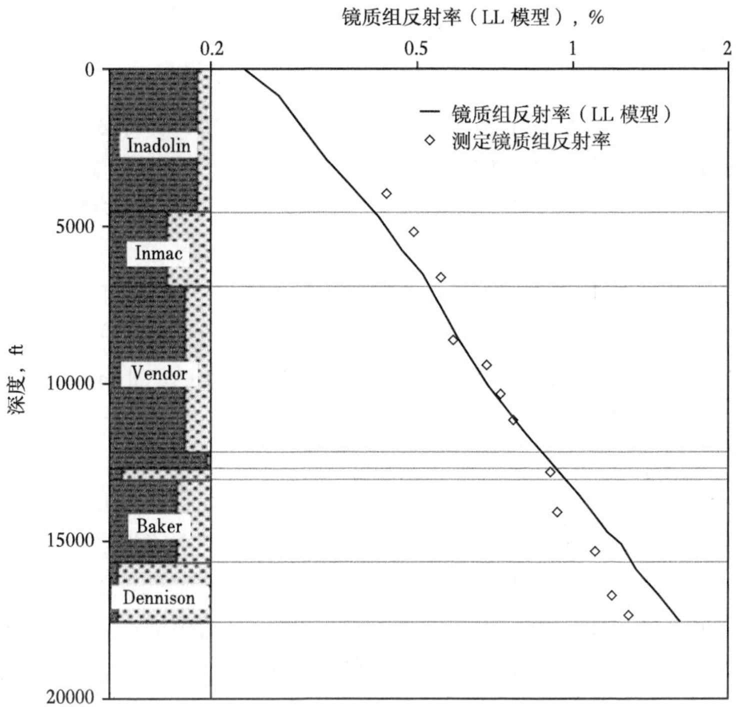

图 8.21 目前预测和测量镜质组反射率的深度图

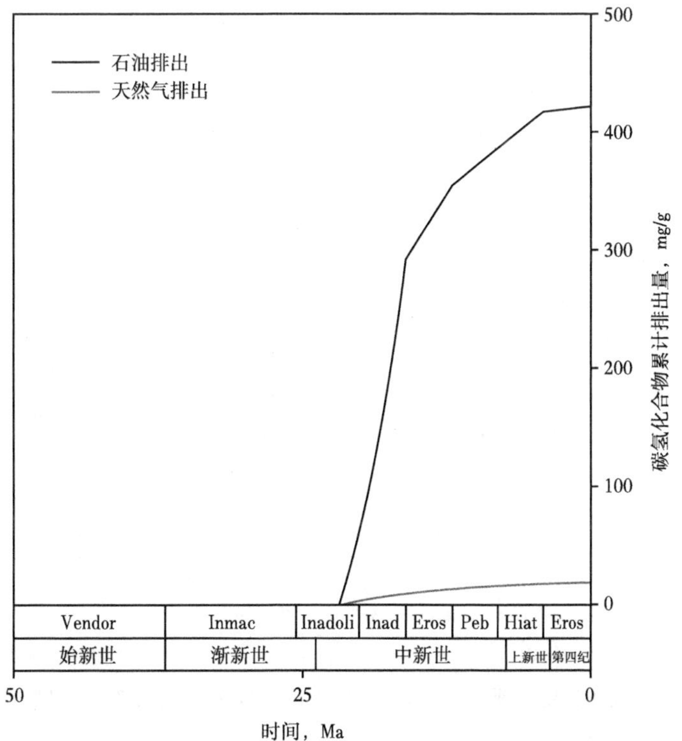

图 8.22 目前预测石油和天然气排出量的时间图

8.7 模型验证

将模型的预测结果与地下实测数据进行比较，以确保盆地模型对其所代表的地质条件是合理的，这经常被误称为校准。校准的定义是固定或校正测量装置的刻度，通常使用已知的标准。由于盆地模型不是测量设备，而是模拟，因此无法校准模型。相反，“验证”这个术语更合适。

验证时使用测井数据来“模拟结果”。例如，给定的热史可以使测量值与预测值相匹配。但是，这样的热史可能无法提供独特的解决方案。其他热史可能导致测量值和预测值之间的相似匹配。因此，与实测值相比，模型的热史是有效的，但不是唯一可能的解决方案。验证通常使用当前温度或镜质组反射率数据来完成。

当前温度仅适用于验证当前的热流。由于钻井液对钻孔的冷却作用以及缺乏校正这些温度的方法，有时很难获得准确的温度测量值（参见前面关于热历史的部分中的讨论）。如果仅使用当前温度，则整个热史的有效性就会有更大的不准确性。

用镜质组反射率验证是优选方法，因为镜质组反射率代表累积的热史，而不仅仅是当前的条件。虽然很难仅从镜质组反射率曲线中辨别出热史的细节，但测量值和预测值之间的一致性表明，模型中使用的热史情景至少是给出这些结果的可能热史之一。

验证过程也是调整热史输入参数的一种手段。在图 8.23 中的示例中，当前 BHT 和测量的镜质组反射率数据的初始热史情景均关闭。通过几次迭代，对表面温度和热流进行了调整，以获得可用测量数据验证热史。这种方法经常用于盆地模拟开发的早期阶段。

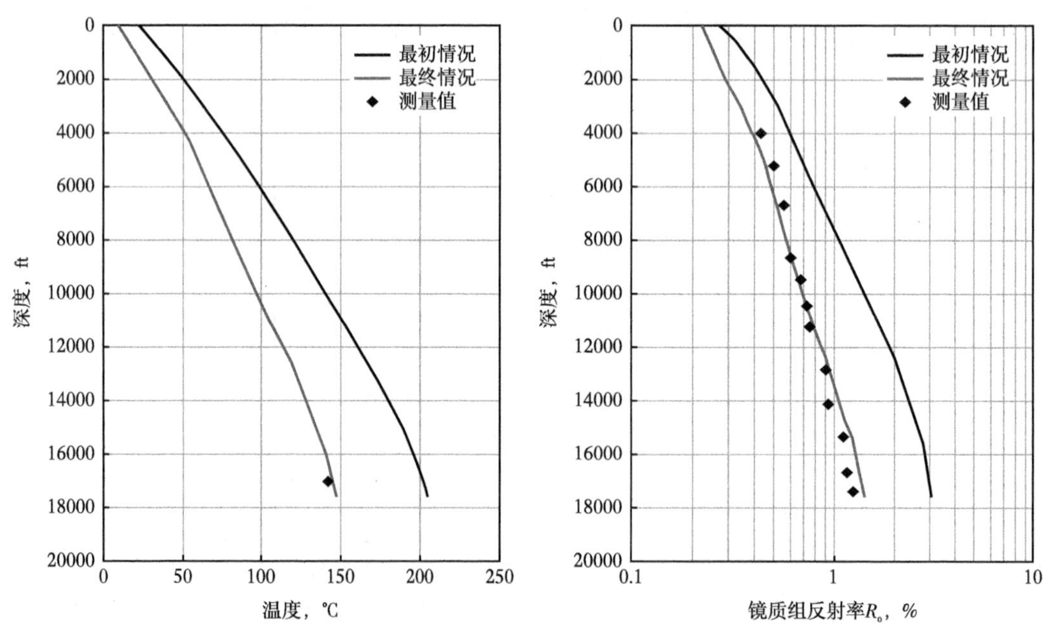

图 8.23 利用实测和预测的地下温度和镜质组反射率进行模型验证的示例图

初始情况下，表面温度为 23℃，热流为 60mW/m^2。最终情况是使用表面温度 10℃和热流 45mW/m^{2}来使测量值和预测值合理匹配

8.8 敏感性分析

通常，盆地模型输入存在很大的不确定性，这种情况通常发生在模型基于地震数据导出的地层柱或无法使用实际的烃源岩数据作为输入时。在这些情况下，对输入数据的假设和猜测用于填补盆地模型的空白。即使盆地模型的输入可得到真实数据，但这些数据究竟有多大的代表性，可能存在一些不确定性。或者，可能需要用盆地模型来检验代替假设，以考虑盆地或远景区可能的变化情况。敏感性分析是解决这些问题的一种方法。

敏感性分析是一种测量模型输入变化敏感性的方法，并确定结果对这些变化有多敏感。通常，灵敏度分析用于测试包含最大不确定性的参数。测试的典型参数包括热流、不整合面输沙量、烃源岩特征（如 TOC、S_2 或 HI）和干酪根类型。而且模型的任何输入值都可以进行研究。这种测试通常是输入参数的最大值、最小值和最可能值运行模型并比较结果来完成。其他时候会选择一个或两个输入参数来解决特定的问题。

图 8.24 是研究热流敏感性的一些例子，图 8.25 是研究干酪根类型和 TOC 的例子。在第一个例子中，建模者使用 45mW/m^2 的恒定热流时间来预测镜质组反射率，与实测数据进行合理拟合。为了测试热流对镜质组反射率预测的影响，使用 40mW/m^2 和 50mW/m^2

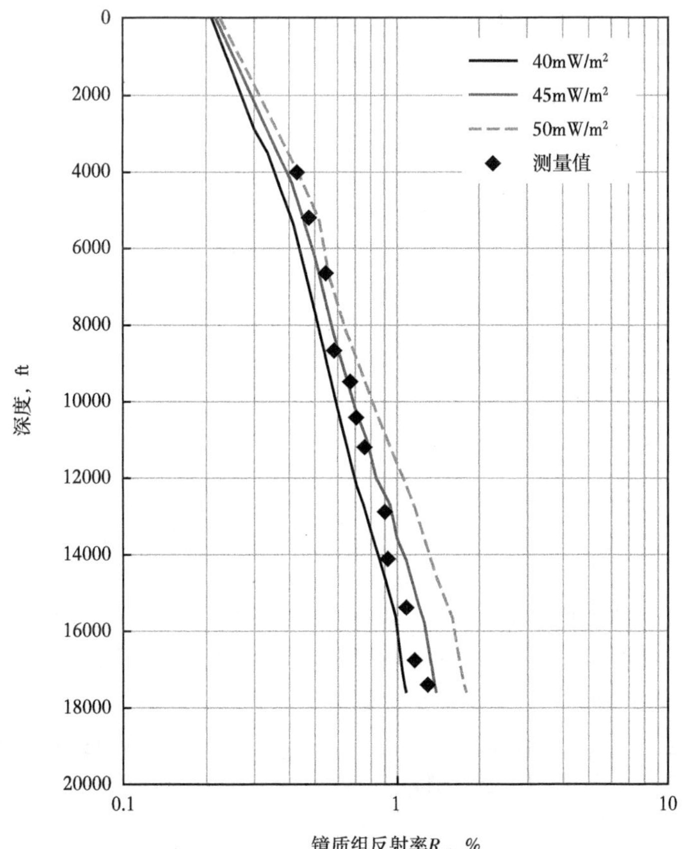

图 8.24 热流敏感性分析示例图

的热流进行额外模型测试。结果表明，45mW/m² 热流仍能拟合测量最佳镜质体数据，使用 40mW/m² 和 50mW/m² 热流的预测包含了测量数据。但是，预测的镜质组反射率与 45mW/m² 的地层柱浅层和深层测量数据有一些偏差，接近其他热流的预测结果。这可能表明恒定热流情况不是该模型的最佳模拟，热流随时间的变化可能更合适。

在图 8.25 的右上角例子中，建模者最初选择 4%总有机碳的烃源岩参数和干酪根组成 80%Ⅱ型和 20%Ⅲ型。认识到这些烃源岩特征可能是乐观的，使用 1%TOC、2%TOC 和 3%TOC 以及 60%Ⅱ型和 40%Ⅲ型干酪根混合物进行了额外的模拟试验。结果表明，TOC 和倾油型干酪根含量的降低不仅会影响排出的油量，而且对排油的时间也产生影响。利用这一系列模型，可以做出成功案例所需最低要求的 TOC 值和干酪根类型，从而帮助评估远景区风险。

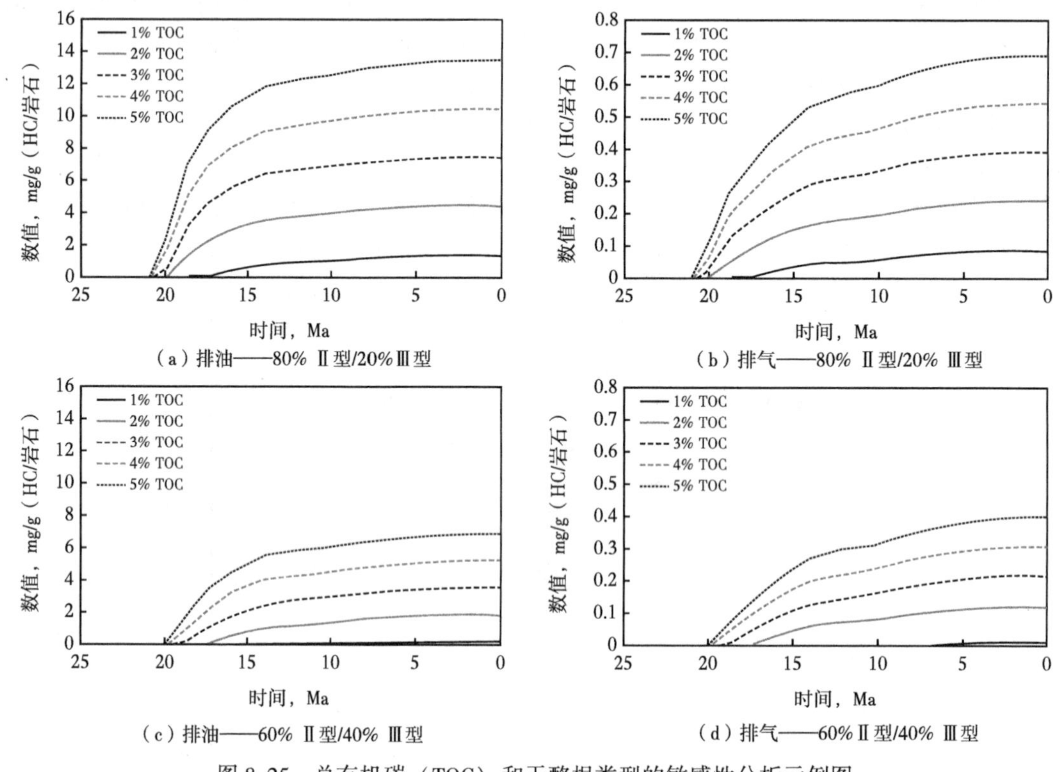

图 8.25 总有机碳（TOC）和干酪根类型的敏感性分析示例图

虽然在测试单个或一组输入参数时，可以解决特定的问题，但更有效的方法是使用参数输入值的分布并使用蒙地卡罗或类似模拟处理模型来测试所有输入的不确定性。这允许识别灵敏度最高的关键输入参数，并剔除对结果影响不大的输入参数。这种类型的敏感性分析已在盆地建模软件包中使用，并可能在未来得到更广泛的应用。关于这种识别和量化盆地模型不确定性的更多细节，读者可以参考 Thomsen（1998）和 Hicks 等（2012）的著作。

8.9 体积估计

体积估计值评估的是烃源岩可能已生成、排出并向盆地中的一个或多个圈闭运移的油气量。这些评估是为了帮助解释所观察到的累积量，以确定是否可以进行额外累积，或表明一块特定的岩石是否能充填一个或多个单独的圈闭。在盆地的大范围内，可以考虑整个生油源岩的生油“灶”，但对于单个圈闭，只应包括排入圈闭的生油“灶”部分。虽然可以用三维模型更准确地预测油气的生成、排出和运移量，但如果仔细运用一维和二维模型结果，就可以充分描述这些过程。

所需的输入包括关于源岩的描述，如初始的 TOC、初始的 S_2 或 HI、现有的干酪根类型和岩石类型。所有这些值也是一维盆地模型输入的一部分。此外，还需要平均有效烃源岩厚度和勘探区排水面积的数据。为了确定原油的密度，需要对所产原油的 API 度进行估算。从一维模型的计算结果来看，采用了累积排油量和累积排气量。体积计算实例如图 8.26 所示。需要注意每个步骤中使用的度量单位。这些单位在其他体积计算中也可使用，(Bishop 等，1983；Schmoker，1994)；然而，这些并不需要盆地模型的输出。

输入：

盆地模型输入：TOC=2.0%；初始 HI=500；Ⅱ型油母岩质；岩石类型=100%页岩

盆地模型输出密度：累计排油量=440.0mg/g(石油/TOC)

累计排气量=10.0mg/g(天然气/TOC)

其他计算输入：烃源岩密度=2.76g/cm^3；平均有效烃源岩厚度=180ft(54.9m)

勘探排水面积=4.24mile^2(10.98km^2)；假设原油 API 度为 35°API(密度为 0.85g/cm^3)

计算：

(1)计算 mg/g(HC/生成油气岩石)：

440mg/g(油/TOC)(100/2.0)=8.8mg/g(油/岩石)

10mg/g(气/TOC)/(100/2.0)=0.2mg/g(气/岩石)

(2)计算 cm^3/cm^3(HC/生成油气岩石)：

[(8.8mg/g(油/岩石)/1000)0.85g/cm^3]×2.76g/cm^3=0.0285741cm^3/cm^3(油/岩石)

[(8.8mg/g(气/岩石)/1000)/0.0054g/cm^3]×2.76g/cm^3=0.1022222cm^3/cm^3(气/岩石)

(3)计算烃源岩体积：

[(4.24mile^2×2.788×10^{7}ft^2/mile^2)×180ft]×2.832×10^{4}cm^3/ft^3=6.0259×10^{14}cm^3

(4)计算可用石油桶数：

[6.0259×10^{14}cm^3 烃源岩×0.0285741cm^3/cm^3(油/烃源岩)]×6.2905×10^{-6} bbl/cm^3=1.0831×10^{8}bbl

(5)计算可用气体的体积：

[6.0259×10^{14}cm^3 烃源岩×0.1022222cm^3/cm^3(气/烃源岩)]×3.531×10^{-5}ft^3/cm^3 =2.175×10^{9}ft^3

图 8.26　使用一维盆地模型输出的体积估计计算示例图

进行体积估计时，通常会产生大量的可用石油和天然气，以填补一个或多个圈闭。记住，这些估计是为了计算排出油气量。据估计，高达 90%被排出的油气可能在迁移过程中损失。而从储层中可能只能回收 20%~30%的油气。因此，在使用这些体积估计值时应非常谨慎，并对数字的实际含义进行辨别。

其中测出一些结果偏大的原因是：盆地模型输入有误、对运移路径的假设偏差以及对烃源岩有效厚度和油灶/排水面积的高估。对盆地建模输入值往往是乐观的。初始 TOC 和 S_2/HI 值可能过高，或者干酪根类型可能不正确，可能未将Ⅲ型或Ⅳ型干酪根稀释考虑在内。此外，TOC、S_2/HI 和干酪根类型可能发生横向或纵向变化。

测量的有效烃源岩厚度可能过高。整个烃源岩层段的厚度可能无法产生足够的油，使其向外运移并充填圈闭。因此，只考虑有效烃源岩厚度（Dembicki 和 Pirkle，1985）。考虑油藏相中有效烃源岩厚度，如净砂层厚度与总砂层厚度。如果烃源岩段总厚度约为 100m，有效烃源岩厚度最多可达几十米。发电灶/迁移排水区域也可能太大。人们很容易把能产生油气的成熟烃源岩所有采集区都包括在内。然而，采集区应限于可能排出的地方（Sluijk 和 Parker，1988）。而且，用于排出的油气的运移效率可能过高，从而对到达圈闭的石油量估计过于乐观。需要解决体积计算输入中的这些不确定性，以便更好地约束估计值，并将其限定在实际的范围内。

应用这些估值时需谨慎，它们并不是估计烃源岩绝对储气能力的方法，最好视其为相对指标。是否生成大量可供运移的石油和天然气是审视这些结果的一种方法，因为这表明烃源岩的生成和排驱能力很强。应用这些估计值时应有所限制。初步评价表明，圈闭充注的条件是有利的。如果体积估计值较低，这意味着可能要担忧费用，需要对烃源岩或成熟度进行更深入的研究。这些估值也可对两个或两个以上的远景区进行比较和排名。同样，不建议使用这些体积估算值作为一个给定圈闭中石油量的绝对指标。对于这个应用程序来说，这些估值中有太多的不确定性。

8.10 盆地模拟在非常规油气勘探中的作用

盆地建模作为一种评价非常规资源的工具，不应被忽视。正如第 7 章所讨论的，非常规区块由成熟度决定。在低成熟度区块中，天然气液体和凝析油是理想的产品。但是，当镜质组反射率低于 1.3%时，存在的烃类 PVT 行为将影响可生产性（GOR，液体析出电位）。在成熟度较高的区块中，阶段性行为影响有限。然而，在镜质组反射率超过 2.5%时，早期变质导致的孔隙度和渗透率损失可能会限制气体的生产。盆地模拟可以作为一种预测数据缺乏或数据不足地区的成熟度的手段。

此外，这些模型可用于估计目标层段的温度和压力条件，从而有助于预测储层流体的相态行为。模型中的时间—温度史可用于预测潜在的成岩矿物转化，如 CT 型蛋白石到石英的转变（Dralus 等，2011）、石英胶结（Lander 和 Walderhagug，1999）和蒙脱石到伊利石转变（Velde 和 Vasseur，1992），从而影响孔隙度、渗透率、地质力学性能和流体敏感性。

盆地模拟对于理解埋藏史对非常规资源的影响也很重要。许多成功开发的页岩气区块，包括 Barnett、Eagle Ford、Haynesville 和 Marcellus，在进入气窗并达到最大埋藏深度后都经历了显著的抬升。抬升可能有助于储层气体中超压的形成，并有助于开发。

第 9 章　含油气系统的概念和工具

当地质学家讨论含油气系统时，通常指的是 Magoon 和 Dow（1994）在论文中提出的概念。虽然这是一篇重要的论文，阐释了含油气系统背后的思想，但至少从 20 世纪 70 年代初开始，这些概念就被应用于勘探领域，例如 Dow（1974）等的著作就是有力的证明。几十年来，地质学家们一直非正式地将含油气系统背后的原理作为大多数勘探活动的基础，这些原理通常被称为油气系统或含油气系统。

在 Magoon 和 Dow（1994）的定义中，含油气系统是由一组活跃的烃源岩及其所有与之相关的油气藏组成。它包括油气藏存在时所有所需的一切地质要素和过程。根据研究结果，这些要素分别来自烃源岩、储集岩盖层和上覆岩层。Magoon 和 Dow（1994）只考虑了两个过程，即圈闭的形成和油气的生成—运移—聚集组合。含油气系统的形成要求这些要素和过程必须在特定时间和空间发生，以使所有的要素都协同工作，形成石油聚集。

Magoon 和 Dow（1994）根据含油气系统的确定性程度将其分为已知的、假设的和推测的含油气系统。一个已知的含油气系统需要将一个正的油源岩或气源岩进行对比，这可以用来描述更典型的成熟勘探地区。一个假设的含油气系统只需要烃源岩的地球化学证据，可能还需要一个油源的聚集，但不需要其相关性，这可以用来描述成熟盆地或未开发盆地的新油田。推测的含油气系统只需要地质或地球物理证据就能证明这些元素可能存在，这可以用来描述边界盆地。

20 世纪 90 年代末至 21 世纪初的非常规能源热潮初期，许多石油地质学家认为，非常规资源不符合含油气系统的标准。然而，当研究煤层气、页岩气或混合系统时，很容易发现它们拥有含油气系统的所有要素，而形成常规和非常规油气聚集都需要相同的过程。这仅仅是在不同背景下思考要素和过程的问题，实际上某些石油系统要素和过程在某些非常规资源中可能没有那么重要。例如，当烃源岩与储层为同一岩石时，仍然需要运移，但距离可能仅为干酪根到孔隙空间的距离。

与含油气系统概念一样，这只是一个起点，可以更详细地分析形成油气藏所需的要素和过程，并将这些要素和过程连接到一个连贯的框架中，以确定关键风险以及在区带和远景中的优势。如果使用得当，它可以避免勘探项目中可能遇到的一些问题，并有助于项目的整体成功开发。关于含油气系统概念如何成功应用于勘探的例子，读者可以参考 Magoon 和 Dow（1994）的著作。

为总结本次油气地球化学勘探及生产应用调查，我们将会围绕含油气系统的地球化学方面进行讨论，并探讨如何扩展，以提供更详细的信息和对勘探探索深入了解。以下将讨论对一些基本概念运用更务实的方法，并说明如何改变它们。我们提出了利用地球化学资料进一步确定油气系统的方法，使其在勘探中发挥更大的作用。同时也论述了油气地球化学在勘探工程应用时必须考虑的一些概念。

9.1 要素和流程

Magoon 和 Dow（1994）认为烃源岩、储层、封盖层和覆盖层是含油气系统中的要素。烃源岩是指含有足够的有机质的沉积物，这些有机质很容易形成油气聚集。储集岩是一个具有足够孔隙度和渗透率的岩性单元，可移动的油气可在其中聚集。密封圈在储层岩石上形成屏障，使油气无法有效通过。上覆岩层决定了油气生成、排驱和运移的方式。

在勘探中，确定远景或远景带的第一步是确定形成石油聚集所必需的物理属性。虽然 Magoon 和 Dow（1994）的经典元素必不可少，但我们有必要补充这个列表。形成油气藏需要更完整的物理实体，包括增加运移路径和圈闭。运移路径为岩石内部的通道，这些通道允许油气从烃源岩移动到储集岩，并最终填满一个圈闭。

圈闭形成被定义为沉积事件，它形成了油气的封闭，是形成石油聚集的基本过程。圈闭的形成不应与圈闭的物理实体相混淆。圈闭的形成有一个时间过程，这对于确定最终是否形成油气聚集非常重要，而圈闭本身只是聚集的物理容器。

生成、运移和聚集要素也同样都是必要的过程，可以把它们看成是独立而非复合的过程。生成是指干酪根在时间和温度的影响下发生转化，形成气、油和富含碳的惰性残渣。排烃是油气从烃源岩中运移出来的过程，与烃源岩的生烃量、孔隙度和渗透率有关。运移是油气沿着载波系统运动，在离开烃源岩进入储层并最终填满圈闭之后的运移路径。它还包括石油从一个圈闭向另一个圈闭的运移。油气聚集是通过运移到圈闭中的速度快于圈闭泄漏的速度而实现的。

虽然油气产生、排烃、运移和聚集是联系在一起的，但它们有不同的控制方式，并且应当被分开考虑。例如，可能会产生油气，但是油气的生成量不足以向外排出。被排出的油气可能无法找到运移的路径。运移可能是分散的而不是集中的，导致聚集无法产生。单独考虑每个部分比简单查看组合的最终结果更有意义。

除了生成—运移—聚集过程外，还应考虑油气的保存。Magoon 和 Dow（1994）在他们最初的含油气系统概念中只考虑了保存时间。它指在油气积累完成后，直到此油气可能丢失、改变或破坏的时间。然而，保存应该看作是对圈闭中积累的油气是否会因再运移、热裂解、生物降解或水洗等行为而保持不变的评估（Blanc 和 Connan，1994）。潜在变化或损失并不是在油气聚集完成时开始的，而是在第一个油气到达圈闭时开始的。

这些要素和过程的扩展在图 9.1 中进行了总结，包括对含油气系统组成部分进行了更全面的评估。

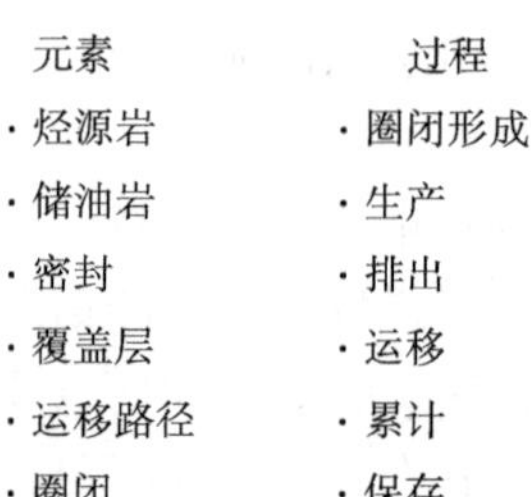

图 9.1 组成石油的要素和过程的扩展列表图

9.2 时间

如前所述，为使含油气系统存在，要素和过程必须按一定的时间顺序发生，这样才有油气聚集的可能。例如，为了聚集最大数量的油气，在圈闭形成后应该进行排烃或者油气运移。为了评价事件发生的时间，需要用关键事件图（也称为含油气系统事件图）来显示。含油气系统事件图体现了含油气系统基本要素和过程的时间关系，同时该系统也包括保存时间和关键时刻（Magoon 和 Dow，1994）。

典型关键事件图如图 9.2 所示，图表中的时间线用于比较要素形成和过程发生的时间。虽然每个含油气系统通常只有一个有效烃源岩，但其可能有许多储集岩，且每个都需要独立的盖层。圈闭的形成时间应根据地质描述的构造分析，如地质剖面和地质构造图等。对生成、运移和聚集时间的最佳评价可能来自盆地模拟结果。关键时刻是最能用来描述含油气系统中油气生成、运移和聚集等重要方面的时刻。这也通常是排烃/运移的开始，可根据盆地模型结果进行估计。

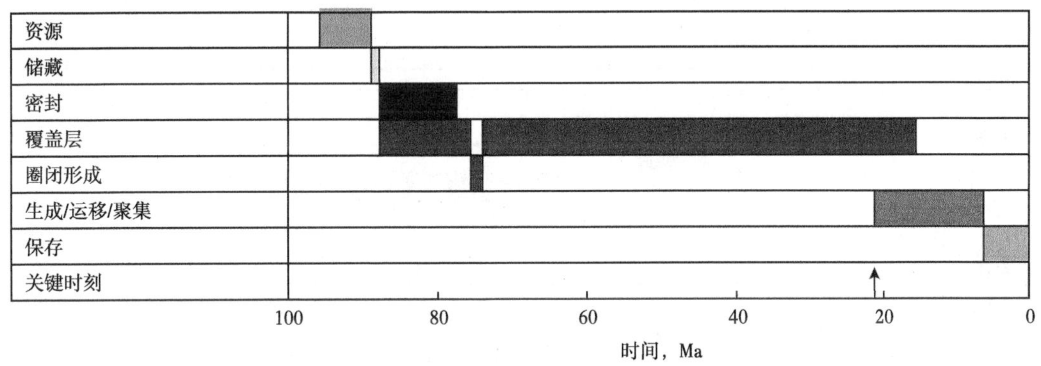

图 9.2 使用 Magoon 和 Dow（1994）方法后的关键事件图

虽然关键事件图能有效显示和帮助理解含油气系统的时间因素，但也存在能提高其价值的潜在改进的地方。第一个改进地方就是使用元素和过程扩展列表（图 9.1），该图将在解释关键事件图中提供更多的细节。第二个改进的地方是将埋藏史图与关键事件图（Abdel-Fattah 等，2015）合并，如图 9.3 所示。埋藏史图的深度—时间曲线反映了含油气系统和盆地模式在地层层序中的地质事件。当埋藏史图与关键事件图相结合时，含油气系统中的要素和过程可以置于该地区的地质历史背景中。第三个改进的地方是使用更详细的资料描述过程，从而更好地对含油气系统进行评价，同时有助于了解与开采/勘探相关的风险。图 9.4 提供了一个示例，它在关键事件图中显示了三种排烃时间的信息。上图的时间线显示了描绘事件发生的时间区间的传统方法。该图可以提供有关事件开始和结束时间的信息，但不传递有关事件发生时间的详细信息。有时，当该过程显示为一条曲线或斜线时，用来描述从头到尾的进展过程（Schlakker，2012），有时是改变颜色来代表石油到湿气再到干气的转变（Pollastro，2003）。相比之下，中图的时间线显示为累积排出曲线，这些曲线不仅表明了排出的时间信息，也提供了随时间排出的油气量信息。下图时间线以速率表示的排烃时间，并清楚地表明排出以两个脉冲图发生，一个是从 22～14Ma 的大事件，另一个是从 10～6Ma 的小事件。盆地模拟结果得到的两条时间线信息，比简单的时间区间更有助于理解该含油气系统的排烃过程。这些时间线是用来比较两种或两种以上烃源岩的有效方法，用以评价含油气系统。

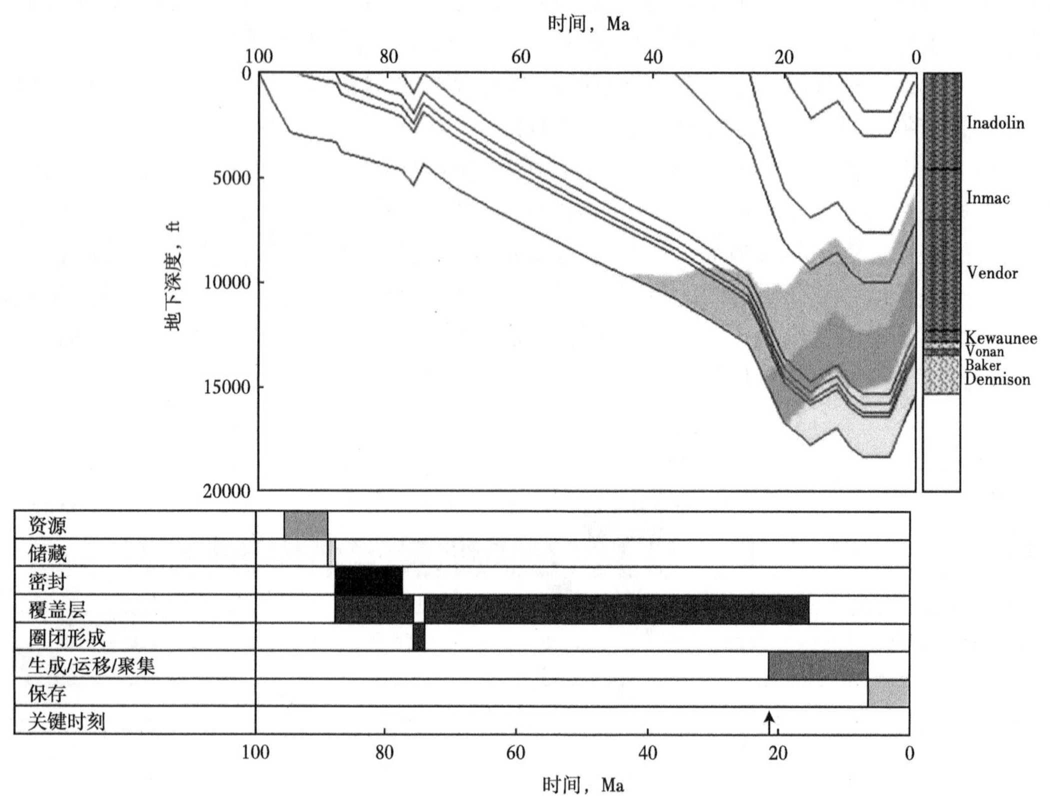

图 9.3　关键事件图表与埋藏史图表复合图

向关键事件图添加更多信息的另一个实例是保存风险时间线，如图 9.5 所示。用盆地模型预测的储层温度不是简单地显示储层油气的保存存在风险的时间间隔，而是预测温度随时间变化的图。采用 Larter 等（2006）的生物降解和 Hunt 等（1996）的热解的一般准则，纵虚线表示储层开始充填的时间，虚线右侧表示油气发生蚀变风险的时间。在实例中，温度曲线表明油气具有良好的保存性。这种方法提供了有关油气保存的有用信息，特别是应用于单个勘探时将具有实际价值。

为有效使用关键事件图，以及对含油气系统在时间方面有更加深刻的理解，地球科学家应当扩大要素和过程清单，以便提供能更深入了解的资料。对尚未讨论的关键事件图需要增加的内容包括胶结/孔隙度增强、破裂、密封完整性/失效、构造扰动/二次运移以及水动力冲洗/水洗/驱替。关键事件图是一种灵活的工具，并能适应在含油气系统中观察到的情况。扩展关键事件图表所需的大部分信息可以从含油气系统的盆地模拟中获得，这些信息都可以用于评估含油气区带和远景区的风险等级。

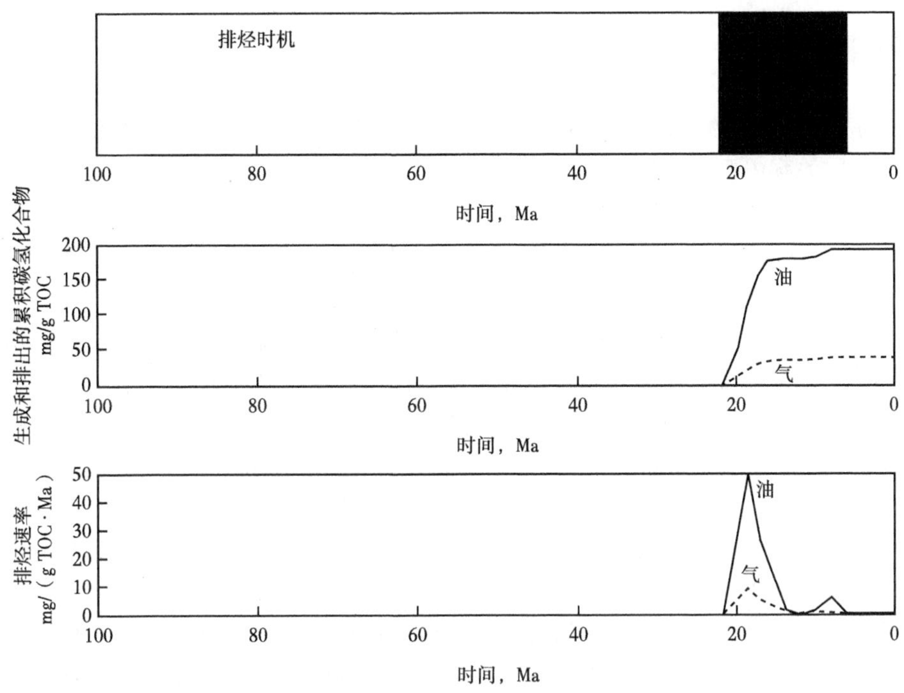

图 9.4　用替代数据显示关键事件示例图

上图显示了描绘事件发生的时间区间的传统方法。中图显示的是一个累积排出曲线，它不仅显示排烃的发生时间，而且还提供了随时间变动的烃量信息。下图显示了排烃速率

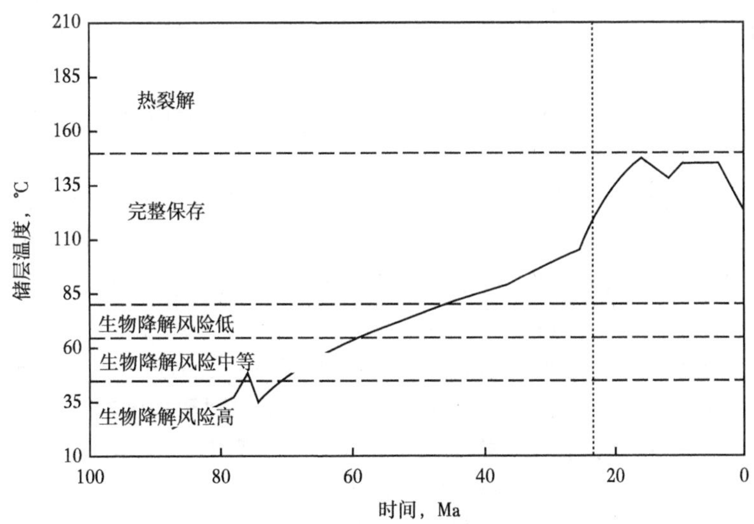

图 9.5　基于盆地建模得到的储层温度的关键事件示例图（Larter，2006）

9.3 空间

Magoon 和 Dow（1994）在含油气系统概念的构建中，考虑的空间要素包括地层和地理角度。地层关系主要由地层柱定义，剖面和埋藏史将进一步作阐释，而地理关系则由地图阐释。纵观目前含油气系统的各个方面，可能无法描述其潜力评价的细节以及充分解释过去可能已发现的油气聚集的所有细节。相反，研究过去某个时期的含油气系统，可以很好地解释导致油气聚集形成的元素以及进程之间的相互作用和演化。

Magoon 和 Dow（1994a）推荐历史时间是检查含油气系统空间成分的关键时刻。如果关键时刻被定义为排烃的开始，那么运移、横截面图和结构图将有助于定义和评价从烃源岩到圈闭的运移路径的有效性。除了储层段顶部的结构图外，包含有油气排驱的烃源岩顶部的结构图有助于显示生烃和排烃的界限，这对于确定运移的区域至关重要。这种显示结构和排出面积的地图组合可以用于第 8 章所述的射线路径运移模型。

虽然关键时刻对含油气系统来说是一个开创性的时间点，但在关键时刻和现在之间的某些时间点也应该考虑在内。任何可能影响油气的生成、排出或运移的事件，或任何重新形成圈闭或运移路径的构造事件，都需要考虑运用古构造图、古剖面和埋藏史图。这一系列的时间对定义含油气系统的演化过程以及解释潜在圈闭的充填史都具有重要意义。

除了含油气系统的标准制图外，还有其他方法可以对地球化学问题给出更具区域性的看法。Dembicki 和 Pirkle（1985）提出了一种方法，将烃源岩厚度、有机丰度和热成熟度结合成一个单一的可映射参数，以显示潜在的油气生成区域。首先用有机碳或岩石热解 S_2 值的平均百分比乘以有效烃源岩厚度，得到一个丰度因子。然后，利用成熟度对丰度因子进行评价，对石油或天然气生成潜力评级。由此得到的评级提供了生烃潜力的半定量测量，可以映射到提供区域评价。通过结合盆地模型，可以绘制出用来反映地质时期的烃源岩潜力演化的地图。同时，通过修正成熟度因子，烃源岩潜力指数可应用于非常规的远景区带中。

Demaison 和 Huizinga（1991）提出了一种利用烃源岩潜力指数进行相似映射的方法。烃源岩潜力指数结合了岩石热解 S_1 和 S_2 值，并将其乘以有效烃源岩厚度和密度，得出了生烃潜力的相对顺序。烃源岩潜力指数是比较盆地中的两套或者两套以上烃源岩的一种方法，是油气系统成因分类的一部分。

一种更为普遍的含油气系统制图方法是对油气通路进行分析。区带油气通路是指某一特定开采类型预期发生的区域，是通过研究空间分布来识别和排序油气运移路径内的区域（White，1988；Allen 和 Allen，2005）。通常至少有三个要素用于定义一个区带：烃源岩、潜在储层和圈闭。根据盆地或其地质条件，还可以在地图上添加其他元素。这种方法的目标是对区带进行评价，从而最终形成更客观和更容易理解的成果。

该方法通常被称为“风险综合评估法（CRS）”（Allen 和 Allen，2005）。所有考虑到的要素都被绘制到同一个尺度上，使用一个简单的颜色代码作为置信水平或元素在该区域有效的概率。这些地图通常被称为红绿灯，因为它们分别使用绿色、黄色和红色来表示高置信度、中等置信度和低置信度。如果使用置信水平分级，则绿色、黄色和红色分别表示高概率/低风险、中等概率/中等风险和低概率/高风险，实际的概率范围也可以分配给这些地图颜色。

一旦单个元素图完成，它们就会被叠加以产生一个结果图（White，1988）图 9.6 所示的例子即是对含油气系统的烃源岩组分采用的 CRS 方法。有机丰度、油母岩质类型和成熟度都是输入要素。地图解释采用 Venn 图解法评价某一区域。对于地图区域中的所有点，如果所有输入映射上有红色，则总体评级为红色。如果所有输入映射上都为绿色，则总体评级为绿色。如果所有输入映射上都为黄色，则总体评级为黄色。对于输入映射上的任何绿色和黄色组合，评级为黄色。在结果图上，绿色区域为应集中精力勘探的风险最低区域，红色区域为应避免的高风险区域。黄色区域可能具有前瞻性，也可能不具有前瞻性，需要进一步研究才可以做出评定。

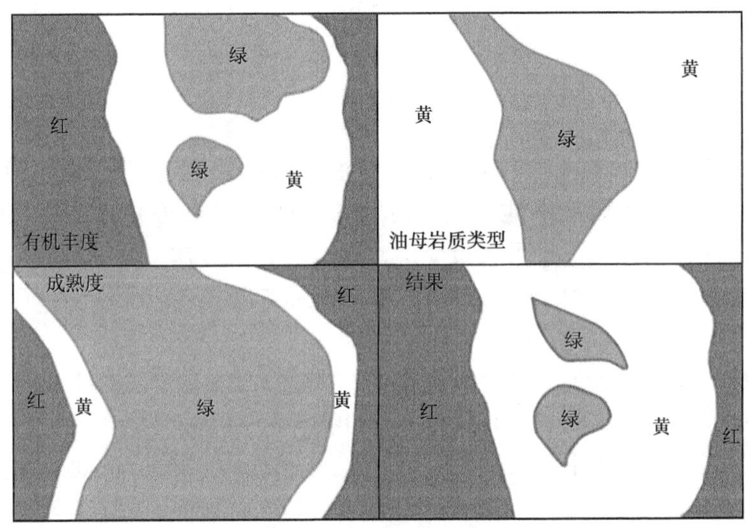

图 9.6　应用常见风险参数评估烃源岩潜力的一个简单示例

Grant 等（1996）和 Chen 等（2002）的著作中有一些关于这种风险评估如何应用探索的例子。虽然它是可视化勘探风险的非常有用的工具之一，但并没有广泛使用，应作为含油气系统分析的一部分。

9.4　区带和远景区

虽然含油气系统是一个极其有用的概念，但油气勘探通常仅对沉积盆地的小部分区域感兴趣，因此它可能过于宽泛。含油气系统没有考虑勘探和开采的任何经济问题，只考虑是否存在油气聚集及其生成的原因（Magoon 和 Dow 等，1994）。然而，勘探是一项商业活动，而非学术活动。其目标是找到足够大的石油和天然气储量，从而经济地开采并获利。因此，勘探计划可能仍然使用含油气系统概念，但其重点是勘探的区带和远景区，所以有必要界定区带和远景区的具体含义，并了解含油气系统如何帮助勘探家进行评价。

远景区目前可以通过结构或地层特征绘制地图，其中可能包含大量的具有商业开采价值的石油，它们代表着潜在的圈闭。为了证明钻探圈闭的合理性，必须收集证据，证明它是一个正常含油气系统的产物。因为与标准圈闭有关，所以这一证据来源于对特定圈闭有关的含油气系统所有要素和过程的检查，同时也必须包括经济方面。远景区的钻探成功不是仅仅有所发现，远景区的含油气系统不仅要形成石油和（或）天然气的聚集，而且由定界探井确定的油藏规模必须足够大，以抵消找矿和生产成本，并获得利润。

区带由多个具有关联的油气聚集和（或）远景区组成，它们具有相似的地质参数，如类似的充注方式、储盖组合和圈闭类型（Baker 等，1986）。区带应该有一个明确的地理分布，可以在地图上表示为有限的地层间隔（White，1993）。区带代表了地质学家试图识别石油的模式，以帮助预测未来勘探的结果。在区带层面首先考虑的是经济因素，虽然没有对远景区进行严格的评价，但区带的经济特征必须显示出很高的盈利潜力（Doust，2010）。区带层面的成功是由一系列连续发现来衡量的，这些发现证实了区带开发的可行性。

9.5 有效的含油气系统

如前所示，Magoon 和 Dow（1994）根据含油气系统的确定性将其分为已知的、假设的和推测的。虽然这些术语准确地描述了所定义的这些含油气系统类别，但个人经验表明，它们在商业勘探工作不一定可被接受。作为一种替代方法，在处理勘探管理问题时，将含油气系统称为已证明实的而非已知的、可能的而非假设的、概念性的而非推测性的更为合适。

在勘探方面，含油气系统的概念用在更加实际的方面。含油气系统只有形成大的油气聚集才能进行商业开发并得到投资回报，简单的油气聚集无法形成含油气系统。通常，这叫作有效的含油气系统，该系统也被证明是一个在经济上可以开采的油气藏。

根据 Magoon 和 Dow（1994）的研究，含油气系统就是油—烃源岩对比。在勘探钻井的早期阶段，例如墨西哥湾，并不经常遇到烃源岩。事实上，如果在烃源岩附近的地层中没有发现商业价值，就永远无法直接识别含油气系统的烃源岩。钻井是为了寻找可开采的油气而不是烃源岩，因此油—烃源岩对比将受到严重制约。即使该系统的所有细节描述无法给出肯定评价，但是，经济上可生成石油的存在就证实了含油气系统的存在。因此，在含油气系统有效的背景下，应扩大含油气系统的定义，以涵盖经济上可开采的油气的存在，以及油—烃源岩对比。

在勘探计划中，寻找有效的含油气系统的证据就是尽量减少可能的风险。如前所述，含油气系统的目的就是油—烃源岩对比以及找到可开采的石油。除此之外都只是含油气系统有效的实例，而不是证据。多年来，在发表的论文、会议报告和勘探项目综述中，许多地球科学家用含油标志、渗流和含烃流体包裹体作为含油气系统有效的证据。

如第 5 章所讨论的，油气显示是钻探过程中产生的非商业用途的石油或天然气量，范围从低于该地区商业阈值的大量油气到沉积物中热成因油气的分子水平踪迹。使用 Schowert 和 Hess（1982）的显示分类，只有在遇到可观察到的油染色或饱和度的连续相油气显示，才被认为是含油气系统有效的证据。如果这类显示的量很大，仅仅由于环境条件、地理位置偏远或其他经济因素，仍然被认为是非商业性的，那么它可以作为含油气系统有效的证据。如果这样认定，必须考虑体积、圈闭大小和潜在产量。

油气从烃源岩运移是一个分散的过程，在此过程中不太可能形成渗流。正如第6章所讨论的那样，油气必须聚集才能流到地表。因此，渗流的存在表明，地下可能存在油气藏，但无法得知油气的聚集大小、在地下的位置或其烃源岩的信息。正因为如此，渗流表明地下存在一个活跃的含油气系统，但不一定能作为含油气系统有效的证据。因此，渗流被归类为含油气系统的证据，并承担相应的风险。但是，如果对渗流的石油或天然气进行地球化学分析，并将其与该地区的烃源岩或以前发现的地下石油聚集物相关联，它就可以作为含油气系统有效的证据。

储层内的含油气包裹体，常被描述为石英或碳酸盐胶结物成岩过程中包裹住运移烃类的产物（Buruss，1981）。这意味着已经产生了足够数量的油气，能够运移并可能形成聚集。但情况并非总是如此。沉积有机质普遍存在于地下，一旦达到足够的成熟度，就会生成油气。流体包裹体中的油气很容易来自几厘米或几米远的地方，而并非是在形成聚集的过程中运移的油气。即使充满油气的流体包裹体是由运移的油气形成的，也无法判断这种运移是否形成商业聚集。由于油气起源的不确定性，含烃流体包裹体不能作为含油气系统有效的证据，甚至不能作为含油气系统存在的证据。

9.6　风险

勘探项目需要一定的资金用于勘探开发，为确定这些资金的最佳用途，有必要进行某种形式的定量评价，客观地进行比较。已有大量的定量勘探和评价方法发表，其中包括Sluijk和Nederlof（1984）、Chen和Fang（1993）、White（1993）、Otis和Schneidermann（1997）、Snow等，1997）、Rose（2001）、Chen和Osadetz（2006）等的著作。例如，Mackenzie和Quigley（1988）等主要关注的是勘探评价的地球化学方面。虽然这些方法都能用于远景区和区带评价值，但事实是，各个公司都有自己的方法解决问题，要么使用专有方法，要么使用商业上的可用产品，而大多数公司都采用了某种形式的风险分析。如需深入探讨风险分析，请参考Rose（2001）的著作。

风险可以定义为在一种不确定的状态下，一些可能的结果会产生不确定效果或造成重大损失。在风险分析中，实际上是对这种不确定性的某种衡量，以获得一种信心等级。这通常是将概率方法应用于含油气系统的远景区和区带分析来实现的。使用概率方法，冒着勘探或开发的风险给它带来成功的机会，通常被称为地质上的成功机会（Pg）。除了Pg，经济因素、政治稳定和市场问题，将作为最后的决定因素。然而，为了简化讨论，本书只考虑了地质因素和Pg。

要计算总的Pg，需要将每一个评价部分相乘。通常，地质风险由4~5个组成部分评价（Baker等，1986；white，1993；Otis和Schneidermann，1997）。为了适应含油气系统的所有要素和过程，需要将一些因素结合起来评价。

Pg运用于远景区和区带代表着两个截然不同的概念。对于单个勘探区，Pg表示含油气系统的所有元素和过程都存在，并在适当的时间和空间发挥作用。与此相反，对油田进行风险投资则意味着在油田开发区域内的某个地方，至少有一处油田具有含油气系统的所有要素和过程，并以适当的时间和空间关系运行。单一远景构造的成功，也证明了区带概念。对于油藏来说，风险被有效地分布在整个油藏领域，区带的“举证责任”比圈闭的“举证责任”要低得多。

勘探地质学家对他们的项目往往过于乐观，这是一个对区带和远景构造进行有效风险评价的障碍。他们往往忽视含油气系统某些方面的缺陷，在钻井计划中获得预期的远景构造，对勘探预算份额就背道而驰，即风险有助于客观地评价勘探组合中的机会，表明哪些是可行的。因此，勘探学家和他们的管理人员在面对风险时需要努力做到实事求是。

在油气地球化学方面，大多数风险方案在审议中都将侧重于烃源岩、成熟度、排烃/运移和保存等方面。风险方案通常将烃源岩的各个方面与成熟度组合成一个综合项目。与圈闭形成的时间相比，排烃/运移的风险评价既涉及油气到圈闭的途径，也涉及排烃/运移的时间。保存常常与聚集/圈闭结合起来。在对这些因素进行评估时，很容易发现含油气系统分析和关键事件图和 CRS 图等工具的价值。

正如在第 3 章所述的烃源岩评价中，要评价烃源岩的质量和丰度，应从活性有机质中获取有机质的含量，而不仅仅从当前总有机质中获得。还必须包括干酪根类型和干酪根含氢量，以估计可能生成油气数量及种类。为了确保评估的准确性，使用的任何数据都必须根据热成熟度进行补偿或调整。

当考虑风险成熟度时，需要记住成熟度对生烃和排烃的影响。成熟度表明是否可能生成，以及可能形成何种类型的油气，但它不能直接表明何时以及产生了多少油气。成熟度并不表示运移发生的时间。生烃与排烃不是巧合，生和排与生烃量、烃源岩的孔隙度和渗透率有关。估计何时发生排烃，以及可运移多少油气，需要使用盆地模型。

当考虑到可获得的烃源岩体积时，烃源岩层段的整个厚度可能无法产生足够的油，以运移并填充满圈闭，所以仅仅需要考虑有效烃源岩厚度。例如，烃源岩段的总厚度可能为 150m，有效烃源岩厚度可能只有几十米。这种有效厚度可能不是连续的，而是出现在多个层段中。考虑有效烃源岩厚度与总烃源岩厚度的关系，和考虑油藏中有效砂层厚度与总砂层厚度的关系一样。有效烃源岩区也需要考虑，虽然在远景构造内，烃源岩的生油面积可能很大，但排出油气可能更有限。如第 8 章体积估算讨论中所述，如果不对有效烃源岩厚度和有效取料或排出进行适当限制，则很容易高估面积，并导致对填充圈闭的油气量不切实际的评估。

作为风险评估的一部分，需要确定勘探井成功时远景构造所包含的最小可采量。我们容易把最小体积看作是烃源岩成功生成的油气，事实上远非如此。考虑到生成的油气中至少有 20%可能残留在烃源岩中，而且一些研究人员估计，高达 90%排出的油气可能在运移过程中损失。也要考虑到，只有 20%~30%的油气可以从储层中开采。因此，无论石油的最小可采量是多少，都需要产生大量的石油来才能达到最低产量。

最后要考虑的是钻井后的事项。一旦钻井或区带被测试，应审查风险和分析含油气系统。无论项目是否成功，都应该进行这些操作，并利用所有获得的新数据。遗憾的是，这些操作并不受欢迎。在成功的案例中，通常会有“我们做对了”的态度，不需要任何分析。当失败发生时，没有人愿意延长犯错的痛苦，宁愿远离失败的项目。但是我们能从这些操作中受益匪浅。在成功的案例中，回顾将会找出在最初的分析和风险评估中被准确地反映含油气系统特征的那些内容。它还将显示出哪些方面可能是错误的，并在未来的项目中进行改进，以及如何在成功的基础上继续努力。在失败的情况下，回顾的方向应该是找到项目失败的原因。很多时候，含油气系统中那些风险最大（不确定性最大）的预钻要素并不是项目失败的原因。通过查找失败的原因，将来可能会避免犯下类似的错误。例如区带的概念可能是正确的，只是不适用于该区域。不要忽略这个学习机会，我们已经支付了钻探的相关费用，就应该好好利用它们。

参考文献

Abdel-Fattah M. Gameel M. Awad S. et al. , 2015. Seismic interpretation of the Aptian Alamein Dolomite in the Razzak oil field, western Desert, Egypt. Arabian Journal of Geosciences, 8: 4669-4684.

Abrams M A, 1992. Geophysical and geochemical evidence for subsurface hydrocarbon leakage in the Bering Sea, Alaska. Marine and Petroleum Geology Bulletin, 9: 208-221.

Abrams M A, 2013. Best practices for the collection, analysis, and interpretation of seabed geochemical samples to evaluate subsurface hydrocarbon generation and entrapment. In: Proceeding of the Offshore Technology Conference Paper, 24219: 21.

Abrams M A, Logan G, 2014. Geochemical evaluation of ocean surface slick methods to ground truth satellite seepage anomalies for seepage detection. American Association of Petroleum Geologists Search and Discovery Article #40604 (2010) 18.

Abrams M A, Segall M P, Burtell S G, 2001. Best practices for detecting, identifying, and characterizing nearsurface migration of hydrocarbons within marine sediments. In: Proceedings of the Offshore Technology Conference Paper, 13039: 14.

Akbarzadeh K, Hammami A, Kharrat A, et al. , 2007. Asphaltenes-problematic but rich in potential. Oilfield Review, 19 (2): 22-43.

Allen P A, Allen J R, 2005. Basin analysis: Principles and Application to Petroleum Play Assessment, second ed. Wiley-Blackwell, Hoboken, New Jersey, 560.

Alpern B, 1970. Classification petrographique des constituants organique fossils des roches sedimentaires. Revue de l' Institut Francais du Petrole, 25: 1233-1267.

Alpern B, Durand B, Durand-Souron C, 1978. Proprieties optique de residus de la pryrolyse des kerogenes. Revue de l' Institut Francais du Petrole, 33: 867-890.

Amroun H, Tiab D, 2001. Alteration of Reservoir Wettability due to Asphaltene Deposition in Rhourd-Nouss Sud Est Field, Algeria. Society of Petroleum Engineers Paper, 71060: 11.

Anders D E, Robinson W E, 1971. Cycloalkane constituents of the bitumen from Green River shale. Geochimica et Cosmochimica Acta, 35: 661-678.

ASTM, 2014. D7708e11 Standard test method for microscopical determination of the reflectance of vitrinite dispersed in sedimentary rocks. Sec. 5, v. 05.06. In: Annual Book of ASTM Standards: Petroleum Products, Lubricants, and Fossil Fuels; Gaseous Fuels; Coal and Coke. ASTM International, West Conshohocken, PA. 10.

Bailey N J L, Krouse H R, Evans C R, et al. , 1973. Alteration of crude oil by waters and bacteria evidence from geochemical and isotope studies. American Association of Petroleum Geologists Bulletin, 57: 1276-1290.

Baker D R, 1960. Organic geochemistry of Cherokee Group in southeastern Kansas and northeastern Oklahoma. American Association of Petroleum Geologists Bulletin, 42: 1621-1642.

Baker R A, Gehman H M, James W R, et al. , 1986. Geologic field number and size assessment of oil and gas plays. In: Rice, D. D. (Ed.), Oil and Gas Assessments-Methods and Applications, American Association of Petroleum Geologists Studies in Geology, 21: 25-31.

Balarin M, 1977. Improved approximations of the exponential integral in tempering kinetics. Journal of Thermal Analysis and Calorimetry, 12: 169-177.

Barbat W N, 1967. Crude-oil correlations and their role in exploration. American Association of Petroleum Geologists Bulletin, 51: 1255-1292.

Barker C, 1982. Oil and gas on passive continental margins. In: Watkins J S, Drake C L (Eds.), Studies in

Continental Margin Geology, 34. American Association of Petroleum Geologists Memoir: 549-565.

Barker C, Takach N E, 1992. Prediction of natural gas composition in ultradeep Sandstone reservoirs. American Association of Petroleum Geologists Bulletin, 76: 1859-1873.

Barker C E, Pawlewicz M J, 1993. An empirical determination of the minimum number of measurements needed to estimate the mean random vitrinite reflectance of disseminated organic matter. Organic Geochemistry, 20: 643-651.

Barnard A, Sager W W, Snow J E, et al., 2015. Subsea gas emissions from the Barbados Accretionary Complex. Marine and Petroleum Geology, 64: 31-42.

Barr K W, Morton V, Richards A R, 1943. Application of chemical analysis of crude oils to problems of petroleum geology study of crude oils of Forest Sands of Bernstein Field, Trinidad B W I. American Association of Petroleum Geologists Bulletin, 27: 1595-1617.

Barwise T, Hay S, 1996. Predicting oil properties from core fluorescence. In: Schumacher, D., Abrams, M. A. (Eds.), Hydrocarbon Migration and its Near Surface Expression, American Association of Petroleum Geologists Memoir, 66: 363-371.

Baskin D K, 1997. Atomic H/C ratio of kerogen as an estimate of thermal maturity and organic matter conversion. American Association of Petroleum Geologists Bulletin, 81: 1437-1450.

Baskin D K, Hwang R J, Purdy R K, 1995. Predicting gas, oil and water intervals in Niger Delta reservoirs using gas chromatography. American Association of Petroleum Geologists Bulletin, 79: 337-350.

Baskin D K, Jones R W, 1993. Prediction of oil gravity prior to drill-stem testing in Monterey Formation reservoirs, offshore California. American Association of Petroleum Geologists Bulletin, 77: 1479-1487.

Beach F, Peakman T M, Abbott G D, et al., 1989. Laboratory thermal alteration of triaromatic steroid hydrocarbons. Organic Geochemistry, 14: 109-111.

Beardsmore G R, Cull J P, 2001. Crustal Heat Flow: A Guide to Measurement and Modelling. Cambridge University Press, Cambridge: 324.

Behar F, Kressmann S, Rudkiewicz J L, et al., 1992. Experimental simulation in a confined system and kinetic modeling of kerogen and oil cracking. Organic Geochemistry, 19: 173-189.

Behar F, Loranta F, Mazeas L, 2008. Elaboration of a new compositional kinetic schema for oil cracking. Organic Geochemistry, 39: 764-782.

Behar F, Pelet R, 1985. Pyrolysis-gas chromatography applied to organic geochemistry: structural similarities between kerogens and asphaltenes from related rock extracts and oils. Journal of Analytical and Applied Pyrolysis, 8: 173-187.

Behar F, Vandenbroucke M, 1987. Chemical modelling of kerogens. Organic Geochemistry, 11: 15-24.

Behar F, Vandenbrouke M, Tang Y, et al., 1997. Thermal cracking of kerogen in open and closed systems: determination of kinetic parameters and stoichiometric coefficients for oil and gas generation. Organic Geochemistry, 26: 321-339.

Bennett B, Adams J J, Gray N D, et al., 2013. The controls on the composition of biodegraded oils in the deep subsurface-Part 3. The impact of microorganism distribution on petroleum geochemical gradients in biodegraded petroleum reservoirs. Organic Geochemistry, 56: 94-105.

Bernard B B, Brooks J M, Sackett W M, 1976. Natural gas seepage in the Gulf of Mexico. Earth and Planetary Science Letters, 31: 48-54.

Bernard B D, 1978. Light Hydrocarbons in Marine Sediments (Ph. D. thesis). Texas A&M University, College Station, Texas, 144.

Berner U, Faber E, 1988. Maturity related mixing model for methane, ethane and propane, based on carbon isotopes. Organic Geochemistry, 13: 67-72.

Bertrand Ph, Bordenave M L, Brosse E, et al., 1993. Other methods and tools for source rock appraisal. In: Bordenave, M. L. (Ed.), Applied Petroleum Geochemistry. Editions Technip, Paris, 3: 279-371.

Bertrand R, 1990. Correlations among the reflectances of vitrinite, chitinozoans, graptolites and scolecodonts. Organic Geochemistry, 15: 565-574.

Bertrand R, 1993. Standardization of solid bitumen reflectance to vitrinite in some Paleozoic sequences of Canada. In: Goodarzi, F., Macqueen, R. W. (Eds.), Geochemistry and Petrology of Bitumen with Respect to Hydrocarbon Generation and Mineralization: Energy Sources, 15: 269-287.

Bishop R S, Gehman Jr, H M, Young A, 1983. Concepts for estimating hydrocarbon accumulation and dispersion. American Association of Petroleum Geologists Bulletin, 67: 337-348.

Bissada K K, Elrod L W, Darnell L M, et al., 1992. Geochemical inversion-a modern approach to inferring source-rock identity from characteristics of accumulated oil and gas. In: Proceedings of the 21st. Annual Convention of the Indonesian Petroleum Association, 1: 165-199.

Bjoroy M, Ferriday I L, 2002. Surface geochemistry as an exploration tool: a comparison of results using different analytical techniques. American association petroleum Geologists Hedberg Conference "Near - Surface hydrocarbon migration: mechanisms and seepage rates", April 7 - 10, 2002, Vancouver BC, Canada, Abstracts. American Association Petroleum Geologists Search and Discovery Article #90006: 1.

Blanc P, Brevière J, Laran F, et al., 2003. Reducing Uncertainties in Formation Evaluation Through Innovative Mud Logging Techniques. Society of Petroleum Engineers Paper, 84383: 19.

Blanc P, Connan J, 1994. Preservation, degradation, and destruction of trapped oil. In: Magoon, L. B., Dow, W. G. (Eds.), The Petroleum System-from Source to Trap. American Association of Petroleum Geologists Memoir, 60: 237-247.

Boak J, 2012. Common wording vs. historical terminology. American Association of Petroleum Geologists Explorer, 33 (8): 42-43.

Bohacs K M, Grabbowski Jr, G J, Carroll A R, et al., 2005. Production, destruction, and dilution-the many paths to source-rock development. In: Harris, N. B. (Ed.), The Deposition of Organic-Carbon-Rich Sediments: Models, Mechanisms, and Consequences. SEPM Special Publication, 82: 61-101.

Bolchert G, Weimer P, McBride B C, 2000. Structural and stratigraphic controls on petroleum seeps, Green Canyon and Ewing Bank, northern Gulf of Mexico: implications for petroleum migration. Gulf Coast Association of Geological Societies Transactions, 50: 65-74.

Box G E P, 1976. Science and statistics. Journal of the American Statistical Association, 71: 791-799.

Box G E P, Draper N R, 1987. Empirical Model-building and Response Surfaces. John Wiley & Sons, Hoboken, New Jersey.

Brassell S C, Guoying S, Jiamo F, et al., 1988. Biological markers in lacustrine Chinese oil shales. In: Fleet, A. J., Kelts, K., Talbot, M. R. (Eds.), Lacustrine Petroleum Source Rocks. Blackwell, Oxford.

Braun R L, Burnham A K, 1990. KINETICS: A Computer Program to Analyze Chemical Reaction Data: Lawrence Livermore National Laboratory Report UCID-21588.

Braun R L, Burnham A K, Reynolds J G, et al., 1991. Pyrolysis kinetics for lacustrine and marine source rocks by programmed micropyrolysis. Energy and Fuels, 5: 192-204.

Bray E E, Evans E D, 1961. Distribution of n-paraffins as a clue to recognition of source beds. Geochimica et Cosmoschimica Acta, 22: 2-9.

Bray E E, Evans E D, 1965. Hydrocarbons in non－reservoir－rock source beds. American Association of Petroleum Geologists Bulletin, 49: 248-257.

Breger I A, 1963. Organic Geochemistry. Pergamon Press, Oxford.

Brooks J D, Smith J W, 1967. The diagenesis of plant lipids during the formation of coal, petroleum and natural gas-Ⅰ. Changes in the n-paraffin hydrocarbons. Geochimica Cosmochimica Acta, 31: 2389-2397.

Brooks J M, Kennicutt Ⅱ M C, Bernard L A, et al., 1983. Applications of total scanning fluorescence to exploration geochemistry. In: Proceeding of the Offshore Technology Conference Paper 4624.

Bucker C, Rybach L, 1996. A simple method to determine heat production from gamma ray logs. Marine and Petroleum Geology, 13: 373-375.

Buckley J S, Liu Y, Xie X, et al., 1997. Asphaltenes and crude oil wetting-the effect of oil composition. Society of Petroleum Engineers Journal, 2: 107-119.

Burke N E, Hobbs R E, Kashou S F, 1990. Measurement and modeling of asphaltene precipitation. Journal of Petroleum Tecnology, 42: 1440-1446.

Burley S D, Scotchman I C, 1999. Basin modelling applications in reducing risk and maximizing reserves. In: Fleet A J, Boldly S A R. Petroleum Geology of Northwest Europe: Proceedings of the 5th Conference. The Geological Society, London.

Burnham A K, Braun R L, 1985. General kinetic model of oil shale pyrolysis. In Situ, 9: 1-23.

Burnham A K, Braun R L, 1999. Global kinetic analysis of complex materials. Energy and Fuels, 13: 1-22.

Burnham A K, Sweeney J J, 1989. A chemical kinetic model of vitrinite maturation and reflectance. Geochimica et Cosmochimica Acta, 53: 2649-2657.

Burruss R C, 1981. Hydrocarbon fluid inclusions in studies of sedimentary diagenesis. In: Hollister L S, Crawford M L. Fluid Inclusions: Applications to Petrology, vol. 6. Mineralogical Association of Canada Short Course Notes: 138-156.

Butler B, Baldwin C O, 1985. Compaction curves. American Association of Petroleum Geologists Bulletin, 69 (4): 622-626.

Calhoun G C, Hawkins J L, 2002. Effects of earth tides on vertical migration. American association petroleum Geologists Hedberg Conference "Near-Surface hydrocarbon migration: mechanisms and seepage rates" April 7-10, 2002, Vancouver BC, Canada, Abstracts. American Association Petroleum Geologists Search and Discovery Article #90006.

Calhoun J, 1953. Fundamentals of Reservoir Engineering. University of Oklahoma Press, Norman.

Calvert S E, 1987. Oceanographic controls on the accumulation of organic matter in marine sediments. Special Publication 26. In: Brooks J, Fleet A J. Marine Petroleum Source Rocks. Geological Society of London: 137-151.

Cardott B J, 2012. Introduction to vitrinite reflectance as a thermal maturity indicator. In: Adapted from an Oral Presentation at Tulsa Geological Society Luncheon, May 8, 2012. American Association of Petroleum Geologists Search and Discovery. Article #40928 http: //www. searchanddiscovery. com/documents/2012/40928cardott/ndx_cardott. pdf.

Carlson R M K, Teerman S C, Moldowan J M, et al., 1993. High temperature gas chromatography or high wax oils. In: Indonesian Petroleum Association, 22nd Annual Convention Proceeding: 483-507.

Carman P S, Lant K S, 2010. Making the case for shale clay stabilization. In: Society of Petroleum Engineers Conference Paper 139030.

Carr A D, 2000. Suppression and retardation of vitrinite reflectance, Part I. Formation and significance for hydrocarbon generation. Journal of Petroleum Geology, 23: 313–343.

Carroll A R, Bohacs K M, 2001. Lake–type controls on petroleum source rock potential in nonmarine basins. American Association of Petroleum Geologists Bulletin, 85: 1033–1053.

Carruthers D, Ringrose P, 1998. Secondary oil migration: oil–rock contact volumes, flow behavior and rates. In: Parnell J. Dating and Duration of Fluid Flow and Fluid – rock Interaction. Geological Society Special Publications, No. 144, London.

Carruthers D J, 2003. Modeling of secondary petroleum migration using invasion percolation techniques. In: Duppenbecker S, Marzi R. Multidimensional Basin Modeling, American Association of Petroleum Geologists Datapages Discovery Series No. 7.

Carvajal–Ortiz H, Gentzis T, 2015. Critical considerations when assessing hydrocarbon plays using Rock–Eval pyrolysis and organic petrology data: data quality revisited. International Journal of Coal Geology, 152: 113–122.

Catalan L, Xiaowen F, Chatzis I, et al., 1992. An experimental study of secondary oil migration: American Association of Petroleum. Geologists Bulletin, 76: 638–650.

Chen H C, Fang J H, 1993. A new method for prospect appraisal. American Association of Petroleum Geologists Bulletin, 77: 9–18.

Chen Z, Embry F A, Osadetz K G, et al., 2002. Hydrocarbon favourability mapping using fuzzy integration: western Sverdrup Basin. Bulletin of Canadian Petroleum Geology, 50: 492–506.

Chen Z, Osadetz K G, 2006. Geological risk mapping and prospect evaluation using multivariate and Bayesian statistical methods, western Sverdrup Basin of Canada. American Association of Petroleum Geologists Bulletin, 90: 859–872.

Clarke R H, Grant A I, et al., 1988. Petroleum exploration with BP's airborne laser fluorosensor. In: Proceedings of the 17th Annual Convention of the Indonesian Petroleum Association, 1: 387–395.

Claypool G E, Love A H, Maughan E K, 1978. Organic geochemistry, incipient metamorphism, and oil generation in black shale members of Phosphoria Formation, western interior United States. American Association of Petroleum Geologists Bulletin, 62: 98–120.

Connan J, 1974. Time–temperature relation in oil genesis. American Association of Petroleum Geologists Bulletin, 58: 2516–2521.

Connan J, Bouroullec J, Dessort D, et al., 1986. The microbial input in carbonate–anhydrite facies of a sabkha palaeoenvironment from Guatemala: a molecular approach. In: Leythaeuser, D., Rullkrtter, J. (Eds.), Advances in Organic Geochemistry 1985. Pergamon Press, Oxford.

Connolly D L, Brouwer F, Walraven D, 2008. Detecting fault–related hydrocarbon migration pathways in seismic data: implications for fault–seal, pressure, and charge prediction. Gulf Coast Association of Geological Societies Transactions, 58: 191–203.

Cord–Ruwisch R, Kleinitz W, Widdel F, 1987. Sulfate–reducing bacteria and their activities in oil production. Journal of Petroleum Technology, 39: 97–106.

Cornford C, Morrow J A, Turlington A, et al., 1983. Some geological controls on oil composition in the U. K. North Sea. In: Brooks J. Petroleum, Geochemistry and Exploration of Europe. The Geological Society of London Special Publication 12. Blackwell Scientific, Oxford.

Correia M, 1969. Contribution a la recherche de zones favorable a la genese du petrole par l' observation microscopique de la matiere organique figure. Revue de l' Institut Francais du Petrole, 24: 1417–1454.

Coveney Jr, R M, Goebel E D, Zellar E J, et al., 1987. Serpentinization and the origin of hydrogen gas in

Kansas. American Association of Petroleum Geologists Bulletin, 71: 39–48.

Crews S G, 2001. Personal Communication.

Curiale J, Friberg L, 2012. Measured kinetics – are they useful Basin model inputs? Oral presentation at the American Association of Petroleum Geologists Annual Convention and Exhibition, April 22–25, 2012, Long Beach, California, abstract. American Association of Petroleum Geologists Search and Discovery 1 Article # 90142.

Curiale J A, 1987. Distribution and occurrence of metals in heavy crude oils and solid bitumens–implications for petroleum exploration. In: Meyer R F. Exploration for Heavy Crude Oil and Natural Bitumens American Association of Petroleum Geologists Studies in Geology, 25: 207–219.

Curiale J A, 2002. A review of the occurrences and causes of migration – contamination in crude oil. Organic Geochemistry, 33: 1389–1400.

Curiale J A, 2008. Oil–source rock correlations–limitations and recommendations. Organic Geochemistry, 39: 1150–1161.

Curiale J A, Cameron D, Davis D V, 1985. Biological marker distribution and significance in oils and rocks of the Monterey Formation, California. Geochimica et Cosmochimica Acta, 49: 271–288.

Dahl B, Bojesen–Koefoed J, Holm A, et al. , 2004. A new approach to interpreting Rock–Eval S2 and TOC data for kerogen quality assessment. Organic Geochemistry, 35: 1461–1477.

Dahl J E, Moldowan J M, Peters K E, et al. , 1999. Diamondoid hydrocarbons as indicators of natural oil cracking. Nature, 399: 54–57.

Dake L P, 1978. Fundamentals of Reservoir Engineering. Elsevier, Amsterdam.

Dallegge T A, Barker C E, 2000. Coal–bed methane gas–in–place resource estimates using sorption isotherms and burial history reconstruction: an example from the Ferron Sandstone Member of the Mancos Shale, Utah. In: Kirschbaum, M. A. , Roberts, L. N. R. , Biewick, L. R. H. (Eds.), Geologic Assessment of Coal in the Colorado Plateau: Arizona, Colorado, New Mexico, and Utah United States Geological Survey Professional Paper 1625–B, Chapter L: 26.

Daly A R, Edman J D, 1987. Loss of organic carbon from source rocks during thermal maturation. American Association of Petroleum Geologists Bulletin, 71: 546.

De Beukelaer S M, MacDonald I R, Guinnasso Jr, et al. , 2003. Distinct side–scan sonar, RADARSAT SAR, and acoustic profiler signatures of gas and oil seeps on the Gulf of Mexico slope. Geo–Marine Letters, 23: 177–186.

de Leeuw J W, Sinninghe Damste J S, 1990. Organic sulphur compounds and other biomarkers as indicators ofpalaeosalinity. In: Orr W L, White C M. Geochemistry of Sulfur in Fossil FuelsAmerican Chemical Society Symposium Series, 429: 417–443.

del Rio J C, Philp R P, 1992. High – molecular – weight hydrocarbons: a new frontier in organic geochemistry. Trends in Analytical Chemistry, 11: 187–193.

Demaison G, Huizinga B J, 1991. Genetic classification of petroleum systems. American Association of Petroleum Geologists Bulletin, 75: 1626–1643.

Demaison G J, Hoick A J J, Jones R W, et al. , 1983. Predictive source bed stratigraphy; a guide to regional petroleum occurrence. In: Proceedings of the 11th World Petroleum Congress, vol. 2, John Wiley & Sons, Ltd. , London.

Demaison G J, Moore G T, 1980. Anoxic environments and oil source bed genesis. American Association of Petroleum Geologists Bulletin, 64: 1179–1209.

Dembicki Jr, H, 1986. C_{5+} hydrocarbon mud logging by thermal extraction. Society of Petroleum Engineers

Formation Evaluation, 1: 331-334.

Dembicki Jr, H, 1993. Improved determination of source quality and kerogen type by combining Rock Eval and pyrolysis-gas chromatography results. American Association of Petroleum Geologists 1993 Annual Convention Program 90.

Dembicki Jr, H, 2009. Three common source rock evaluation errors made by geologists during prospect or play appraisals. American Association of Petroleum Geologists Bulletin, 93: 341-356.

Dembicki Jr H, 2010. Recognizing and compensating for interference from the sediment's background organic matter and biodegradation during interpretation of biomarker data from seafloor hydrocarbon seeps: an examplefrom the Marco Polo area seeps, Gulf of Mexico, USA. Marine and Petroleum Geology, 27: 1936-1951.

Dembicki Jr H, 2013. Shale Gas Geochemistry Mythbusting. American Association of Petroleum Geologists Search and Discovery. Article #80294.

Dembicki Jr H, 2013. Shale Gas Geochemistry Mythbusting. Oral Presentation at the American Association of Petroleum Geologists 2013 Annual Convention and Exhibition, May 19-22, 2013. American Association of Petroleum Geologists Search and Discovery Article # 80294, Pittsburgh, PA. http://www.searchanddiscovery.com/pdfz/documents/2013/80294dembicki/ndx_dembicki. pdf. html.

Dembicki Jr H, 2013a. Analysis and interpretation of biomarkers from seafloor hydrocarbon seeps. In: Aminzadeh F, Berge T B, Connolly D L. Hydrocarbon Seepage: From Source to Surface, Society of Exploration Geophysicists Geophysical Developments Series No. 16, Chapter 9: 155-160.

Dembicki Jr H, 2013b. Interpreting geochemical data from seafloor hydrocarbons seeps: you can't always get what you want. In: Proceeding of the Offshore Technology Conference Paper 24237.

Dembicki Jr H, 2014. Challenges to Black Oil Production from Shales. American Association of Petroleum Geologists Search and Discovery. Article # 80355.

Dembicki Jr H, 2014. Confirming the presence of a working petroleum system in the eastern Black Sea Basin, offshore Georgia using SAR imaging, sea surface slick sampling, and geophysical seafloor characterization. American Association of Petroleum Geologists Search and Discovery Article #10610.

Dembicki Jr H, Anderson M J, 1989. Secondary migration of oil: experiments supporting efficient movement of separate, buoyant oil phase along limited conduits. American Association of Petroleum Geologists Bulletin, 73: 1018-1021.

Dembicki Jr H, Horsfield B, Ho T T Y, 1983. Source rock evaluation by pyrolysis-gas chromatography. American Association of Petroleum Geologists Bulletin, 67: 1094-1103.

Dembicki Jr H, Madren J D, 2014. Lessons learned from the Floyd shale play. Journal of Unconventional Oil and Gas Resources, 7: 1-10.

Dembicki Jr H, Pirkle F L, 1985. Regional source rock mapping using a source potential rating index. American Association of Petroleum Geologists Bulletin, 69: 567-581.

Dembicki Jr H, Samuel B M, 2007. Identification, characterization, and ground-truthing of deepwater thermogenic hydrocarbon macro-seepage utilizing high-resolution AUV geophysical data. In: Proceeding of the Offshore Technology Conference Paper 18556.

Dembicki Jr H, Samuel B M, 2008. Improving the detection and analysis of seafloor macro-seeps: an example from the Marco Polo field, Gulf of Mexico, USA. In: International Petroleum Technology Conference Proceedings Paper 12124.

Dembicki H, 2014. Challenges to black oil production from shales. In: Oral Presentation at the American

Association of Petroleum Geologists Geoscience Technology Workshop, Hydrocarbon Charge Considerations in Liquid-Rich Unconventional Petroleum Systems, November 5, 2013. American Association of Petroleum Geologists Search and Discovery, Vancouver, BC, Canada. Article #80355 (2014) http://www.searchanddiscovery.com/docume.

Derenne S, Largeau C, Casadevall E, et al., 1988. Comparison of torbanites of various origins and evolutionary stages. Bacterial contribution to their formation. Causes of the lack of botryococcane in bitumens. Organic Geochemistry, 12: 43-59.

Deroo G, 1976. Correlations between crude oil and source rocks on the scale of sedimentary basins: research Centre Pau Societe Nationale des Petrole d' Aquitaine. Bulletin, 10: 317-335.

Dessort D, Poirier Y, Sermondadez G, et al., 2003. Methane generation during biodegradation of crude oil. In: Abstracts of the 21st International Meeting on Organic Geochemistry. Krakow, Poland, September.

Didyk B M, Simoneit B R T, Brassell S C, et al., 1978. Organic geochemical indicators of palaeoenvironmental conditions of sedimentation. Nature, 272: 216-222.

Dieckmann V, Horsfield B, Schenk H J, 2000. Heating rate dependency of petroleum-forming reactions: implications for compositional kinetic predictions. Organic Geochemistry, 31: 1333-1348.

Donnez P, 2012. Essentials of Reservoir Engineering, vol. 2. Editions Technip, Paris.

Doust H, 2010. The exploration play: what do we mean by it? American Association of Petroleum Geologists Bulletin, 94: 1657-1672.

Dow W, 1977. Kerogen studies and geological interpretations. Journal of Geochemical Exploration, 7: 79-99.

Dow W G, 1974. Application of oil correlation and source rock data to exploration in Williston basin. AAPG Bulletin, 58 (7), 1253-1262.

Dow W G, 1978. Petroleum source beds on continental slopes and rises. American Association of Petroleum Geologists Bulletin, 62: 1584-1606.

Dow W G, 2014. Musings on the history of petroleum geochemistry-from My Perch. In: Oral Presentation at the American Association of Petroleum Geologists Annual Convention and Exhibition, Houston, Texas, April 6-9, 2014. American Association of Petroleum Geologists Search and Discovery. Article #80375 (2014) http://www.searchanddiscovery.com/documen ts/2014/80375dow/ndx_dow.pdf.

Dow W G, Talukdar S C, 1991. Petroleum geochemistry in oil production. Houston Geological Society Bulletin, 33: 44-52.

Dralus D, Peters K E, Lewan M D, et al., 2011. Kinetics of the opal-CT to quartz phase transition control diagenetic traps in Siliceous Shale source Rock from the San Joaquin Basin and Hokkaido. American Association of Petroleum Geologists Search and Discovery 25 Article #40771.

Durand B, 2003. A history of organic geochemistry. Oil & Gas Science and Technology-Revue IFP 58, 203-231.

Durand B, Espitalié J, 1973. Evolution de la matie're organique au cours de l'enfouissement des sediments. Compte rendus de l' Academie des Sciences (Paris), 276: 2253-2256.

Durand B, Monin J C, 1980. Elemental analysis of kerogens (C, H, O, N, S, Fe). In: Durand, B. (Ed.), Kerogen. Editions Technip, Paris: 113-142.

Durand B, Nicaise G, 1980. Procedures for kerogen isolation. In: Durand B. Kerogen. Editions Technip, Paris: 35-53.

Durham L S, 2012. Shale list grows. American Association of Petroleum Geologists Explorer, 33 (7): 12, 14, 16.

Edman J D, Burk M K, 1999. Geochemistry in an integrated study of reservoir compartmentalization at Ewing Bank 873, offshore Gulf of Mexico. Society of Petroleum Engineers Reservoir Evaluation & Engineering, 2: 520-526.

Eglinton G, 1969. Organic geochemistry: the organic chemist's approach. In: Eglinton, G., Murphy, M. T. J. (Eds.), Organic Geochemistry. Springer-Verlag, New York.

Eglinton G, Calvin M, 1967. Chemical fossils. Scientific American, 216: 32-43.

Ekweozor C M, Udo T O, 1988. The oleananes: origin, maturation and limits of occurrence in southern Nigeria's sedimentary basins. Organic Geochemistry, 13: 131-140.

England W A, 1994. Secondary migration and accumulation of hydrocarbons. In: Magoon L B, Dow W G. American Association of Petroleum Geologists Memoir 60: The Petroleum System-From Source to Trap.

England W A, Mackenzie A S, Mann D M, et al., 1987. The movement and entrapment of petroleum fluids in the subsurface. Journal of the Geological Society, London, 144: 327-347.

England W A, Mann A L, Mann D M, 1991. Migration from source to trap. In: American Association of Petroleum Geologists Treatise of Petroleum Geology: Source and Migration Processes and Evaluation Techniques: 23-46.

Epstein A G, Epstein J B, Harris L D, 1977. Conodont color alteration; an index to organic metamorphism. United States Geological Survey Professional Paper, 995: 27.

Erdman J G, 1965. Petroleum - its origin in the earth. In: Young A, Galley J E. Fluids in Subsurface Environments, vol. 4. American Association of Petroleum Geologists Memoir: 20-52.

Erdman J G, Morris D A, 1974. Geochemical correlation of petroleum. American Association of Petroleum Geologists Bulletin, 58: 2326-2337.

Espitalie J, 1986. Use of Tmax as a maturation index for different types of organic matter: comparison with vitrinite reflectance. In: Burrus J. Thermal Modeling in Sedimentary Basins. Proceedings of Meeting: 1st IFP Exploration Research Conference, Carcans, France, June 3-7, 1985, vol. 44. Editions Technip, Paris: 475-496.

Espitalie J, Deroo G, Marquis F, 1985. La pyrolyse Rock-Eval et ses applications. Deuxième partie. Oil & Gas Science and Technology. l'Institut Francais du Petrole Energies nouvelles, 40: 755-784.

Espitalie J, Deroo G, Marquis F, 1986. La pyrolyse Rock-Eval et ses applications. Troisième partie. Oil & Gas Science and Technology. l'Institut Francais du Petrole Energies nouvelles, 41: 73-89.

Espitalie J, Laporte J L, Madec M, et al., 1977a. Methode rapide de caracterisation des roches meres de leur potentiel petrolier et de leur degre d'evolution. Revue Institut Francais Petrole, 32: 23-42.

Espitalie J, Madec M, Tissot B, 1980. Role of mineral matrix in kerogen pyrolysis: influence on petroleum generation and migration. American Association of Petroleum Geologists Bulletin, 64: 59-66.

Espitalie J, Madec M, Tissot B, et al., 1977b. Source rock characterization method for petroleum exploration. In: Proceedings of the 9th Annual Offshore Technology Conference, 3: 439-448.

Espitalié J, Marquis F, Barsony I, 1984. Geochemical logging. In: Voorhees, K. J. (Ed.), Analytical Pyrolysis -Techniques and Applications. Butterworth, Boston: 276-304.

Esposito K J, Whitney G, 1995. Thermal effects of thin igneous intrusions on diagenetic reactions in a tertiary basin of southwestern Washington. United States Geological Survey Bulletin 2085-C 48.

Faber E, 1987. Zur Isotopengeochemie gasformiger Kohlenwasserstoffe. Erdol, Erdgas & Kohle, 103: 210-218.

Falvey D A, Middleton M F, 1981. Passive continental margins: evidence for a prebreakup deep crustal metamorphic subsidence mechanism. In: Oceanologica Acta, Proceedings of 26th IUGG SP.

Fan Y, Llave F M, 1996. Chemical Removal of Formation Damage from Paraffin Deposition Part Ⅰ-Solubility and Dissolution Rate. SPE Paper 31128.

Fang J, 1991. Isotopic evidence for petroleum-derived carbonates in the Gulf of Mexico. Gulf Coast Association of Geological Societies Transactions, 41: 276-282.

Fertl W H, Chilingar G V, 1988. Total organic carbon content determined from well logs. Society of Petroleum Engineers Formation Evaluation, 3: 407–419.

Fertl W H, Rieke H H, 1980. Gama-ray spectral evaluation techniques identify fractured shale reservoirs and source-rock characteristics. Journal of Petroleum Technology, 31: 2053–2062.

Fertl W H, Wichmann P A, 1977. How to determine static BHT from well log data. World Oil, 184: 105–106.

Field C B, Behrenfeld M J, Randerson J T, et al., 1998. Primary production of the biosphere: integrating terrestrial and oceanic components. Science, 281: 237–240.

Fowler M G, Brooks P W, 1990. Organic geochemistry as an aid in the interpretation of the history of oil migration into different reservoirs at the Hibernia K-18 and Ben Nevis I-45 wells, Jeanne d'Arc Basin, offshore eastern Canada. Organic Geochemistry, 16: 461–475.

Fowler M G, Douglas A G, 1987. Saturated hydrocarbon biomarkers in oils of late Precambrian age from eastern Siberia. Organic Geochemistry, 11: 201–213.

Fox R J, Bowman M B J, 2010. The challenges and impact of compartmentalization in reservoir appraisal and development. In: Reservoir Compartmentalization, vol. 347. Geological Society of London Special Publication: 9–23.

Freyss H, Guieze P, Varotsis N, et al., 1989. PVT analysis for oil reservoirs. Oilfield Review, 37 (1): 4–15.

Fuloria R C, 1967. Source rocks and criteria for their recognition. American Association of Petroleum Geologists Bulletin, 51: 842–848.

Gagosian R B, 1983. Processes controlling the distribution of biogenic compounds in recent sediments. In: Meinschein W G. Organic Geochemistry of Contemporaneous and Ancient Sediments: Short Course Notes. Society of Economic Paleontologists and Mineralogists, Great Lakes Section.

Gagosian R B, Peltzer E T, 1986. The importance of atmospheric input of terrestrial organic matter to deep sea sediments. Organic Geochemistry, 19: 661–669.

Gallagher A V, 1984. Iodine: a pathfinder for petroleum deposits. In: Davidson M J, Gottlieb B M. Unconventional Methods in Exploration for Petroleum and Natural Gas, vol. Ⅲ. Southern Methodist University, Dallas, Texas: 148–159.

Garcia-Pineda O, MacDonald I, Silva M, et al., 2016. Transience and persistence of natural hydrocarbon seepage in Mississippi Canyon, Gulf of Mexico. Deep Sea Research Part II: Topical Studies in Oceanography. http: //dx. doi. org/10. 10 16/j. dsr2. 2015. 05. 011i.

Gear C W, 1971. Numerical Initial Value Problems in Ordinary Differential Equations. Prentice-Hall, Englewood Cliffs, New Jersey.

Gensterblum Y, Merkel A, Busch A, et al., 2014. Gas saturation and CO_2 enhancement potential of coalbed methane reservoirs as a function of depth. American Association of Petroleum Geologists Bulletin, 98: 395–420.

Gentzis T, Goodarzi F, 1990. A review of the use of bitumen reflectance in hydrocarbon exploration with examples from Melville Island, Arctic Canada. In: Nuccio V F, Barker C E. Applications of Thermal Maturity Studies to Energy Exploration. Rocky Mountain Section Society of Economic Paleotologists and Mineralogists: 23–36.

Geyer R A, Sweet Jr W M, 1973. Natural hydrocarbon seepage in the Gulf of Mexico. Gulf Coast Association of Geological Societies Transactions, 23: 158–169.

Giraud A, 1970. Application of pyrolysis and gas chromatography to geochemical characterization of kerogen in sedimentary rocks. American Association of Petroleum Geologists Bulletin, 54: 439–451.

Glasby G P, 2006. Abiogenic origin of hydrocarbons: an historical overview. Resource Geology, 56: 85–98.

Gloczynski T S, Kempton E C, March 2006. Understanding wax problems leads to deepwater flow assurance solutions. World Oil: 7-10.

Grabowski A, Nercessian O, Fayolle F, et al., 2005. Microbial diversity in production waters of a low-temperature biodegraded oil reservoir. FEMS Microbiology Ecology, 54: 427-443.

Gransch J A, Posthuma J, 1974. On the origin of sulphur in crudes. In: Tissot, B., Bienner, F. (Eds.), Advances in Organic Geochemistry 1973. Editions Technip, Paris: 727-739.

Grant S, Milton N, Thompson M, 1996. Play fairway analysis and risk mapping: an example using the Middle Jurassic Brent Group in the northern North Sea. In: Dore A G, Sinding-Larsen/R. Quantification and Prediction of Petroleum Resources. vol. 6. Norwegian Petroleum Society Special Publication: 167-181.

Grantham P J, Posthuma J, DeGroot K, 1980. Variation and significance of the C27 and C28 triterpane content of a North Sea core and various North Sea crude oils. In: Douglas A G, Maxwell J R. Advances in Organic Geochemistry 1979. Pergamon, Oxford.

Graves W, 1986. Bit-generated rock textures and their effect on evaluation of lithology, porosity, and shows in drill-cutting samples. American Association of Petroleum Geologists Bulletin, 70: 1129-1135.

Gretener P E, 1981. Geothermics, Using Temperature in Hydrocarbon Exploration. American Association of Petroleum Geologists Education Course Note Series, 17: 156.

Guidry F K, Luffel D L, Curtis J B, 1995. Development of Laboratory and Petrophysical Techniques for Evaluating Shale Reservoirs (Final Report) GRI-95/0496. Gas Research Institute: 304.

Guseva A N, Fayngersh L A, 1973. Conditions of accumulation of nitrogen in natural gases as illustrated by the Central European and Chu-Sarysu oil-gas basins. Doklady Akademii Nauk SSSR, 209: 210-212.

Gutjahr C C M, 1966. Carbonization measurements of pollen-grains and spores and their application. Leidse Geologische Mededelingen, 38: 1-29.

Hackley P C, Araujo C V, Borrego A G, et al., 2015. Standardization of reflectance measurements in dispersed organic matter: results of an exercise to improve interlaboratory agreement. Marine and Petroleum Geology, 59: 22-34.

Hagemann H, Hollerbach A, 1981. Spectral fluorometric analysis of extracts a new method for the determination of the degree of maturity of organic matter in sedimentary rocks. Bulletin Des Centres De Recherchese Exploration-Production Elf-Aquitaine, 5 (2): 635-650.

Han G, Osmond J, Zambonini M, 2010. A USD 100 million "rock": bitumen in the deepwater Gulf of Mexico. Society of Petroleum Engineers Drilling & Completion, 25: 290-299.

Hantschel T, Kauerauf A I, 2009. Fundamentals of Basin and Petroleum Systems Modeling. Springer, Heidelberg, Germany.

Harbert W, Jones V T, Izzo J, et al., 2006. Analysis of light hydrocarbons in soil gases, Lost River region, West Virginia: relation to stratigraphy and geological structures. American Association of Petroleum Geologists Bulletin, 90: 715-734.

Harris A G, Harris L D, Epstein J B, 1978. Oil and gas data from Paleozoic rocks in the Appalachian basin; maps for assessing hydrocarbon potential and thermal maturity (conodont color alteration isograds and overburden isopachs). U.S. Geological Survey Miscellaneous Investigations Series Map Ⅰ-917-E, 4 sheets, scale 1:2500000.

Harwood R J, 1977. Oil and gas generation by laboratory pyrolysis of kerogen. American Association of Petroleum Geologists Bulletin, 61: 2082-2102.

Haworth J H, Sellens M, Whittaker A, 1985. Interpretation of hydrocarbon shows using light C_1-C_5 hydrocarbon gases from mud-log data. American Association of Petroleum Geologists Bulletin. 69: 1305-1310.

Head I M, Jones D M, Larter S R, 2003. Biological activity in the deep subsurface and the origin of heavy oil. Nature, 426: 344-352.

Heilbron M, Mohriak W U, Valeriano C M, et al., 2000. From collision to extension: the roots of the southeastern continental margin of Brazil. In: Mohriak W, Talwani M. Atlantic Rifts and Continental Margins. American Geophysical Union Geophysical Monograph Series, vol. 115. John Wiley & Sons, Ltd., New York.

Hellwig D, April 2011. Using chemical sampling to decide where to drill. Digital Energy Journal, (30): 1-12.

Herron S L, 1991. Situ evaluation of potential source rocks by wireline logs: Chapter 13, Source and Migration Processes and Techniques for Evaluation. In: Merrill R K. Treatise of Petroleum Geology, Handbook of Petroleum Geology. American Association of Petroleum Geologists: 127-134.

Hewitt A T, Smith J L, Weiland R J, 2008. AUV and ROV data integration to predict environmentally sensitive biological communities in deep-water. In: Offshore Technology Conference Proceedings Paper 19358.

Heydari E, 1997. The role of burial diagenesis in hydrocarbon destruction and H_2S accumulation, Upper Jurassic Smackover Formation, Black Creek field, Mississippi. American Association of Petroleum Geologists Bulletin, 81: 26-45.

Hicks Jr, P J, Fraticelli C M, Shosa J D, et al., 2012. Identifying and quantifying significant uncertainties in basin modeling. In: Peters K E, Curry D J, Kacewicz M. Basin Modeling: New Horizons in Research and Applications, American Association of Petroleum Geologists Hedberg Series, 4: 207-219.

Hindle A, 1997. Petroleum migration pathways and charge concentration: a three dimensional model. American Association of Petroleum Geologists Bulletin, 81: 1451-1481.

Hitchon B, Filby R H, 1984. Use of trace elements for classification of crude oils into families-example from Alberta, Canada. American Association of Petroleum Geologists Bulletin, 68: 838-849.

Hitzman D C, Schumacher D, Clavareau L, 2009. Strategies for surface geochemical surveys in Southeast Asia: best practice designs and recent case studies. In: Proceedings of the 33rd Annual Convention of the Indonesian Petroleum Association: 395-404.

Hoffmann G G, Steinfatt I, 1993. Thermochemical sulfate reduction at steam flooding processes - a chemicalapproach. American Chemical Society Petroleum Chemistry Division Preprint, 38: 181-184.

Holysh S, Tóth J, 1996. Flow of formation waters: likely cause of poor definition of soil gas anomalies over oil fields in east-central Alberta. In: Schumacher D, Abrams M A. Hydrocarbon Migration and its Near-surface Expression, American Association Petroleum Geologists Memoir, 66: 255-277.

Hood A, Gutjahr C C M, Heacock R L, 1975. Organic metamorphism and the generation of petroleum. American Association of Petroleum Geologists Bulletin, 59: 986-996.

Hood K C, Wenger L M, Gross O P, et al., 2002. Hydrocarbon systems analysis of the northern Gulf of Mexico: delineating of hydrocarbon migration pathways using seeps and seismic imaging. In: Schumacher D, LeSchack L A. Surface Exploration Case Histories: Applications of Geochemistry, Magnetics, and Remote Sensing, American Association of Petroleum Geologists Studies in Geology, 48: 25-40.

Horner D R, 1951. Pressure build-up in wells. In: Proceedings of the Third World Petroleum Congress, Lieden, The Netherlands, Sec. Ⅱ: 503-521.

Horsfield B, 1989. Practical criteria for classifying kerogens: some observations from pyrolysis - gas chromatography. Geochimica et Cosmochimica Acta, 53: 891-901.

Horsfield B, Rullkotter J, 1994. Diagenesis, catagenesis, and metagenesis of organic matter. In: Magoon, L B, Dow W G. The Petroleum System-From Source to Trap, vol. 60. American Association of Petroleum Geologists

Memoir: 189-199.

Horsfield B Yordy K L, Crelling J C, 1988. Determining the petroleum-generating potential of coal using organic geochemistry and organic petrology. Organic Geochemistry, 13: 121-129.

Horvitz L, 1939. On geochemical prospecting. Geophysics, 4: 210-228.

Horvitz L, 1969. Hydrocarbon prospecting after thirty years. In: Heroy W B. Unconventional Methods in Exploration for Petroleum and Natural Gas. Southern Methodist University Press, Dallas: 205-218.

Houseknecht D W, Weesner C M B, 1997. Rotational reflectance of dispersed vitrinite from the Arkoma basin. Organic Geochemistry, 26: 191-206.

Huang W Y, Meinschein W G, 1976. Sterols as source indicators of organic materials in sediment. Geochimica et Cosmochimica Acta, 40: 323-330.

Huang W Y, Meinschein W G, 1979. Sterols as ecological indicators. Geochimica et Cosmochimica Acta, 43: 739-745.

Hughes W B, 1984. Use of thiophenic organosulfur compounds in characterizing crude oils derived from carbonate versus siliciclastic sources. In: American Association of Petroleum Geologists Studies in Geology 18: Petroleum Geochemistry and Source Rock Potential of Carbonate Rocks: 181-196.

Hughes W B, Dzou L I P, 1995. Reservoir overprinting of crude oils. Organic Geochemistry, 23: 905-914.

Hunt J, 1991. Generation of gas and oil from coal and other terrestrial organic matter. Organic Geochemistry, 17: 673-680.

Hunt J M, 1963. Geochemical data on organic matter in sediments. In: Bese V. Vortrage der 3. Int. wiss. Konferenz fur Geochemie, Mikrobioloie, und Erdolchemie, Budeapest, 1: 394-412.

Hunt J M, 1979. Petroleum Geochemistry and Geology. W H Freeman, New York.

Hunt J M, 1990. Generation and migration of petroleum from abnormally pressured fluid compartments. American Association of Petroleum Geologists Bulletin, 74: 1-12.

Hunt J M, 1996. Petroleum Geochemistry and Geology, second ed. W H Freeman, New York.

Hunt J M, Meinert R, 1958. Petroleum prospecting: U S Patent 2854396.

Hunt J M, Philp R P, Kvenvolden K A, 2002. Early developments in petroleum geochemistry. Organic Geochemistry, 33: 1025-1052.

Huston M A, Wolverton S, 2009. The global distribution of net primary production: resolving the paradox. Ecological Monographs, 79: 343-377.

Hwang R J, Baskin D K, Teerman S C, 2000. Allocation of commingled pipeline oils to field production. Organic Geochemistry, 31: 1463-1474.

Ibach L E J, 1982. Relationship between sedimentation rate and total organic carbon content in ancient marine sediments. American Association of Petroleum Geologists Bulletin, 66:170-188.

Ikari M J, Saffer D M, Marone C, 2009. Frictional and hydrological properties of clay-rich fault gouge. Journal of Geophysical Research 114. B05409, 18 p. http: //dx. doi. org/10. 1029/200 8JB006089.

International Tanker Owners Pollution Federation, 2011. Fate of Marine Oil Spills. Technical Information Paper 2. 12 p. http: //www. itopf. com/fileadmin/data/Documents/TIPS%20TAPS/.

Iverson W P, 1987. Microbial corrosion of metals. Advances in Applied Microbiology, 32: 1-36.

Jacob H, 1985. Disperse solid bitumen as an indicator for migration and maturity in prospecting for oil and gas. Erdol Kohle, 38: 365-374.

Jacob H, 1989. Classification, structure, genesis and practical importance of natural solid bitumen (migrabitumen). International Journal of Coal Geology, 11: 65-79.

James A T, 1983. Correlation of natural gas by use of carbon isotopic distribution between hydrocarbon components. American Association of Petroleum Geologists Bulletin, 67: 1176-1191.

James A T, Burns B J, 1984. Microbial alteration of subsurface natural gas accumulations. American Association of Petroleum Geologists Bulletin, 68: 957-960.

Jarvie D, Hill R J, Ruble T E, et al., 2007. Unconventional shale-gas systems: the Mississippian Barnett Shale of north-central Texas as one model for thermogenic shale-gas assessment. American Association of Petroleum Geologists Bulletin, 91: 475-499.

Jarvie D, Lundell L L, 2001. Kerogen type and thermal transformation of organic matter in the Miocene Monterey Formation. In: Isaacs C M, Rullkötte J. The Monterey Formation: From Rocks to Molecules. Columbia University Press, New York.

Jarvie D M, 1991. Total organic carbon (TOC) analysis. In: American Association of Petroleum Geologists Treatise of Petroleum Geology: Source and Migration Processes and Evaluation Techniques.

Jarvie D M, Lundell L L, 2001. Amount, type, and kinetics of thermal transformation of organic matter in the Miocene Monterey Formation. In: Isaacs C M, Rullkotter J. The Monterey Formation: From Rocks to Molecules. Columbia University Press, New York: 268-295.

Jarvie D M, Morelos A, Han Z, 2001. Detection of pay zones and pay quality, Gulf of Mexico: application of geochemical techniques. Gulf Coast Association of Geological Societies Transactions, 51: 151-160.

Jeffrey A W, Alimi H M, Jenden P D, 1991. Geochemistry of Los Angeles basin oil and gas systems. In: Biddle K T. Active Margin Basins, Tulsa, OklaAmerican Association of Petroleum Geologists Memoir, 52: 197-219.

Jeffrey D A, Zarella W M, 1970. Geochemical prospecting at sea. American Association Petroleum Geologists Bulletin, 54: 853-854.

Jones A T, Logan G A, Kennard J M, et al., 2005. Reassessing potential origins of synthetic aperture radar (SAR) slicks from the Timor Sea region of the North West Shelf on the basis of field and ancillary data. Australian Petroleum Production & Exploration Association Journal, 45: 311-331.

Jones D M, Head I M, Gray N D, et al., 2008. Crude-oil biodegradation via methanogenesis in subsurface petroleum reservoirs. Nature, 451: 176-181.

Jones D O B, Walls A, Clare M, et al., 2014. Asphalt mounds and associated biota on the Angolan margin. Deep Sea Research Part Ⅰ: Oceanographic Research Papers, 94: 124-136.

Jones R W, Edison T A, 1978. Microscopic observations of kerogen related to geochemical parameters with emphasis on thermal maturation. In: Oltz D F. Low Temperature Metamorphism of Kerogen and Clay Minerals. S. E. P. M. Pacific Section, Los Angeles: 1-12.

Jones V T, Drozd R J, 1983. Predictions of oil or gas potential by near-surface geochemistry. American Association Petroleum Geologists Bulletin, 67: 932-952.

Jones V T, LeBlanc Jr, R J, 2004. Moore-Johnson (Morrow) Field, Greeley County Kansas: a successful integration of surface soil gas geochemistry with subsurface geology and geophysics. American Association Petroleum Geologists Search and Discovery Article #20022.

Jones V T, Matthews M D, Richers D M, 2000. Light hydrocarbons for petroleum and gas prospecting. In: Govett G J S. Handbook of Exploration Geochemistry Geochemical Remote Sensing of the Subsurface, 7: 133-212.

Kanaa T F N, Mercier G, Tonye E, 2005. Sea surface slicks characterization in SAR images. Oceans 2005-Europe 1: 686-691.

Kann J, Raukas A, Siirde A, 2013. About the gasification of kukersite oil shale. Oil Shale, 30: 283-293.

Karweil J, 1955. Die Metamorphose der Kohlen vom Standpunkt der physikalischen Chemie. Zeitschrift der

Deutschen Geologischen Gesellschaft, 107: 132-139.

Karweil J, 1969. Aktuellc Probleme der Geochemie der Kohle. In: Schenk P A, Havenaar I. Advances in Organic Geochemistry 1968. Pergamon Press, Oxford: 59-84.

Katz B J, 1990. Controls on distribution of lacustrine source rocks through time and space. In: Katz B J. Lacustrine Basin Exploration: Case Studies and Modern Analogs, vol. 50. American Association of Petroleum Geologists Memoir: 61-75.

Katz B J, Breaux T M, Colling E L, et al., 1993. Implications of stratigraphic variability of source rocks. In: Katz B J, Pratt L M. Source Rocks in a Sequence Stratigraphic Framework American Association of Petroleum Geologists Studies in Geology, 37: 5-16.

Katz B J, Elrod L W. 1983. Organic geochemistry of DSDP Site 467, offshore California, Middle Miocene to Lower Pliocene strata: Geochimica et Cosmochimica Acta, 47: 389-396.

Katz B J, Pheifer R N, Schunk D J, 1988. Interpretation of discontinuous vitrinite reflectance profiles. American Association of Petroleum Geologists Bulletin, 72: 926-931.

Kaufman R L, Ahmed A S, Elsinger R J, 1990. Gas Chromatography as a development and production tool for fingerprinting oils from individual reservoirs: applications in the Gulf of Mexico. In: Schumaker D, Perkins B F. Proceedings of the 9th Annual Research Conference of the Society of Economic Paleontologists and Mineralogists, New Orleans, October 1: 263-282.

Kelts K, 1988. Environments of deposition of lacustrine petroleum source rocks-an introduction. In: Fleet A J, Kelts K, Talbot M R. Lacustrine Petroleum Source Rocks. Geological Society of London Special Publication, 40: 3-26.

Kim A G, 1973. The Composition of Coalbed Gas. United States Bureau of Mines Report of Investigations 7762.

Kim A G, 1977. Estimating Methane Content of Bituminous Coalbeds from Adsorption Data. United States Bureau of Mines Report of Investigations 8245.

Klusman R W, 1993. Soil Gas and Related Methods for Natural Resource Exploration. John Wiley & Sons, Chichester, England.

Klusman R W, Saeed M A, 1996. Comparison of light hydrocarbon microseepage mechanisms. In: Schumacher D, Abrams M A. Hydrocarbon Migration and its Near-surface Expression: American Association Petroleum Geologists Memoir, 66: 157-168.

Klusman R W, Voorhees K J, 1983. A new development in petroleum exploration technology. Colorado School of Mines Magazine, 73 (3): 6-10.

Klusman R W, Webster J D, 1981. Meteorological noise in crustal gas emission and relevance to geochemical exploration. Journal of Geochemical Exploration, 15: 63-76.

Kosters E C, VanderZwaan G J, Jorissen F J, 2000. Production, preservation and prediction of source-rock facies in deltaic settings. International Journal of Coal Geology, 43: 13-26.

Kowalewski I, Fiedler C, Parra T, et al., 2008. Preliminary results on the formation of organosulfur compounds in sulfate-rich petroleum reservoirs submitted to steam injection. Organic Geochemistry, 39: 1130-1136.

Kudryavtsev N A, 1951. Petroleum economy. Neftianoye Khozyaistvo, 9: 17-29.

Kuhn P P, di Primio R, Hill R, et al., 2012. Three-dimensional modeling study of the low-permeability petroleum system of the Bakken formation. American Association of Petroleum Geologists Bulletin, 96 (10): 1867-1897.

Kuncheva L I, Charles J J, Miles N, et al., 2008. Automated kerogen classification in microscope images of dispersed kerogen preparation. Mathematical Geosciences, 40: 639-652.

Kuuskraa V A, Brandenberg C F, 1989. Coalbed methane sparks a new energy industry. Oil and Gas Journal, 87 (41): 49–56.

Kvenvolden K A, 2002. History of the recognition of organic geochemistry in geoscience. Organic Geochemistry, 33: 517–521.

Kvenvolden K A, 2006. Organic geochemistry—A retrospective of its first 70 years. Organic Geochemistry, 37: 1 –11.

Kvenvolden K A, Barnard L A, 1982. Hydrates of natural gas in continental margins: environmental processes: model investigations of margin environmental and tectonic processes. In: Watkins J D, Drake C L. American Association of Petroleum Geologists Memoir 34, Studies in Continental Margin Geology: 631–640.

Lafargue E, Barker C, 1988. Effect of water washing on crude oil compositions. American Association of Petroleum Geologists Bulletin, 72: 263–276.

Lainda N, 2012. Basic formation evaluation of shale gas play. In: Presentation for the American Association of Petroleum Geologist, Universitas Gadjah Mada Student Chapter, 32 p. https://ugmsc.files.wordpress.com/2010/08/presentation–to–ugm.pdf.

Landa S, Machacek V, Mzourek M, et al. 1933. "Title unknown", Chimica e lIndustria Special Publication. In: (Abstracts of the 12th Conference of Industrial Chemistry, Prague, Sept. 1932), vol. 506, p. 5949 Reprinted in Chemical Abstracts.

Lander R H, Walderhaug O, 1999. Predicting porosity through simulating sandstone compaction and quartz cementation. American Association of Petroleum Geologists Bulletin, 83: 433–449.

Landis C R, Castaño J R, 1995. Maturation and bulk chemical properties of a suite of solid hydrocarbons. Organic Geochemistry, 22: 137–149.

Lang W H, 1994. The determination of thermal maturity in potential source rocks using interval transit time/interval velocity. The Log Analyst, 35: 47–59.

Larter S, Huang H, Adams J, et al. 2006. The controls on the composition of biodegraded oils in the deep subsurface: Part Ⅱ–geological controls on subsurface biodegradation fluxes and constraints on reservoir–fluid property prediction. American Association of Petroleum Geologists Bulletin, 90: 921–938.

Larter S R, 1989. Chemical models of vitrinite reflectance evolution. Geologische Rundschau, 78: 349–359.

Larter S R, Douglas A G, 1980. A pyrolysis–gas chromatographic method for kerogen typing. In: Douglas A G, Maxwell J R. Advances in Organic Geochemistry, 1979. Pergamon Press, New York: 579–584.

Lash G G, Lash E P, 2014. Early History of the Natural Gas Industry, Fredonia. American Association of Petroleum Geologists Search and Discovery, New York. Article #70000.

Laubach S E, Marrett R A, Olson J E, et al., 1998. Characteristics and origins of coal cleat: A review. International Journal of Coal Geology, 35: 175–207.

Law B E, Nuccio V F, Barker C E, 1989. Kinky vitrinite reflectance well profiles: evidence of paleopore pressure in low–permeability, gas–bearing sequences in Rocky Mountain foreland basins. American Association of Petroleum Geologists Bulletin, 73: 999–1010.

Le Tran K J, 1972. Geochemical study of hydrogen sulfide adsorbed in sediments. In: von Gaertner H R, Wehner H. Advances in Organic Geochemistry 1971. Pergamon Press, Oxford: 717–726.

Leaver J S, Thomasson M R, 2002. Case studies relating soil–iodine geochemistry to subsequent drilling results. In: Schumacher D, LeSchack L A. Surface Exploration Case Histories: Applications of Geochemistry, Magnetics, and Remote Sensing, American Association Petroleum Geologists Studies in Geology No. 48 and SEG Geophysical References Series, 11: 41–57.

Lehne E, Dieckmann V, 2007. Bulk kinetic parameters and structural moieties of asphaltenes and kerogens from a sulphur-rich source rock sequence and related petroleums. Organic Geochemistry 38. 1657-1679.

Lennon M, Babichenko S, Thomas N, et al. , 2006. Detection and mapping of oil slicks in the sea by combined use of hyperspectral imagery and laser - induced fluorescence. European Association of Remote Sensing Laboratories eProceedings, 5: 120-128.

Lennon M, Thomas N, Mariette V, et al. , 2005. Oil slick detection and characterization by satellite and airborne sensors: experimental results with SAR, hyperspectral and lidar data. Geoscience and Remote Sensing Symposium Proceedings, 1: 25-29.

Leontaritis K J, 1996. The asphaltene and wax deposition envelopes. Fuel Science and Technology International, 14: 13-39.

Leontaritis K J, 1998. The wax deposition envelope of gas condensates. In: Proceeding of the Offshore Technology Conference, Paper 8776.

Leontaritis K J, Mansoori G A, 1988. Asphaltene deposition: a survey of field experiences and research approaches. Journal of Petroleum Science and Engineering, 1: 229-239.

LeSchack L A, Van Alstine D R, 2002. High-resolution ground-magnetic (HRGM) and radiometric surveys for hydrocarbon exploration: six case histories in Western Canada. In: Schumacher, D. , LeSchack, L. A. (Eds.), Surface Exploration Case Histories: Applications of Geochemistry, Magnetics, and Remote SensingAmerican Association Petroleum Geologists Studies in Geology No. 48 and SEG Geophysical References Series, 11: 67-156.

Lewan M D, Ruble, T E, 2002. Comparison of petroleum generation kinetics by isothermal hydrous and nonisothermal open-system pyrolysis. Organic Geochemistry, 33: 1457-1475.

Leythaeuser D, Hollerbach A, Hagemann H W, 1977. Source rock/crude oil correlation based on distribution of C_{27+-} cyclic hydrocarbons. In: Campos R, Goni, J. Advances in Organic Geochemistry, 1975: Madrid, Enadimsa: 3-20.

Ligtenberg H, 2005. Detection of fluid migration pathways in seismic data: implications for fault seal analysis. Basin Research, 17: 141-153.

Lillis P G, Warden A, Claypool G E, et al. , 2007. Petroleum systems of the San Joaquin basin province - geochemical characteristics of gas types. In: Hosford Scheirer A. Petroleum Systems and Geologic Assessment of Oil and Gas in the San Joaquin Basin Province, California, US Geological Survey Professional Paper 1713 (Chapter 10) .

Lin C, Eriksson K A, Li S, et al. , 2001. Sequence architecture, depositional systems, and controls on development of lacustrine basin fills in part of the Erlian Basin, northeast China. American Association of Petroleum Geologists Bulletin, 85 (11): 2017-2043.

Link W K, 1952. Significance of oil and gas seeps in world oil exploration. American Association of Petroleum Geologists Bulletin, 36: 1505-1540.

Link W K, 1954. Robot geology. American Association of Petroleum Geologists Bulletin, 38: 2411.

Littke R, Horsfield B, Leythaeuser D, 1989. Hydrocarbon distribution in coals and dispersed organic matter of different maceral composition and maturities. Geologische Rundschau, 78: 391-410.

Littke R, Krooss B, Idiz E, et al. , 1995. Molecular nitrogen in natural gas accumulations: generation from sedimentary organic matter at high temperatures. American Association of Petroleum Geologists Bulletin 79: 410-430.

Littke R, Leythaeuser, D, 1993. Migration of oil and gas in coals. In: Law. B E, Rice D D. American Association of Petroleum Geologists Studies in Geology, vol. 38. Hydrocarbons from Coal: 219-236.

Lo H B, 1993. Correction criteria for the suppression of vitrinite reflectance in hydrogen - rich kerogens: preliminary guidelines. Organic Geochemistry, 20: 653-657.

Logan G A, Abrams M A, Dahdah N, et al. , 2009. Examining laboratory methods for evaluating migrated high-molecular- weight hydrocarbons in marine sediments as indicators of subsurface hydrocarbon generation and entrapment. Organic Geochemistry, 40: 365-375.

Lomando A J, 1992. The influence of solid reservoir bitumen on reservoir quality. American Association of Petroleum Geologist Bulletin, 76: 1137-1152.

Lopatin N V, 1971. Temperature and geologic time as factors in coalification. Izvestiya Akademii Nauk. Seriya Khimicheskaya, 3: 95-106.

Lopatin N V, 1983. Formation of Fossil Fuels. Nedra Press, Moscow: 131.

Losh S, Swart D, Dickinson A, 2009. Gas washing pattern and economics in an area of continental shelf, offshore Louisiana. Gulf Coast Association of Geological Societies Transactions, 59: 477-484.

Losh S, Walter L, Meulbroek P, et al. , Whelan, J. , 2002. Reservoir fluids and their migration into the South Eugene Island Block 330 reservoirs, offshore Louisiana. American Association of Petroleum Geologists Bulletin, 86: 1463-1488.

Louis M, 1964. Etudes Geochimiques sur les "Schisters cartons" du Toarcian du Basin de Paris. In: Hosbson G B, Louis M C. Advances in Organic Geochemistry. Pergamon Press, New York: 84-95.

Louis M, Tissot B, 1967. Influence de la température et de la pression sur la formation des hydrocarbures dans les argiles à kérogène. In: 7th World Petroleum Congress, Mexico, 2: 47-60.

MacDonald I R, Bohrmann G, Escobar E, et al. , 2004. Asphalt volcanism and chemosynthetic life in the Campeche Knolls, Gulf of Mexico. Science, 304: 999-1002.

MacDonald I R, Guinasso Jr N L, Ackleson S G, et al. , 1993. Natural oil slicks in the Gulf of Mexico visible from space. Journal of Geophysical Research 98, 16: 351-16, 364.

MacDonald I R, Leifer I, Sassen R, et al. , 2002. Transfer of hydrocarbons from natural seeps to the water column and atmosphere. Geofluids 2.

MacDonald I R, Reilly Jr J F, Best S E, et al. , 1996. Remote sensing inventory of active oil seeps and chemosynthetic communities in the northern Gulf of Mexico. In: Schumacher D, Abrams M A. Hydrocarbon Migration and its Near-surface Expression: American Association Petroleum Geologists Memoir, 66: 27-37.

Machel H G, 1996. Magnetic contrasts as a result of hydrocarbon seepage and migration. In: Schumacher D, Abrams M A. Hydrocarbon Migration and its Near - surface Expression: American Association Petroleum Geologists Memoir, 66: 99-109.

Machel H G, Burton E A, 1991. Causes and spatial distribution of anomalous magnetization in hydrocarbon seepage environments. American Association Petroleum Geologists Bulletin, 75: 1864-1876.

Mackenzie A S, Quigley T M, 1988. Principles of geochemical prospect appraisal. American Association of Petroleum Geologists Bulletin, 72: 399-415.

Magoon L B, Dow W G, 1994a. The petroleum system. In: Magoon L B, Dow W G. The Petroleum System from Source to Trap. American Association of Petroleum Geologists Memoir, 60: 3-24.

Magoon L B, Dow W G, 1994b. The petroleum system-from source to trap. In: Magoon L B, Dow W G. American Association of Petroleum Geologists Memoir, 60: 644.

Mallory W W, 1977. Oil and Gas from Fractured Shale Reservoirs in Colorado and Northwest New Mexico, vol. 1. Rocky Mountain Association of Geologists Special Publication.

Mansoori G A, 2007. Diamondoid molecules. Advances in Chemical Physics, 136: 207-258.

Mansoori G A, 2010. Remediation of asphaltene and other heavy organic deposits in oil wells and in pipelines. State Oil Company of Azerbaijan Republic Proceeding 12-23 Issue 4.

Marchand A P, 2003. Diamondoid hydrocarbons-delving into nature's bounty. Science, 299: 52-53.

Marshall J E A, 1991. Quantitative spore colour. Journal of the Geological Society of London, 148: 223-233.

Massoud M S, Kinghorn R R F, 1985. A new classification for organic components of kerogen. Journal of Petroleum Geology, 8: 85-100.

Matthews M D, 1996. Importance of sampling design and density in target recognition. In: Schumacher D, Abrams M A. Hydrocarbon Migration and its Near-surface Expression, American Association of Petroleum Geologists Memoir, 66: 243-253.

McCaffrey M A, Dahl J E, Sundararaman, P, et al., Schoell, M., 1994. Source rock quality determination from oil biomarkers Ⅱ-A case study using Tertiary-reservoired Beaufort Sea Oils. American Association of Petroleum Geologists Bulletin, 78: 1527-1540.

McCaffrey M A, Ohms D S, Werner M, Stone C L, et al., 2011. Geochemical Allocation of Commingled Oil Production or Commingled Gas Production. Society of Petroleum Engineers Paper 144618.

McCain Jr, W D, 1990. The Properties of Petroleum Fluids, second ed. PennWell, Tulsa, OK.

McKenzie D P, 1978. Some remarks on the development of sedimentary basins. Earth Planetary Science Letters, 40: 25-32.

McKenzie D P, 1981. The variation of temperature with time and hydrocarbon maturation in sedimentary basins formed by extension. Earth and Planetary Science Letters, 55: 87-98.

McKinney D, Flannery M, Elshahawi H, et al., Sharma, S., 2007. Advanced Mud Gas Logging in Combination with Wireline Formation Testing and Geochemical Fingerprinting for an Improved Understanding of Reservoir Architecture. Society of Petroleum Engineers Paper 10986.

McKirdy D M, Cox R E, Volkman J K, et al., 1986. Botryococcane in a new class of Australian non-marine crude oils. Nature, 320: 57-59.

McTavish R A, 1998. Applying wireline logs to estimate source rock maturity. Oil and Gas Journal, 96: 76-79.

Meinzer D K, 1936. Movements of ground water. American Association of Petroleum Geologists Bulletin, 20: 701-725.

Meissner F F, 1978. Petroleum geology of the Bakken formation, Williston Basin, North Dakota and Montana. In: Estelle D, Miller R. The Economic Geology of the Williston Basin, 1978 Williston Basin Symposium. Montana Geological Society: 207-230.

Mello M R, Telnaes N, Gaglianone E C, et al., 1988. Organic geochemical characterisation of depositional palaeoenvironments of source rocks and oils in Brazilian marginal basins. In: Mattavelli L, Novelli L. Advances in Organic Geochemistry 1987. Pergamon Press, Oxford: 31-45.

Meyer B L, Nederlof M H, 1984. Identification of source rocks on wireline logs by density/resistivity and sonic transit time/resistivity crossplots. American Association of Petroleum Geologists Bulletin, 68: 121-129.

Milkov A V, 2010. Methanogenic biodegradation of petroleum in the West Siberian basin (Russia): significance for formation of giant Cenomanian gas pools. American Association of Petroleum Geologists Bulletin, 94: 1485-1541.

Milkov A V, 2011. Worldwide distribution and significance of secondary microbial methane formed during petroleum biodegradation in conventional reservoirs. Organic Geochemistry, 42: 184-207.

Milkov A V, Dzou L, 2007. Geochemical evidence of secondary microbial methane from very slight biodegradation of undersaturated oil in a deep hot reservoir. Geology, 35: 455–458.

Milkov A V, Goebel E, Dzou L, et al., 2007. Compartmentalization and time-lapse geochemical reservoir surveillance of the Horn Mountain oil field, deep-water Gulf of Mexico. American Association of Petroleum Geologists Bulletin, 91: 847–876.

Mille G, Almallah M, Bianchi M, et al., 1991. Effect of salinity on petroleum biodegradation. Fresenius' Journal of Analytical Chemistry, 339: 788–791.

Mills R V A, 1923. Natural gas as a factor in oil migration and accumulation in the vicinity of Faults. American Association of Petroleum Geologists Bulletin, 7: 14–24.

Milner C W D, Rogers M A, Evans C R, 1977. Petroleum transformations in reservoirs. Journal of Geochemical Exploration, 7: 101–153.

Moldowan J M, Huizinga B J, Dahl J E, et al., 1994. The molecular fossil record of oleanane and its relationship to angiosperms. Science, 265: 768–771.

Moldowan J M, Seifert W K, 1980. First discovery of botryococcane in petroleum. Journal of the Chemical Society, Chemical Communications: 912–914.

Moldowan J M, Seifert W K, Gallegos E J, 1985. Relationship between petroleum composition and depositional environment of petroleum source rocks. American Association of Petroleum Geologists Bulletin, 69: 1255–1268.

Molenda M, Stöckhert F, Brenne S, et al., 2013. Comparison of hydraulic and conventional tensile strength tests. In: Bunger A P, McLennan J, Jeffrey R. Effective and Sustainable Hydraulic Fracturing. InTech, Rijeka, Croatia, pp. 981–992. http://dx.doi.org/10.5772/56300.

Morley C K, 1999. Comparison of hydrocarbon prospectivity in Rift systems. In: Morley, C. K. (Ed.), Geoscience of Rift Systems-Evolution of East Africa. American Association of Petroleum Geologists Studies in Geology, 44: 233–242.

Mousseau R J, Glezen W H, 1980. The Gulf Marine Hydrocarbon Sampling and Analysis System: Proceedings of a Symposium and Workshop on Water Sampling while Underway. National Academy Press, Washington DC: 167–192.

Mousseau R J, 1980. Marine hydrocarbon prospecting geochemistry. In: Proceedings of the Indonesian Petroleum Association Ninth Annual Convention: 367–378.

Mukhopadhyay P K, Hagermann H W, Gormly J R, 1986. Characterization of kerogen as seen under the aspect of maturation and hydrocarbon generation. Erdol Kohle Erdgas Petrochem, 38: 7–18.

Mullins O C, 2003. Asphaltenes and polycyclic aromatic hydrocarbons. In: Oral Presentation at the Stanford Synchrotron Radiation Laboratory (SSRL) 30th Annual Users' Meeting, October 8–10, 2004, Menlo Park, CA. http://www-ssrl.slac.stanford.edu/conferences/ssrl30/mullin s.pdf.

Nakayama K, 1987. Hydrocarbon-expulsion model and its application to Niigata area, Japan. American Association of Petroleum Geologists Bulletin, 71: 810–821.

Noble R A, 1991. Geochemical techniques in relation to organic. In: Merrill R K. Source and Migration Processes and Evaluation Techniques. American Association of Petroleum Geologists, Tulsa: 97–102. nts/2014/80355dembicki/ndx_dembicki.pdf.

O'Brien G W, Cowley R, Quaife P, et al., 2002. Characterizing hydrocarbon migration and fault-seal integrity in Australia's Timor Sea via multiple, integrated remote sensing technologies. In: Schumacher D, LeSchack L A. Surface Exploration Case Histories: Applications of Geochemistry, Magnetics, and Remote Sensing, American Association of Petroleum Geologists Studies in Geology No. 48 and SEG Geophysical References Series

No. 11: 393–413.

Oehler D Z, Sternberg B K , 1984. Seepage–induced anomalies, "false" anomalies, and implications for electrical prospecting. American Association of Petroleum Geologists Bulletin, 68: 1121–1145.

Orange D L, Angell M M, Lapp D, 1999. Using seafloor mapping (bathymetry and backscatter) and high resolution sub–bottom profiling for both exploration and production: detecting seeps, mapping geohazards, and managing data overload with GIS. In: Proceeding of the Offshore Technology Conference Paper 10870.

Orange D L, Teas P A, Decker J, 2010. Multibeam backscatter–insights into marine geological processes and hydrocarbon seepage. In: Proceeding of the Offshore Technology Conference Paper 20860.

Orange D L, Teas P A, Decker J, et al., 2008. The utilisation of SeaSeep Surveys (a defense/hydrography spin–off) to identify and sample hydrocarbon seeps in offshore frontier basins. In: International Petroleum Technology Conference Proceedings Paper 12839.

Orr W L, 1974. Changes in sulfur content and sulfur isotope ratios during petroleum maturation—study of Big Horn basin Paleozoic oils. American Association of Petroleum Geologists Bulletin, 50: 2295–2318.

Orr W L, 1977. Geologic and geochemical controls on the distribution of hydrogen sulfide in natural gas. In: Campos R, Goni J. Advances in Organic Geochemistry 1975. Empresa Nacional Adaro de Investigaciones Mineras, Madrid: 571–597.

Orr W L, 1986. Kerogen/asphaltene/sulfur relationships in sulfur–rich Monterey oils. Organic Geochemistry 10: 499–516.

Otis R M, Schneidermann N, 1997. A process for evaluating exploration prospects. American Association of Petroleum Geologists Bulletin, 81: 1087–1109.

Palciauskas V V, 1991. Primary migration of petroleum. In: Merrill R K. American Association of Petroleum Geologists Treatise of Petroleum Geology: Source and Migration Processes and Evaluation Techniques: 13–22.

Pallasser R J, 2000. Recognising biodegradation in gas/oil accumulations through the $\delta^{13}C$ compositions of gas components. Organic Geochemistry, 31: 1363–1373.

Palmer S E, 1984. Effect of water washing on C_{15+} hydrocarbon fraction of crude oils from Northwest Palawan, Philippines. The American Association of Petroleum Geologists Bulletin, 68: 137–149.

Parrish J T, 1982. Upwelling and petroleum source beds, with reference to Paleozoic. American Association of Petroleum Geologists Bulletin, 66: 750–774.

Pasadakisa N, Obermajerb M, Osadetz K G, 2004. Definition and characterization of petroleum compositional families in Williston Basin, North America using principal component analysis. Organic Geochemistry, 35: 453–468.

Passey Q R, Bohacs K, Esch W, et al., 2010. From oil–prone source rock to gas producing shale reservoir–geological and petrophysical characterization of unconventional shale–gas reservoirs. In: CPS/SPE International Oil & Gas Conference and Exhibition in China, Paper SPE 131350– MS29.

Passey Q R, Creaney S, Kulla J B, et al., 1990. A practical model for organic richness from porosity and resistivity logs. American Association of Petroleum Geologists Bulletin, 74: 1777–1794.

Pearson D L, 1984. Pollen/Spore Color Standard, Version #2. Phillips Petroleum Company, Exploration Project Section. Bartelsville, Oklahoma.

Pegaz–Fiornet S, Carpentier B, Michel A, et al., 2012. Comparison between the different approaches of secondary and tertiary hydrocarbon migration modeling in basin simulators. In: Peters K E, Curry D J, Kacewicz M. Basin Modeling: New Horizons in Research and Applications, American Association of Petroleum Geologists Hedberg Series, 4: 221–236.

Pelet R, Behar F, Monin J C, 1986. Resins and asphaltenes in the generation and migration of petroleum. Organic Geochemistry 10, 481-498.

Pepper A S, 1991. Estimating the petroleum expulsion behavior of source rocks: a novel quantitative approach. In: England W A, Fleet A J. Petroleum Migration: The Geological Society Special Publication, London, 59: 9-31.

Pepper A S, Corvi P J, 1995. Simple kinetic models of petroleum formation: Part Ⅰ—oil and gas generation from kerogen. Marine and Petroleum Geology, 12: 291-319.

Peters K E, 1986. Guidelines for evaluating petroleum source rock using programmed pyrolysis. American Association of Petroleum Geologists Bulletin, 70: 318-329.

Peters K E, Fowler M G, 2002. Applications of petroleum geochemistry to exploration and reservoir management. Organic Geochemistry, 33: 5-36.

Peters K E, Hostettler F D, Lorenson T D, et al., 2008a. Families of Miocene Monterey crude oil, seep, and tarball samples, coastal California. American Association of Petroleum Geologists Bulletin, 92: 1131-1152.

Peters K E, Ishiwatari R, Kaplan I R, 1977. Color of kerogen as index of organic maturity. American Association of Petroleum Geologists, Bulletin, 61: 504-510.

Peters K E, Moldowan J M, 1993. The Biomarker Guide, first ed. Prentice Hall, Englewood Cliffs, New Jersey.

Peters K E, Ramos L S, Zumberge J E, et al., 2008b. De-convoluting mixed crude oil in Prudhoe Bay field, North Slope, Alaska. Organic Geochemistry, 39: 623-645.

Peters K E, Walters C C, Moldowan J M, 2005a. The Biomarker Guide, second ed. Biomarkers and Isotopes in the Environment and Human History, vol. 1. Cambridge University Press, Cambridge. 471 p.

Peters K E, Walters C C, Moldowan J M, 2005b. The Biomarker Guide, second ed. Biomarkers and Isotopes in Petroleum Exploration and Earth History, vol. 2. Cambridge University Press, Cambridge.

Petersen N F, Hickey P J, 1987. California Plio-Miocene oils: evidence of early generation. In: Meyer R F. Exploration for Heavy Crude Oil and Natural Bitumen American Association of Petroleum Geologists Studies in Geology, 25: 351-359.

Philippi G T, 1965. On the depth, time and mechanism of petroleum generation. Geochimica et Cosmochimica Acta, 29: 1021-1049.

Philp R P, Gilbert T D, 1982. Unusual distribution of biological markers in Australian crude oil. Nature, 299: 245-247.

Pickard G L, 1963. Descriptive Physical Oceanography. Pergamon Press, New York.

Pixler B O, 1969. Formation evaluation by analysis of hydrocarbon ratios. Journal of Petroleum Technology, 24: 665-670.

Pollack H N, 1982. The heat flow from the continents. Annual Review of Earth and Planetary Sciences, 10: 459-481.

Pollastro R M, 2003. Total petroleum systems of the Paleozoic and Jurassic, Greater Ghawar Uplift and adjoining provinces of Central Saudi Arabia and Northern Arabian-Persian Gulf. U. S. Geological Survey Bulletin 2202-H.

Pomerantz A E, Ventura G T, McKenna A M, et al., 2010. Combining biomarker and bulk compositional gradient analysis to assess reservoir connectivity. Organic Geochemistry, 41: 812-821.

Poppe L J, Paskevich V F, Hathaway J C, et al., 2001. A Laboratory Manual for X-ray Powder Diffraction. United States Geological Survey Open-File, Report 01-041.

Porfir'ev V B, 1974. Inorganic origin of petroleum. American Association of Petroleum Geologists Bulletin, 58: 3-33.

Powell T G, Greaney S, Snowdon L R, 1982. Limitations of use of organic petrographic techniques for identification of petroleum source rocks. American Association of Petroleum Geologists Bulletin, 66: 430–435.

Price L C, 2000. Organic metamorphism in the California petroleum basins; Chapter B, insights from extractable bitumen and saturated hydrocarbons. U. S. Geological Survey, Bulletin 2174–B.

Radke M, Welte D H, 1983. The methylphenanthrene index (MPI): a maturity parameter based on aromatic hydrocarbons. In: Bjorøy M, Albrecht P, Cornford C, et al., Advances in Organic Geochemistry 1981. John Wiley and Sons, New York.

Rasheed M A, Patil D J, Dayal A M, 2013. Microbial techniques for hydrocarbon exploration. In: Kutchero V. Hydrocarbon. InTech. http://dx.doi.org/10.5772/50885. 16 p. http://www.intechopen.com/books/hydrocarbon/microbial-techniques-for-hydrocarbon-exploration.

Rasheed M A, Srinivasa Rao P L, Annapurna B, et al., 2015. Implication of soil gas method for prospecting of hydrocarbon microseepage. International Journal of Petroleum and Petrochemical Engineering, 1: 31–41.

Regan Jr L J, 1953. Fractured shale reservoirs of California. American Association of Petroleum Geologists Bulletin, 37: 201–216.

Revill A T, Volkman J K, O'Leary T, et al., 1994. Hydrocarbon biomarkers, thermal maturity, and depositional setting of tasmanite oil shales from Tasmania, Australia. Geochimica et Cosmochimica Acta, 58: 3803–3822.

Reynolds J G, Burnham A K, 1995. Comparison of kinetic analysis of source rocks and kerogen concentrates. Organic Geochemistry, 23: 11–19.

Rice D D, 1992. Controls, habitat, resource potential of ancient bacterial gas. In: Vitaly R. Bacterial Gas, Editions Technip.

Rice D D, 1997. Composition and origins of coalbed gas. In: Law, B. E., Rice, D. D. (Eds.), Hydrocarbons from Coal. American Association of Petroleum Geologists Studies in Geology, 38: 159–184.

Rice D D, Claypool G E, 1981. Generation, accumulation, and resource potential of biogenic gas. American Association of Petroleum Geologists Bulletin, 65: 5–25.

Rice G K, Belt Jr J Q, Berg G E, 2002. Soil–gas hydrocarbon pattern changes during a west Texas waterflood. In: Schumacher D, LeSchack L A. Surface Exploration Case Histories: Applications of Geochemistry, Magnetics, and Remote Sensing, American Association of Petroleum Geologists Studies in Geology No. 48 and SEG Geophysical References Series, 11: 157–174.

Riva A, Caccialanza P G, Quagliaroli F, 1988. Recognition of 18β (H) –oleanane in several crudes and Cainozoic–Upper Cretaceous sediments. Definition of a New Maturity Parameter: Organic Geochemistry, 13: 671–675.

Robert P, 1973. Analyse microscopique des charbons et des bitumens disperses dans les roches et mesure de leur pouvoir reflecteur, Application a l' etude de la paleogeothermie des bassins sedimentaires et de la genese des hydrocarbures. In: Advances in Organic Geochemistry, International Meeting of Organic Geochemistry, Program and Abstracts, 6: 549–569.

Roberts H H, 1995. High resolution surficial geology of the Louisiana middle–to–upper continental slope. Gulf Coast Association of Geological Societies Transactions, 45: 503–508.

Roberts H H, 1996. Surface amplitude data: 3D–seismic for interpretation of sea floor geology (Louisiana Slope). Gulf Coast Association of Geological Societies Transactions, 46: 353–362.

Roberts H H, Coleman J M, Hunt Jr J, et al., 2000. Surface amplitude mapping of 3D seismic for improved interpretation of seafloor geology and biology from remotely sensed data. Gulf Coast Association of Geological Societies Transactions, 50: 495–504.

Roberts H H, Doyle E H, Booth J R, et al., 1996. 3D–seismic amplitude analysis of the seafloor: an important interpretive method for improved geohazards evaluations. In: Proceeding of the Offshore Technology Conference Paper 7988.

Roberts H H, Hardage B A, Shedd W W, et a. , 2006. Seafloor reflectivity; an important seismic property for interpreting fluid/gas expulsion geology and the presence of gas hydrate. Leading Edge, 25: 620–628.

Robertson E C, 1988. Thermal Properties of Rocks. United States Geological Survey Open–File Report 88–441.

Romo L A, Prewett H, Shaughnessy J, et al. , 2007. Challenges Associated with Subsalt Tar in the Mad Dog Field. Society of Petroleum Engineers Paper 110493.

Ronov A B, 1958. Organic carbon in sedimentary rocks (in relation to the presence of petroleum). Geochemistry, 5: 497–509.

Rose P, 2001. Risk analysis and management of petroleum exploration ventures. American Association of Petroleum Geologists Methods in Exploration, 12: 164.

Rubinstein I, Sieskind O, Albrecht P, 1975. Rearranged sterenes in a shale: occurrence and simulated formation. Journal of the Chemical Society, Perkin Transactions, 1: 1833–1836.

Sager W W, MacDonald R, Hou R, 2004. Sidescan sonar imagining of hydrocarbon seeps on the Louisiana continental slope. American Association of Petroleum Geologists Bulletin, 88: 725–746.

Sassen R, Brooks J M, MacDonald I R, et al. , 1993. Association of oil seeps and chemosynthetic communities with oil discoveries, upper continental slope, Gulf of Mexico. Gulf Coast Association of Geological Societies Transactions, 43: 349–355.

Sassen R, Moore C H, 1988. Framework of hydrocarbon generation and destruction in eastern Smackover trend. American Association of Petroleum Geologists Bulletin, 72: 649–663.

Sassen R, Sweet S T, Milkov A V, et al. , 1999. Geology and geochemistry of gas hydrates, Central Gulf of Mexico continental slope. Gulf Coast Association of Geological Societies Transactions, 49: 462–469.

Sassen R, Wade W J, 1994. Alteration of Liquid Hydrocarbons Associated with Thermochemical Sulfate Reduction. Western Canadian and International Expertise Exploration Update ‘94 Program book with Expanded Abstracts, Calgary.

Saxby J D, 1970. Isolation of kerogen in sediments by chemical methods. Chemical Geology, 6: 173–184.

Schlakker A, Csizmeg J, Pogácsás, G, et al. , Burial, Thermal and Maturation History in the Northern Viking Graben (North Sea). American Association of Petroleum Geologists Search and Discovery Article #50545. Adapted from Poster Presentation at American Association of Petroleum Geologists International Convention and Exhibition, Milan, Italy.

Schmoker J, 1979. Determination of organic content of Appalachian Devonian shales from formation–density logs. American Association of Petroleum Geologists Bulletin, 63: 1504–1537.

Schmoker J W, 1981. Determination of organic–matter content of Appalachian Devonian shales from Gamma–ray logs. American Association of Petroleum Geologists Bulletin, 65: 1285–1298.

Schmoker J W, 1994. Volumetric calculation of hydrocarbons generated. In: Magoon L B, Dow W G. The Petroleum System–from Source to Trap, 60. American Association of Petroleum Geologists Memoir. 323–326.

Schmoker J W, Hester T C, 1983. Organic carbon in Bakken formation, United States portion of Williston Basin. American Association of Petroleum Geologists Bulletin, 67: 2165–2174.

Schmoker J W, Hester T C, 1990. formation resistivity as an indicator of oil generation–Bakken formation of North Dakota and Woodford shale of Oklahoma. The Log Analyst, 31: 1–9.

Schoell M, 1983. Genetic characterization of natural gases. American Association of Petroleum Geologists Bulletin, 67: 2225–2238.

Schoell M, McCaffrey M A, Fago F J, et al., 1992. Carbon isotopic compositions of 28, 30-bisnorhopanes and other biological markers in a Monterey crude oil. Geochimica et Cosmochmica Acta, 56: 1391-1399.

Schou L, Eggen S, Schoell M, 1985. Oil-oil and oil-source rock correlation, Northern North Sea. In: Thomas B M. Petroleum Geochemistry in Exploration of the Norwegian Shelf: 101-117.

Schowalter T T, 1979. Mechanics of secondary hydrocarbon migration and entrapment. American Association of Petroleum Geologists Bulletin, 63: 723-760.

Schowalter T T, Hess P D, 1982. Interpretation of subsurface hydrocarbon shows. American Association of Petroleum Geologists Bulletin, 1302-1327.

Schrynemeeckers R, 2015. Improving petroleum system identification in an offshore salt environment: Gulf of Mexico and Red Sea Case Studies. In: Presented at the American Association of Petroleum Geologists Geoscience Technology Workshop, Sixth Annual Deepwater and Shelf Reservoir, Houston, Texas, January 27-28, 2015: American Association of Petroleum Geologists Search and Discovery Article #41607.

Schrynemeeckers R, Silliman A, 2014. Combining surface geochemical surveys and downhole geochemical logging for mapping liquid and gas hydrocarbons in the Utica Shale. In: Presented at the American Association of Petroleum Geologists Annual Convention and Exhibition, Houston, Texas, April 6-9, 2014: American Association of Petroleum Geologists Search and Discovery Article #80399.

Schumacher D, 1996. Hydrocarbon-induced alteration of soils and sediments. In: Schumacher D, Abrams M A. Hydrocarbon Migration and its Near-surface Expression: American Association Petroleum Geologists Memoir, 66: 71-89.

Sclater J G, Christie P A F, 1980. Continental stretching: an explanation of post Mid-Cretaceous subsidence of the Central North Sea. Journal of Geophysical Research, 85: 3711-3739.

Scott A R , Kaiser W R, Ayers Jr, W B, 1994. Thermogenic and secondary biogenic gases, San Juan Basin, Colorado and New Mexico - implications for coalbed gas producibility. American Association of Petroleum Geologists Bulletin, 78: 1186-1209.

Seifert W K, 1977. Source rock/oil correlations by C_{27}-C_{30} biological marker hydrocarbons. In: Campos R, Goni J. Advances in Organic Geochemistry, 1975: Madrid, Enadimsa: 21-44.

Seifert W K, Moldowan J M, 1978. Application of steranes, terpanes and monoaromatics to the maturation, migration and source of crude oils. Geochimica et Cosmochimica Acta, 42: 77-79.

Seifert W K, Moldowan J M, 1981. Paleoreconstruction by biological markers. Geochimica et Cosmochimica Acta, 45: 783-794.

Seifert W K, Moldowan J M, 1986. Use of biological markers in petroleum exploration. In: Johns R B. Methods in Geochemistry and Geophysics 24. Elsevier, Amsterdam: 261-290.

Senftle J T, Landis C R, 1991. Vitrinite reflectance as a tool to assess thermal maturity. In: American Association of Petroleum Geologists Treatise of Petroleum Geology: Source and Migration Processes and Evaluation Techniques: 119-125.

Sheng G, Fu J, Brassell et al., 1987. Sulphur containing compounds in sulphur-rich crude oils from hypersaline lake sediments and their geochemical implications. Geochemistry, 6: 115-126.

Sinninghe Damsté J S, de las Heras F X C, de Leeuw J W, 1992. Molecular analysis of sulphur-rich brown coals by flash pyrolysis-gas chromatography-mass spectrometry: the type Ⅲ-S kerogen. Journal of Chromatography, 607: 361-376.

Sinninghe Damste J S, de las Heras F X C, van Bergen P F, de Leeuw J W, 1993. Characterization of Tertiary Catalan lacustrine oil shales: discovery of extremely organic sulfur-rich Type 1 kerogens. Geochimica et

Cosmochimica Acta, 57: 389-415.

Sluijk D, Nederlof M H, 1984. Worldwide geological experience as a systematic basis for prospect appraisal. In: Demaison, G. Petroleum Geochemistry and Basin Evaluation, American Association of Petroleum Geologists Memoir, 35: 15-26.

Sluijk D, Parker J R, 1986. Comparison of predrilling predictions with postdrilling outcomes, using Shell' s prospect appraisal system. In: Association of Petroleum Geologists Studies in Geology 21: Oil and Gas Assessment: Methods and Applications American: 55-58.

Sluijk D, Parker J R, 1988. Comparison of predrilling predictions with postdrilling outcomes, using Shell' s prospect appraisal system. In: Association of Petroleum Geologists Studies in Geology. Oil and Gas Assessment, vol. 21. Methods and Applications American: 55-58.

Smagala T M, Brown C A, Nydegger G L, 1984. Log-derived indicator of thermal maturity, Niobrara Formation, Denver Basin, Colorado, Nebraska, Wyoming. In: Woodward J, Meissner F F, Clayton J L. Hydrocarbon Source Rocks of the Greater Rocky Mountain Region. Rocky Mountain Association of Geologists: 355-363.

Smith J T, Ehrenberg S N, 1989. Correlation of carbon dioxide abundance with temperature in clastic hydrocarbon reservoirs: relationship to inorganic chemical equilibrium. Marine and Petroleum Geology, 6: 129-135.

Snow J H, Dore A G, Dorn-Lopez D W, 1997. Risk analysis and full-cycle probabilistic modeling of prospect: a prototype system developed for the Norwegian shelf. In: Dore A G, Sinding-Larsen R. Quantitative Prediction and Evaluation of Petroleum Resources, vol. 6. Norwegian Petroleum Society Special Publication: 135-166.

Sofer Z, 1984. Stable carbon isotope compositions of crude oils: application to source depositional environments and petroleum alteration. American Association of Petroleum Geologists Bulletin, 68: 31-49.

Sofer Z, Zumberge J E, Lay V, 1986. Stable carbon isotopes and biomarkers as tools in understanding genetic relationship, maturation, biodegradation and migration of crude oils in the northern Peruvian Oriente (Maranon) basin. Organic Geochemistry, 10: 377-389.

Sondergeld C H, Newsham K E, Comisky J T, et al., 2010. Petrophysical considerations in evaluating and producing shale gas. In: SPE Conference Paper Number 131768 Presented at SPE Unconventional Gas Conference, Pittsburgh, Pennsylvania.

Sonnenberg S A, 2011. The Niobrara Petroleum System, a Major Tight Resource Play in the Rocky Mountain Region. American Association of Petroleum Geologists Search and Discovery. Article #10355.

Speers G C, Whitehead E V, 1969. Crude oil. In: Eglinton G, Murphy M T J. Organic Geochemistry. Springer-Verlag, New York: 20-73.

Stach E, Mackowsky M-Th, Teichmüller M, et al., 1982. Stach' s Textbook of Coal Petrology, second ed. Gebrüder Borntraeger, Berlin.

Stahl W, Koch J, 1974. 13C/12C-Verhalltnis nordeutscher Erdgase-Reifemerkmal ihrer Muttersubstanzen. Erdoel Kohle, Erdgas, Petrochemie, 27: 10-36.

Stahl W J, 1977. Carbon and nitrogen isotopes in hydrocarbon research and exploration. Chemical Geology, 20: 121-149.

Stahl W J, 1978. Source rock-crude oil correlation by isotopic type-curves. Geochimica et Cosmochimica Acta, 42: 1573-1577.

Stahl W J, Cary Jr B D, 1975. Source-rock identification by isotope analysis of natural gases from fields in the Val Verde and Delaware basins, west Texas. Chemical Geology, 16: 257-267.

Staplin F L, 1969. Sedimentary organic matter, organic metamorphism and oil and gas occurrence. Bull. Canadian Petroleum Geology, 17: 47-66.

Stasiuk L D, Osadetz K G, Potter J, 1990. Fluorescence spectral analysis and hydrocarbon exploration: examples from Paleozoic source rocks. In: Beck L S, Harper C T. Innovative Exploration Techniques. Saskatchewan Geological Society, Special Publication, 12: 242–251.

Sumner J S, 1978. Principles of Induced Polarization for Geophysical Exploration. Elsevier Scientific, Amsterdam.

Suzuki N, Matsubayashi H, Waples D W, 1993. A simpler kinetic model of vitrinite reflectance. American Association of Petroleum Geologists Bulletin, 77: 1502–1508.

Swain F M, 1970. Non-Marine Organic Geochemistry. Cambridge University Press, London.

Sweeney J, Braun R L, Burnham A K, et al. , C. , 1995. Chemical kinetic model of hydrocarbon generation, expulsion, and destruction applied to the Maracaibo Basin, Venezuela. American Association of Petroleum Geologists Bulletin, 79: 1515–1532.

Sweeney J J, Burnham A K, 1990. Evaluation of a simple model of vitrinite reflectance based on chemical kinetics. American Association of Petroleum Geologists Bulletin, 74: 1559–1570.

Sweeney J J, Burnham A K, Braun R L, 1987. A model of hydrocarbon generation from Type I kerogen: application to Uinta Basin, Utah. American Association of Petroleum Geologists Bulletin, 71: 967–985.

Sweets Jr , W E, 1974. Marine acoustical seep detection. American Association of Petroleum Geologists Bulletin 58: 1133–1136.

Szatmari P, 1989. Petroleum formation by Fischer–Tropsch synthesis in plate tectonics. American Association of Petroleum Geologists Bulletin, 73: 989–998.

Tegelaar E W, de Leeuw J W, Derenne S, et al. , 1989. A reappraisal of kerogen formation. Geochimica et Cosmochimica Acta, 53: 3103–3106.

Tegelaar E W, Noble R A, 1994. Kinetics of hydrocarbon generation as a function of the molecular structure of kerogen as revealed by pyrolysis–gas chromatography. Organic Geochemistry, 22: 543–574.

Teichmuller M, 1982a. Application of coal petrological methods in geology including oil and natural gas prospecting. In: Stach's Textbook of Coal Petrology. Gebrubder Borntraeger, Berlin: 381–413.

Teichmüller M, 1982b. Fluorescence Microscopical Changes of Liptinites and Vitrinites during Coalification and Their Relationship to Bitumen Generation and Coking Behaviour: The Society for Organic Petrology. Special Publication, 1: 74.

Teichmuller M, 1989. The genesis of coal from the viewpoint of coal petrology. International Journal of Coal Geology, 12: 1–87.

Teichmüller M, Durand B, 1983. Fluorescence microscopical rank studies on liptinites and vitrinites in peat and coals, and comparison with results of the Rock–Eval pyrolysis. International Journal of Coal Geology, 2: 197–230.

Telnaes N, Dahl B, 1986. Oil–oil correlation using multivariate techniques. Organic Geochemistry: 425–432.

ten Haven H L, de Leeuw J W, Sinninghe Damste J S, et al. , 1988. Application of biological markers in the recognition of paleo – hypersaline environments. In: Fleet A J, Kelts K, Talbot M R. Lacustrine Petroleum Source Rocks. The Geological Society, London, Blackwell, Oxford. 123–130.

Thanh N X, Hsieh M, Philp R P, 1999. Waxes and asphaltenes in crude oils. Organic Geochemistry, 30: 119–132.

Thomas M M, Clouse J A, 1995. Scaled physical model of secondary oil migration. American Association of Petroleum Geologists Bulletin, 79: 19–29.

Thompson C L, Dembicki Jr H, 1986. Optical characteristics of amorphous kerogen and the hydrocarbon generating potential of source rocks. International Journal of Coal Geology, 6: 229–249.

Thompson K F M, 2010. Aspects of petroleum basin evolution due to gas advection and evaporative fractionation. Organic Geochemistry, 41: 370–385.

Thompson–Rizer C L, 1987. Some optical characteristics of solid bitumen in visual kerogen preparations. Organic Geochemistry, 11: 385–392.

Thompson–Rizer C L, Woods R A, 1987. Microspectrofluorescence measurements of coals and petroleum source rocks. International Journal of Coal Geology, 7: 85–104.

Thomsen R O, 1998. Aspects of applied basin modelling: sensitivity analysis and scientific risk. In: Duppenbecker S J, I lffe J E. Basin Modelling: Practice and Progress. The Geological Society Special Publications, No. 141, London: 209–221.

Thorn W T Jr, Spieker E M, Stabler H, 1931. The Significance of Geologic Conditions in Naval Petroleum Reserve N. 3, Wyoming. United States Geological Survey Professional Paper 163.

Thrasher J, Fleet A J, 1995. Predicting the risk of carbon dioxide 'pollution' in petroleum reservoirs. In: Grimalt J O, Dorronsoro C. Organic Geochemistry: Developments and Applications to Energy, Climate, Environment and Human History – Selected Papers from the 17th International Meeting on Organic Geochemistry. Iberian Association of Environmental Organic Geochemistry (A. I. G. O. A.), San Sebastian:

Thrasher J, Fleet A J, Hay S J, et al., 1996. Understanding geology as the key to using seepage in exploration: spectrum of seepage styles. In: Schumacher D, Abrams M A. Hydrocarbon Migration and its Near–surface Expression, American Association Petroleum Geologists Memoir, 66: 223–241.

Tissot B, 1969. Premières données sur les mécanismes et la cinétique de la formation du pétrole dans les basins sédimentaires. Simulation d' un schema réactionnel sur ordinateur. Revue Institut Francais Petrole, 24: 470–501.

Tissot B, 1984. Recent advances in petroleum geochemistry applied to hydrocarbon exploration. American Association of Petroleum Geologists Bulletin, 68: 546–563.

Tissot B, 1987. Migration of hydrocarbons in sedimentary basins: a geological, geochemical, and historical perspective. In: Doligez B. Migration of Hydrocarbons in Sedimentary Basins. éditions Technip, Paris: 1–19.

Tissot B, Durand B, Espitalie J, et al., 1974. Influence of the nature and diagenesis of organic matter in the formation of petroleum. American Association of Petroleum Geologists Bulletin, 58: 499–506.

Tissot B, Espitalie J, 1975. L' evolution thermique de la matiere organique des sediments: applications d' une simulation mathematique. Revue de l' Institut Franccais du Petrole, 30: 743–777.

Tissot B, Pelet R, Ungerer P H, 1987. Thermal history of sedimentary basins, maturation indices, and kinetics of oil and gas generation. American Association of Petroleum Geologists Bulletin, 71: 1445–1466.

Tissot B, Welte D H, 1978. Petroleum Formation and Occurrence: A New Approach to Oil and Gas Exploration. Springer–Verlag, New York.

Tissot B, Welte D H, 1984. Petroleum Formation and Occurrence. Springer–Verlag, New York.

Tóth J, 1996. Thoughts of a hydrogeologist on vertical migration and near–surface geochemical exploration for petroleum. In: Schumacher D, Abrams M A. Hydrocarbon Migration and its Near–surface Expression, American Association Petroleum Geologists Memoir, 66: 279–283.

Treibs A, 1934. The occurrence of chlorophyll derivatives in an oil shale of the upper Triassic. Annalen, 517: 103–114.

Truex J N, 1972. Fractured shale and basement reservoir, long Beach Unit, California. American Association of Petroleum Geologists Bulletin, 56: 1931–1938.

Tucker J D, Hitzman D C, 1996. Long–term and seasonal trends in the response of hydrocarbon–utilizing microbes to light hydrocarbon gases in shallow soils. In: Schumacher D, Abrams M A. Hydrocarbon Migration and its Near Surface Expression, American Association Petroleum Geologists Memoir, 66: 353-357.

Ungerer P, Behar F, Villalba M, et al., 1988a. Kinetic modelling of oil cracking. Organic Geochemistry, 13: 857-868.

Ungerer P, Burrus J, Doligez B, et al., 1990. Basin evaluation by integrated two-dimensional modelling of heat transfer, fluid flow, hydrocarbon generation and migration. American Association of Petroleum Geologists Bulletin, 74: 309-335.

Ungerer P, Espitalie J, Behar F, et al., 1988b. Modelisation mathemetique des interactions entre craquage thermique et migration lors de la formation du petrole et du gaz. Comptes Rendus de l' Académie des Sciences, Series Ⅱ: 927-934.

Ungerer P, Pelet R, 1987. Extrapolation of oil and gas formation kinetics from laboratory experiments to sedimentary basins. Nature, 327: 52-54.

United States Department of Energy (DOE), 2007. DOE's Unconventional Gas Research Programs 1976-1995: An Archive of Important Results. United States Department of Energy.

United States Geological Survey (USGS) National Oil and Gas Resource Assessment Team, 1995. 1995 National Assessment of United States Oil and Gas Resources: United States Geological Survey Circular 1118.

Valentine D L, Reddy C M, Farwell C, et al., 2010. Asphalt volcanoes as a potential source of methane to late Pleistocene coastal waters. Nature Geoscience, 3: 345-348.

van Gijzel P, 1979. Manual of the Techniques and Some Geological Applications of Fluorescence Microscopy: American Association of Stratigraphic Palynologists, 12 Annual Meeting Workshop. Dallas.

van Krevelen D W, 1961. Coal: Typology-Chemistry-Physics-Constitution. Elsevier, Amsterdam.

Vance I, Thrasher D, 2005. Reservoir souring: mechanisms and prevention. In: Ollivier B, Magot M. Petroleum Microbiology. ASM Press, Washington, D. C. 123-142.

Vandenbroucke M, Behar F, Rudkiewicz J L, 1999. Kinetic modelling of petroleum formation and cracking: implications from the high pressure/high temperature Elgin Field (UK, North Sea). Organic Geochemistry, 30: 1105-1125.

Vandenbroucke M, Largeau C, 2007. Kerogen origin, evolution and structure. Organic Geochemistry, 38: 719-833.

Velde B, Vasseur G, 1992. Estimation of the diagenetic smectite to illite transformation in time-temperature space. American Mineralogist, 77: 967-976.

Volkman J K, 1986. A review of sterol biomarkers for marine and terrigenous organic matter. Organic Geochemistry, 9: 83-99.

von der Dick H H, Barrett K R, Bosman D A, 2002. Numerically reconstructed methane-seep signal in soil gases over Devonian gas pools and prospects (northeast British Columbia): surface microseeps and postsurvey discovery. In: Schumacher D, LeSchack L A. Surface Exploration Case Histories: Applications of Geochemistry, Magnetics, and Remote SensingAmerican Association Petroleum Geologists Studies in Geology No. 48 and Society of Exploration Geophysicists Geophysical References Series, 11: 193-207.

Voorhees K J, Klusman R W, 1986. Apparatus and method for geochemical prospecting. United States Patent US 4573354.

Wade W J, Sassen R, 1994. Controls on H2S Content and Thermochemical Sulphate Reduction in Smackover Reservoirs, Alabama and Arkansas. Western Canadian and International Expertise Exploration Update '94 Program book with expanded abstracts, Calgary.

Walters C C, Qian K, Wu C, et al., 2011. Proto-solid bitumen in petroleum altered by thermochemical sulfate reduction. Organic Geochemistry 42: 999-1006.

Wang F P, Gale J F W, 2009. Screening criteria for shale-gas systems. Gulf Coast Association of Geological Societies Transactions, 59: 779-793.

Wang Z, Krupnick A, 2013. A Retrospective Review of Shale Gas Development in the United States: What Led to the Boom? Resources for the Future. Discussion Paper 13-12, 42 p. http://www.rff.org/files/sharepoint/WorkImages/Download/RFF-DP-13-12.pdf.

Waples D W, 1980. Time and temperature in petroleum formation: application of Lopatin's method to petroleum exploration. American Association of Petroleum Geologists Bulletin, 64 (6): 916-926.

Waples D W, Machihara T, 1990. Application of sterane and triterpane biomarkers in petroleum exploration. Bulletin of Canadian Petroleum Geology, 38: 357-380.

Waples D W, Machihara T, 1991. Biomarkers for geologists-a practical guide to the application of steranes and triterpanes. In: Petroleum Geology American Association of Petroleum Geologists Methods in Exploration, 9: 91.

Weatherl M H, 2007. Encountering an Unexpected Tar Formation in a Deepwater Gulf of Mexico Exploration Well. Society of Petroleum Engineers/International Association of Drilling Contractors Paper 105619.

Weissenburger K S, Borbas T, 2004. Fluid properties, phase and compartmentalization: Magnolia field case study, deepwater Gulf of Mexico, U. S. A. In: Cubitt J M, England W A, Larter S R. Understanding Petroleum Reservoirs: Towards an Integrated Reservoir Engineering, vol. 237. Geological Society of London Special Publication: 231-256.

Welte D, 1974. Recent advances in organic geochemistry of humic substances and kerogen: a review. In: Tissot B, Bienner F. Advances in Organic Geochemistry 1973. Editions Technip, Paris: 3-13.

Welte D H, Hagemann H W, Hollerbach A, Leythaeuser, D., 1975. Correlation between petroleum and source rock. In: 9th World Petroleum Congress, 2: 179-191.

Wenger L M, Davis C L, Isaksen G H, 2002. Multiple controls on petroleum biodegradation and impact on oil quality. Society of Petroleum Engineers Reservoir Evaluation and Engineering, 5: 375-383.

Wenger, L M, Isaksen G H, 2002. Control of hydrocarbon seepage intensity on level of biodegradation in sea bottom sediments. Organic Geochemistry, 33: 1277-1292.

Wenger L M, Pottorf R J, Macleod G, et al., 2009. Drillbit Metamorphism: Recognition and Impact on Show Evaluation. SPE paper 125218.

Weniger P, Francu J, Krooss B M, et al., 2012. Geochemical and stable carbon isotopic composition of coal-related gases from the SW Upper Silesian Coal Basin, Czech Republic. Organic Geochemistry, 53: 153-165.

White D A, 1988. Oil and gas play maps in exploration and assessment. American Association of Petroleum Geologists Bulletin, 72: 944-949.

White D A, 1993. Geologic risking guide for prospects and plays. American Association of Petroleum Geologists Bulletin, 77: 2048-2061.

Whiticar M, 1994. Correlation of natural gases with their sources. In: American Association of Petroleum Geologists Memoir 60: The Petroleum System-from Source to Trap: 261-283.

Whitson C H, 1992. Petroleum reservoir fluid properties: Part 10. Reservoir engineering methods. In: Morton-Thompson D, Woods A M. American Association of Petroleum Geologists Methods in Exploration Series No. 10: Development Geology Reference Manual: 504-507.

Whittaker A, 1991. Mud Logging Handbook. Prentice-Hall, Englewood Cliffs, NJ.

Widera M, 2014. What are cleats? Preliminary studies from the Konin lignite mine, Miocene of central Poland. Geologos, 20: 3-12.

Wilkins R W T, George S C, 2002. Coal as a source rock for oil: a review. International Journal of Coal Geology, 50: 317-361.

Wilkinson D, Willemsen J F, 1983. Invasion percolation: a new form of percolation theory. Journal of Physics A: Mathematical and General, 16: 3365-3376.

Williams A, 1996. Detecting leaking oilfields with ALF, the Airborne Laser Fluorosensor: case histories and latest developments. Geological Society of Malaysia Bulletin, 59: 125-129.

Williams A, Lawrence G, 2002. The role of satellite seep detection in exploring the South Atlantic's ultradeep water. In: Schumacher D, LeSchack L A. Surface Exploration Case Histories: Applications of Geochemistry, Magnetics, and Remote SensingAmerican Association Petroleum Geologists Studies in Geology No. 48 and SEG Geophysical References Series, 11: 327-344.

Williams D F, Lerche I, 1987. Hydrocarbon production in the Gulf of Mexico region from organic-rich source beds of ancient intraslope basins. Energy, Exploration, and Exploitation, 5: 199-218.

Williams J A, 1974. Characterization of oil types in Williston basin. American Association of Petroleum Geologists Bulletin, 58: 1243-1252.

Williams L A, 1984. Subtidal stromatolites in Monterey formation and other organic-rich rocks as suggested source contributors to petroleum formation. American Association of Petroleum Geologists Bulletin, 68: 1879-1893.

Williamson S C, Zois N, Hewitt A T, 2008. Integrated site investigation of seafloor features and associated fauna, Shenzi Field, deepwater. In: Gulf of Mexico Offshore Technology Conference Proceedings Paper 19356.

Woodward L A, 1984. Potential for significant oil and gas fracture reservoirs in Cretaceous rocks of Raton Basin, New Mexico. American Association of Petroleum Geologists Bulletin, 68: 628-636.

Worden R H, Smalley P C, Oxtoby N H, 1995. Gas souring by thermochemical sulfate reduction at 140℃. American Association of Petroleum Geologists Bulletin, 79: 854-863.

Yee D, Seidle J P, Hanson W B, 1993. Gas sorption on coal and measurement of gas content. In: Law B E, Rice D D. Hydrocarbons from Coal, American Association of Petroleum Geologists Studies in Geology, 38: 159-184.

Younes A I, McClay K, 2002. Development of accommodation zones in the Gulf of Suez-Red Sea rift, Egypt. American Association of Petroleum Geologists Bulletin, 86: 1003-1026.

Yue C, Li S, Song H, 2014. Thermochemical sulfate reduction simulation experiments on the formation and distribution of organic sulfur compounds in the Tuha crude oil. Bulletin of the Korean Chemistry Society, 35: 2057-2064.

Zengler K, Richnow H H, Rossello-Mora R, et al., 1999. Methane formation from long-chain alkanes by anaerobic microorganisms. Nature, 401: 266-269.

Zhang Z, McConnell D R, 2010. Backscatter characterization of seep-associated seafloor features in the vicinity of Bush Hill, northwest Green Canyon, Gulf of Mexico. In: Proceeding of the Offshore Technology Conference Paper 20662.

Ziegler P A, Parrish J T, Humphreville R C, 1979. Paleogeography, upwelling and phosphorites (abs.). In: Cook P J, Shergold J H. Proterozoic-Cambrian Phosphorites, Project 156 of UNESCO-IUGS. Australian Natl. Univ. Press, Canberra.

Zumberge J E, 1984. Source rocks of the La Luna formation (upper Cretaceous) in the Middle Magdalena valley, Colombia. In: Palacas J G. Geochemistry and Source Rock Potential of Carbonate Rocks American Association of Petroleum Geologists Studies in Geology, 18: 127-133.